遥感与地理信息系统 C++ 底层开发与实践

（下 册）

——功能扩展与集成

沈占锋　骆剑承　著

科 学 出 版 社

北 京

内 容 简 介

本书主要讲授如何通过 C++底层程序设计实现一套完整的遥感与地理信息系统及其功能，包括空间数据的存储结构、数据输入/输出、可视化展现以及分析与计算等。本书的全部内容均为底层开发，不依赖任何商业地理信息系统软件、组件或模块，自底层进行了较好的模块化设计与模块化开发实现，并对算法及数据处理分析方法进行了详细的介绍，较好地展现了遥感与地理信息系统的功能。

全书共 31 章（上下 2 册），尽量从利于读者参阅的角度对整个系统的设计与实现进行深入浅出的介绍，适合广大地理信息系统的自学爱好者及专业研发人员阅读，也可以作为遥感、地理信息系统、计算机等领域的研究生选学教材或科研人员的参考用书。

图书在版编目（CIP）数据

遥感与地理信息系统 C++底层开发与实践：功能扩展与集成. 下册/沈占锋，骆剑承著. —北京：科学出版社，2021.12
ISBN 978-7-03-061658-6

Ⅰ. ①遥… Ⅱ. ①沈… ②骆… Ⅲ. ①遥感技术－研究生－教材 ②地理信息系统－研究生－教材 ③C++语言－程序设计－研究生－教材 Ⅳ.①TP7 ②P208 ③TP312.8

中国版本图书馆 CIP 数据核字(2019)第 119496 号

责任编辑：何雯雯 王希挺／责任校对：刘凤英
责任印制：李 冬／封面设计：王 浩

斜 学 出 版 社 出版

北京东黄城根北街 16 号
邮政编码：100717
http://www.sciencep.com

北京科信印刷有限公司 印刷
科学出版社发行 各地新华书店经销

*

2021 年 12 月第 一 版 开本：787×1092 1/16
2021 年 12 月第一次印刷 印张：20
字数：468 000
定价：118.00 元
(如有印装质量问题，我社负责调换)

地球观测与导航技术是获得地球空间信息的重要手段,而数据获取之后的信息处理与分析精度则是决定数据能否有效应用的重要方面。我国已将高分辨率对地观测系统列入国家重大专项及重点应用领域之列,国家发展和改革委员会也设立了产业化专项支持数据获取后的信息提取与应用,工业和信息化部、科学技术部也启动了多个项目支持相关技术的发展并实现产业示范效应,从之前几个五年规划的863计划、973计划、国家科技支撑计划到如今的国家重点研发计划,国家投入了大量经费来推动产业的发展。遥感与地理信息系统作为支撑对地观测与导航的两大学科,近年来在理论、方法、模型、应用等方面均取得了长足的发展。

地理信息系统(Geographic Information System,GIS)底层数据模型与数据结构是深入了解并掌握GIS底层设计与开发实现的必经之路。目前,GIS领域拥有非常多的GIS教程或参考书籍,几乎涵盖了GIS原理与方法、GIS二次开发与各行业应用,但自底层系统地介绍一套大型GIS软件开发的书籍还很少见,本书就是面向对这方面感兴趣的读者的。针对GIS的底层开发过程,不仅需要开发者自己定义各种复杂的数据结构,同时还要考虑每一个过程的效率、稳定性与扩展性,从这一角度来说,C/C++是自底层实现一套GIS系统的最佳语言。C++语言为底层GIS程序的开发带来无限潜力,同时其任务量也非常艰巨,特别是面向其中具有非常复杂的数据结构,以及通过"计算机制图"如何实现"GIS数据制图"的功能。本书作者具有多年的底层开发经验,在总结GIS底层开发经验基础上,该书不仅能够帮助读者了解一套GIS软件的底层模块化实现方法,也能够使读者更深刻地掌握其中较为复杂功能的实现途径,如矢量数据编辑、投影变换、影像金字塔操作等。本书作者在系统分析大型遥感与GIS系统底层需求的基础上,从软件模块化设计、重要数据结构设计、消息通信与调用接口设计等角度进行了剖析,最后通过实际代码对GIS的底层实现过程进行了阐述,并对其中的重要代码进行了注释与解析。该书通过模块化的设计构造了一套GIS底层开发的完整技术体系,重点突出,应用广泛,特别适用于GIS与遥感领域科研工作者及广大研究生,通过源码的开源工作能够为读者节约大量的开发时间,节约较多的精力,并有助于读者将工作集中在各自感兴趣的研究之中,以便结合各自研究方向将形成的功能性算法、模块、模型集成到平台之上,从而形成自己独立的数据处理与分析系统,也可以在此基础上做进一步的开源工作。

对于遥感与GIS来说,实践是认知的根本目的,同时也是检查认知程度的一个标准,并将成为进一步推动GIS行业产业化应用及地理认知的重要动力。该书作者通过遥感与GIS底层数据结构的定义及模块的设计与实现,引导读者逐步进入GIS底层开发的过程,进而增加读者对遥感与GIS底层模型与实现机理的认知与理解,逐步达到实践与应用的目的。我相信该书的出版将会对遥感与GIS的底层开发及理解、分析、计算方面的研究起到促进作用,同时,也期待本书作者所在的团队继续深化遥感与GIS领域的研究并不断取得新成就。

中国科学院 院士
中国科学院地理科学与资源研究所 研究员

本书系统地阐述了地理信息系统(Geographic Information System,GIS)的底层设计原理及其技术实现,注重 GIS 基本原理方法在实际研发中的技术转化与实现过程,并配源代码进行分析,做到了 GIS 基本原理和底层设计与技术实现的完美融合,深入浅出,是近年来详细讲解 GIS 底层实现原理较为完备的一部专著。全书分上下 2 册,形成了较为完整的体系,具有以下几方面突出的特点。

(1)全书是技术实践与经验的总结。本书作者长期从事遥感与 GIS 的底层开发,在早期的 863 计划、973 计划、国家科技支撑计划,以及如今的国家重点研发计划等一系列项目支持下,自底层完全实现了基于 C++的 GIS 模型设计、模块研发、系统集成,并设计了一套完全开放的工具集成模式。该模式有利于读者通过简单的集成方案对自己的算法、模型及工具进行设计、集成及调试,并通过开源方法节省读者在编码方面大量的时间投入,也通过代表性代码及注释阐明了 GIS 的底层实现原理与方法。

(2)提供了整套与本书开发实践完全对应的 C++底层代码。代码的设计、实现与讲述不同于 GIS 的理论、方法、模型,要求实现的系统具有"统一设计、逐步实现、前后连贯、快捷高效"等特点。在实现数据读写、模型设计、信息计算、渲染可视化等底层功能的基础上,逐步通过代码解析,解读 GIS 地图可视化背后的原理、公式、方法,以便读者在进行 GIS 系统研发时不再仅局限于抽象的理论知识,而更注重实践知识与经验。

(3)创造了一套独立于系统的算法工具箱。工具箱内的算法不同于集成到系统内部的算法,是相互独立的个体,能够开放式地接纳外部算法、模块与工具,系统为这些算法工具自动创建合适的算法交互界面,可为读者的算法提供一个算法测试与调试环境,使算法开发者将精力集中在自己算法的功能、精度与效率方面,并能够形成自己的软件界面。

难能可贵的是,本书实现了代码兼容与升级的定制。本书附上的 GIS 整套 C++底层代码,通过预定义不同版本的方式实现了针对不同应用环境的不同版本的定制,仅需要更改一些预定义的内容就能够快速实现不同模块的链接,从而定制出不同的版本。相应地,也可以在该套代码的基础上,进行二次开发或修改,以形成自己的软件风格。

　　本书是作者长期从事遥感与GIS底层开发与实践的技术总结,章节设计与文字撰写中包含了丰富的实践经验,具有较高的实用价值。

中国科学院地理科学与资源研究所 研究员
资源与环境信息系统国家重点实验室 主任

在我国,遥感与地理信息系统的应用市场曾主要被国外大型软件如 ArcGIS、ENVI、Erdas、PCI 等商用软件所占有,近年来我国国产软件 SuperMap、MapGIS 等与之形成分庭抗礼的局面。但对大多数进行科研工作的研究学者来说,其底层的实现方式与机理并不清楚。

笔者在前期工作中有幸接触到一些底层实现遥感与地理信息系统显示、处理、分析等方面的需求,结合实际工作进行了一些初步的探索,再对这些实现进行了模块化划分与软件化封装,形成了一套初步可用的模块及其源码(命名为 MHMapGIS),并把这些设计、开发与集成过程中的思路、方法和技巧与读者一同分享。需要说明的是,随着本书的出版,与本书配套的一整套源码愿同读者分享,由于底层开发中涉及了众多的基础性知识,本书中仅在第3、4章进行了简要的介绍,其他的一些基础性知识,如 MFC、STL、数据结构、C++类等知识需要读者自行掌握。本书在设计与开发过程中,希望所实现的代码并非"实验性"成果,而是能够真正同广大读者分享的一套"有用"的思路、代码与软件模块;同时也希望广大读者在按照本书第26章模板示例或分享代码的基础上开发出各自擅长的一系列空间数据处理与分析算法模块,集成到系统中并同样分享给广大读者(途径是可以先将您的成果分享给笔者,笔者再通过个人博客(blog.sina.com.cn/radishenzhanfeng)及时分享给更多的读者与科研同仁,同时保留您的所有知识产权)。

在本系统的前期设计中,希望能够通过对 ArcGIS 系统优点的分析,较好地总结 ArcGIS 软件的各种优势,尤其是 ArcGIS 的 ArcToolBox 的"万能性",能够将大量地理空间分析算法工具很好地整理与集成;同时,在与 ENVI 软件集成之后,还能够将 ENVI 的大量遥感数据处理算法以工具的形式进行管理。因此笔者希望能够有一个较好的集成环境平台,并通过平台实现空间数据的快速浏览、查询等功能,实现基本的常用遥感、GIS 分析功能,实现快速算法部署与调试功能,实现矢栅数据的方便编辑等功能;同时,该平台还需要较好的底层模块化设计,便于后期的维护、升级及模块化集成等。因此构造了一套完全底层实现的 GIS/RS 系统,并基于底层开发过程的设计与实现完成了本书的创作。

系统的功能需求是变化的,这就要求对应的系统代码也是随之变化的。为了适应这种变化,笔者采用了博客的方式与读者分享程序开发过程中的点滴(而不是传统的代码光盘方式),并希望通过这种方式能够以最快的速度及时分享实现过程中的设计、方法、思路、代码及Debug过程。读者在阅读本书中的每一章节时,建议可对照从博客下载的对应代码及可执行程序的示例示范,从而更好地理解与消化GIS/RS的原理、方法、操作及底层的设计和实现过程。

建议读者具有遥感图像处理、地理信息系统及地图等方面的基本知识。由于是底层开发,建议在开发语言方面也有一定的基础,包括C++语言、Visual C++.Net编程环境、STL、MFC等。同时,由于我们面临的任务主要是遥感图像(栅格数据)或地理信息系统的对象(矢量数据,可初步理解为点、线、面的组合),我们需要基于C++实现多种矢量、栅格数据的IO操作,这部分可以由GDAL/OGR数据模型实现(而且已几乎发展成为业界标准),建议读者也多加关注。总结来说,本书中的主要代码的实现环境为Visual Studio.NET C++ 2017(或其他版本如2010、2013、2015等亦可),依赖的第三方库只有GDAL库(本书采用的版本为GDAL 2.02版本),无其他依赖环境或库。

随本书一同进行MHMapGIS软件的源码发布,本书中所有源码均复制来源于对应的软件程序源码并进行适当缩减,增加了便于用户理解的一系列代码注释,因此本书中的所有代码均可正常编译通过,请读者放心查阅。

总结来说,本书及对应的代码有以下几大看点:

(1)本书较为全面、系统地介绍了一套实用GIS软件系统的底层开发思路,在撰写过程中特别注重底层的设计工作,并给出了所有重要的数据结构定义,便于读者深入了解GIS系统底层结构;

(2)本书所依赖的软件系统MHMapGIS是由多个国家科技计划项目资助成果形成的软件系统,具有较好的实用性,同时在软件设计过程中也最大可能地保留了软件的扩展性;

(3)系统编码过程中,通过定义一系列宏及预定义,能够实现"一套代码,多种应用",即面向不同类型的应用通过预定义的方式实现不同版本的编译,满足不同情况的GIS/RS需求;

(4)从扩展性角度考虑,系统中很多数据通过XML方式进行定义或数据交换,很好地保留了系统的扩展性,特别是针对大量遥感影像处理、分析或GIS分析算法,能够方便快捷地集成至系统算法工具箱中,同时对系统版本进行了定义,能够支撑/满足基于系统的二次开发操作;

(5)系统中除应用GDAL第三方库之外,未应用其他第三方代码或库,系统经多次测试已尽可能地去除了代码中的Bug,同时最重要的是,本书涉及的所有代码均将有步骤地公开源码并与读者们共享,可以下载并编译形成自己的本地化可调试代码,更加有利于读者理解书中的设计与数据结构。

本书共31章,原则上构成MHMapGIS软件的每个模块尽量独立成章。其中第1章介绍了底层开发的需求分析与实现构想,第2章介绍了针对需求的底层开发整体设计与实现方法,第3、4章则是针对本书中的各种基础性知识进行简要的介绍。本书第5~29章分别就第2章中介绍的整体设计及模块化开发思路,按各模块的功能设计与实现方法进行介绍,其中第5~7章介绍了系统中最重要的几个基础性模块,其他章节则是在这些核心模块的基础上针对不同的功能性需求而进行功能性模块的介绍。第30章针对第5~29章中介绍的模块进行了二次开发与模块应用的集成的讲解,详细阐述了基于对应模块的五个版本的软件集成方式,为二次开发提供了样本模板。第31章给出了随书一同发布的源码及其编译与使用方法。本书由沈占锋、骆剑承构思、撰写并校稿。

本书的出版得到了国家重点研发计划项目(2018YFB0505002、2021YFC1523503)、国家自然科学基金项目(41971375)和中国科学院大学教材出版中心的资助,在此一并表示感谢。同时,也对科技部前期的863计划、国家科技支撑计划等项目,国家自然科学基金项目及国家高分专项项目等的需求指引与资助表示衷心的感谢。另外,在本书的编写过程中还得到了多位老师的悉心指导与帮助支持,包括中国科学院地理科学与资源研究所周成虎院士、苏奋振研究员、杜云艳研究员、杨晓梅研究员、葛咏研究员、裴韬研究员、马廷研究员,南京大学李满春教授、程亮教授、杜培军教授,武汉大学钟燕飞教授、邵振峰教授、黄昕教授,中山大学张清凌教授,浙江大学刘仁义教授、杜震洪教授,中国科学院新疆生态与地理研究所包安明研究员、王伟胜研究员、杨辽研究员、李均力研究员,中国农业大学杨建宇教授,中国地质大学(北京)明冬萍教授,浙江工业大学吴炜博士、夏列钢博士、杨海平博士,成都理工大学程熙博士,河海大学周亚男博士,长安大学吴田军博士,中国科学院空天信息创新研究院柳钦火研究员、肖青研究员、闻建光研究员,以及笔者研究团队的张新研究员、赵丽芳副研究员、董文博士、胡晓东博士、邰丽静博士等,在此表示诚挚的谢意。

由于笔者能力有限,书中难免存在错漏或不足之处,殷切希望同行专家与读者们及时给予批评指正与反馈(shenzf@radi.ac.cn),同时,笔者也会尽最大努力及时地将更正之处或程序中的Bug修正之处通过博客等方式改正并发布。

最后,仿照Linux创始人Linus Torvalds在2000年的一句名言"Talk is cheap. Show me the code!"作为本书前言结语:"Talk is cheap. Let me show you the code!"

作 者

2021年11月16日

目　录

图 目 录

表　目　录

GDAL 操作类库 MHMapGDAL 的实现

在针对遥感与地理信息系统数据显示、处理、分析过程中,有大量的数据读取与分析操作都是通过第三方库 GDAL/OGR 来完成的。在模块设计时,我们专门设计了一个模块 MHMapGDAL,其功能就是采用 GDAL 的一些基本功能的组合来实现本系统中其他模块的一些需求,并通过接口调用的方式为其他模块服务。这样设计的优点就是能够较大程度地将 GDAL/OGR 的操作都集中在一起,便于功能模块的实现与后期维护,同时也便于当 GDAL 版本升级后需要进行的代码功能升级与改造。

11.1　GDAL 库封装需求与设计理念

根据第 4 章所述,GDAL/OGR 库为我们提供了 GIS 操作底层多种异构空间数据的途径,MHMapGIS 系统中的各种基本的空间数据操作功能均可由 GDAL/OGR 负责完成。在 MHMapGIS 功能构成的底层模块中,模块 MHMapGDAL 就是专门针对这一功能实现的需求而进行设计的。

严格意义来说,模块 MHMapGDAL 是位于 GDAL 库与 MHMapGIS 中其他功能模块间的一个中间模块,其功能也是由一系列功能函数构成的,通过这些功能函数的有效封装,使得 MHMapGIS 中的其他模块不需要直接操作 GDAL 库就能够完成对应的功能,而只需要将具体的需求转交给模块 MHMapGDAL 对应实现的接口即可。同时,在版本维护方面,模块 MHMapGDAL 能够屏蔽掉 GDAL 底层不同版本的差别并实现满足 MHMapGIS 的功能需要,有利于本模块的版本维护与升级改造。

图 11-1 示意了模块 MHMapGDAL 同其他模块之间的关系。其中,模块 MHMapGDAL 通过聚合模块 GDAL 库实现底层空间数据的操作,如矢量、栅格数据的读取、写入、修改等,相应完成的功能均为 MHMapGIS 的不同模块所应用,也就是说,模块 MHMapGDAL 实现了 GDAL 库的进一步封装,并从中分离出了 MHMapGIS 的具体针对 GDAL 库操作的需求,图 11-1 中的顶部虚线范围内示意了调用模块 MHMapGDAL 较多的几个模块。

实际上,在 MHMapGIS 所属的几十个模块中,很多模块都有通过 GDAL 库实现底层数据操作的需求;在具体实现方面,我们对这些实现代码进行了封装与合并,使得最终通

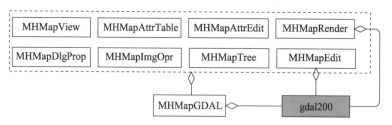

图 11-1 模块 MHMapGDAL 同 MHMapGIS 中的其他模块间关系

过直接应用GDAL库(并对其封装)的模块仅为3个,分别为MHMapRender、MHMapEdit
与MHMapGDAL。实际上,通过对GDAL封装的MHMapGDAL模块实现底层数据所有
操作的设计思路的优点是可以让专人实现且专人维护,但由于模块MHMapRender中有
大量而且频繁的底层空间数据读取的操作(参见第6章),一般来说,只要用户视图范围或
比例尺更改就需要视图区域重新绘制,而重新绘制时模块MHMapRender需要重新读取
相应的空间数据;同样地,模块MHMapEdit也涉及大量且较频繁的底层矢量数据交互操
作(矢量数据的编辑,参见第21章),而如果这些操作均通过模块MHMapGDAL完成的
话,势必造成模块MHMapGDAL过于庞大,而且模块代码的可读性会有一定影响,因此这
2个底层GDAL交互较多的模块仍然保留了底层直接操作GDAL的功能。

11.2　MHMapGDAL库功能设计实现

在设计与实现方面,图11-1中所示从各模块的需求角度出发,在实现时需要应用到
GDAL库时,则将相应的函数移到模块MHMapGDAL中进行实现。也就是说,MHMapView、
MHMapAttrTable、MHMapAttrEdit、MHMapDlgProp、MHMapTree等模块不需要引用GDAL
库的相应头文件和库文件(gdal_i.lib),相应的功能转交给本模块进行功能实现。

11.2.1　服务于 MHMapView 模块的功能函数

MHMapView模块中有大量的功能需要由GDAL库配合实现,我们首先在模块功能
设计阶段将这些功能抽象成一系列功能函数,并在本模块中定义相应的接口,再在模块
MHMapView中调用此接口即可完成相应的功能。其中,当采用鼠标拖拽文件进入模块
MHMapView(控件)时,其实现代码就是调用了本模块的AddFiles()函数,参考7.7.1,这里
的AddFiles()函数的实现就是底层调用GDAL库进行实现的,对应的代码为:

```
MSLayerObj*    CMHMapGDAL::AddFile(string sFile, MSLayerObj* pParentLayer, MSPyramidType ePyramidType)
{
    const char* cFile = sFile.c_str();
    OGRDataSource* pDS = (OGRDataSource*)OGROpen(cFile, FALSE, NULL); //首先采用OGR方式尝试打开
    GDALDataset* pDataset = (GDALDataset*)GDALOpen(cFile, GA_ReadOnly); //其次采用GDAL方式尝试打开
    if (!pDS && !pDataset)    return NULL; //2种方式都打不开,不是支持的空间数据,可在此进行功能扩展
    MSLayerObj* pLayer = new MSLayerObj;
    MSDataSourceObj* pDataSrc = pLayer->GetDataSrcObj();
    pDataSrc->SetDataSrcType(MH_SOURCE_LOCALFILE);
    OGRLayer* pOGRLayer = NULL;
    if (pDS)        //说明是矢量数据
    {
```

```
        pOGRLayer = pDS->GetLayer(0); //先将第1层指定给对应的OGRLayer指针
        if (sFile.substr(0, 6) == "MYSQL:") //如果是MYSQL数据库,采用名称查找对应的OGR图层
        {
                int nFind = sFile.rfind("=");
                string sLN = sFile.substr(nFind + 1);
                pOGRLayer = pDS->GetLayerByName(sLN.c_str());
                pDataSrc->SetDataSrcType(MH_SOURCE_DATABASE);
        }
        if (!pOGRLayer) //说明打开文件出错,可能是MYSQL的表名出错
        {
                OGRDataSource::DestroyDataSource(pDS);
                return NULL;
        }
}
MSEnvelopObj* pMapEnvelop = m_pMapObj->GetEnvelopObj_Whole();//整图的空间范围
OGREnvelope env; //指向当前图层的空间范围
if (pDS && pOGRLayer)
{
        if (pOGRLayer->GetGeomType() == wkbPoint || pOGRLayer->GetGeomType() == wkbMultiPoint)
                pLayer->SetLayerType(MS_LAYER_POINT);
        else if(pOGRLayer->GetGeomType()==wkbLineString||pOGRLayer->GetGeomType()==wkbMultiLineString)
                pLayer->SetLayerType(MS_LAYER_LINE);
        else if (pOGRLayer->GetGeomType() == wkbPolygon || pOGRLayer->GetGeomType() == wkbMultiPolygon)
                pLayer->SetLayerType(MS_LAYER_POLYGON);
        pOGRLayer->GetExtent(&env);
        pLayer->GetEnvelopObj()->SetMinx(env.MinX);
        pLayer->GetEnvelopObj()->SetMaxx(env.MaxX);
        pLayer->GetEnvelopObj()->SetMiny(env.MinY);
        pLayer->GetEnvelopObj()->SetMaxy(env.MaxY);
}
else if (pDataset)
{
        pLayer->SetLayerType(MS_LAYER_RASTER);
        double padfTransform[6];
        CPLErr er = pDataset->GetGeoTransform(padfTransform);
        if (er != CE_None)//证明没有投影
                padfTransform[5] = -1;
        int nXSize = pDataset->GetRasterXSize();//宽
        int nYSize = pDataset->GetRasterYSize();//高
        double Xmin = 0, Ymin = -nYSize, Xmax = nXSize, Ymax = 0;
        if (er == CE_None)
        {
                Xmin = padfTransform[0] + 0 * padfTransform[1] + 0 * padfTransform[2];
                Ymax = padfTransform[3] + 0 * padfTransform[4] + 0 * padfTransform[5];
                Xmax = padfTransform[0] + nXSize*padfTransform[1] + nYSize*padfTransform[2];
                Ymin = padfTransform[3] + nXSize*padfTransform[4] + nYSize*padfTransform[5];
        }
        pLayer->GetEnvelopObj()->SetMinx(Xmin);
        pLayer->GetEnvelopObj()->SetMiny(Ymin);
        pLayer->GetEnvelopObj()->SetMaxx(Xmax);
```

```
            pLayer->GetEnvelopObj()->SetMaxy(Ymax);
    }
    if(!pParentLayer)
        m_pMapObj->AppendRootLayer(pLayer);
    else
    {
        MSGroupObj* pGroup = (MSGroupObj*)pParentLayer;
        pGroup->AddLayer(pLayer);
    }
    string sName = sFile;
    int nFind = sFile.rfind("\\");
    if(nFind > 0)
        sName = sFile.substr(nFind+1);
    pLayer->SetVisible(true);
    pDataSrc->SetDataSrc(sFile);
    if (pDS)//矢量数据
    {
        SetDefaultFeatureRenderInfo(pDS,pOGRLayer,pLayer,sName); //设定默认的矢量渲染信息
        OGRDataSource::DestroyDataSource(pDS);
    }
    else if(pDataset) //栅格数据
    {
        SetDefaultRasterRenderInfo(pDataset, pLayer, sName, ePyramidType); //设定默认的栅格渲染信息
        GDALClose(pDataset);
    }
    return pLayer;
}
```

上述代码在GDAL/OGR库的支持下实现了当前视图增加一个图层的代码,并且返回新添加图层的MSLayerObj*型指针(参见5.5中定义)。函数AddFiles()接口中的第一个参数sFile为待增加的文件名,参数pParentLayer指示了新增加文件的父图层指针,参数ePyramidType则指示了针对加入栅格文件时不存在影像金字塔时建立金字塔的选项(询问、建立和不建立)。

上述代码中,首先分别采用OGR与GDAL试图打开对应的文件,如果采用OGR库能够打开,则证明该文件属于矢量文件,否则如果能够采用GDAL进行打开,则该文件为栅格文件。进一步地,通过OGR的GetExtent()函数获得该矢量图层的空间范围,或者通过GDAL的函数GetGeoTransform()获取栅格数据的仿射变换系数,再通过相应的仿射变换的公式计算出该栅格图层的空间范围。最后,读取当前系统环境中设定的矢量与栅格数据的默认渲染方式,并通过2个对应的函数:SetDefaultFeatureRenderInfo()或SetDefaultRasterRenderInfo()设定该图层的渲染方案。

类似地,模块MHMapView中还有其他大量基于GDAL实现的函数,并在模块MHMapGDAL中进行实现,如以下功能函数的声明:

```
void SetDefaultFeatureRenderInfo(void* pOGRDataSource, void* p_OGRLayer, MSLayerObj* pLayer, string sName);
void SetDefaultRasterRenderInfo(void* pGDALDataset, MSLayerObj* pLayer, string sName, MSPyramidType eType);
void Label(MSLayerObj* pLayer);
void ZoomToRasterResolution(MSLayerObj* pLayer, int nCanvasWidth, int nCanvasHeight, double& dLUX, double&
```

```
dLUY, double& dRBX, double& dRBY);
bool GetExtentByAttributeValue(string sLayerName, string sAttr, string sValue, double& dLUX, double&
dLUY, double& dRBX, double& dRBY);
int GetExtentByFID(MSLayerObj* pLayer, int nFID, MSEnvelopObj& env);
int GetFeaturePoints(MSLayerObj* pLayer, int nFID, vector<MSPOLYGONPART>& vCoors);
```

其中函数 SetDefaultFeatureRenderInfo()的功能是辅助模块 MHMapView 实现缺省矢量图层的渲染方案(默认渲染方案的设定对应了 MHMapGIS 的选项中,参见第29章),其核心代码为:

```
void        CMHMapGDAL::SetDefaultFeatureRenderInfo(void* pOGRDataSource,  void*  p_OGRLayer,  MSLayerObj*
pLayer, string sName)
{
    OGRLayer* pOGRLayer = (OGRLayer*)p_OGRLayer;
    OGRwkbGeometryType type = wkbFlatten(pOGRLayer->GetGeomType());
    if (type == wkbPoint || type == wkbMultiPoint) //点类型矢量数据
    {
        pLayer->SetLayerType(MS_LAYER_POINT);
        MSSimpleThematicObj* pSimpleThematicObj = new MSSimpleThematicObj();//渲染主题默认为简单点
        pLayer->SetThematicObj(pSimpleThematicObj);
        MSSimpleMarkerSymbolObj* pSimpleMarkerSymbolObj = new MSSimpleMarkerSymbolObj();
        pSimpleThematicObj->SetSymbolObj(pSimpleMarkerSymbolObj); //默认的几何形状为符号类型
        if (m_bFillRand_Point) //是否为随机充填?
        {
            int r = rand();       int g = rand();       int b = rand();
            int a = 255 - m_nTransparent_Point;
            pSimpleMarkerSymbolObj->SetFillColor(_MSColor(a,r,g,b));
        }
        else//按设定颜色充填
        {
            int r = GetRValue(m_clrFill_Point);int g = GetGValue(m_clrFill_Point);
            int b = GetBValue(m_clrFill_Point);int a = 255 - m_nTransparent_Point;
            pSimpleMarkerSymbolObj->SetFillColor(_MSColor(a, r, g, b));
        }
        if (m_bEdgeRand_Point) //是否为随机边线?
        {
            int r = rand();       int g = rand();       int b = rand();
            pSimpleMarkerSymbolObj->SetEdgeColor(_MSColor( r, g, b));
        }
        else//按设定边线
        {
            int r = GetRValue(m_clrEdge_Point);  int g = GetGValue(m_clrEdge_Point);
            int b = GetBValue(m_clrEdge_Point);
            pSimpleMarkerSymbolObj->SetEdgeColor(_MSColor(r, g, b));
        }
        pSimpleMarkerSymbolObj->SetSize(m_fSize_Point); //设定的大小
        pSimpleMarkerSymbolObj->SetEdgeLineWidth(m_fEdgeWidth_Point); //设定的线宽
        pSimpleMarkerSymbolObj->SetMarkerType(MS_MARKER_CIRCLE); //设定的形状
    }
    else if (type == wkbLineString || type == wkbMultiLineString)
        //按线颜色(随机、设定)、线宽进行线状矢量数据默认渲染方案设定,略
```

```
    else if (type == wkbPolygon || type == wkbMultiPolygon)
        //按填充色(随机、设定)、边界线(随机、设定)、线宽进行面状矢量数据默认渲染方案设定,略
}
```

上述代码中如m_bFillRand_Point等一系列变量均是由模块MHMapView中传入过来的参数,用户指示是否采用随机颜色进行点内填充,而这些变量起源于系统的选项对话框,可参见第29章。

该函数用于实现MHMapView选项中的默认矢量渲染方案。函数SetDefaultRaster-RenderInfo()类似,用于设定默认的栅格数据渲染方案,需要根据栅格的波段数设定不同的波段组合模式,其代码为:

```cpp
void        CMHMapGDAL::SetDefaultRasterRenderInfo(void* pGDALDataset, MSLayerObj* pLayer, string sName,
MSPyramidType ePyramidType)
{
    GDALDataset* pDataset = (GDALDataset*)pGDALDataset;
    pLayer->SetName(sName);    //栅格加后缀
    pLayer->SetLayerType(MS_LAYER_RASTER);
    int nXSize = pDataset->GetRasterXSize();
    int nYSize = pDataset->GetRasterYSize();
    int nBandCount = pDataset->GetRasterCount();
    INT64 iNumber = nXSize*nYSize*nBandCount; //判断是否建议生成金字塔
    if (iNumber >= 500 * 300 * 3 && pDataset->GetRasterBand(1)->GetOverviewCount() == 0)
    {
        int nAns = IDYES; //根据用户设定的金字塔生成方案
        if (ePyramidType == Ask || m_eRadPyramidType == Ask && ePyramidType == WithOption)
            nAns = MessageBox(NULL, "生成金字塔?", "提示", MB_YESNO | MB_TASKMODAL);
        if (ePyramidType == NotBuild)    nAns = IDNO;
        if (nAns == IDYES)
        {
            int nLevel = 0;
            vector<int> nList;
            while (iNumber >= 500 * 300 * 3)
            {
                nLevel++;
                nList.push_back(pow((double)2, nLevel)); //加入列表
                iNumber /= 4;
            }
            int *nLevelList = new int[nLevel];
            for (int i = 0; i < nLevel; i++)
                nLevelList[i] = nList[i];
            pDataset->BuildOverviews("NEAREST", nLevel, nLevelList, 0, NULL, GDALDummyProgress, NULL);
            delete nLevelList;
        }
    }
    GDALDataType type = pDataset->GetRasterBand(1)->GetRasterDataType();
    pLayer->SetGdalDataType(type);
    if (nBandCount == 1) //单波段
    {
        GDALRasterBand* pBand1 = pDataset->GetRasterBand(1);
```

```
GDALColorTable*pTable = pBand1->GetColorTable();
if (pTable && m_nChkUseColorTable)    //应用默认的颜色表时,m_nChkUseColorTable == 1
{
    int nColorEntryCount = pTable->GetColorEntryCount();
    GDALPaletteInterp pi = pTable->GetPaletteInterpretation();
    MSColorMapRasterThematicObj* pColorMapRasterThematicObj = new MSColorMapRasterThematicObj;
    pLayer->SetThematicObj(pColorMapRasterThematicObj);
    for (int i = 0; i < nColorEntryCount; i++)
    {
        const GDALColorEntry* pColorEntry = pTable->GetColorEntry(i);
        short sR = pColorEntry->c1;      short sG = pColorEntry->c2;
        short sB = pColorEntry->c3;      short sA = pColorEntry->c4;
        char sC[255];                    itoa(i, sC, 10);
        pColorMapRasterThematicObj->AddSymbolObj(i, MSColor::_MSColor(sA, sR, sG, sB), sC);
    }
}
else if (m_ncmbRenderMethodSel == 0)//默认采用Stretch, m_ncmbRenderMethodSel == 0
{
    MSStretchRasterThematicObj* pStretchRasterThematicObj = new MSStretchRasterThematicObj;
    pLayer->SetThematicObj(pStretchRasterThematicObj);
    double dMin, dMax, dMean, dDev;
    pBand1->GetStatistics(TRUE, TRUE, &dMin, &dMax, &dMean, &dDev);
    pStretchRasterThematicObj->AddColorRampPoint(dMin, _MSColor());
    pStretchRasterThematicObj->AddColorRampPoint(dMax, _MSColor(255, 255, 255));
}
}
else if (nBandCount >= 3) //默认采用RGB彩色合成方式
{
    MSRGBRasterThematicObj* pRGBRasterThematicObj = new MSRGBRasterThematicObj;
    pLayer->SetThematicObj(pRGBRasterThematicObj);
    pRGBRasterThematicObj->SetChannelR(1);
    pRGBRasterThematicObj->SetChannelG(2);
    pRGBRasterThematicObj->SetChannelB(3);
    for (int i = 0; i < m_vDefaultRM.size();i++)//根据波段个数读取已经设定的默认合成波段
    {
        string str = m_vDefaultRM.at(i);
        string str1 = str.substr(0, str.find(" "));
        int nBandNum = atoi(str1.c_str());
        if (nBandNum != nBandCount)       continue;
        str = str.substr(str.find(":") + 1);
        int nBandR = atoi(str.c_str());
        str = str.substr(str.find(":") + 1);
        int nBandG = atoi(str.c_str());
        str = str.substr(str.find(":") + 1);
        int nBandB = atoi(str.c_str());
        pRGBRasterThematicObj->SetChannelR(nBandR);
        pRGBRasterThematicObj->SetChannelG(nBandG);
        pRGBRasterThematicObj->SetChannelB(nBandB);
    }
    pRGBRasterThematicObj->SetColorMode(COLOR_TYPE_RGB);
```

```
            COLORREF cNoData = (COLORREF)m_colorNoData;
            int a = 255;
            if (m_colorNoData == -1)   a = 0;
            pRGBRasterThematicObj->SetNoDataColor(_MSColor(a,  GetRValue(cNoData),  GetGValue(cNoData),
GetBValue(cNoData)));
            pRGBRasterThematicObj->SetCheckBackGround(m_nbtnShowBackgroundAsSel);
            pRGBRasterThematicObj->SetBackGroundValue(m_nBackgroundR, m_nBackgroundG, m_nBackgroundB);
            a = 255;
            COLORREF cBackGround = (COLORREF)m_colorBackground;
            if (m_colorBackground == -1)   a = 0;
            pRGBRasterThematicObj->SetBackGroundColor(_MSColor(a, GetRValue(cBackGround), GetGValue
(cBackGround), GetBValue(cBackGround)));
            pRGBRasterThematicObj->SetStretchMethod(XML_SCALINGMETHORD_NULL);
    }
}
```

上述代码实现了针对栅格数据的默认配色方案,其中前一部分实现了判断栅格数据的大小并询问是否建立影像金字塔的代码。影像金字塔能够加快数据的读取速度,对影像数据的快速浏览、缩放等操作提供了更好的支持。进一步地,相应代码完成了图层的范围、类型等信息的设定,最后根据图层的波段个数信息设定波段组合方案:如果仅存在一个波段时,此时存在颜色表则优先使用颜色表,否则按拉伸模式进行渲染,如果存在多个波段,按彩色RGB合成的方式,并设定渲染过程中的NoData、背景色、拉伸模式等。

函数Label()的功能是设定矢量数据的标签信息,需要通过OGR获得该矢量的所有字段信息及其类型,进而判断需要采用哪个字段进行标签设定,以及默认的标注渲染方式(字体、颜色、间隔等),代码略。

函数ZoomToRasterResolution()的功能是配合模块MHMapView进行某栅格图层的缩放操作,实现该栅格图层"缩放至像素分辨率"。其实现原理是在保持屏幕中心点地理坐标的前提下,计算影像的仿射变换参数并根据屏幕的实际比例尺计算出新的屏幕区域的坐标(期间要判断横纵比例尺并保证两者相等),再调用模块MHMapRender实现区域重绘并更新,对应的核心代码为:

```
void      CMHMapGDAL::ZoomToRasterResolution(MSLayerObj* pLayer, int nCanvasWidth, int nCanvasHeight,
double& dLUX, double& dLUY, double& dRBX, double& dRBY)
{
    GDALDataset* pDS = (GDALDataset*)pLayer->m_pOGRLayerPtrOrGDALDatasetPtr;
    GDALRasterBand* pBand = pDS->GetRasterBand(1);
    double adfDstGeoTransform[6];
    CPLErr er = pDS->GetGeoTransform(adfDstGeoTransform);
    if (er != CE_None)//证明没有投影
        adfDstGeoTransform[5] = -1;
    double dbX[4], dbY[4];
    int nXsize = pDS->GetRasterXSize();
    int nYsize = pDS->GetRasterYSize();
    dbX[0] = adfDstGeoTransform[0];     //左上角点与右下角点坐标
    dbY[0] = adfDstGeoTransform[3];
    dbX[2] = adfDstGeoTransform[0] + nXsize*adfDstGeoTransform[1] + nYsize*adfDstGeoTransform[2];
    dbY[2] = adfDstGeoTransform[3] + nXsize*adfDstGeoTransform[4] + nYsize*adfDstGeoTransform[5];
```

```
    double x = dbX[2]-dbX[0]; //横向地理坐标范围
    double y = dbY[2]-dbY[0]; //纵向地理坐标范围
    double dScale1 = nCanvasWidth*1.0/nXsize;
    double dScale2 = nCanvasHeight*1./nYsize;
    double dScale = dScale1 > dScale2 ? dScale2 : dScale1;
    dLUX = -x*dScale/2; //将得到的地理坐标返回
    dRBX = x*dScale/2;
    dLUY = -y*dScale/2;
    dRBY = y*dScale/2;
}
```

　　函数 GetExtentByAttributeValue() 的功能是配合模块 MHMapView 在矢量图层中查询具有某一属性的要素,并返回该要素的坐标范围,用于快速缩放至某一要素。其实现原理就是遍历该图层中的各要素,并判断其属性值是否一致,如果一致则将该要素的几何范围返回,函数 GetExtentByFID() 的功能类似,对应的代码略。

　　函数 GetFeaturePoints() 的功能是配合模块 MHMapView 中的节点编辑功能,返回指定矢量要素的所有构成节点,再在模块 MHMapView 中进行相应节点的显示。其中,需要判断当前要素的类型:如果是单线(OGRLineString),则直接返回该线的所有节点;如果是单面(OGRPolygon),则分别按不同的 Part 返回面的外环及所有内环(岛);如果是多线(OGRMulitLineString)与多面(OGRMultiPolygon),则先按不同的部分分别按单线与单面的方式处理,并将节点信息存储至返回参数中,核心代码为:

```
int CMHMapGDAL::GetFeaturePoints(MSLayerObj* pLayer, int nFID, vector<MSMULTIPART>& vCoors)
{
    if (type == wkbLineString || type == wkbPolygon) //单线或单多边形,直接调用下面函数
        return GetFeaturePoints(pGeometry, vCoors);
    else if (type == wkbMultiLineString || type == wkbMultiPolygon) //多线或多多边形,遍历调用
    {
        vCoors.clear();
        OGRGeometryCollection* pGC = (OGRGeometryCollection*)pGeometry;
        int nNumPart = pGC->getNumGeometries();
        for (int i = 0; i < nNumPart; i++)
        {
            OGRGeometry* pGeometryChild = pGC->getGeometryRef(i);
            nSuc = GetFeaturePoints(pGeometryChild, vCoors);
        }
    }
    return nSuc;
}
```

　　上述代码中判断多边形为简单几何形状还是复杂几何形状,如果是简单形状,则直接调用下面函数;如果是复杂形状,则遍历其内部所有的简单形状再逐一调用下面函数:

```
int        CMHMapGDAL::GetFeaturePoints(void* pGeometry, vector<MSMULTIPART>& vCoors)
{
    OGRwkbGeometryType type = wkbFlatten((((OGRGeometry*)pGeometry)->getGeometryType());
    if (type == wkbLineString) //单线
    {
        OGRLineString* pLineString = (OGRLineString*)pGeometry;
```

```
        int nCount = pLineString->getNumPoints();
        double *dTmpX = new double[nCount];
        double *dTmpY = new double[nCount];
        pLineString->getPoints(dTmpX, sizeof(double), dTmpY, sizeof(double));
        MSMULTIPART pp;
        for (int i = 0; i < nCount; i++)
            pp.push_back(MSPointDouble(dTmpX[i], dTmpY[i]));
        vCoors.push_back(pp);
        delete dTmpX;
        delete dTmpY;
    }
    else if (type == wkbPolygon) //单多边形
    {
        OGRPolygon* pPolygon = (OGRPolygon*)pGeometry;
        OGRLinearRing* pLinearRing = pPolygon->getExteriorRing();//外环
        int nCount = pLinearRing->getNumPoints();
        double *dTmpX = new double[nCount];
        double *dTmpY = new double[nCount];
        pLinearRing->getPoints(dTmpX, sizeof(double), dTmpY, sizeof(double));
        MSMULTIPART pp;
        for (int i = 0; i < nCount; i++)
            pp.push_back(MSPointDouble(dTmpX[i], dTmpY[i]));
        vCoors.push_back(pp);
        delete dTmpX;
        delete dTmpY;
        int nNum = pPolygon->getNumInteriorRings();//内环
        for (int j = 0; j < nNum; j++)
        {
            OGRLinearRing* pLinearRing = pPolygon->getInteriorRing(j);
            int nCount = pLinearRing->getNumPoints();
            double *dTmpX = new double[nCount];
            double *dTmpY = new double[nCount];
            pLinearRing->getPoints(dTmpX, sizeof(double), dTmpY, sizeof(double));
            MSMULTIPART pp;
            for (int i = 0; i < nCount; i++)
                pp.push_back(MSPointDouble(dTmpX[i], dTmpY[i]));
            vCoors.push_back(pp);
            delete dTmpX;
            delete dTmpY;
        }
    }
    return 0;
}
```

11.2.2　服务于对话框模块的功能函数

在MHMapGIS构成模块中,很多对话框模块中需要调用GDAL的部分功能获取空间数据的部分信息,这一部分功能也在本模块中进行实现,其中函数声明包括:

```
string   GetFields(MSLayerObj* pLayer); //获取矢量图层的所有字段名称
```

```
int        GetRasterBandCount(MSLayerObj* pLayer); //栅格波段数
void       GetRasterBandMinMax(MSLayerObj* pLayer,int nBand,double& dMin,double& dMax); //栅格某波段最值
bool       RasterHaveColorTable(MSLayerObj* pLayer); //栅格是否有彩色表
bool       GetRasterBandHistogram(MSLayerObj* pLayer, int nBand, unsigned long long *& pHistogram,
               double& dMin,double& dMax); //栅格某波段直方图信息
bool       UpdateFieldByPolygonArea(MSLayerObj* pLayer, int nField); //计算并更新多边形面积字段
bool       UpdateFieldByLineLength(MSLayerObj* pLayer, int nField); //计算并更新线长度字段
bool       UpdateFieldByPolygonCentroidX(MSLayerObj* pLayer, int nField); //计算并更新多边形中心点X字段
bool       UpdateFieldByPolygonCentroidY(MSLayerObj* pLayer, int nField); //计算并更新多边形中心点Y字段
string     GetFieldType(MSLayerObj* pLayer,int nField); //获取某字段类型
string     GetFieldName(MSLayerObj* pLayer, int nField); //获取某字段名称
int        GetFieldIDByName(MSLayerObj* pLayer,string sField); //通过字段名称获取其ID
int        GetColorTableCount(MSLayerObj* pLayer); //获取彩色表数目
MSColor    GetColorTableColor(MSLayerObj* pLayer, int iIndex); //获取某个彩色表
bool       AddField(MSLayerObj* pLayer, string sFieldName, string sFiledType); //增加字段
```

上述函数中,函数 GetFields()是在对话框模块 MHMapDlgProp 中需要用户选择采用哪个字段进行标注时调用的函数,返回该图层所有字段名称的函数,其实现核心代码为:

```
string     CMHMapGDAL::GetFields(MSLayerObj* pLayer)
{
    string sReturn;
    OGRLayer* pOGRLayer = (OGRLayer*)pLayer->m_pOGRLayerPtrOrGDALDatasetPtr;
    OGRFeatureDefn *pFeatureDefn = pOGRLayer->GetLayerDefn();
    int nFieldCount = pFeatureDefn->GetFieldCount();
    for (int i=0;i<nFieldCount;i++)
    {
        OGRFieldDefn* pFieldDefn = pFeatureDefn->GetFieldDefn(i);
        char* cName = (char*)pFieldDefn->GetNameRef();
        sReturn += string(cName);
        sReturn += "~";//采用符号~进行字符连接
    }
    if(sReturn.size() > 0)
        sReturn = sReturn.substr(0,sReturn.size()-1);
    return sReturn;
}
```

即遍历该矢量的所有字段并采用字符~对其进行连接,再在对应的调用对话框模块中进行字符串解析即可。

函数 GetRasterBandCount()是获取栅格图层的波段数,函数 GetRasterBandMinMax()是获取栅格数据某波段的最小最大值,函数 RasterHaveColorTable()是判断栅格波段是否有对应的彩色表,函数 GetRasterBandHistogram()则是获取对应波段的直方图信息,这些函数均用于图层的属性对话框模块 MHMapDlgProp,相应的功能实现也比较简单,此处略。函数 UpdateFieldByPolygonArea()、UpdateFieldByLineLength()、UpdateFieldByPolygonCentroidX()、UpdateFieldByPolygonCentroidY()等则是调用 OGRGeometry 类针对几何形状的自动计算功能函数实现多边形面积、线长度、质心点坐标计算的函数。

函数 GetFieldType()、GetFieldName()和 GetFieldIDByName()功能分别是返回字段类

型、字段名称及字段索引值,函数 GetColorTableCount()和 GetColorTableColor()则是获取栅格图层彩色表数量及某一索引下的颜色表值,函数 AddField()是用于增加一个字段的函数,其实现代码为:

```
bool      CMHMapGDAL::AddField(MSLayerObj* pLayer, string sFieldName, string sFiledType)
{
    OGRLayer* pOGRLayer = (OGRLayer*)pLayer->m_pOGRLayerPtrOrGDALDatasetPtr;
    if (sFiledType == "OFTInteger")
    {
        OGRFieldDefn fd(sFieldName.c_str(), OFTInteger);
        pOGRLayer->CreateField(&fd);
    }
    else
        //判断类型为"OFTReal","OFTString","OFTDate","OFTTime","OFTDateTime"等,并分别增加对应字段,略
    return true;
}
```

11.2.3   服务于属性表模块的功能函数

属性表模块 MHMapAttrTable 及属性批量编辑模块 MHMapAttrEdit 中涉及大量的矢量数据字段、属性值的读取与写入操作,相应的功能实现也在本模块中进行实现,相应的函数接口声明包括:

```
int       GetFeatureCount(MSLayerObj* pLayer); //获取要素个数
string    GetNextFeatureValueAndFIDAsString(MSLayerObj* pLayer, int& nFID); //获取下一要素的值与ID
void      ResetReadingMSLayer(MSLayerObj* pLayer); //要素位置回到最初
string    GetFeatureValueAsStringByFID(MSLayerObj* pLayer, int nFID); //通过FID获取要素值
string    GetFeatureValueAsStringByField(MSLayerObj* pLayer, int nField, BOOL bUniqueValue = FALSE);
void      DeleteField(MSLayerObj* pLayer, int nField); //删除字段
string    GetFeatureValueAsStringByFIDAndField(MSLayerObj* pLayer, int nFID, int nField); //获取要素值
```

其中,函数 GetFeatureCount()的主要功能是返回指定图层中的要素个数,用于指明(遍历)该图层在属性表中的要素个数;函数 GetNextFeatureValueAndFIDAsString()则是遍历所有要素时将其要素值(所有字段)以字符串连接的形式返回,在模块 MHMapAttrTable 中再进行字符串解析并得到各要素所有字段的值,用于进行属性表的显示,同时返回对应要素的 FID 值;函数 ResetReadingMSLayer()类似于 OGR 的 ResetReading()函数,实现要素读取指针重新返回至图层头部;函数 GetFeatureValueAsStringByFID()的功能是通过要素的 FID 值获取要素的所有特征值,同样以字符串连接的形式返回结果;类似地,函数 GetFeatureValueAsStringByField()则是获取某字段的所有要素的值,返回所有要素特征值的字符串连接;函数 DeleteField()的功能是删除其中的某个字段;函数 GetFeatureValueAsStringByFIDAndField()则是指定某个 FID 的某个字段返回对应的特征值。

以函数 GetFeatureValueAsStringByFID()为例,对应的实现代码为:

```
string    CMHMapGDAL::GetFeatureValueAsStringByFID(MSLayerObj* pLayer, int nFID)
{
    OGRLayer* pOGRLayer = (OGRLayer*)pLayer->m_pOGRLayerPtrOrGDALDatasetPtr;
    string sReturn;
```

```
OGRFeature* pFeature = pOGRLayer->GetFeature(nFID);  //要素指针
OGRFeatureDefn* pFeatureDefn = pFeature->GetDefnRef();    //要素定义
int nFieldCount = pFeatureDefn->GetFieldCount();          //字段个数
for (int i=0;i<pFeatureDefn->GetFieldCount();i++)         //遍历
{
    string sTmp = string(pFeature->GetFieldAsString(i));
    sReturn += sTmp + "~";
}
if(sReturn.size() > 1)              //去掉字符串中最后一个 ~
    sReturn = sReturn.substr(0,sReturn.size()-1);
return sReturn;
}
```

上述代码实现指定矢量图层中的FID并获取所有要素值的字符串连接,对应于属性表中的"一行",而函数GetFeatureValueAsStringByField()的功能则是返回属性表中的"一列",其实现代码为:

```
string CMHMapGDAL::GetFeatureValueAsStringByField(MSLayerObj* pLayer, int nField, BOOL bUniqueValue)
{
    OGRLayer* pOGRLayer = (OGRLayer*)pLayer->m_pOGRLayerPtrOrGDALDatasetPtr;
    string sReturn;                  //返回字符串
    OGRFeature *pFeature = NULL;
    pOGRLayer->ResetReading();
    vector<string>tmp;                //用于判断是否已经存在临时变量
    while((pFeature = pOGRLayer->GetNextFeature()) != NULL)
    {
        string sValue = string(pFeature->GetFieldAsString(nField));
        if(bUniqueValue && find(tmp.begin(),tmp.end(),sValue) != tmp.end())//获取唯一值且已经记录
            continue;
        tmp.push_back(sValue);
        sReturn += sValue + "~";
    }
    if(sReturn.size() > 1)                   //去掉字符串中最后一个 ~
        sReturn = sReturn.substr(0,sReturn.size()-1);
    return sReturn;
}
```

其中,参数变量bUniqueValue用于指示是否返回该字段的唯一值,实现代码中构造了一个临时的vector <string> 型变量,用该容器记录并判断是否已经记录过该值,并根据指定的bUniqueValue参数决定是否略过重复的要素值。

11.2.4 服务于TOA模块的功能函数

模块MHMapTree负责实现MHMapGIS中的地图图层信息管理,并实现一些图层的快捷操作。例如,当需要图层树上右键的新建矢量图层功能时,需要通过OGR库新建一个图层文件,相应的代码实现也在本模块中,TOA模块中需要的功能函数声明包括:

```
void    CreateNewFeatureLayer(char* cFileName, MSLayerType nLayerType, MSSaveType nSaveType, string
sRefFile = "");  //生成新的矢量文件图层
void    CreateNewFileFromSelected(char* cFileName, MSLayerObj* pLayer, int* nFids, int nCount); //将
```

选中要素生成新的矢量图层

其中函数 CreateNewFeatureLayer()的功能为建立一个新的矢量图层数据,其中的参数 sRefFile 指示了参考文件,参数 nSaveType 指示了新建矢量文件的类型(SHP 文件/内存文件),对于一些不需要存储到磁盘的临时性矢量生成需求来说,可以建立一个内存矢量数据文件;函数 CreateNewFileFromSelected()的功能是将对应矢量图层中选择集中的要素存储成为一个新的矢量图层。

其中函数 CreateNewFeatureLayer()的实现代码为:

```cpp
void CMHMapGDAL::CreateNewFeatureLayer(char* cFileName, MSLayerType nLayerType, MSSaveType nSaveType,
string sRefFile)
{
    GDALDriver* poDriver = NULL;
    if (nSaveType == MS_SAVE_SHP)          // 生成新的 Shp File
        poDriver = OGRSFDriverRegistrar::GetRegistrar()->GetDriverByName("ESRI Shapefile");
    else if(nSaveType == MS_SAVE_MEMORY)  // 生成一个 Memory File
        poDriver = OGRSFDriverRegistrar::GetRegistrar()->GetDriverByName("Memory");
    GDALDataset* pNewDatasource = poDriver->Create(cFileName, 0, 0, 0, GDT_Unknown, NULL); //GDAL2.0 后
    MSLayerObj* pExistLayer = m_pMapObj->GetFirstValidLayer();
    OGRSpatialReference* srOld = NULL, *srNew = NULL;
    const char* cProjectRef = NULL;
    bool bSucceed = false;
    OGRDataSource* pSrcDS = NULL;
    GDALDataset* pSrcDataset = NULL;
    OGREnvelope env, envTMP;
    if (sRefFile != "")// 存在一个参考文件,则按参考文件的空间参考及范围新建
    {
        pSrcDS = (OGRDataSource*)OGROpen(sRefFile.c_str(), FALSE, NULL); //以矢量方式打开参考文件
        if (pSrcDS) // 证明该参考文件为矢量
        {
            OGRLayer* pSrcLayer = pSrcDS->GetLayer(0);
            if (pSrcLayer)
            {
                srOld = pSrcLayer->GetSpatialRef();
                pSrcLayer->GetExtent(&env); //获取参考文件的图层范围
                bSucceed = true;
            }
        }
        if (!bSucceed) //如果未成功,再尝试以栅格方式打开参考文件
        {
            pSrcDataset = (GDALDataset*)GDALOpen(sRefFile.c_str(), GA_ReadOnly);
            if (pSrcDataset) // 证明该参考文件为栅格
            {
                cProjectRef = pSrcDataset->GetProjectionRef();
                double padfTransform[6];
                CPLErr er = pSrcDataset->GetGeoTransform(padfTransform);
                if (er != CE_None)//证明没有投影
                    padfTransform[5] = -1;
                double Xmin = 0, Ymin = -pSrcDataset->GetRasterYSize();
```

```
                    double Xmax = pSrcDataset->GetRasterXSize(), Ymax = 0;
                    if (er == CE_None) //根据仿射变换参数计算栅格文件范围
                    {
                            Xmin = padfTransform[0] + 0 * padfTransform[1] + 0 * padfTransform[2];
                            Ymax = padfTransform[3] + 0 * padfTransform[4] + 0 * padfTransform[5];
                            Xmax = padfTransform[0] + pSrcDataset->GetRasterXSize()*padfTransform
[1] + pSrcDataset->GetRasterYSize()*padfTransform[2];
                            Ymin = padfTransform[3] + pSrcDataset->GetRasterXSize()*padfTransform
[4] + pSrcDataset->GetRasterYSize()*padfTransform[5];
                    }
                    envTMP.MinX = Xmin;              envTMP.MinY = Ymin;
                    envTMP.MaxX = Xmax;              envTMP.MaxY = Ymax;
                    env.Merge(envTMP);
                    bSucceed = true;
            }
        }
    }
    if (!bSucceed) //如果还未成功,证明指定的参考文件无效,再判断当前地图中是否有可作为参考的图层
    {
        while (pExistLayer) // 当前地图中存在图层,则以存在的图层信息作为参考
        {
            MSLayerType layerType = pExistLayer->GetLayerType();
            // 判断地图中存在的图层类型,按上边代码复制存在图层的投影、范围信息到新建图层,略
        }
    }
    if (!srOld) // 如果不是已经存在的,则需要新建,如果是新建的则后面需要主动销毁
    {
        if (cProjectRef && strcmp(cProjectRef, "") != 0)
            srNew = (OGRSpatialReference*)OSRNewSpatialReference(cProjectRef);
    }
    OGRwkbGeometryType wkbType;
    if (nLayerType == MS_LAYER_POINT)
        wkbType = wkbPoint;
    else if (nLayerType == MS_LAYER_LINE)
        wkbType = wkbLineString;
    else if (nLayerType = MS_LAYER_POLYGON)
        wkbType = wkbPolygon;
    OGRLayer* pNewOGRLayer = NULL;
    if (srOld) // 生成对应的矢量图层
        pNewOGRLayer = pNewDatasource->CreateLayer("Layer", srOld, wkbType);
    else
        pNewOGRLayer = pNewDatasource->CreateLayer("Layer", srNew, wkbType);
    if (srNew) //如果是在本函数内新建的,需要主动销毁
        OGRSpatialReference::DestroySpatialReference(srNew);
    OGRFeature* pNF = OGRFeature::CreateFeature(pNewOGRLayer->GetLayerDefn());//生成1个要素
    if (nLayerType == MS_LAYER_POINT) //如果生成点图层,增加4个角点
    {
        OGRPoint opt;
        opt.setX(env.MinX); opt.setY(env.MinY);
        pNF->SetGeometry(&opt); //点坐标设置成最小的X、Y,更新到要素
```

```
        OGRErr er = pNewOGRLayer->CreateFeature(pNF);
        opt.setX(env.MaxX); opt.setY(env.MaxY);
        pNF->SetGeometry(&opt); //新建第2个点,设置坐标,更新到要素
        er = pNewOGRLayer->CreateFeature(pNF);
        opt.setX(env.MinX); opt.setY(env.MaxY);
        pNF->SetGeometry(&opt); //新建第3个点,设置坐标,更新到要素
        er = pNewOGRLayer->CreateFeature(pNF);
        opt.setX(env.MaxX); opt.setY(env.MinY);
        pNF->SetGeometry(&opt); //新建第4个点,设置坐标,更新到要素
    }
    else if (nLayerType == MS_LAYER_LINE) //如果生成线图层,增加2个交叉线
    {
        OGRLineString ols;
        ols.addPoint(env.MinX, env.MinY);
        ols.addPoint(env.MaxX, env.MaxY);
        pNF->SetGeometry(&ols); //线端点设置成屏幕的对角线,更新到要素
        OGRErr er = pNewOGRLayer->CreateFeature(pNF);
        ols.empty();
        ols.addPoint(env.MinX, env.MaxY);
        ols.addPoint(env.MaxX, env.MinY);
        pNF->SetGeometry(&ols); //新建第2条线,线端点设置成屏幕的对角线,更新到要素
    }
    else if (nLayerType = MS_LAYER_POLYGON) //如果生成面图层,增加1个矩形
    {
        OGRPolygon op;
        OGRLinearRing olr;
        olr.addPoint(env.MinX, env.MinY);
        olr.addPoint(env.MinX, env.MaxY);
        olr.addPoint(env.MaxX, env.MaxY);
        olr.addPoint(env.MaxX, env.MinY);
        olr.closeRings();
        op.addRing(&olr);
        pNF->SetGeometry(&op); //增加矩形,设置屏幕4个角点,更新到要素
    }
    OGRErr er = pNewOGRLayer->CreateFeature(pNF); //正式创建要素
    MSLayerObj* pNewFeatureLayer = NULL;
    if (nSaveType == MS_SAVE_SHP)  //Shp file
        GDALClose(pNewDatasource);
    else if (nSaveType == MS_SAVE_MEMORY)     //Memory file
    {
        pNewOGRLayer->CommitTransaction();
        pNewOGRLayer->SyncToDisk();
    }
    if (pSrcDS)
        OGRDataSource::DestroyDataSource(pSrcDS);
    if (pSrcDataset)
        GDALClose(pSrcDataset);
}
```

　　上述代码的实现过程稍复杂些,其功能是基于一个指定空间数据,或视图中已经存在

空间数据的框架信息为基准建立一个新的矢量数据文件,其中基准信息包括投影信息与空间范围信息。如果新建的矢量数据是点类型,则在新建的文件中增加4个点,分别为参考数据或框架空间范围的4个角点;如果为线类型,则增加2条线,分别为参考数据或框架空间范围的对角线;如果为面类型,则增加一个矩形,即参考数据或框架空间范围。

　　先根据参数指定的类型建立不同类型的矢量数据,SHP 类型或内存文件。再判断是否指定了参考数据文件,如果指定则试图采用 OGR 库对其进行尝试打开操作,如果打开成功则证明指定的参考文件为矢量类型,将其空间参考及数据范围信息记录;否则再试图采用 GDAL 库对其进行尝试打开,成功则证明参考文件为栅格类型,记录其空间参考,并采用仿射变换计算出其空间范围。如果未给定参考数据文件,则采用地图中已经存在的图层作为参考基准,方法类似。最后,根据新建矢量数据类型,分别建立对应的要素并指定要素几何信息,生成对应的要素。

　　函数 CreateNewFileFromSelected() 的实现代码类似,需要先根据源矢量图层的信息(空间参考、字段信息)新建一个 SHP 文件,并将其选中的要素复制到新的文件中(复制过程自动实现了相同字段对应属性值的复制),实现代码如下:

```
void CMHMapGDAL::CreateNewFileFromSelected(char* cFileName, MSLayerObj* pLayer, int* nFids, int
nCount)
{
    GDALDriver* poDriver = OGRSFDriverRegistrar::GetRegistrar()->GetDriverByName("ESRI Shapefile");
    remove(cFileName); //如果原来存在同名文件,删除
    GDALDataset* pNewDatasource = poDriver->Create(cFileName, 0, 0, 0, GDT_Unknown, NULL); //GDAL2.0+
    OGRSpatialReference* srOld = NULL;
    const char* cProjectRef = NULL;
    OGRLayer* pOGRLayer = (OGRLayer*)pLayer->m_pOGRLayerPtrOrGDALDatasetPtr;
    srOld = pOGRLayer->GetSpatialRef();
    OGRwkbGeometryType wkbType;
    MSLayerType type = pLayer->GetLayerType();
    if (type == MS_LAYER_POINT)
        wkbType = wkbPoint;
    else if (type == MS_LAYER_LINE)
        wkbType = wkbLineString;
    else if (type = MS_LAYER_POLYGON)
        wkbType = wkbPolygon;
    OGRLayer* pNewLayer = NULL;
    if (srOld)
        pNewLayer = pNewDatasource->CreateLayer("New", srOld, wkbType);
    int nFieldCount = pOGRLayer->GetLayerDefn()->GetFieldCount();
    for (int i = 0; i < nFieldCount; i++)
    {
        OGRFieldDefn* pFieldDefn = pOGRLayer->GetLayerDefn()->GetFieldDefn(i);
        OGRErr er = pNewLayer->CreateField(pFieldDefn);
    }
    for (int i = 0; i < nCount; i++)
    {
        int nFID = nFids[i];
        OGRFeature* pFeature = pOGRLayer->GetFeature(nFID);
```

```
            pNewLayer->CreateFeature(pFeature);
    }
    GDALClose(pNewDatasource);
}
```

其中的参数 nFids 及 nCount 用于指示哪个 FID 的要素需要复制,在本函数中特指已经选择了的要素,其统计方法需要调用模块 MHMapRender 中针对图层中已选择的要素统计函数,具体可参考模块 MHMapRender 中的函数 GetSelectedFIDs()(参见 6.3.2 中的第 3)部分)。

11.3　小　　结

本章主要介绍了模块 MHMapGDAL 的实现方法,该模块实际上是一个功能支撑性模块,是在 GDAL/OGR 库的相关空间数据读写/分析函数的基础上,面向其他模块的空间数据操作需求而进行的功能实现,并服务于其他模块。该模块的独立不仅能够屏蔽掉底层 GDAL 不同版本(如 2.0 版本以后合并了 OGRDataSource 类并入至 GDALDataset 类中)的功能实现方法,功能相对单一且方便程序人员维护与升级改造。同时,本章中的各对外表现功能的函数代码的实现过程,实际上也是读者需要熟悉并能够更好地应用 GDAL 库进行功能实现时需要掌握的。

第 12 章

地图图层控制模块 MHMapTree 的实现

地图图层控制模块 MHMapTree 的主要功能是进行地图图层结构的显示与快捷操作,类似于 ArcGIS 的 TOA(Table of Contents)。在地图数据结构(MHMapDef 模块)分析的基础上,模块 MHMapTree 一方面需要采用树状结构对当前地图的各图层及其配色方案进行展示(方法可参考 ArcGIS 的图层展示方法),另一方面通过树中图层的一些快捷操作完成一些图层的调整配色方案、显示/隐藏切换、图层顺序调整、图层属性查询/更改等图层操作。因此,模块 MHMapTree 实际上是遥感与地理信息系统中用户交互最多的一个模块,以此完成用户的各种图层显示、处理等需求。

12.1 地图图层控制模块设计

模块 MHMapTree 是一个通过树状结构显示当前地图图层的窗口,由于用户几乎在所有应用中均需要此子窗口,因此该窗口实际上是在主框架 MHMapFrm 模块生成时直接创建的,其创建过程参见 8.2 中模块 MHMapFrm 的 OnCreate()函数。

实际上,尽管模块 MHMapTree 完成地图操作的很多功能,但在 MHMapGIS 的 Metal 版本中并不存在此模块,此时 Metal 版本主要以模块 MHMapView 作为核心进行地图展示,但不提供地图交互式操作。而在其他几个版本(Wood、Water、Fire 和 Earth)中,由于需要地图操作,因此均需要有此模块的支撑作用。模块 MHMapTree 的界面如图 12-1 所示。

根据图 12-1 所示模块 MHMapTree 的界面效果,模块 MHMapTree 需要在分析地图定义模块 MHMapDef 数据结构的基础上,对各图层按树状结构进行图层展示。MHMapTree 中的图层分为 3 种:文件夹图层、矢量图层、栅格图层。其中需要对多个图层进行分组的需求,我们采用文件夹图层的方式,即图中的"MyGroup"图层。文件夹图层是一种不属于矢量与栅格数据的特殊图层,它主要是负责对其子图层进行管理,其隐藏状态将直接影响其所有子图层,最常用的就是其显示/隐藏操作。

图 12-1 左侧的视图为默认视图,在采用树状结构展现地图图层结构的基础上,还对各图层的渲染方式采用了类似于 ArcGIS 方式的子节点展示,并可进行相应的图层操作;图 12-1 右侧的视图为简化的图层视图,这种方式仅展现图层的结构,对图层的渲染方式

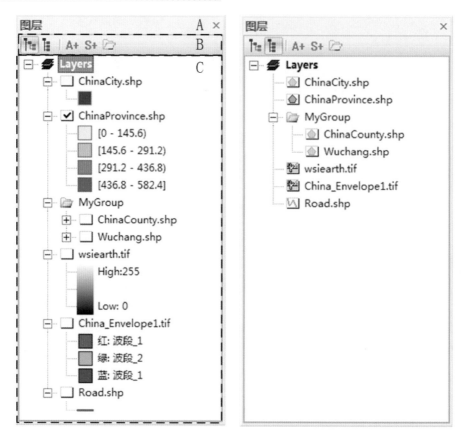

图12-1 模块 MHMapTree 针对地图定义的树状表现界面

不进行展示说明,同时采用指示性图标对图层进行表达(分点、线、面的矢量图层及栅格图层),采用灰色图标展示该图层为不可见状态。

12.1.1 图层显示方面的功能需求

矢量图层主要是指以矢量数据形式存在的图层,在MHMapGIS中主要采用OGR库对其进行读写与分析,因此支持OGR库所能支持的一系列矢量格式(可参考GDAL网站),常用的包括SHP文件格式或内存格式。根据5.7.1中所介绍的矢量数据的渲染主题,矢量数据渲染包括简单渲染、按属性类别渲染、按等级渲染以及图表渲染的方式。进一步表现在本模块中的树状视图中,同样需要在MHMapTree上通过合适的方式使用户快速直观地看到图层的渲染主题,表现的具体方式就是通过生成"动态图标"进行实现,图12-1中左侧视图中不同颜色的图标都是根据该图层的信息在内存中"动态生成"的图标。

参考图5-5,对于简单渲染主题来说,点数据类型就是通过读取模块MHMapDef中的点渲染定义结构与属性(包括点大小、边线宽度、边线颜色、充填颜色、充填透明度等)来动态生成一个动态点图标,再将该图标置于该图层之下(作为子图层,以便折叠隐藏);类似地,线数据类型通过其线颜色、线宽度、线透明度等属性生成一个动态线图标置于该线图层之下,面数据类型通过其面充填颜色、透明度、线类型等属性生成一个动态面图标置于该面图层之下。

对于其他渲染主题来说,按属性类别渲染和按等级渲染 2 个主题实际上从本模块表现为简单渲染主题的某种方式组合,也就是说,通过在 MHMapDef 中对 2 种渲染主题的定义,在本模块中表现为"多个简单渲染主题动态图标+标签值"的展示方法:对于按属性类别渲染来说,模块 MHMapDef 中记录了该矢量图层进行分类的字段信息,本模块需要根据该字段信息统计出所有待渲染的矢量要素的特征值,再对每一个特征值动态生成一个动态图标对该值进行渲染(一般采用颜色填充的方式),最后通过将"动态图标+属性值"生成至该图层的子图层的方式进行表现,从而能够清晰地表示不同属性值采用何种渲染方式。当该矢量数据中对应的字段中有很多要素值时,这种方法也会生成对应数量的图标,因此实际操作中要素值的多少将会对本模块的刷新速度有一定影响。对于按等级渲染来说,模块 MHMapDef 中记录了该矢量图层进行分组的字段信息,以及各组分组的特征值范围,本模块需要根据该字段信息统计出所有矢量要素的特征值,根据各组分组特征范围进行归类,再动态生成这几个组的动态图标(一般采用颜色填充的方式),最后通过将"动态图标+属性值范围"生成至该图层的子图层的方式进行表现,从而能够清晰地表示不同属性值范围采用何种渲染方式,如图 12-1 中的图层"ChinaProvince.shp"。最后,图表渲染主题是采用类似于 Microsoft Excel 软件中的饼图、柱状图等方式进行地图标注形式的体现,类似于地图图层中要素的文字标注过程。

栅格图层主要是指以栅格数据形式存在的图层,在 MHMapGIS 中主要采用 GDAL 库对其进行读写与分析,因此支持 GDAL 库所能支持的一系列栅格数据格式(可参考 GDAL网站),常用的包括 Tiff/GeoTiff、Erdas Img(.img)、ENVI(.hdr)PCI(.pix)等文件格式以及内存格式。根据 5.7.2 中所介绍的栅格数据的渲染主题,栅格数据渲染一般先根据该栅格图层数据的波段数进行分类:单波段数据与多波段数据。进一步地,对于多波段数据,可以采用 RGB 颜色渲染的方式,或针对其中的某个波段进行拉伸模式的渲染;对于单波段数据,则可以采用像素值拉伸、像素值分组、唯一值渲染、离散渲染等模式,如果该波段存在颜色表(Color Table),则还可以且优先推荐采用颜色表模式进行图层渲染。

参考图 5-6,对于 RGB 多波段彩色合成模式来说,由于通常仅能够查看 RGB 3 个波段的合成影像,因此对于多光谱或高光谱影像数据来说,在查看其彩色合成影像时,也需要指定其用于合成的 3 个波段,并进而进行彩色(假彩色)合成,模块 MHMapDef 中定义了进行 RGB 合成时的栅格参数定义,主要包括 3 个波段的指定、是否使用背景值、是否使用反转色、合成拉伸模式等。表现在本模块中,分别指定"红色矩形+用于合成的红波段值""绿色矩形+用于合成的绿波段值""蓝色矩形+用于合成的蓝波段值"等 3 个图标与属性的方式形成该栅格图层的子图层,如图 12-1 中的图层"China_Envelope1.tif"。

对于拉伸模式的栅格渲染方法来说,本模块需要从模块 MHMapDef 定义中得到采用哪个波段、最小/最大值、背景色/反转色定义等参数,再动态生成一个纵向由黑至白(或由白至黑,或其他用户指定颜色)的长图标,并标注最小/最大值,从而指示用于进行拉伸的波段信息,如图 12-1 中的图层"wsiearth.tif";对于分类模式的栅格渲染来说,类似于矢量数据渲染中的按等级渲染,本模块需要根据定义的像素值范围及其颜色生成动态图标,并采用"动态图标+像素值范围"的方式生成各子图层;对于彩色表渲染,则按彩色表中的定义,生成"各彩色表中颜色的动态图标+对应的像素值"的一系列子图层;对于唯一值渲染主题,类似于矢量数据渲染中的按属性类别渲染的方式,只是不需要用户指定矢量波段,取而代之的是栅格的像素值,在本模块中表现为一系列的"动态图标+像素值"的子图层;离散渲染方式在本模块中无子图层。

12.1.2　图层操作方面的功能需求

从操作角度来看,模块 MHMapTree 应该具备对当前地图、地图各图层进行一些常用的操作,如图层的快速显示/隐藏、图层间顺序的调整、增加/删除图层、文件夹图层,以及右键功能设置等。具体地说,各图层,包括文件夹图层,需要具有一个能够指示当前图层显示/隐藏状态的图标,并能够通过鼠标左键进行其显示/隐藏的快速切换;地图图层渲染的顺序是自底层至顶层进行的,因此存在图层的压盖/遮挡关系,如果需要调整图层间的压盖关系,那么本模块 MHMapTree 中进行图层顺序调整无疑是最为便利的,因此本模块中需要具有快速图层顺序调整的功能;同时类似于模块 MHMapView 具有文件拖拽进入并打开的功能,本模块中同样也需要能够允许文件拖拽并进行打开的功能;最后就是基于鼠标实现的右键功能,需要在模块中实现鼠标右键不同类型/区域不同的功能,并进一步对模块 MHMapView 等其他模块进行消息通信或通知。

12.2　树状结构图层显示的功能实现

12.2.1　主体功能实现类 CMHMapTOAPane

基于 12.1 中介绍的模块 MHMapTree 针对地图数据结构的显示需求,本节将介绍这一需求具体代码的实现过程。从模块 MHMapTree 的存在方式来看,该模块在 MHMapGIS 中有 2 种生成方式:1 种是针对版本 Wood,我们需要单独生成一个模块 MHMapTree 的对象(见图 2-14),并将该对象同已经存在的模块 MHMapView 的对象相连接,此时模块 MHMapTree 对象同 MHMapView 对象并列存在(级别相等);另 1 种方式则是在生成模块 MHMapFrm 的对象时,由模块 MHMapFrm 负责生成模块 MHMapTree 的对象,此时模块 MHMapTree 作为 MHMapFrm 的子窗口形式存在(MHMapTree 比 MHMapView 低一个级别),如果需要访问模块 MHMapTree 的某一个变量或函数,其入口点需要先找到模块 MHMapFrm 的对象。

根据这一需求,模块 MHMapTree 需要在生成时既能够独立于模块 MHMapView 存在并进行消息通信,也需要能够作为模块 MHMapFrm 生成子窗口的形式存在并与模块 MHMapView 进行消息通信。因此在实现方法上,我们将模块 MHMapTree 的主体功能实现类命名为 CMHMapTOAPane,其定义为:

```
class __declspec(dllexport) CMHMapTOAPane : public CDockablePane
```

也就是说,该类为一个 Pane 类,能够以子窗口的形式存在于主框架 MHMapFrm 中,然后再将模块 MHMapTree 的具体功能实现类及函数从这个主体功能实现类中剥离出来,形成一个单独的类,命名为 CMHMapTOAWnd,其定义为:

```
class __declspec(dllexport) CMHMapTOAWnd : public CWnd
```

由此可知,类 CMHMapTOAWnd 为 CWnd 的一个子类,即窗口类,而主体功能实现类 CMHMapTOAPane 与具体功能实现类 CMHMapTOAWnd 之间为聚合关系。类 CMHMap-

TOAPane 为 CMHMapFrm 模块生成 TOA 子窗口的主体功能实现类,为一个 Pane 窗口类,而窗口类的内容再由窗口类 CMHMapTOAWnd 来负责完成。其实现代码是在类 CMHMapTOAPane 中声明类 CMHMapTOAWnd 的对象,并进而在其 OnCreate()函数中生成类 CMHMapTOAWnd 的对象并铺满窗口,相应的代码如下:

```
int CMHMapTOAPane::OnCreate(LPCREATESTRUCT lpCreateStruct)
{
    if (CDockablePane::OnCreate(lpCreateStruct) == -1)
        return -1;
    CRect rectDummy;
    rectDummy.SetRectEmpty();//不必在意范围,由后面的函数AdjustLayout()进行窗口大小调整
    BOOL bSuc = m_wndTOAWnd.Create(NULL, "", WS_CHILD | WS_VISIBLE, rectDummy, this, 928);
    AdjustLayout();//调整m_wndTOAWnd窗口大小
    return 0;
}
```

其中变量 m_wndTOAWnd 为类 CMHMapTOAWnd 的一个对象。通过上述 OnCreate() 函数代码,就可以实现将模块窗口界面的实现类 CMHMapTOAPane 同模块具体功能实现类 CMHMapTOAWnd 有效连接起来。如图 12-1 左图所示,其中 A 所示的区域即为主体功能实现类 CMHMapTOAPane 生成的窗口 Pane,B 与 C 的区域为具体功能实现类 CMHMapTOAWnd 生成的窗口区域(填充到 A 的窗口区域,并平铺至窗口 A 的整个区域)。其中,B 所示的区域则为类 CMFCToolBar 生成的工具栏窗口(聚合至具体功能实现类 CMHMapTOAWnd,并位于具体功能实现类的顶部),C 所示的区域为树视图类 CMHMapTOATreeCtrl 生成对象 m_wndTOACtrl 的窗口区域(同样聚合至具体功能实现类 CMHMapTOAWnd,并位于具体功能实现类的下部)。

代码中的 AdjustLayout()函数负责将 m_wndTOAWnd 对象的范围铺满整个模块 MHMapTree 所对应 Pane 的区域,也就是说,模块 MHMapTree 的主体功能实现类是建立窗口,而窗口区域内部的所有内容、功能都是由类 CMHMapTOAWnd 的对象 m_wndTOAWnd 来负责具体实现,类 CMHMapTOAPane 内的其他函数也主要实现了代码功能函数的转交功能,代码如下:

```
void     CMHMapTOAPane::UpdateMHMapTreeView()
{
    m_wndTOAWnd.UpdateTOAView();//功能转交,由类CMHMapTOAWnd负责具体功能实现
}
void     CMHMapTOAPane::UpdateTreeViewDragInfo(BOOL bPermitDrag)
{
    m_wndTOAWnd.DragAcceptFiles(bPermitDrag); //功能转交,由类CMHMapTOAWnd负责具体功能实现
}
void     CMHMapTOAPane::SelectTOALayer(MSLayerObj* pLayer)
{
    m_wndTOAWnd.SelectTOALayer(pLayer); //功能转交,由类CMHMapTOAWnd负责具体功能实现
}
```

其他的函数代码也类似,也就是说,模块中主体功能实现类 CMHMapTOAPane 的所有功能实现都转交给了类 CMHMapTOAWnd 来具体实现,这种关系就既能够实现在 Wood 版本中模块 MHMapTree 同模块 MHMapView 并行完成相应功能(实际上用户直接调

用类 CMHMapTOAWnd),又能够实现在 Water、Fire 和 Earth 版本中模块 MHMapTree 作为模块 MHMapView 的下一级实现(由模块 MHMapFrm 负责生成类 CMHMapTOAPane 的对象,再由该对象生成类 CMHMapTOAWnd 对象)。

对于消息发送/接收机制,Wood 版本中由于程序二次开发者直接生成类 CMHMap-TOAWnd 的对象,则消息的发送/接收可以直接通过对应对象的功能函数调用即可;Water、Fire 和 Earth 版本则需要由主框架模块 MHMapFrm 作为中间传递通道进行下发,而一般将消息传送给主框架则通过 Windows 消息发送/接收机制,再由主框架具体下发到不同的模块,如本模块中进行 TOA 树消息的响应。

由于本章中模块 MHMapTree 的主体功能实现类为 CMHMapTOAPane,而其中具体的功能实现均由类 CMHMapTOAWnd 负责,因此本章重点介绍了类 CMHMapTOAWnd 的实现过程。这种设计模式不仅有利于在 MHMapGIS 的集成环境下实现模块的界面(CMHMapTOAPane)同功能实现类(CMHMapTOAWnd)的有效分离,同时在如 Wood 等版本将树形结构独立时也能非常方便地实现视图类 MHMapView 同 TOA 树形控件的快速连接,而类 CMHMapTOAPane 中的其他函数的功能实现代码都转交由类 CMHMap-TOAWnd 进行实现,相应的转交代码类似如下:

```
BEGIN_MESSAGE_MAP(CMHMapTOAPane, CDockablePane) // 消息机制
    ON_COMMAND(ID_P_ADDDATA_FILE, OnAddDataFile) //消息映射
END_MESSAGE_MAP()
void CMHMapTOAPane::OnAddDataFile()
{
    m_wndTOAWnd.AddDataFile(NULL); //功能转交代码,调用类CMHMapTOATreeCtrl的对象m_wndTOACtrl的相关函数
}
```

12.2.2 具体功能实现类 CMHMapTOAWnd

前文已述及,具体功能实现类 CMHMapTOAWnd 实现了本模块的具体功能,本模块中所有功能的具体实现都在此类中,本节将主要介绍模块中需要在 TOA 中进行地图信息显示的功能。实际上,具体功能实现类 CMHMapTOAWnd 由 2 部分构成(如图 12-1 左图所示):其中 1 部分为图中 B 所示的工具栏,另 1 部分为图中 C 所示的树视图,对应于相应的类中声明为:

```
class __declspec(dllexport) CMHMapTOAWnd : public CWnd
{
    CMHMapTOAPaneToolBar m_wndToolBar;   // 对应于第1部分的工具栏对象,即图中B所示的工具栏
    void* m_pTOACtrlPtr;                 // 对应于第2部分的树视图的指针,即图中C所示的树视图
};
```

在类中声明了对应的对象或指针后,再在对应的实现类的 OnCreate()函数中进行对象的生成,相应的实现代码为:

```
int CMHMapTOAWnd::OnCreate(LPCREATESTRUCT lpCreateStruct)
{
    if (CWnd::OnCreate(lpCreateStruct) == -1)
        return -1;
    CRect rectDummy;
```

```
rectDummy.SetRectEmpty();
const DWORD dwViewStyle =WS_CHILD |WS_VISIBLE  |TVS_LINESATROOT |TVS_HASBUTTONS| TVS_SHOWSELALWAYS;
if (!m_pTOACtrlPtr)
    m_pTOACtrlPtr = new CMHMapTOATreeCtrl;
if (!((CMHMapTOATreeCtrl*)m_pTOACtrlPtr)->Create(dwViewStyle, rectDummy, this, 4)) //生成树视图
{
    TRACE0("未能创建文件视图\n");
    return -1;      // 未能创建
}
m_wndToolBar.Create(this, AFX_DEFAULT_TOOLBAR_STYLE, IDR_TOOLBAR_MAPTREE); //生成工具栏
m_wndToolBar.LoadToolBar(IDR_TOOLBAR_MAPTREE, 0, 0, TRUE /* 已锁定*/);
m_wndToolBar.SetPaneStyle(m_wndToolBar.GetPaneStyle() | CBRS_TOOLTIPS | CBRS_FLYBY);
m_wndToolBar.SetOwner(this);
m_wndToolBar.SetRouteCommandsViaFrame(FALSE); //所有命令将通过此控件路由,而不是通过主框架路由
AdjustLayout();//调整各窗口
return 0;
}
```

由此可见,具体功能实现类 CMHMapTOAWnd 的功能实现又进一步分发给了 2 个类:工具栏功能实现类 CMHMapTOAPaneToolBar 与树视图实现类 CMHMapTOATreeCtrl,其中工具栏的功能实现直接通过 Windows 消息进行映射,代码如下:

```
BEGIN_MESSAGE_MAP(CMHMapTOAWnd, CWnd)
    ON_COMMAND(ID_P_ADDDATA_FILE, OnAddDataFile)
    ON_COMMAND(ID_P_ADDDATA_MYSQL, OnAddDataMYSQL)
    ON_COMMAND(ID_P_ADD_GROUP, OnAddGroup)
    ON_COMMAND(ID_P_SHOWRENDERMETHOD, OnShowRenderMethod)
    ON_UPDATE_COMMAND_UI(ID_P_SHOWRENDERMETHOD, OnUpdateShowRenderMethod)
    ON_COMMAND(ID_P_HIDERENDERMETHOD, OnHideRenderMethod)
    ON_UPDATE_COMMAND_UI(ID_P_HIDERENDERMETHOD, OnUpdateHideRenderMethod)
END_MESSAGE_MAP()
```

对应的函数实现代码实际上是调用树视图实现类 CMHMapTreeCtrl 的一些功能,例如,上述消息映射中的函数 OnAddDataFile() 的实现代码为:

```
void CMHMapTOAWnd::OnAddDataFile()
{
    ((CMHMapTOATreeCtrl*)m_pTOACtrlPtr)->AddDataFile(NULL); //调用树视图实现类CMHMapTreeCtrl的功能
}
```

其他功能的实现方法类似,此处略。下面将主要介绍树视图实现类 CMHMapTOA-TreeCtrl 的主要实现方法。

类 CMHMapTOATreeCtrl 的声明如下:

```
class __declspec(dllexport) CMHMapTOATreeCtrl : public /*CTreeCtrl*/CMultiTree
```

即该类为 CMultiTree 的一个子类,而 CMultiTree 又为树控件 CTreeCtrl 的一个子类,能够实现树上的多选节点功能。

如图 12-1 所示,在代码实现时,其中最为重要的一部分就是基于模块 MHMapDef 的数据结构定义进行图层信息恢复,并表现在本模块的树状结构上;另一部分比较关键的内

容就是对大量的图标进行数据表现,其中有很多图标需要动态生成,并在完成之后再进行销毁。

图12-2示意了图12-1中所需要的一系列"静态"图标。所谓静态,就是指事先生成的保持不变的图标;与之相对应的就是"动态"图标,是指在内存中根据不同的实际情况生成的一系列图标,用于指示当前图层的样式、颜色等。动态图标的加入使得模块MHMapTree的显示同模块MHMapView中实际图层的显示相一致,从而增加了软件的易用性。

图12-2　用于 **TOA** 的初始 **CImageList** 的对象 **m_pImageList4Tree** 中的图标

树视图实现类CMHMapTOATreeCtrl中,最为重要的一个功能就是树状结构的生成,其原理就是分析模块MHMapDef中的树状结构定义,对应的函数接口为UpdateTOAView(),其实现代码为:

```cpp
void CMHMapTOATreeCtrl::UpdateTOAView()
{
    UINT nFlags = ILC_MASK | ILC_COLOR24; ;
    int nInterval = GetItemHeight();//树节点间的高
    if(!m_pImageList4Tree)
    {
        m_pImageList4Tree = new CImageList;
        m_pImageList4Tree->Create(nInterval, nInterval, nFlags, 0, 4);
        bmp.LoadBitmap(IDB_TREE_ICONS_20); //加载图标的CImageList,如图12-2所示
        m_pImageList4Tree->Add(&bmp, RGB(255, 0, 255));
        SetImageList(m_pImageList4Tree, TVSIL_NORMAL);
    }
    DeleteAllItems();//先清空树
    m_pHtreeitemMslayerobjMap.clear();//同时清空对应的map,用于记录图层与节点间的对应关系
    HTREEITEM hRoot;
    CString strRootName = "Layers";//根
    if (m_pMapObj)
        strRootName = CString(m_pMapObj->GetName().c_str());
    if(!m_pMapObj || m_pMapObj && m_pMapObj->GetMapVisible())
        hRoot = InsertItem(_T(strRootName), 0, 0); //地图可见,用图12-2的第1个图标
    else
        hRoot = InsertItem(_T(strRootName), 1, 1); //地图不可见,用图12-2的第2个图标
    EnsureVisible(hRoot);                         //确保可见,即根树展开
    SetItemState(hRoot, TVIS_BOLD, TVIS_BOLD); //根加粗
    m_pHtreeitemMslayerobjMap[hRoot] = NULL; //用于记录树中MSLayerObj*同HTREEITEM之间的Map结构
    int nLayerCount = m_pMapObj->GetRootLayerCount();//根处的图层数
    int nCount = m_pImageList4Tree->GetImageCount();
    for (int i = 14; i < nCount; i++)//从第15个开始删除,前14个是固定的(图12-2),后面是动态生成的
        m_pImageList4Tree->Remove(14);
    m_nCurList4TreeIndex = 14;
    for (int i = 0; i < nLayerCount; i++)        //重新开始建树
```

```
{
        MSLayerObj* pLayer = m_pMapObj->GetRootLayer(i);
        char str[255];
        itoa(i, str, 10);
        AddMSLayer(pLayer, str);  //增加图层,需要时直接动态生成图标
    }
    Expand(GetRootItem(), TVE_EXPAND);
}
```

其中变量m_pImageList4Tree为在类声明中定义的一个CImageList类型的变量,用于为模块中最重要的树形控件提供图标。上述代码中在将该变量装载IDB_TREE_ICONS_20位图时,就增加了其14个静态图标,相应的14个图层见图12-2。

先在该树形控件上增加一个根节点"Layers"(用户过后可以对其名称进行更改),根据地图的可见状态将其设置为不同图标(可见时采用图12-2的第1个图标,不可见时采用第2个图标,即变灰)。类声明中还定义了一个用于连接图层指针与其树节点的map结构,其定义为:

```
map<HTREEITEM, MSLayerObj*> m_pHtreeitemMslayerobjMap;
```

也就是说,每增加、删除或修改一个节点信息时,均需要更新m_pHtreeitemMslayerobjMap中的信息,以便进行图层指针到节点或节点到图层指针的快速定位。

在每一次调用函数UpdateTOAView()时,实际上其过程均是先将树清空后再重新建立的过程。上述代码中对于m_pImageList4Tree,需要将第15个图标以后的所有图标(即动态图标)均删除,再根据模块MHMapDef定义中的根目标图层的个数分别重新建树,完成整个树的建立过程。

其中函数AddMSLayer()为具体的对图层pLayer的建立过程,其代码为:

```
void CMHMapTOATreeCtrl::AddMSLayer(MSLayerObj* pLayer, string sLayerIndex)
{
    string sJudge = sLayerIndex;        //分析父类
    HTREEITEM hParent = GetRootItem();
    while ((int nIndex = sJudge.find("_")) >= 0) //分析当前图层位于第*个文件夹图层的第*个图层
    {
        int nLeft = atoi(sJudge.substr(0, nIndex).c_str());
        hParent = GetChildItem(hParent);
        while (nLeft > 0)
        {
            hParent = GetNextSiblingItem(hParent);
            nLeft--;
        }
        sJudge = sJudge.substr(nIndex + 1);
    }
    MSLayerType type = pLayer->GetLayerType();
    if (type == MS_LAYER_NULL)
        return;
    else if (type == MS_LAYER_GROUP) //文件夹图层
    {
        MSGroupObj* pGroupLayer = (MSGroupObj*)pLayer;
        string sName = pGroupLayer->GetName();
```

```
        CString strName = CString(sName.c_str());
        HTREEITEM hCur;
        if (pGroupLayer->GetVisible())
            hCur = InsertItem(strName, 2, 2, hParent); //可见文件夹图层,用图12-2的第3个图标
        else
            hCur = InsertItem(strName, 3, 3, hParent); //不可见文件夹图层,用图12-2的第4个图标
        m_pHtreeitemMslayerobjMap[hCur] = pLayer; //加入对应的Map
        int nGroupLayerCount = pGroupLayer->GetLayerCount();//继续遍历
        for (int i = 0; i < nGroupLayerCount; i++)
        {
            MSLayerObj* pTmpLayer = pGroupLayer->GetLayer(i);
            char str[255];
            itoa(i, str, 10);
            string sChildLayerIndex = string(str);
            string sTmpLayerIndex = sLayerIndex + "_" + sChildLayerIndex;
            AddMSLayer(pTmpLayer, sTmpLayerIndex); //递归增加子图层
        }
    }
    else                              //正常图层,包括矢量、栅格
    {
        string sName = pLayer->GetName();
        CString strName = CString(sName.c_str());
        bool bVisible = pLayer->GetVisible();
        HTREEITEM hCur;
        if (bVisible)
            hCur = InsertItem(strName, 4, 4, hParent); //可见图层,用图12-2的第5个图标
        else
            hCur = InsertItem(strName, 5, 5, hParent); //不可见图层,用图12-2的第6个图标
        m_pHtreeitemMslayerobjMap[hCur] = pLayer;
        MSLayerType type = pLayer->GetLayerType();
        if (type == MS_LAYER_POINT || type == MS_LAYER_LINE || type == MS_LAYER_POLYGON)
            AddVectorLayer(pLayer, sLayerIndex, hCur); //增加矢量图层
        else if (type == MS_LAYER_RASTER)
            AddRasterLayer(pLayer, sLayerIndex, hCur); //增加栅格图层
    }
}
```

AddMSLayer()为递归函数,当输入的图层为文件夹图层时,将会继续调用函数 AddMSLayer()做进一步的分析。函数的参数pLayer为需要插入的图层,参数sLayerIndex 为该图层需要放置的位置(即图层pLayer的父图层)。参数sLayerIndex在MHMapGIS中 的规定为:父父图层(如果存在的话)+"_"(下划线)+父图层(如果存在的话)+"_"(下划 线)+图层数(该图层为父文件夹图层的第几个图层)+……,依次递推。即sLayerIndex字 符串表达规则是在图层树中自根向叶的标记连接,如"3"表示该地图根目录的第4个图 层,"0_2"表示该地图根目录第1层(为文件夹图层,MSGroupObj*)下面的属第3层,"1_ 3_2"表示该地图根目录第2层(文件夹图层)下面的第4层(文件夹图层)下面的属第3 层。类MSMapObj中给出了图层指针(MSLayerObj*)与指示图层的字符串(string)转换 的函数,可参见6.3.2的第3)部分。

在分析sLayerIndex并作为父文件夹图层的基础上,当需要加入的pLayer是文件夹图

层时,需要在对应的位置采用图 12-2 的第 3 个图标(图层可见)或第 4 个图标(图层不可见)建立子图层,并进一步通过再调用本函数分析其所有子图层。当需要加入的图层为正常图层时,则根据该图层的类别分别调用增加矢量图层的函数 AddVectorLayer()或增加栅格图层的函数 AddRasterLayer()。

其中函数 AddVectorLayer()的实现代码为:

```
void CMHMapTOATreeCtrl::AddVectorLayer(MSLayerObj* pLayer, string sLayerIndex, HTREEITEM hCur)
{
    HTREEITEM hChild;
    MSThematicObj* pThematicObj = pLayer->GetThematicObj();
    MSThematicType thematicType = pThematicObj->GetThematicType();
    if (thematicType == MS_THEMATIC_SIMPLE) //简单渲染模式
    {
        MSSimpleThematicObj* pSimpleThematicObj = (MSSimpleThematicObj*)pThematicObj;
        for (int i = 0; i < 1; i++) //生成动态图标,只需要1个
        {
            UpdateTreeIcon(m_nCurList4TreeIndex, pSimpleThematicObj->GetSymbolObj());//生成图标
            hChild = InsertItem("", m_nCurList4TreeIndex, m_nCurList4TreeIndex, hCur);
            m_nCurList4TreeIndex++;
        }
    }
    else if (thematicType == MS_THEMATIC_CATEGORY) //属性类别渲染模式
    {
        MSCategoryThematicObj* pCategoryThematicObj = (MSCategoryThematicObj*)pThematicObj;
        int nCount = pCategoryThematicObj->GetSymbolCount();
        for (int i = 0; i < nCount; i++)//分别对每一类别进行动态生成图标
        {
            MSValueSymbolObj*pValueSymbolObj = pCategoryThematicObj->GetValueSymbol(i);
            char* cLabel = pValueSymbolObj->GetLabel();
            CString strLabel = CString(string(cLabel).c_str());
            UpdateTreeIcon(m_nCurList4TreeIndex, pValueSymbolObj->GetSymbol());//生成图标
            hChild = InsertItem(strLabel, m_nCurList4TreeIndex, m_nCurList4TreeIndex, hCur);
            m_nCurList4TreeIndex++;
        }
    }
    else if (thematicType == MS_THEMATIC_GRADUATE || thematicType == MS_THEMATIC_CHART)
        //分析渲染主题内的每一类,动态生成图标,加入子图层,方法类似属性类别,略
}
```

对于矢量图层来说,根据其渲染主题模式的不同,可以分为简单渲染、按属性类别渲染、按等级渲染及图表渲染等方式,在上述实现代码中,函数 UpdateTreeIcon()负责具体实现动态图标的生成工作。对于简单渲染模式,仅需要动态生成 1 个图标,代码中采用类内变量 m_nCurList4TreeIndex 作为当前图标的计数器,通过调用该函数动态生成该图标,再以该图标的位置插入树视图中的适当位置(由 hCur 作为父节点),同时将所用 CImageList 的计数器置为当前。函数 UpdateTreeIcon()的代码如下:

```
bool CMHMapTOATreeCtrl::UpdateTreeIcon(int nIndex,MSSymbolObj* pNewSymbol)
{
    int nInterval = GetItemHeight();//树间高度
```

```
CDC* pDC = GetDC();
CBitmap   bitMap; //待生成图标的位图
BOOL bSuc = bitMap.CreateCompatibleBitmap(pDC,nInterval,nInterval);
CMHMapRenderGDIPlus pMapRenderGDIPlus;
int nSize = nInterval*nInterval*sizeof(UINT);
unsigned char* pResult = new unsigned char[nSize]; //图标位图内存
int nSuc = pMapRenderGDIPlus.RenderTreeIcon(nInterval,nInterval,pNewSymbol,pResult); //生成动态图标
bitMap.SetBitmapBits(nSize,pResult);
delete pResult;
m_pImageList4Tree->Add(&bitMap, RGB(255, 255, 255)); //加入列表
return true;
}
```

函数 UpdateTreeIcon()首先创建一个空的 CBitmap,并调用模块 MHMapRender 的 RenderTreeIcon()函数对符号 pNewSymbol 中的图标进行绘制并形成一个nInterval*nInterval 大小的图标,相应的图标结果以内存的形式返回至 pResult 中,最后在 CImageList 的后面加上该位图,通过这种方式实现动态图标的生成并添加到对应的CImageList中。其中,符号指针 pNewSymbol 中包含了符号内各种信息的定义,相关信息请参见5.8。

对于栅格图层来说,根据其栅格数据波段的不同,可以分为RGB合成渲染(多波段)、拉伸渲染(指定一个波段),以及单波段的分类渲染、彩色表渲染、唯一值渲染、离散渲染等。其实现代码如下:

```
void CMHMapTOATreeCtrl::AddRasterLayer(MSLayerObj* pLayer, string sLayerIndex, HTREEITEM hCur)
{
    HTREEITEM hChild;
    MSColor colorFrom, colorTo;
    CString strName;
    MSThematicObj* pThematicObj = pLayer->GetThematicObj();
    MSThematicType thematicType = pThematicObj->GetThematicType();
    if (thematicType == MS_THEMATIC_COLOR)
    {
        MSRGBRasterThematicObj* pRGBRasterThematicObj = (MSRGBRasterThematicObj*)pThematicObj;
        int nR = pRGBRasterThematicObj->GetChannelR();//取出设定的3个波段
        int nG = pRGBRasterThematicObj->GetChannelG();
        int nB = pRGBRasterThematicObj->GetChannelB();
        for (int i = 0; i < 3; i++)
        {
            char sss[4];
            if (i == 0)
            {
                itoa(nR, sss, 10);
                strName = CString("Red:    Band_" + string(sss));
                colorFrom = colorTo = MSColor(255, 0, 0); //红色图标
            }
            else if (i == 1)
                //绿色图标,代码同上类似,略
            else if (i == 2)
                //蓝色图标,代码同上类似,略
            UpdateTreeIcon(m_nCurList4TreeIndex, colorFrom, colorTo); //生成对应图标
```

```
        InsertItem(strName, m_nCurList4TreeIndex, m_nCurList4TreeIndex, hCur);
        m_nCurList4TreeIndex++;
    }
}
else if (thematicType == MS_THEMATIC_STRETCH)
{
    //初始化的一些信息读取,其中需要读出colorF、colorT,即从什么颜色到什么颜色,默认为从黑到白,略
    for (int i = 0; i < 3; i++)//
    {
        if (i == 0) //第1个图标颜色为从colorF到1/3处
        {
            strName = CString(string(sUp));
            int nR = nFR*2. / 3 + nTR*1. / 3;
            int nG = nFG*2. / 3 + nTG*1. / 3;
            int nB = nFB*2. / 3 + nTB*1. / 3;
            colorFrom = colorF;
            colorTo = _MSColor(nR, nG, nB);
        }
        else if (i == 1)
            //第2个图标颜色为从1/3到2/3处,代码同上类似,略
        else if (i == 2)
            //第3个图标颜色为从2/3到colorT处,代码同上类似,略
        UpdateTreeIcon(m_nCurList4TreeIndex, colorFrom, colorTo); //生成对应图标
        hChild = InsertItem(strName,m_nCurList4TreeIndex,m_nCurList4TreeIndex,hCur);
        m_nCurList4TreeIndex++;
    }
}
else if (thematicType == MS_THEMATIC_DISCRETE)
    //没有子图层
else if (thematicType == MS_THEMATIC_COLORMAP)
    //遍历彩色表的各值,动态生成每一个颜色图标,加入子图层,略
else if (thematicType == MS_THEMATIC_UNIQUEVALUE)
    //遍历各个唯一值,动态生成每一个颜色图标,加入子图层,略
else if (thematicType == MS_THEMATIC_CLASSIFICATION)
    //遍历各个分组区域,判断每个值所在的组,动态生成每一个组的颜色图标,加入子图层,略
}
```

上述代码示意了栅格数据中针对RGB彩色合成模式及拉伸模式的动态图标生成及图层添加的函数实现。由上述代码可知,其动态图标的生成还是由函数UpdateTreeIcon()来负责生成,此函数不同于上述函数的是,其参数中不再是MSSymbolObj类的对象,而是由2个颜色colorFrom与colorTo构成,其实现原理仍是调用模块MHMapRender中的相应函数实现绘制一个纵向上从colorFrom到colorTo的一个图标,其效果如图12-3所示。

图12-3 RGB合成模式及拉伸模式中模块MHMapTree的图标样式

图12-3中最左侧的图层China_Envelope1.tif为采用RGB合成的模式,其动态生成的3个图标分别为红色、绿色和蓝色,而其动态生成的参数中colorFrom与colorTo在此时相同,分别为红色、绿色、蓝色对应的RGB值。图中中间的图层wsiearth.tif为默认的拉伸模式,从下至上形成一个自黑至白的色带,图中最右侧同样为拉伸模式,不同的是色带颜色不同,从下至上为从蓝色至紫色的色带。以图12-3中最右侧的色带实现方式为例,实际上,色带的实现原理为由3个图标自上至下共同组成,最下方的图标自下至上颜色从蓝色(RGB(0,0,255))递变至2种颜色的1/3处,即RGB(85,0,255);中间的图标为自下至上颜色从1/3递进到2/3处,即从RGB(85,0,255)至RGB(170,0,255);最上方的图标则自下至上颜色从2/3处递进至紫色,即从RGB(170,0,255)至RGB(255,0,255)。当这3个图标在图12-3中自下至上连接起来时,就形成了一个颜色渐变的色带。

对于其他渲染模式,实际上实现模式也类似:离散式的渲染方式中,栅格图层下面没有子图层;彩色表模式与唯一值模式类似,都需要在得到节点总个数(彩色表中个数或唯一值个数)的基础上,遍历所有的要素,动态生成对应的图标并增加对应的值为标签;分组模式则需要在得到分组数的基础上,按像素判断落在某个组范围内并采用该组所对应的颜色进行渲染,动态生成图标的方法类似。

模块MHMapTree中,函数UpdateTOAView()的作用是分析MHMapDef的数据结构并生成树视图,同时实现对该树视图的更新。当用户执行了某些操作需要对树视图更新时,同样调用函数UpdateTOAView()即可,该函数将会把上一次生成的动态图标删除,并根据新的结构与渲染信息重新构建树视图(同时重建动态图标列表),实现模块的视图更新。

12.3　鼠标左键功能的设计与实现

在12.2中完成了TOA控件MHMapTree的树状结构显示代码后,其他重要的任务就是对用户操作响应函数的实现,其中一个比较重要的操作就是进行图层的显示/隐藏状态的切换。

如图12-1所示,当需要进行图层的显示/隐藏状态的切换时,需要鼠标左击各图层左侧的图标进行其显示状态的切换。如图12-2所示,当点击根图层Layers的图标时,需要实现整个地图的显示/隐藏切换(对应的实现底层在模块MHMapRender中),同时在本模块中对其图标进行图中的图标1、图标2互换;当点击文件夹图层时,需要实现该文件夹及下属所有图层的显示/隐藏切换,同时在本模块中对该图层进行图中图标3、图标4互换;当点击正常图层时,需要实现该图层的显示/隐藏切换,同时实现其图层进行图中图标5、图标6的切换。其事件的响应为该树视图实现类CMHMapTOATreeCtrl的鼠标左键响应函数OnLButtonDown()。

除上面所说的图层显示/隐藏之外,当鼠标左击到各图层的子图层图标时,根据不同情况会有不同的事件响应。当鼠标左击矢量图层的子图层时,此时需要弹出用于选择/更改对应符号的对话框,即如果该图层是点图层,则弹出的对话框对点进行配置或重新选择点样式;如果该图层是线或面图层,则同样弹出对话框进行线或面的渲染样式选择或配置。如果是栅格数据,对于RGB合成模式来说,当鼠标左击图标时,需要弹出用于选择/配置的菜单以进行RGB波段选择与配置;对于左击拉伸模式的色带来说,需要弹出用于选择色带颜色的对话框(图层属性对话框);对于左击颜色表、唯一值或分组模式图层的子图标来说,同样需要弹出颜色选择对话框进行颜色、透明度等的选择与配置。

对图层进行配置的另外一种方式(包含显示模式等)是通过对该层右键弹出属性对话框中的"可见"进行配置,相应的功能将在第18章的图层属性对话框中进行介绍。

鼠标左击的相应实现代码如下:

```cpp
void CMHMapTOATreeCtrl::OnLButtonDown(UINT nFlags, CPoint point)
{
    HTREEITEM hMouseDown = this->HitTest(point, &nFlags); //鼠标位置的节点
    CRect rectText;
    GetItemRect(hMouseDown, &rectText, TRUE);
    rectText.left -= 18; rectText.right = rectText.left + 16;        //允许点中的图标区域
    if (!rectText.PtInRect(point)) return;//如果点击位置不是图标,返回
    MSLayerObj* pLayer = m_pHtreeitemMslayerobjMap[hMouseDown];//点击位置所对应的图层
    if (pLayer || hMouseDown == GetRootItem())//点击图层的图标上
        SetLayerVisible(hMouseDown, !GetLayerVisible(hMouseDown));
    else
    {
        HTREEITEM hParentItem = GetParentItem(hMouseDown);
        int nNumber = 0;//用于记录当前点击的是当前树的第几个图标
        HTREEITEM hChild = GetChildItem(hParentItem);
        while (hChild)
        {
            if (hChild == hMouseDown)
                break;
            nNumber++;
            hChild = GetNextSiblingItem(hChild);
        }
        MSLayerObj* pCurLayer = m_pHtreeitemMslayerobjMap[hParentItem]; //当前图层
        MSThematicObj* pThematicObj = pCurLayer->GetThematicObj();//渲染主题
        MSThematicType type = pThematicObj->GetThematicType();//主题类型
        MSSymbolObj* pSymbol = NULL; //空的符号,用于指向临时生成的符号
        if (type == MS_THEMATIC_SIMPLE) //矢量图层,简单渲染模式
        {
            MSSimpleThematicObj* pSimpleThematicObj = (MSSimpleThematicObj*)pThematicObj;
            pSymbol = pSimpleThematicObj->GetSymbolObj();
            MSSymbolObj* pNewSymbol = CreateNewSymbolObj(pSymbol); //临时构造一个Symbol,传递进去
            CMHMapDlgSymbolShow dlgSS(m_pMapObj, pCurLayer, pNewSymbol); //符号选择对话框,见第19章
            if (dlgSS.ShowPropDialog() == IDOK)
                pSimpleThematicObj->SetSymbolObj(dlgSS.GetSymbolObj());
            else
            {
                delete pNewSymbol;        pNewSymbol = NULL;
                return;
            }
        }
        else if (type == MS_THEMATIC_CATEGORY) //矢量图层,属性类别渲染模式
        {
            MSCategoryThematicObj* pCategoryThematicObj = (MSCategoryThematicObj*)pThematicObj;
            MSValueSymbolObj* pValueSymbolObj = pCategoryThematicObj->GetValueSymbol(nNumber);
            pSymbol = pValueSymbolObj->GetSymbol();
            //构造一个新Symbol,传递到符号选择对话框中,如果返回值为IDOK,则更新,代码类似于上边简单渲染
```

```
        }
        else if (type == MS_THEMATIC_GRADUATE) //矢量图层,等级渲染模式
        {
            MSGraduateThematicObj* pGraduateThematicObj = (MSGraduateThematicObj*)pThematicObj;
            MSRangeSymbolObj* pRangeSymbolObj = pGraduateThematicObj->GetRangeSymbol(nNumber);
            pSymbol = pRangeSymbolObj->GetSymbol();
        //构造一个新Symbol,传递到符号选择对话框中,如果返回值为IDOK,则更新,代码类似于上边简单渲染
        }
        else if (type == MS_THEMATIC_COLOR) //栅格图层,RGB彩色合成渲染模式
        {
            int nBandCount = ((CMHMapGDAL*)m_pMHMapGDAL)->GetRasterBandCount(pCurLayer);
            CMenu menu;
            menu.LoadMenu(IDR_POPUP_EXPLORER); //装载菜单
            CMenu* pMenu_Band = menu.GetSubMenu(4); //第5个菜单项,见后面说明
            for (int i = 0; i < nBandCount; i++)
            {
                CString str;
                str.Format("波段 %d", i + 1);
                pMenu_Band->AppendMenu(MF_ENABLED | MF_STRING, i + 1, str);
            }
            CPoint pt(point);
            ClientToScreen(&pt);
            int nSel = pMenu_Band->TrackPopupMenu(TPM_RETURNCMD, pt.x, pt.y, this); //弹出菜单
            //弹出菜单选择后的处理,略
        }
        else if (type == MS_THEMATIC_STRETCH) //栅格图层,拉伸渲染模式
        {
            ShowLayerProperties(pCurLayer); //调用图层属性配置模块MHMapDlgProp,具体见第18章
            return;
        }
        else if (type == MS_THEMATIC_COLORMAP) //栅格图层,彩色表渲染模式
        {
            MSColorMapRasterThematicObj* pColorMapObj = (MSColorMapRasterThematicObj*)pThematicObj;
            MSColor color = pColorMapObj->GetColor(nNumber);
            MSSymbolObj* pNewSymbol = CreateNewSymbolObj(color); //临时构造一个Symbol,传递进去
            //将pNewSymbol传递到符号选择对话框中,如果返回值为IDOK,则更新,代码类似于上边简单渲染
        }
        else if (type == MS_THEMATIC_UNIQUEVALUE) //栅格图层,唯一值渲染模式
        {
            MSUniqueValueRasterThematicObj* pUniqueObj=(MSUniqueValueRasterThematicObj*)pThematicObj;
            MSColor color = pUniqueObj ->GetColor(nNumber);
            //构造新符号并传递到符号选择对话框中,如果返回值为IDOK,则更新,代码类似于上边简单渲染
        }
        else if (type == MS_THEMATIC_CLASSIFICATION) //栅格图层,分类渲染模式
        {
            MSClassificationRasterThematicObj* pObj=(MSClassificationRasterThematicObj*)pThematicObj;
            MSRangeSymbolObj* pRangeSymbolObj = pObj->GetRangeSymbol(nNumber);
            pSymbol = pRangeSymbolObj->GetSymbol();
            //构造新符号并传递到符号选择对话框中,如果返回值为IDOK,则更新,代码类似于上边简单渲染
        }
    }
```

```
UpdateMHMapView();//更新视图,同时更新树,里面会自动调用UpdateTOAView()
CMultiTree::OnLButtonDown(nFlags, point);
}
```

上述代码实现了鼠标左击在图标区域的事件响应。先通过HitTest()函数得到当前鼠标点击树的节点,再判断该节点的坐标区域rectText,并通过前面介绍的map结构通过树的节点得到对应的图层指针pLayer。当鼠标点击在根或各图层的图标上时,需要执行的动作就是实现该图层的可见/隐藏状态切换,可通过函数SetLayerVisible()实现此功能;当鼠标点击的图标不是图层图标时(可能是某图层的下属子图层图标),则需要先计算出该图标为哪个图层(pCurLayer)的第几个子图标(用变量nNumber记录),再找出对应点击图层的渲染方式并逐个进行判断与函数响应,判断方法如下。

当鼠标点击的图层为矢量数据的简单渲染模式时,需要先获取该图层的简单渲染中所配置的样式参数,见图5-5,再根据这些参数重新构造一个临时的同类型的符号(即如果原符号为点类型,则新符号也为点类型,依此类推),并将该符号的信息传递至模块MHMapDlgSymbol中(具体参考第19章),由该模块对应的符号交互式配置对话框完成符号的更改操作。当用户按下确定按钮并关闭该模块对话框时,再从该模块对话框中将用户更改的新的符号信息取出,并以该信息更新该图层,完成符号的交互式配置操作。在此过程中,用户仅能够对符号进行配置,而无法更改该图层的渲染模式,如果需要更改则需要从图层的属性中进行更改。

类似地,当用户鼠标点击的图标为矢量的属性类别渲染或等级渲染时,由于这2种复杂模式均是由一系列简单渲染符号构成,而用户在鼠标左击时并不改变渲染主题,因此实际其实现模式同简单渲染非常类似,即根据用户点击的位置(nNumber)得出原来的符号,再基于此符号构建一个新的临时同类型(点、线或面)符号,传输到模块MHMapDlgSymbol中并由用户进行交互式符号配置,完成后再由新的符号信息来代替原来的符号信息,完成后更新视图(并进一步更新本模块的树视图)。

当鼠标点击的图层为栅格数据的RGB彩色合成渲染模式时,按照日常习惯及前面设计,需要此时弹出快捷菜单进行RGB通道的配置或快速更改,上述代码实现时首先通过模块MHMapGDAL获取该栅格图层的波段数,再装载预生成的菜单(里面仅有一个菜单项,即"可见"),需要将该菜单的菜单项进行扩展后(允许用户选择的波段)弹出对应的菜单,并对选择的菜单选项进行处理,更改为用户配置的RGB渲染模式(由模块MHMapDef的栅格数据配置类MSRGBRasterThematicObj负责实现,可参考5.7.2),相应的信息配置分类树见图5-6。其中菜单IDR_POPUP_EXPLORER包含了5个子菜单项,分别对应本模块在鼠标左键或右键弹出菜单的各菜单项,对应菜单的设计如图12-4所示。

图12-4示意了菜单IDR_POPUP_EXPLORER所包含的5个子菜单项,分别对应了在根上按下右键、在文件夹图标上按下右键、在矢量图层上按下右键、在栅格图层上按下右键、在波段上按下左键时所应该弹出的菜单项。最后一项菜单在弹出时,还需要根据当前栅格数据的波段个数进行具体的菜单项扩展,下面增加可选择的波段,如"波段1""波段2"等。

当鼠标点击栅格图层的其他类型渲染所对应的图标时,可以进行类似的配置工作,如上述代码中对拉伸模式来说,直接弹出图层的属性对话框进行配置;对其他模式来说,由于栅格图层仅可以配置颜色与透明度信息,因此在弹出的对话框中仅需要用户对这2种信息配置、更新即可。

图12-4　RGB合成模式及拉伸模式中模块**MHMapTree**的图标样式

12.4　鼠标右键功能的设计与实现

简单地说,鼠标右键在本模块中的主要功能就是基于点击位置的不同而弹出不同的菜单,从而满足用户不同的参数配置需要,相应的代码实现类似如下:

```cpp
void CMHMapTOATreeCtrl::OnRButtonDown(UINT nFlags, CPoint point)
{
    HTREEITEM hTreeItem = HitTest(point, &nFlags);
    CMenu menu;
    menu.LoadMenu(IDR_POPUP_EXPLORER);
    CMenu* pMenu_Root = menu.GetSubMenu(0); //获取菜单的各项子菜单的指针,如图12-4所示
    CMenu* pMenu_Folder = menu.GetSubMenu(1);
    CMenu* pMenu_Feature = menu.GetSubMenu(2);
    CMenu* pMenu_Image = menu.GetSubMenu(3);
    int nSel = -1;
    MSLayerObj* pL = m_pHtreeitemMslayerobjMap[hTreeItem]; //右键菜单所对应的图层
    if (hTreeItem == GetRootItem())//右键在根上,弹出对应的菜单
    {
        pMenu_Root->EnableMenuItem(ID_P_REMOVE, bHasLayer ? MF_ENABLED : MF_GRAYED);
```

```
        pMenu_Root->CheckMenuItem(ID_P_SHOWALLFEATURELAYER, m_bShowAll ? MF_CHECKED : MF_UNCHECKED);
        //对其他菜单项是否可用、是否复选等信息进行配置,类似如上,略
        nSel = pMenu_Root->TrackPopupMenu(TPM_RETURNCMD, point.x, point.y, this);
    }
    else if (pL && pL->IsGroupLayer())//右键在文件夹上,弹出对应的菜单
        nSel = pMenu_Folder->TrackPopupMenu(TPM_RETURNCMD, point.x, point.y, this);
    else if (pL)//右键在矢量或影像图层上,弹出对应的菜单
    {
        if (type == MS_LAYER_POINT || type == MS_LAYER_LINE || type == MS_LAYER_POLYGON)
            nSel = pMenu_Feature->TrackPopupMenu(TPM_RETURNCMD, point.x, point.y, this);
        else if (type == MS_LAYER_RASTER)
            nSel = pMenu_Image->TrackPopupMenu(TPM_RETURNCMD, point.x, point.y, this);
    }
    else//右键在其他区域,即图层的子图层区域
    {
        HTREEITEM hParentItem = GetParentItem(hTreeItem);
        MSLayerObj* pCurLayer = m_pHtreeitemMslayerobjMap[hParentItem];
        MSLayerType typeCL = pCurLayer->GetLayerType();
        if (typeCL == MS_LAYER_POINT || typeCL == MS_LAYER_LINE || typeCL == MS_LAYER_POLYGON)
            //右键在矢量图层的子图层上,弹出对应菜单,或进行其他操作,略
        else if (typeCL == MS_LAYER_RASTER)
            //右键在栅格图层的子图层上,弹出对应菜单,或进行其他操作,略
    }
    switch (nSel)
    {
    case ID_P_ADDDATA_FILE: //针对用户选择的各菜单中的命令进行处理,仅以此为例,其他类似
        AddDataFile(pL); //调用对应的处理函数
        break;
    //其他case语句,对所有用户选择的菜单项进行处理,略
    }
    CMultiTree::OnRButtonDown(nFlags, point);
}
```

上述代码实现了模块 MHMapTree 中树形控件对鼠标右键的响应。其中菜单 IDR_POPUP_EXPLORER 包含了 4 个子菜单,分别对应了鼠标右键点击根目录、文件夹图层、矢量图层、栅格图层上弹出的菜单,参见图 12-4。先通过函数 HitTest() 判断右键所对应的区域,并弹出对应的菜单,可以根据不同的变量设置不同菜单项是否可用(函数 EnableMenuItem())或是否复选(函数 CheckMenuItem()),当右键点击在图层的子图层时,可以对其父图层的类型进行判断,并进而弹出不同的事件响应菜单或进行其他操作,最后可通过判断用户针对菜单的选项命令,进行不同函数的功能调用或执行不同的代码段(此时需要在右键菜单弹出函数 TrackPopupMenu() 的参数中指定返回命令的 ID 号,即上述代码中的 TPM_RETURNCMD)。

12.5　图层拖拽功能的设计与实现

模块 MHMapTree 同样需要响应用户通过鼠标进行的拖拽功能。对于本模块来说,鼠标的拖拽包含 2 个含义:其中 1 种就是鼠标拖拽文件(矢量或栅格)进本模块并加载所对应的文件过程的代码实现,另 1 种则是通过鼠标实现地图中各图层顺序的调整。其中,

第1种所需要执行的操作就是实现该文件的打开操作,类似于模块MHMapView主视图上拖拽文件功能的实现,相应的代码如下:

```
void CMHMapTOATreeCtrl::OnDropFiles(HDROP hDropInfo)
{
    UINT nFilesNum = ::DragQueryFile(hDropInfo, 0xffffffff, 0, 0);
    vector<string> sFiles;
    for (UINT i = 0; i < nFilesNum; i++)//遍历所有拖拽的文件,将文件名记录到容器sFiles中
    {
        if (nFilesNum > 0)
        {
            char szFiles[MAX_PATH + 1];
            ::DragQueryFile(hDropInfo, i, szFiles, sizeof(szFiles));
            sFiles.push_back(string(szFiles));
        }
    }
    m_pMHMapView->AddFiles(sFiles, NULL); //调用模块MHMapView中的拖拽函数,参见7.7.1
    CMultiTree::OnDropFiles(hDropInfo);
}
```

也就是说,模块MHMapTree的文件拖拽功能实现上是直接调用模块MHMapView的增加文件函数,而模块MHMapView的文件拖拽功能的实现也同样类似(参见7.7.1),在分析拖拽文件的基础上调用模块MHMapGDAL的AddFiles()函数(参见11.2.1),并在完成图层增加后进行视图更新,包含模块MHMapView的视图更新以及模块MHMapFrm的视图更新,而模块MHMapFrm的更新则会进一步调用其他主框架的视图更新,包括本模块MHMapTree的更新。

第2种鼠标拖拽操作是实现图层之间的拖拽操作,即实现地图中各图层顺序的调整,或是将某一图层移到某一文件夹图层中,相应的操作是由OnTvnBegindrag()、OnMouseMove()以及OnLButtonUp()等几个函数配合完成的。

其中,函数OnTvnBegindrag()是对鼠标拖拽上一个节点并准备开始拖拽的事件响应,该函数实际上是由类的消息机制实现的,相应的消息映射代码如下:

```
BEGIN_MESSAGE_MAP(CMHMapTOATreeCtrl, CMultiTree)
    ON_NOTIFY_REFLECT(TVN_BEGINDRAG, &CMHMapTOATreeCtrl::OnTvnBegindrag)
END_MESSAGE_MAP()
```

此时我们通过一个指示变量m_bDragging来记录鼠标开始拖拽操作,对应代码为:

```
void CMHMapTOATreeCtrl::OnTvnBegindrag(NMHDR *pNMHDR, LRESULT *pResult)
{
    LPNMTREEVIEW pNMTreeView = reinterpret_cast<LPNMTREEVIEW>(pNMHDR);
    *pResult = 0;
    m_hItemDrag = pNMTreeView->itemNew.hItem; //拖拽的图层
    m_hItemDrop = GetParentItem(m_hItemDrag);; //放置的文件夹图层
    m_hItemAfter = GetPrevSiblingItem(m_hItemDrag); //放置的图层的上一个位置或空(NULL)
    MSLayerObj* pLayer = m_pHtreeitemMslayerobjMap[m_hItemDrag];
    if(!pLayer)      return; //不允许拖拽用于指示图层渲染方式的子图层,即非图层
    m_bDragging = TRUE; //指示变量
    SetCapture();
}
```

上述代码中HTREEITEM型变量m_hItemDrag用于记录当前鼠标拖拽的树节点(或为多项),m_hItemDrop用于记录将对应的节点拖拽至哪个文件夹图层下,当m_hItemDrop为GetRootItem()时,证明将图层拖拽至根目录下;m_hItemAfter则用于记录拖拽目标位置的上一个位置,如果变量m_hItemAfter为NULL,则意味着需要将m_hItemDrag拖拽至m_hItemDrop的第1个位置。上述代码中的pLayer为拖拽节点m_hItemDrag所对应的图层指针,如果拖拽的位置不是图层而是指示图层渲染模式的子图层时,则不允许单独拖拽(只能通过拖拽其父节点,即图层节点来实现拖拽)。指示变量m_bDragging用于记录开始拖拽的过程,开始拖拽后,由函数OnMouseMove()响应拖拽到不同位置,并在该位置画线以表示允许拖拽到该位置,对应代码为:

```cpp
void CMHMapTOATreeCtrl::OnMouseMove(UINT nFlags, CPoint point)
{
    if( !m_bDragging || !m_bPermitTOAOpr)return;
    HTREEITEM hMouseMoveItem = this->HitTest(point, &nFlags); //树节点
    MSLayerObj* pLayer = m_pHtreeitemMslayerobjMap[hMouseMoveItem]; //图层指针
    MSLayerObj* pLayerTmp = pLayer;
    if (!pLayerTmp)            //如果当前节点不是图层,找其对应的父图层的指针
        pLayerTmp = m_pHtreeitemMslayerobjMap[GetParentItem(hMouseMoveItem)];
    while(pLayerTmp)
    {
        if(pLayerTmp == pSrcLayer)
        {
            SetCursor(::LoadCursor(AfxGetApp()->m_hInstance,MAKEINTRESOURCE(IDC_CANCELDRAG)));
            return;      //目标与源相同,什么也不做,直接返回
        }
        SetCursor(::LoadCursor(AfxGetApp()->m_hInstance,MAKEINTRESOURCE(IDC_BEGINDRAG))); //开始拖拽
        if(pLayerTmp->GetParent())
            pLayerTmp = pLayerTmp->GetParent();
        else
            break;
    }
    int x = -100;   int y = -100;
    CRect rectText;
    if(hMouseMoveItem == GetRootItem())//如果移动到的节点为根节点,计算该节点范围x,y,画线
    {
        m_hItemDrop = GetRootItem();//分别指定m_hItemDrop、m_hItemAfter以及画线范围的x,y,下同
        m_hItemAfter = NULL;
        GetItemRect(hMouseMoveItem,&rectText,TRUE);
        x = rectText.left;
        y = rectText.bottom;
    }
    else if (pLayer && pLayer->GetLayerType() == MS_LAYER_GROUP)//文件夹
    {
        m_hItemDrop = hMouseMoveItem;          //1.此时将节点插入此文件夹
        m_hItemAfter = NULL;
        GetItemRect(hMouseMoveItem,&rectText,TRUE);
        y = rectText.bottom;
        x = rectText.left;
```

```
        if (!IsExpanded(hMouseMoveItem) && GetChildItem(hMouseMoveItem))//2.文件夹未展开,不允许插入
        {
                m_hItemDrop = GetParentItem(hMouseMoveItem);
                m_hItemAfter = hMouseMoveItem;
                GetItemRect(m_hItemDrop,&rectText,TRUE);
                x = rectText.left;
        }
        HTREEITEM hTmp = GetParentItem(hMouseMoveItem); //3.将节点插入n级文件夹下,这段代码比较关键
        while (hTmp && !IsExpanded(hMouseMoveItem) && GetNextSiblingItem(hMouseMoveItem) ==
NULL && hTmp != GetRootItem() && point.x < x)
        {
                m_hItemAfter = hTmp;
                hTmp = GetParentItem(hTmp); //向上找其父节点
                if(hTmp)
                {
                        GetItemRect(hTmp,&rectText,TRUE);
                        x = rectText.left;
                        m_hItemDrop = hTmp;
                }
                else
                        m_hItemDrop = GetRootItem();
                if(hTmp == GetRootItem())
                        break;
        }
    }
    else if(pLayer)//空间数据,矢量或栅格
    {
        HTREEITEM hTmp = GetParentItem(hMouseMoveItem);
        GetItemRect(hTmp, &rectText, TRUE);//一定有父类
        x = rectText.left;//用父类的X
        GetItemRect(hMouseMoveItem,&rectText,TRUE);
        y = rectText.bottom;//用自己的Y
        m_hItemDrop = hTmp;
        m_hItemAfter = hMouseMoveItem;
        if(IsExpanded(hMouseMoveItem))//展开状态
        {
                HTREEITEM hChild = GetChildItem( hMouseMoveItem );
                if (hChild)
                {
                        GetItemRect(hChild,&rectText,TRUE);
                        y = rectText.bottom;
                }
                while( hChild = GetNextSiblingItem(hChild))//不可能有下一级子目录
                {
                        GetItemRect(hChild,&rectText,TRUE);
                        y = rectText.bottom;
                }
        }
        //将节点插入n级文件夹下,成为其n-1级文件夹的nextsibling,代码类似于上面步骤3,略
    }
```

```
    else //子图标及下面区域
    {
        HTREEITEM hParent = GetParentItem(hMouseMoveItem);
        MSLayerObj* pLayerParent = m_pHtreeitemMslayerobjMap[hParent];
        //进一步判断图层 pLayerParent,代码类似上面空间数据图层代码,略
    }
    DrawLine(x, y);
    DrawLine(m_oldpoint.x, m_oldpoint.y);
    m_oldpoint.x = x;      m_oldpoint.y = y;
}
```

上述代码的主要目的就是当开始拖拽图层时,鼠标移动到不同的位置进行指示(通过在目标区域画一条横线)并记录位置的过程,以便在鼠标左键释放(OnLButtonUp())后的图层移动代码实现。其中,当移动位置所对应的图层(pLayerTmp)与源图层(pSrcLayer)相同时,证明将图层移到其原来的位置,此时只需要将光标置于不可用(IDC_CANCELDRAG),而不需要画出一条线,表示将该图层移动到其原来的位置不可行。

进一步判断目标位置 hMouseMoveItem。当其为树的根时,证明将源图层移到根图层下,对相应的两个关键变量 m_hItemDrop 和 m_hItemAfter 进行赋值,并计算对应的 x,y 值,以便后面画一条从 x 至 y 的直线。当 hMouseMoveItem 的位置为一个文件夹图层时,则是将源图层插入此文件夹内部,此时需要判断文件夹图层是否处于展开状态。如果未处于展开状态,则不允许将该图层插入到文件夹图层并成为其下属图层;如果处于展开状态,则需要遍历该文件夹图层的所有下属子文件夹图层,判断源图层的最终拖拽位置,并记录该位置信息,以便后期进行该图层的移动工作。当 hMouseMoveItem 的位置为一个正常的矢量或栅格图层时,同样记录 m_hItemDrop、m_hItemAfter 等信息,并判断该图层是否有子图层并展开,如果有,则不允许在子图层中进行插入。最后,当鼠标移动到某正常图层的子图层中时,需要将子图层及其父图层作为一个整体来考虑,在正常图层的最下面进行画线操作,相应的代码类似于指向图层的代码,仅是将图层的父图层作为原来的图层进行考虑。

图 12-5 示意了上述代码的执行结果,即将源图层移动到文件夹图层 NewGroup1 及其下属子文件图层 NewGroup2 的几种情况(注意其中当鼠标拖拽时出现的粉色拖拽线左侧的位置)。其中图 12-5 左侧,当鼠标移动到图层 NewGroup2 下方且 X 方向位于其图层右

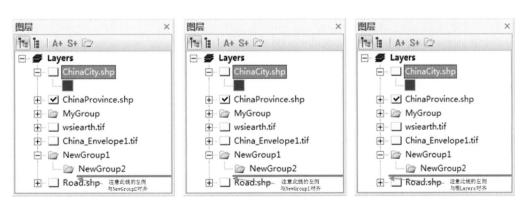

图 12-5 模块 MHMapTree 中通过鼠标拖拽图层的几种情况

侧时,显示的为沿NewGroup2图层的图标右侧向右画线,此时的m_hItemDrop为New-Group2所对应的HTREEITEM,m_hItemAfter则为NULL(即所属文件夹中的第1位),其结果是将源图层移到NewGroup2中并成为其一个子图层;图12-5的中间,当鼠标向左平移并使鼠标X方向位于NewGroup2的图标位置中间时,显示的为沿NewGroup2图层的图标左侧向右画线,此时的m_hItemDrop为NewGroup1所对应的HTREEITEM,m_hItemAfter则为NewGroup2,其结果是将源图层移到与NewGroup2相并列的位置并成为其一个并行图层(位于其后);图12-5右侧,当鼠标向左继续平移并使鼠标X方向位于NewGroup2的图标位置左侧时,显示的为沿NewGroup1图层的图标左侧向右画线,此时变量m_hItem-Drop的值为GetRootItem(),变量m_hItemAfter的值则为NewGroup1,其结果是将源图层移到与NewGroup1相并列的位置并成为其一个并行图层(位于其后)。

其中画线部分的实现原理是采用橡皮筋模式画一条横坐标自x至1000(即很长的直线),纵坐标为y对应于树的节点间的坐标,即int(y/GetItemHeight())*GetItemHeight(),使得线始终画在树的上下2个节点之间,其代码如下:

```
void CMHMapTOATreeCtrl::DrawLine(int x,int y)
{
    CClientDC dc(this); //自己画线,采用橡皮筋模式
    CPen pen;
    BOOL bS = pen.CreatePen(PS_SOLID,3,RGB(255,25,180));
    CPen *oldpen = dc.SelectObject(&pen);
    dc.SetROP2(R2_NOTXORPEN); //橡皮筋模式
    int a = this->GetItemHeight();
    dc.MoveTo(x,y/a*a);
    dc.LineTo(1000,y/a*a);
    dc.SelectObject(oldpen);
}
```

最后,当鼠标左键抬起时,需要根据当前记录的几个参数信息(m_hItemDrag、m_hItemDrop和m_hItemAfter)将源图层移到新的位置上去,相应的实现代码为:

```
void CMHMapTOATreeCtrl::OnLButtonUp(UINT nFlags, CPoint point)
{
    CMultiTree::OnLButtonUp(nFlags, point);
    if (!m_bPermitTOAOpr || !m_bDragging || !m_pMapObj) return;
    m_bDragging = FALSE;
    DrawLine(m_oldpoint.x, m_oldpoint.y); //画最后一条线,与上面OnMouseMove()重合,消除
    m_oldpoint.x = m_oldpoint.y = -100;
    ReleaseCapture();
    MSLayerObj* pSiblingLayer = NULL;
    HTREEITEM hItem = GetFirstSelectedItem();//多选中的第1个选中节点
    while (hItem) //由于用户可能选择了多层,逐层移动
    {
        MSLayerObj* pSrcLayer = m_pHtreeitemMslayerobjMap[hItem];
        if (!pSrcLayer)
        {
            hItem = GetNextSelectedItem(hItem); //下1个选中节点
            continue;
        }
```

```
    string sSrc = m_pMapObj->GetLayerString(pSrcLayer);
    MSLayerObj* pParentLayer = m_pHtreeitemMslayerobjMap[m_hItemDrop];
    string sParent = "";
    if (pParentLayer)
    {
        sParent = m_pMapObj->GetLayerString(pParentLayer);
        if (pParentLayer->IsGroupLayer())
            ExpandMSLayer(pParentLayer);
    }
    if (!pSiblingLayer)  // the first time
        pSiblingLayer = m_pHtreeitemMslayerobjMap[m_hItemAfter];
    string sSibling = "";
    if (pSiblingLayer)
        sSibling = m_pMapObj->GetLayerString(pSiblingLayer);
    if (GetParentItem(hItem) == m_hItemDrop && GetPrevSiblingItem(hItem) == m_hItemAfter)
    {
        hItem = GetNextSelectedItem(hItem); //如果位置没有变化,不移动
        continue;
    }
    int nSuc = m_pMapObj->MoveLayerToPosition(sSrc, sParent, sSibling); //调用基础函数开始移动
    pSiblingLayer = pSrcLayer;//used for next time
    hItem = GetNextSelectedItem(hItem);
    }
    //  完成移动,更新视图,标记文档已更改,略
}
```

12.6　快捷键功能的设计与实现

　　一般来说,快捷键主要响应到模块 MHMapView 中,即通过界面的视图截获用户的按键消息并进行响应。对应 MHMapGIS 系统中的一些快捷键的响应机制,同样可以采用这种方式来进行实现,即模块 MHMapView 进行快捷键消息的截获,当判断其为本模块 MHMapTree 中所需要处理的快捷键时,模块 MHMapView 再将其消息转交给本模块进行处理(即调用本模块对应的处理消息)。

　　另一种思路就是本模块自己实现快捷键的消息处理而不通过模块 MHMapView,实际上,这种方式更加方便而且能多样化地进行消息处理。例如,当用户按下键盘上的空格键时,在模块 MHMapView 与模块 MHMapTree 中的实现功能并不相同:模块 MHMapView 需要实现视图移动(类似于 Pan)的功能,而模块 MHMapTree 则需要实现选中图层的显示/隐藏状态切换的功能。同样地,当用户按下删除键(Delete)时,模块 MHMapView 需要实现选中矢量要素的删除,而模块 MHMapTree 则需要实现选中图层的删除。因此,快捷键在本模块中直接实现有利于实现更多可配置的键盘响应。

　　模块 MHMapTree 的键盘响应函数 OnKeyDown() 的实现代码如下:

```
void CMHMapTOATreeCtrl::OnKeyDown(UINT nChar, UINT nRepCnt, UINT nFlags)
{
    if (nChar == VK_DELETE)// 按下了 Delete 键
    {
        bool bChange = false;
```

```
    vector<MSLayerObj*> layerToDelete;
    HTREEITEM hItem = GetFirstSelectedItem();
    while (hItem) // TOA树允许多选,遍历看选中了哪些图层
    {
        MSLayerObj* pLayer = m_pHtreeitemMslayerobjMap[hItem];
        if (pLayer || hItem == GetRootItem())
        {
            bChange = true;
            layerToDelete.push_back(pLayer);
        }
        hItem = GetNextSelectedItem(hItem);
    }
    if (bChange)
    {
        for (int i = layerToDelete.size() - 1; i >= 0; i--)
            RemoveLayer(layerToDelete.at(i)); // 从下至上逐个删除
        UpdateMHMapView();    //统一更新视图
    }
}
else if (nChar == VK_SPACE)//按下了空格,切换是否可见
{
    bool bChange = false;
    HTREEITEM hItem = GetFirstSelectedItem();
    while (hItem)
    {
        MSLayerObj* pLayer = m_pHtreeitemMslayerobjMap[hItem];
        if (pLayer)
        {
            bChange = true;
            bool bV = !pLayer->GetVisible(true);
            pLayer->SetVisible(bV); // 对应图层显示/隐藏状态切换
        }
        HTREEITEM hChange = hItem;
        hItem = GetNextSelectedItem(hItem);
    }
    if (bChange)
        UpdateMHMapView(false); //更新相应视图,但不用调用模块MHMapRender底层重绘
}
CMultiTree::OnKeyDown(nChar, nRepCnt, nFlags);
}
```

上述代码通过OnKeyDown()函数进行了键盘按下消息的响应,当按下删除键(键值为VK_DELETE)时,需要遍历TOA树中已经选中的图层,再自下至上逐个图层进行删除,最后调用函数UpdateMHMapView()实现图层的更新与本模块中TOA树的刷新;当按下空格键时,遍历选中的图层并切换其显示/隐藏状态(通过函数SetVisible()),最后进行模块MHMapView的视图更新与本模块刷新。

12.7　小　　结

模块MHMapTree是MHMapGIS构成模块中代码实现相对比较复杂的模块之一,同

时也是用户打交道比较多的模块之一,几乎稍复杂一些的应用都离不开本模块的操作支撑。本章介绍了采用树形结构实现 TOA 的图层结构,实际上,根据不同的需要,还可以进一步对本模块进行扩展,采用如 List 视图、Grid 视图等方式或简化的树视图(不显示图层的配色信息,即矢量、栅格图层无子图层)等方式进行视图组织,相应的方法类似:即在分析模块 MHMapDef 中地图数据结构的基础上进行各图层的信息展现。

　　本章主要介绍了根据模块 MHMapDef 中的地图数据结构恢复树视图及视图更新的代码实现,同时对其鼠标左右键及拖拽、键盘快捷键等重要代码进行了介绍。另外一些功能,如标签命名的更改并进而进行地图信息的修改、右键菜单中进一步的消息响应等,在本章未做过多的介绍,其中一部分可参照其他章节,另一部分则可参考与本书相对应的实例代码。

第 13 章

地图属性显示模块 MHMapAttrTable 的实现

地图属性显示模块 MHMapAttrTable 的主要功能是进行当前地图图层中矢量图层的属性表显示;类似于 ArcGIS 中的 Attribute Table,其主要功能为采用表格方式进行地图中矢量图层中的各要素在各字段上的属性值显示。同模块 MHMapTree 类似,模块 MHMapAttrTable 表现在一方面生成对应的可停靠窗口(由主体功能实现类负责),另一方面在对应的窗口中展现具体的内容(由具体功能实现类负责)。这种模块设计与实现方式一方面有利于系统界面操作同具体功能操作的有效分离,易于代码维护;另一方面也有利于实现本模块同视图 MHMapView 的连接与分离(如在 Wood 版本中),从而达到模块间根据需求进行灵活组合配置的目的。

由于一个矢量图层对应一个属性表,因此系统中可能存在多个属性表,这就要求属性表所对应的界面窗口不同于模块 MHMapTree 的界面窗口生成模式,因为模块 MHMapTree 的界面窗口属于预生成模式(即 MHMapGIS 在启动主框架模块 MHMapFrm 时直接生成对应模块 MHMapTree 的对象),即是在用户发出指令后进行"动态生成"(因为无法事先确定地图中的矢量图层个数,也无法事先确定需要显示属性的矢量图层个数),从而达到节省内存使用的目的。

13.1　地图属性显示模块设计

地图属性显示模块 MHMapAttrTable 是主框架模块 MHMapFrm 生成的一系列可停靠子窗口,它通过一个二维表来展示用户当前选定矢量图层的属性,一般横轴方向展示该矢量的各个字段,纵轴方向展示该图层的各个要素,对应表格中展现各要素在各字段上的属性值。由于地图中存在的矢量图层个数不定,而用户需要打开的图层属性表个数也不定,因此属性表窗口可能存在多个,这就要求主框架模块 MHMapFrm 只初始化这一系列属性表的指针,而不生成具体的属性表对象,仅在需要显示时再动态生成。

模块 MHMapAttrTable 同样是由模块 MHMapFrm 负责生成及销毁的(初始化时仅初始化相应的指针),其创建过程参见 8.2 中模块 MHMapFrm 的函数 OnCreate()。实际上,模块 MHMapAttrTable 完成地图中针对矢量图层属性操作的很多功能,是实现地图矢量数据属性显示/操作的主要入口。同模块 MHMapTree 类似,在 MHMapGIS 的 Metal 版本中并不存在模块MHMapAttrTable，之后的其他几个版本（Wood、Water、Fire和Earth）可选择使用此模块。模块MHMapAttrTable的界面如图13-1所示。

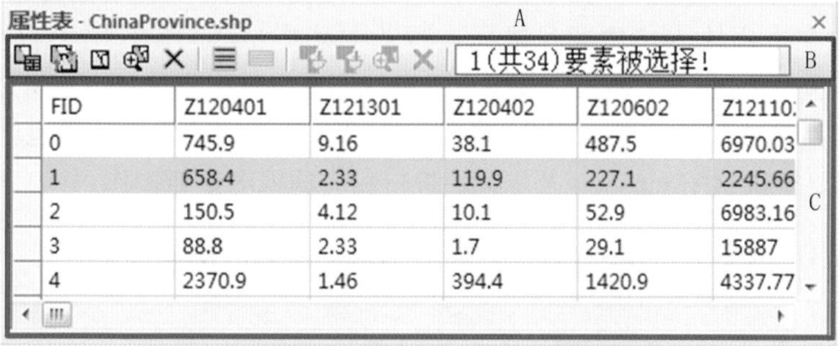

图 13-1 模块 **MHMapAttrTable** 的属性表界面

根据图13-1所示模块MHMapAttrTable的界面设计，窗口A所示的为存在于MHMap-Frm属性表子窗口Pane，是类CDockablePane的子类，能够停靠在主窗口的边缘；B为对应于属性表窗口上快捷操作的工具栏，很多常用的属性表操作都可以在此以工具的形式存在；C为属性表窗口中的具体内容，以表格形式存在的用于展现对应矢量图层各要素在各字段上的属性值。其中B、C区域对应于本模块的具体功能实现类CMHMapAttrTableWnd。在实现方式上，模块MHMapAttrTable主要通过模块MHMapGDAL（见第11章）读取对应图层的各种信息，并按表格的方式填充至模块MHMapAttrTable中的对应表格区域。

13.1.1 矢量图层属性表显示需求

如图13-1所示，矢量图层属性表的显示需求主要是指在用户选中矢量图层并发出弹出属性表命令后，如果此时不存在对应于该矢量图层的属性表窗口，则需要动态在内存中对该窗口进行生成；如果已经存在对应于该矢量图层的属性表，则需要激活该窗口为活动窗口。同时，对于显示来说，需要在激活属性表窗口的同时，将该矢量的各要素、各波段，以及对应于不同要素不同波段上的属性值填充于对应的表格位置，以便用户进行属性信息的浏览。

同时，本模块还需要同视图模块MHMapView进行"互动"（类似于ArcGIS中的属性表显示功能），即用户在视图上选择了该图层的不同要素后，需要在属性表中对选中的要素进行标记，一般采用高亮蓝色底色（与选中要素的颜色相一致）进行表示，如图13-1中的第2个要素（FID为1）。

模块中属性表的另外一种视图就是在属性表中仅显示选中的地图要素，此时需要将该图层中的选中要素的信息列入表中，相应的要素选中信息同样需要到模块MHMapRender中进行查询，并在此表格中进行显示与展现。

13.1.2 矢量图层属性表操作需求

从操作角度来看，模块MHMapAttrTable应该具备对当前矢量图层进行属性表查询、显示等操作以及针对矢量字段常用的增加、删除、统计等操作的功能，由于属性值的修改涉及矢量数据的编辑操作（分为空间编辑与属性编辑），因此属性的修改功能不在本章讨论,将在模块MHMapEdit中进行实现(参见第21章)。

另外一项重要的操作就是实现同视图模块MHMapView同步,即当用户在视图模块MHMapView中进行要素选择时,本模块表格中所对应的选中要素也需要进行选择标记;同样,当用户在本模块表格中通过鼠标进行选中某些要素的操作时,对应于视图模块MHMapView也需要进行视图更新(参见第7章);还有一种根系选择方式通过查询对话框(空间查询对话框或属性查询对话框,参见第20章)后得到的要素结果也将处于选择状态,此时也需要模块MHMapView及本模块进行相应的视图更新操作。

13.2 矢量图层属性表显示的功能实现

13.2.1 主体功能实现类CMHMapAttrTablePane

针对13.1中介绍的模块MHMapAttrTable针对矢量数据属性表的显示需求,本节将主要介绍这一需求的具体代码实现过程。类似于模块MHMapTree,模块MHMapAttrTable在MHMapGIS中同样有2种生成方式。1种是针对版本Wood,我们需要单独生成一个模块MHMapAttrTable的对象(见图2-14),并将该对象指针同已经存在的模块MHMapView的对象相连接,此时模块MHMapAttrTable对象同MHMapView对象并列存在(级别相等);另1种方式则是在生成模块MHMapFrm的对象时,由模块MHMapFrm负责生成模块MHMapAttrTable的对象。此时,模块MHMapAttrTable作为MHMapFrm的一个子窗口的形式存在(MHMapAttrTable比MHMapView低一个级别),如果需要访问模块MHMapAttrTable的某一个变量或函数,其入口点需要首先找到模块MHMapFrm的对象指针。

根据这一需求,模块MHMapAttrTable需要在生成时既能够独立存在,且能够与模块MHMapView进行消息通信,又需要能够作为模块MHMapFrm生成的子窗口的形式存在,同时仍保留与模块MHMapView进行消息通信的功能。因此在实现方法方面,我们将模块MHMapAttrTable的主体功能实现类与具体功能实现类进行分离,其中主体功能实现为CMHMapAttrTablePane,其定义为:

```
class __declspec(dllexport) CMHMapAttrTablePane : public CDockablePane
```

也就是说,该类为一个Pane类,能够以子窗口的形式存在于主框架MHMapFrm中,然后将模块MHMapAttrTable的具体功能实现类及函数从这个主体功能实现类中剥离出来,形成一个单独的类,命名为MHMapAttrTableWnd,其定义为:

```
class __declspec(dllexport) CMHMapAttrTableWnd : public CWnd
```

也就是说,类MHMapAttrTableWnd实际上为一个窗口类,再在该窗口类中创建一个表格类的对象并填充至整个窗口类,相应的表格类CGridCtrl与窗口类CMHMapAttrTableWnd之间为聚合关系。进一步地,类CMHMapAttrTablePane(外窗口,见图13-1的窗口A)为CMHMapFrm模块生成的一个Pane窗口类,而窗口类的内容再由类CMHMapAttrTableWnd(内窗口,见图13-1的窗口B与窗口C)来负责具体完成。实现时在类CMHMapAttrTablePane的OnCreate()函数中生成类CMHMapAttrTableWnd的对象并铺满窗口,相应的代码如下:

```
int        CMHMapAttrTablePane::OnCreate(LPCREATESTRUCT lpCreateStruct)
{
    if (CDockablePane::OnCreate(lpCreateStruct) == -1)
        return -1;
    if (!m_pMHMapAttrTableWnd)
        m_pMHMapAttrTableWnd = new CMHMapAttrTableWnd(TRUE, FALSE); // 具体功能实现类生成
    BOOL bSuc = m_pMHMapAttrTableWnd->Create(NULL, "", WS_CHILD | WS_VISIBLE, rectDummy, this, 999);
    if (!bSuc) return -1;
    return 0;
}
```

其中，变量 m_pMHMapAttrTableWnd 为内窗口类 CMHMapAttrTableWnd 的一个指针，后续代码中通过类 CMHMapAttrTablePane 的 OnSize() 函数实现将该指针指示的对象铺满整个窗口的功能(代码略)。通过上述 OnCreate() 函数代码，就可以将模块的主体功能实现类 CMHMapAttrTablePane 同模块具体功能实现类 CMHMapAttrTableWnd 有效连接起来(CMHMapAttrTableWnd 填充并平铺至 CMHMapAttrTablePane 的整个窗口)。如图13-1所示，其中 A 所示的区域即为主体功能实现类 CMHMapAttrTablePane 生成的窗口 Pane，B 与 C 区域为具体功能实现类 CMHMapAttrTableWnd 的对象 m_pMHMapAttrTableWnd 所对应的窗口。B 所示的区域为 m_pMHMapAttrTableWnd 的顶部工具栏窗口(由 CMFCToolBar 生成的工具栏窗口)，C 所示的区域为 m_pMHMapAttrTableWnd 的底部由 CGridCtrl 生成的表格对象区域。

由此可知，模块 MHMapAttrTable 的主体功能实现类 CMHMapAttrTablePane 的功能是建立子窗口，而子窗口区域内部的所有内容、功能均由类 CMHMapAttrTableWnd 的对象 m_pMHMapAttrTableWnd 来负责实现，类 CMHMapAttrTablePane 的很多函数只起到函数转交的作用，如以下代码所示：

```
void       CMHMapAttrTablePane::OnClearSelection()
{
    if (m_pMHMapAttrTableWnd)
        m_pMHMapAttrTableWnd->OnClearSelection();//清除选择,由具体功能实现类CMHMapAttrTableWnd负责
}
void       CMHMapAttrTablePane::CloseDlgQuery()
{
    if (m_pMHMapAttrTableWnd)
        m_pMHMapAttrTableWnd->CloseDlgQuery();//关闭查询
}
void       CMHMapAttrTablePane::SetLayerObj(MSLayerObj* pLayer)
{
    if (m_pMHMapAttrTableWnd)
        m_pMHMapAttrTableWnd->SetLayerObj(pLayer); //设置图层
}
void       CMHMapAttrTablePane::UpdateMHMapAttrTableView()
{
    if (m_pMHMapAttrTableWnd)
        m_pMHMapAttrTableWnd->UpdateMHMapAttrTableView();//更新属性表视图
}
```

相应的功能均转交给类 CMHMapAttrTableWnd 的对象 m_pMHMapAttrTableWnd 来

进行实现,其他的函数代码也类似。这种关系既能够实现在 Wood 版本中模块 MHMapAt-trTable 同模块 MHMapView 并行完成相应功能(实际上用户直接调用类 CMHMapAttrTa-bleWnd),又能够实现在 Water、Fire 和 Earth 版本中模块 MHMapAttrTable 成为模块 MH-MapView 的下一级(由模块 MHMapFrm 负责生成类 CMHMapAttrTablePane 的对象,然后在该对象内部嵌入类 CMHMapAttrTableWnd 的对象)。这种方法不需要程序实现者进行任何额外的编码工作。

对于消息发送/接收机制,Wood 版本中由于程序二次开发者直接生成类 CMHMapAt-trTableWnd 的对象,消息的发送/接收可以直接通过对应对象的功能函数调用实现;Water、Fire 和 Earth 版本则需要由主框架模块 MHMapFrm 作为中间传递通道进行下发,而一般将消息传送给主框架则通过 Windows 消息发送/接收机制,再由主框架具体下发到不同的模块,如上述代码本模块中进行的属性表更新消息的响应。

由于本章中模块 MHMapAttrTable 的主体功能实现类为 CMHMapAttrTablePane,而其中具体的功能实现均由类 CMHMapAttrTableWnd 负责,因此本章重点介绍类 CMH-MapAttrTableWnd 的实现过程。这种设计模式不仅有利于在 MHMapGIS 的集成环境下实现模块的界面(CMHMapAttrTablePane)同具体功能实现类(CMHMapAttrTableWnd)的有效分离,同时在如 Wood 等版本将属性表完全独立时也非常方便,并可以快速地将视图类 MHMapView 同本章中的属性表类进行快速连接与消息通信,而类 CMHMapAttrTablePane 中的其他功能实现代码都转交类 CMHMapAttrTableWnd 进行实现(具体可参见第 29 章)。

13.2.2　具体功能实现类 CMHMapAttrTableWnd

前文已述及,类 CMHMapAttrTableWnd 是本模块的具体功能实现类,即本模块中所有功能的具体实现代码都在此类中,本节将主要针对模块中需要在属性表中展现的矢量图层属性信息,以及需要在属性表中实现的各项操作进行介绍。

类似于模块 MHMapTree 的具体功能实现类 CMHMapTOAWnd,模块 MHMapAttrT-able 的具体功能实现类 CMHMapAttrTableWnd 也由 2 个部分构成,工具栏项(见图 13-1 的 B)与属性表项(见图 13-1 的 C)。其中,工具栏项为一个基于 MFCToolBar 的对象,属性表项为一个类 CGridCtrl 的指针,两者声明如下:

```
class __declspec(dllexport) CMHMapAttrTableWnd : public CWnd
{
    CMHMapAttrTablePaneToolBar m_wndToolBarAttrTable;// 工具栏对象
    void*m_wndGridCtrlPtr;// 属性表格指针,类型为CGridCtrl类
};
```

也就是说,相应的表格类 CGridCtrl 聚合至具体功能实现类 CMHMapAttrTableWnd 中,对应的 OnCreate()函数实现代码如下:

```
int CMHMapAttrTableWnd::OnCreate(LPCREATESTRUCT lpCreateStruct)
{
    if (CWnd::OnCreate(lpCreateStruct) == -1)
        return -1;
    m_wndToolBarAttrTable.Create(this, AFX_DEFAULT_TOOLBAR_STYLE, IDR_TOOLBAR_ATTRTABLE); // 生成工具栏
    m_wndToolBarAttrTable.LoadToolBar(IDR_TOOLBAR_ATTRTABLE, 0, 0, TRUE); // 装载工具栏
```

```
m_wndToolBarAttrTable.SetPaneStyle(m_wndToolBarAttrTable.GetPaneStyle()
|CBRS_TOOLTIPS|CBRS_FLYBY);
    m_wndToolBarAttrTable.SetRouteCommandsViaFrame(FALSE); // 所有命令将通过此控件路由
    CRect rectDummy;
    rectDummy.SetRectEmpty();
    if (!m_wndGridCtrlPtr) // 属性表对象
        m_wndGridCtrlPtr = new CGridCtrl;
    CGridCtrl* pWndGrid = (CGridCtrl*)m_wndGridCtrlPtr;
    pWndGrid->Create(rectDummy, this, 88);
    pWndGrid->GetDefaultCell(FALSE, FALSE)->SetBackClr(RGB(0xFF, 0xFF, 0xFF)); // 属性表固定列背景色
    pWndGrid->SetBkColor(RGB(0xFF, 0xFF, 0xFF)); // 属性表表格背景色
    pWndGrid->SetEditable(FALSE); // 属性表不可编辑(属性编辑功能移到另一个窗口,属性编辑窗口)
    pWndGrid->SetRowResize(FALSE); // 属性表各行宽度不可调整
    pWndGrid->SetAutoSizeStyle();// 属性表各行列宽度自动计算并调整
    pWndGrid->SetHeaderSort();// 属性表顶部允许排序,显示三角号或倒三角号
    pWndGrid->SetCompareFunction(CGridCtrl::pfnCellDoubleCompare); // 属性表排序方式:按double进行比较
    AdjustLayout();// 调整表格位置,充填至本类
    return 0;
}
```

上述代码中,在生成窗口 CMHMapAttrTableWnd 时,也同时生成了对应的工具栏与表格对象,并对相应的表格风格进行了设定,其他具体内容填充时,实际上就是表格控件 CGridCtrl 的内容填充,上述代码中还包括了对属性表模块中表格各种样式进行的设定。最后的函数 AdjustLayout()负责实现将网格控件平铺到整个 CMHMapAttrTableWnd 窗口所对应的区域内。

13.3 模块中工具栏的功能设计与实现

图 13-2 示意的是本模块中的属性工具栏,类似于 ArcGIS,根据用户的操作与使用习惯,将属性表中常用的操作在工具栏上进行显示。

图 13-2 模块 MHMapAttrTable 的属性工具栏

图 13-2 中❶所示的为属性查询工具,为一弹出的非模式对话框,根据用户指定的属性限制条件查询本图层内满足条件的要素,查询结果加入选择集,或由用户指定查询结果的显示方式,该对话框中的具体查询功能实现可参见 20.3。图中❷所示的功能为反选工具,即将本图层内的选中要素设置为非选择状态,同时将本层内的非选择状态要素转为选中状态,再更新视图,此过程不影响其他图层的要素选择状态,相应的实现代码为:

```
void    CMHMapAttrTableWnd::OnSwitchSelection()
{
    CMHMapView* pMHMapView = (CMHMapView*)m_pMHMapView;
```

```
    pMHMapView->SwitchSelection(m_pLayerObj); //调用模块MHMapView中的相应功能
}
```

即该功能的实现实际上是调用模块MHMapView中对应的功能进行实现,这是因为MHMapGIS中的选择集由模块MHMapRender负责管理,而模块MHMapView再通过其进行反选操作,其代码如下:

```
void CMHMapView::SwitchSelection(MSLayerObj* pLayer)
{
    if (!pLayer)return;
    CMHMapRenderGDIPlus* pMapRenderGDIPlus = (CMHMapRenderGDIPlus*)m_MapRenderGDIPlus;
    pMapRenderGDIPlus->SwitchSelection(pLayer); //调用模块MHMapRender的相应功能
    UpdateMHMapViewAndAttr();// 视图与属性表刷新
}
```

模块MHMapRender中介绍了函数SwitchSelection()的作用及实现原理,可参见6.3.2的第3)部分。

图13-2中的❸所示的工具为清除,相应的功能实现较为简单,即该函数调用模块MHMapView的函数ClearSelectedFeatures(pLayer)功能,而该函数的实现原理与上面类似,就是先统计出本图层内的选中要素,再调用模块MHMapRender中的相应函数将这些要素从选择集中去除(并不影响其他图层已选中的要素),其代码略。

图13-2中的❹为缩放至选中要素的工具,其实现原理是先调用模块MHMapView的相应函数获取当前图层内选中要素的外接矩形,再调用模块MHMapView缩放到其外接矩形,实现代码如下:

```
void      CMHMapAttrTableWnd::OnZoomToSelection()
{
    CMHMapView* pMHMapView = (CMHMapView*)m_pMHMapView;
    MSEnvelopObj env;
    int nSuc = pMHMapView->GetSelectedFeaturesExtent(m_pLayerObj, env); //调用模块MHMapView获取外接矩形
    double dMinX = env.GetMinx(), dMaxX = env.GetMaxx();
    double dMinY = env.GetMiny(), dMaxY = env.GetMaxy();
    pMHMapView->ZoomToExtent(dMinX, dMaxY, dMaxX, dMinY); //调用模块MHMapView缩放至对应的外接矩形
}
```

其中函数GetSelectedFeaturesExtent()的功能是进行选中要素外接矩形的计算,其实现原理实际上是再调用模块MHMapRender的同名函数,而在第6章中针对模块MHMapRender并未对此函数进行介绍,这里给出该函数的实现代码:

```
int       CRenderImpl::GetSelectedFeaturesExtent(MSLayerObj* pLayer, MSEnvelopObj& env)
{
    for (int i = 0; i < m_pSelectFeatures.size(); i++)
    {
        OGRGeometry* pG = m_pSelectFeatures.at(i).pGeometry; //遍历选择的要素,将外接矩形合并
        OGREnvelope envTmp;
        pG->getEnvelope(&envTmp);
        env.Merge(&MSEnvelopObj(envTmp.MinX, envTmp.MinY, envTmp.MaxX, envTmp.MaxY)); //合并
    }
```

```
OGRLayer* pDS_TL = (OGRLayer*)pLayer->m_pOGRLayerPtrOrGDALDatasetPtr;
OGRSpatialReference *srs = pDS_TL->GetSpatialRef();
if (!srs->IsSame(m_pBaseSRS))
        //调用Transform()实现env的4个点投影转换到新的坐标系下,代码略,可参见6.2.3的第4)部分
return 0;
}
```

图13-2中的❺为删除选中要素,其实际上为矢量编辑的一种,首先需要得到当前图层选中的要素,再调用矢量编辑模块实现要素的删除(并记录相应的操作,以便后续进行可能的撤销操作),代码略,具体实现方法可参见第21章的21.5.1。

图13-2中的❻与❼分别示意了属性表的2种显示方式:其中❻示意了显示当前图层中的所有要素信息,而❼则仅显示选中的要素。

```
void     CMHMapAttrTableWnd::OnShowAllRecords()
{
    CGridCtrl* pWndGrid = (CGridCtrl*)m_wndGridCtrlPtr;
    pWndGrid->m_bShowAllRecords = TRUE; //控制变量,仅显示选中要素的函数OnShowSelected()为FALSE
    UpdateMHMapAttrTableView();// 更新表格视图
    OnUpdateMHMapView(NULL, -1);
}
```

实际上,显示所有要素与仅显示选中要素就是通过上述代码中的一个变量m_bShow-AllRecords进行控制的,该变量定义对应的表格类CGridCtrl内,函数UpdateMHMapAttrTableView()负责表格的刷新操作,是实现2种视图切换的主要实现代码,方法如下:

```
void     CMHMapAttrTableWnd::UpdateMHMapAttrTableView()
{
    CMHMapView* pMHMapView = (CMHMapView*)m_pMHMapView;
    CGridCtrl* pWndGrid = (CGridCtrl*)m_wndGridCtrlPtr;
    //表格控制初始化,包括固定列、背景色、高亮色设定,略
    CMHMapGDAL mhGdal; //模块MHMapGDAL
    string sFields = mhGdal.GetFields(m_pLayerObj); //获取字段,计算列数(即字段数+1列固定+1列FID)
    vector<string> sField;
    int nFind;
    while ((nFind = sFields.find("~")) != sFields.npos) //模块MHMapGDAL返回的各字段以字符~作为分隔
    {
        sField.push_back(sFields.substr(0, nFind));
        sFields = sFields.substr(nFind + 1);
    }
    sField.push_back(sFields);
    int nColumnCount = sField.size() + 2;//+2是因为最左侧一列为""(固定列),再增加一个 FID 列
    SetGridColumnCount(nColumnCount);
    SetGridText(0, 1, "FID");//设置第0行,第1列
    for (int i = 0; i < sField.size(); i++)
        SetGridText(0, i + 2, CString(sField.at(i).c_str()));//设置第0行,第n列
    int nSelectedCount = 0, nAllCount = mhGdal.GetFeatureCount(m_pLayerObj);
    if (pWndGrid->m_bShowAllRecords)            //显示所有记录
    {
        int nFeatureCountToShow = mhGdal.GetFeatureCount(m_pLayerObj);
        SetGridRowCount(nFeatureCountToShow);
        int nFID, nRow = 1;//row从第1行开始,第0行空着
```

```
        string sValue = mhGdal.GetNextFeatureValueAndFIDAsString(m_pLayerObj, nFID);
        while (sValue != "^END^")//最后的结束字符为^END^
        {
            int nCol = 0;
            CString str;
            str.Format("%d", nFID);
            SetGridText(nRow, nCol + 1, str); //设置第n行,第1列
            while ((nFind = sValue.find("~~")) != string::npos) //数据分析、充填过程
            {
                CString sText = CString(sValue.substr(0, nFind).c_str());
                sValue = sValue.substr(nFind + 1);
                SetGridText(nRow, nCol + 2, sText); //设置第n行,第m列
                nCol++;
            }
            SetGridText(nRow, nColumnCount - 1, CString(sValue.c_str()));
            nRow++;
            sValue = mhGdal.GetNextFeatureValueAndFIDAsString(m_pLayerObj, nFID);
        }
        int* nFIDs = NULL, nCount = 0;
        pMHMapView->GetSelectedFIDs(m_pLayerObj, nFIDs, nCount); //获取选择状态的FID
        nSelectedCount = nCount;
        SetGridSelFIDs(nFIDs, nCount);//设置哪些行处于选中状态,即采用高亮底纹作为表格对应行的背景色
        if (nCount > 0) delete nFIDs;
    }
    else                                        //仅显示选择记录
    {
        int* nFIDs = NULL, nCount = 0;
        pMHMapView->GetSelectedFIDs(m_pLayerObj, nFIDs, nCount); //获取当前层选中的要素
        SetGridRowCount(nCount + 1); //设定多少行,行数=选中要素个数+1(最上一行为固定行)
        //读取各要素在各波段的值,填充至表格,方法同上类似,略
    }
    pWndGrid->AutoSizeColumns();
    pWndGrid->Invalidate();//表格刷新
}
```

图13-2中的❽❾❿⓫等均是针对仅显示选中要素进行二次选择而设计的功能。当按钮❼处于选中状态时,允许在已经选中要素的基础上进行进一步的要素二次选择,形成类似于图13-3所示的视图,其中黄色填充的3个要素就是在蓝色填充选中要素的基础上,进行二次选择的状态。当进行了二次选择时,图13-2中的❽❾❿⓫几个按钮变为可用状态。

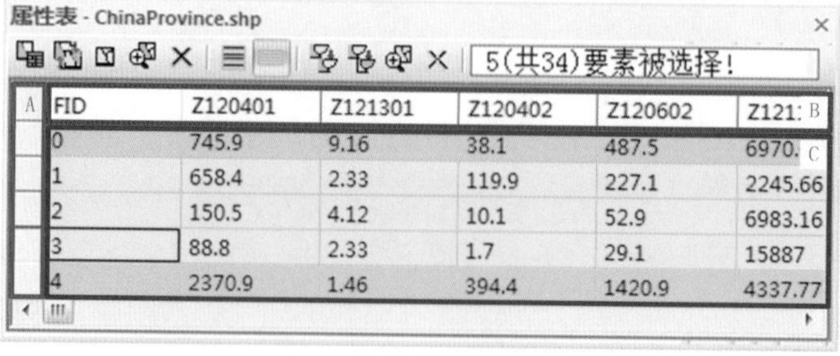

图13-3 属性表二次选择视图及对应工具栏

其中按钮❽的作用是不选择高亮,即从选择集中去除本图层中的二次选择集,并保留其他要素。如图13-3所示,在用户按下按钮❽后,选择集中将仅保留要素0与4(即要素1~3从选择集中去除)。其实现函数OnUnSelectHighLighted()的代码为:

```
void        CMHMapAttrTableWnd::OnUnSelectHighLighted()
{
    CMHMapView* pMHMapView = (CMHMapView*)m_pMHMapView;
    CGridCtrl* pWndGrid = (CGridCtrl*)m_wndGridCtrlPtr;
    int nCount = pWndGrid->m_HighLightedFIDMap.size();//存储高亮的数据结构,数量有nCount个
    if (nCount > 0)
    {
        int *nFIDs = new int[nCount];
        for (int i = 0; i < nCount; i++)
        {
            int row = pWndGrid->m_HighLightedFIDMap.at(nCount - 1 - i); //倒序遍历得到哪些行高亮
            CString str = pWndGrid->GetItemText(row, 1); //根据高亮的第1行得到其FID
            nFIDs[i] = atoi(str);
        }
        pMHMapView->RemoveFromSelectedByFIDs(m_pLayerObj, nFIDs, nCount); //从选择集中去除,并更新视图
        pWndGrid->m_HighLightedFIDMap.clear();//清空数据结构,不再有高亮
        UpdateMHMapAttrTableView();//更新表格
        delete nFIDs;
    }
}
```

其中的变量m_HighLightedFIDMap在类CGridCtrl中的声明如下:

```
vector<int> m_HighLightedFIDMap;
```

用于记录表格中高亮的行数(row)。上述代码中函数RemoveFromSelectedByFIDs()的声明如下:

```
void RemoveFromSelectedByFIDs(MSLayerObj* pLayer, int* nFIDs, int nCount, bool bUpdateMHMapView=true);
```

即第4个参数在默认情况下,调用完该函数将会进行模块MHMapView所对应的主视图更新。

按钮❾的作用是仅选择高亮,即从选择集中去除本图层中的其他要素而仅保留二次选择集,此过程不影响其他图层的选择要素。如图13-3所示,在用户按下按钮❾后,选择集中将仅保留要素1、2与3(即非高亮要素从选择集中去除)。其实现函数OnReSelectHighLighted()的代码为:

```
void        CMHMapAttrTableWnd::OnReSelectHighLighted()
{
    CMHMapView* pMHMapView = (CMHMapView*)m_pMHMapView;
    CGridCtrl* pWndGrid = (CGridCtrl*)m_wndGridCtrlPtr;
    int nCount = pWndGrid->m_HighLightedFIDMap.size();
    if (nCount > 0)
    {
        int *nFIDs = new int[nCount];
        for (int i = 0; i < nCount; i++)
```

```
        {
            int row = pWndGrid->m_HighLightedFIDMap.at(i); //遍历得到哪些行高亮
            CString str = pWndGrid->GetItemText(row, 1); //根据高亮的第1行得到其FID
            nFIDs[i] = atoi(str);
        }
        pMHMapView->SetSelectByFIDs(m_pLayerObj, nFIDs, nCount); //重新选择本图层内的元素,并更新视图
        pWndGrid->m_HighLightedFIDMap.clear(); //清空数据结构,不再有高亮
        UpdateMHMapAttrTableView(); //更新表格
        delete nFIDs;
    }
}
```

上述代码中的函数SetSelectByFIDs()的声明为:

```
    void SetSelectByFIDs(MSLayerObj* pLayer, int* nFIDs, int nCount, bool bUpdateMHMapView = true, bool
bOnlyClearFeaturesInThisLayer = true); //根据FID数据进行选择
```

即第4个参数在默认情况下,调用完该函数将会进行模块MHMapView所对应的主视图更新。

按钮❿的作用是缩放至高亮,其实现原理同按钮❹类似,需要首先调用模块MHMapView的相应函数获取当前图层内高亮要素的外接矩形,再调用模块MHMapView缩放到其外接矩形,代码略。

按钮⓫的作用是删除高亮要素,实现原理类似按钮❺,同样需要调用矢量编辑模块,代码略。可参见第21章。

按钮⓬实际上是一个状态栏(放在此处是为了减少所占用的空间),用于指示当前图层中有多少要素,其中多少处于被选择状态。按钮⓬所对应的区域实际上是一个CStatic控件,仅用于显示选择要素状态信息,其中对应于具体功能实现类的OnCreate()函数生成该指示窗口的代码为:

```
    int index = 0;
    RECT rect;
    while (m_wndToolBarAttrTable.GetItemID(index) != ID_BUTTON_INFO)    //找到指定的工具项
        index++;
    m_wndToolBarAttrTable.SetButtonInfo(index, ID_BUTTON_INFO, TBBS_SEPARATOR, 80);
    m_wndToolBarAttrTable.GetItemRect(index, &rect);
    rect.top += 2;   //设置位置
    rect.bottom += 20;
    rect.right += 200;
    m_wndStaticInfo.Create("", WS_CHILD|WS_VISIBLE|WS_BORDER, rect,&m_wndToolBarAttrTable, ID_BUTTON_INFO);
    m_wndStaticInfo.ShowWindow(SW_SHOW);
```

即首先找到该按钮(ID为ID_BUTTON_INFO),并将其窗口范围扩大,再调用CStatic的Create()函数在对应的位置生成即可。

需要进行此状态栏的信息更新时,只需要调用窗口m_wndStaticInfo的函数SetWindowText()即可。

13.4　属性表模块操作功能的设计与实现

用户针对矢量数据各字段及其属性的操作基本上都是通过属性表模块进行实现的,

如属性查询(即根据特定属性与其特征值进行要素查询)、选择与二次选择、矢量字段的操作(增加、修改、删除、排序、计算)等。

13.4.1　选择与二次选择

选择是用户针对矢量数据一个非常常用的操作。一般来说,用户可以通过3种途径进行交互式矢量数据的选择,第1种方式是通过鼠标在视图上进行点选、框选、多边形选、圆选、线选等操作,相应的实现方式见7.3;第2种方式就是通过本节要介绍的属性表进行选择;最后1种是通过查询方式获得。当用户通过鼠标点击图13-3中左侧A所示区域时(其实现类似于ArcGIS的用户操作习惯),即属性表最左侧的固定列,能够实现对该行所对应要素的选择操作,其可在类CGridCtrl的OnLButtonDown()函数中进行实现,类似如下:

```
void CGridCtrl::OnLButtonDown(UINT nFlags, CPoint point)
{
    if (m_MouseMode != MOUSE_PREPARE_DRAG) // not sizing or editing -- selecting
    {
        if (m_LeftClickDownCell.col < GetFixedColumnCount())
            SelectRows(m_LeftClickDownCell, FALSE);
    }
}
```

也就是说,当用户在左侧的固定列上按下鼠标时,将会激活上述函数,此时鼠标模式(m_MouseMode)既不是调整行间高度,也不是进行编辑,而是行选择状态,进一步激活函数SelectRows(),该函数的功能为进行对应的行选择,代码如下:

```
void CGridCtrl::SelectRows(CCellID currentCell, BOOL bForceRedraw, BOOL bSelectCells)
{
    if (!IsCTRLpressed())//如果没有按下Ctrl,则需要先清理,再选择,否则直接选择(保留已选择)
    {
        ClearHighLightedFIDs();//清理高亮选择集
        if (m_bShowAllRecords)    //如果是显示所有记录视图,则需要清除选择集,重新选
            ClearSelectedFIDs();
    }
    if (GetSingleRowSelection())//单选
    {
        SetSelectedRange(currentCell.row, Left , currentCell.row, GetColumnCount()-1,
            bForceRedraw, bSelectCells, !m_bShowAllRecords);
        int nFID = atoi(GetItemText(currentCell.row,1));
        if (m_bShowAllRecords)
            m_SelectedFIDMap.push_back(nFID); //记录哪些要素(FID)处于选择状态
        else
            m_HighLightedFIDMap.push_back(nFID); //记录哪些要素(FID)处于高亮状态
    }
    else//多选,按鼠标拉框范围
    {
        SetSelectedRange(min(m_StartCell.row,    currentCell.row),Left,    max(m_StartCell.row,
                currentCell.row),GetColumnCount()-1, bForceRedraw, bSelectCells, m_bShowAllRecords);
        for(int i = nMin; i <= nMax; i++)
        {
```

```
            if (m_bShowAllRecords)
                m_SelectedFIDMap.push_back(i); //记录哪些要素(FID)处于选择状态
            else
                m_HighLightedFIDMap.push_back(i); //记录哪些要素(FID)处于高亮状态
        }
    }
}
```

上述代码非常关键。在进行行选择时,如果没有按下Ctrl键,则首先需要清除对应本层内的所有高亮选择集,同时,如果当前为显示所有记录状态,则还需要清除当前图层的选择集以便重新根据用户的操作进行选择(函数SetSelectedRange())。上述代码中,变量m_SelectedFIDMap与m_HighLightedFIDMap均为vector<int>型变量,分别用于记录当前选中要素与高亮要素的FID信息。最后,在范围选择函数SetSelectedRange()内实现表格的底纹填充,代码如下:

```
void CGridCtrl::SetSelectedRange(int nMinRow, int nMinCol, int nMaxRow, int nMaxCol,
    BOOL bForceRepaint /* = FALSE */, BOOL bSelectCells/*=TRUE*/, BOOL bHighLighted/* = FALSE*/)
{
    if(bHighLighted)        //高亮,采用高亮色充填表格行
        SetItemBkColour(cell.row,cell.col,m_clrHighLightColor);
    else                    //非高亮,采用选择色充填表格行
        SetItemBkColour(cell.row,cell.col,m_clrSelectedColor);
    InvalidateCellRect(cell.row,cell.col); //刷新
}
```

其中,m_clrSelectedColor为一类内指示选中要素颜色的变量,m_clrHighLightColor为一类内指示高亮要素颜色的变量。

到目前为止,前面几个函数完成了OnLButtonDown()的操作,实现的效果一方面是进行表格特定行的底色填充,另一方面采用变量m_SelectedFIDMap或m_HighLightedFID-Map对选择及高亮状态的要素FID进行了记录。进一步的代码需要在鼠标抬起时正式确定对应的操作,并通知父窗口确立完成要素的选择工作,相应的代码如下:

```
void CGridCtrl::OnLButtonUp(UINT nFlags, CPoint point)
{
    vector<int> *pArray;
    if (m_bShowAllRecords_Shenzf)
        pArray = &m_SelectedFIDMap; //如果是显示所有记录视图,则指向选择集
    else
        pArray = &m_HighLightedFIDMap; //如果是仅显示选中记录视图,则指向高亮集
    int* nFIDs = NULL, nCount = 0;
    if (pArray->size() > 0)
    {
        nCount = pArray->size();
        nFIDs = new int[nCount];
        for (int i = 0; i < nCount; i++)
            nFIDs[i] = pArray->at(i);//存储的就是选中的FID或高亮的FID
    }//下面一行是通知父窗口进行表格刷新,再调用模块MHMapView的功能实现模块MHMapRender对相应要素的选择
    GetOwner()->SendMessage(ID_MSG_UPDATE_MHMAPVIEW_FROM_MHMAPATTRTABLE, (DWORD)nFIDs, (DWORD)nCount);
}
```

在鼠标左键抬起后,上述代码判定当前视图为显示所有记录视图还是仅显示选中视图,再将相应表格中实现的选择集或高亮集通知父窗口(类CMHMapAttrTableWnd所对应的窗口),父窗口进一步调用模块MHMapView中的选择功能实现模块MHMapRender对相应FID加入选择集。也就是说,模块MHMapRender中负责实现选中要素集中高亮要素的渲染实现以及渲染配置(如高亮采用什么颜色进行渲染),但并不维护高亮选择集,高亮选择集定义在模块MHMapAttrTable中(即上述的CGridCtrl中),为一个临时性类内变量,当系统关闭时相应的高亮集将不会被存储。

对应地,类CMHMapAttrTableWnd需要对发出的消息ID_MSG_UPDATE_MH-MAPVIEW_FROM_MHMAPATTRTABLE进行响应,响应是通过该消息进行实现的,对应的消息映射为:

```
BEGIN_MESSAGE_MAP(CMHMapAttrTableWnd, CWnd)
    ON_MESSAGE(ID_MSG_UPDATE_MHMAPVIEW_FROM_MHMAPATTRTABLE, OnUpdateMHMapView)
END_MESSAGE_MAP()
```

即在类CMHMapAttrTableWnd的消息映射中通过函数OnUpdateMHMapView()实现对该ID消息的响应,对应的函数实现体代码如下:

```
LRESULT CMHMapAttrTableWnd::OnUpdateMHMapView(WPARAM wparam, LPARAM lparam)
{
    CMHMapGDAL mhGdal;
    CGridCtrl* pWndGrid = (CGridCtrl*)m_wndGridCtrlPtr;
    CMHMapView* pMHMapView = (CMHMapView*)m_pMHMapView;
    int* nFIDs = (int*)wparam, nCount = (int)lparam; //按相反顺序得到选择集,2个参数分别对应指针与个数
    int nSelectedCount = pWndGrid->m_SelectedFIDMap.size();    //真正的nCount;
    int nAllCount = mhGdal.GetFeatureCount(m_pLayerObj);
    if (pWndGrid->m_bShowAllRecords) //显示所有记录视图
        pMHMapView->SetSelectByFIDs(m_pLayerObj, nFIDs, nCount); //正式选择,通知模块MHMapRender
    else                       //仅显示选中记录视图
    {
        for (int i = 0; i < nCount; i++)
        {
            int row = pWndGrid->m_HighLightedFIDMap_Shenzf.at(i);
            CString str = pWndGrid->GetItemText(row, 1);
            nFIDs[i] = atoi(str);
        }
        pMHMapView->SetSelectHighLightedByFIDs(m_pLayerObj, nFIDs, nCount);//通知模块MHMapRender
    }
    delete nFIDs; //释放由OnLButtonUp()函数开辟的内存
    pMHMapView->UpdateMHMapAttrEdit();//更新属性表的其他视图(属性编辑视图)
    return 0;
}
```

上述过程构成了鼠标左键抬起后的一个完整消息回路。其中需要注意的是,在函数OnLButtonUp()中new出一个新的nFIDs,其数量为nCount,并把两者作为Windows消息发送函数SendMessage()的2个参数传递到父窗口,父窗口得出消息通知并在响应函数OnUpdateMHMapView()中,将2个变量按相反的顺序进行解析,调用模块MHMapView的

相应函数,并在使用完毕后在此处进行内存释放。这里在堆(Heap)上开辟的内存与释放不在同一函数内(甚至不在同一个类内),程序实现者在此类问题实现时必须确保内存开辟后期得到顺利释放。

上述过程实现了一个完整的通过鼠标左键在属性表上操作并进行要素选择的过程。从实现效果角度来看,该过程的结果就是实现某要素的选择,效果上等同于用户通过鼠标在 MHMapView 视图上进行的要素选择。从操作方法角度来看,两者有着一些小的区别:在 MHMapView 上进行多要素选择时的方法是鼠标选定一定区域内的要素,需要再增加时则要求用户按下 Shift 键再进行选择(减少选择时按下 Alt 键);而通过属性表进行选择时,用户可以通过 Shift 键进行连续选择,或采用 Ctrl 键进行增项选择。

二次选择只能通过属性表进行实现。二次选择是在用户已经确定选择集的基础上,再在选择集内进行进一步选择的过程。由于一般采用蓝色(RGB(255,0,255))或用户指定颜色进行选择集要素边线绘制,二次选择的要素采用黄色高亮色(RGB(255,255,0))或用户指定颜色进行要素填充绘制。也就是说,用户通过二次选择,能够交互式查看二次选择的要素信息,并进而进行选择集逐步精选的过程,有利于实现交互式精选。从实现方面,二次选择的实现原理为基于高亮色(即上面代码中的颜色变量 m_clrHighLightColor)进行表格填充并进而更新视图(对应要素的填充),相应的实现代码在上述要素选择时已经说明;二次选择集的操作主要有 2 种,即"不选高亮"与"只选高亮",相应的代码实现可参见13.3。这两种操作实现的目的及最终效果都是选择集在二次选择的基础上进行逐步精确化的过程。

13.4.2　属性表右键快捷菜单

当用户在图 13-3 中 A 所示的区域按下鼠标右键时,会弹出类似于图 13-4 所示的快捷操作菜单,并进而实现右键要素、所选要素或高亮要素的某些操作,其中部分菜单项与图13-2 所示工具栏有着一定的对应关系。

图 13-4 示意了在属性表格的不同位置按下右键弹出对应菜单的效果示意图。其中

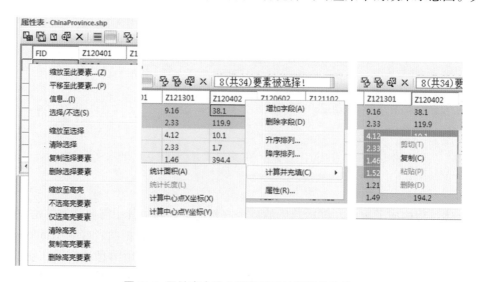

图 13-4　属性表中按右键弹出的快捷操作菜单

图 13-4 左侧为在属性表左侧的固定列(即图 13-3 中 A 区域)上按下右键的菜单响应,图 13-4 中间为在属性表的上侧固定行(即图 13-3 中 B 区域)上按下右键的菜单响应,图 13-4 右侧为在属性表的非固定行(即图 13-3 中 C 区域,属性值区域)上按下右键的菜单响应。

右键菜单的实现实际上首先需要在本模块的资源中添加一个菜单项(资源 ID 为 IDR_POPUP_GRIDCTRL),并在右键响应菜单(函数 OnContextMenu())中合适的位置弹出相应菜单,对用户选择的菜单项消息进行响应。相应的实现代码类似如下:

```cpp
void CMHMapAttrTableWnd::OnContextMenu(CWnd* pWnd, CPoint point)
{
    CGridCtrl* pWndGrid = (CGridCtrl*)m_wndGridCtrlPtr;
    AFX_MANAGE_STATE(AfxGetStaticModuleState());//使用本模块内部的菜单资源
    CPoint pt = point;
    pWndGrid->ScreenToClient(&pt);
    CCellID cell = pWndGrid->GetCellFromPt(pt); //获取到右键点位置对应于 CGridCtrl 中的单元格
    CMenu menu;
    menu.LoadMenu(IDR_POPUP_GRIDCTRL);
    CMenu* pMenu_Top = menu.GetSubMenu(0);  //子菜单项1,用于顶部
    CMenu* pMenu_Left = menu.GetSubMenu(1); //子菜单项2,用于左侧
    CMenu* pMenu_Others = menu.GetSubMenu(2); //子菜单项3,用于属性值单元格
    int nSel = -1;
    if (cell.row == 0 && cell.col > 0) //点在了上面, cell.col == 1 的列即为 FID 列,不可删除
    {
        MSLayerType type = m_pLayerObj->GetLayerType();
        pMenu_Top->EnableMenuItem(ID_P_AREA, type == MS_LAYER_POLYGON ? MF_ENABLED : MF_GRAYED);
        if (cell.col == 1) // FID字段,不可删除,不可计算并充填
            pMenu_Top->EnableMenuItem(ID_P_DELETEFIELD, MF_GRAYED);
        nSel = pMenu_Top->TrackPopupMenu(TPM_LEFTALIGN | TPM_RETURNCMD, point.x, point.y, this);
    }
    else if (cell.row > 0 && cell.col == 0)  //点在了左面
    {
        bool bHaveSelected = false, bHaveHighLighted = false;
        int* nFIDs = NULL, nCount;
        pMHMapView->GetSelectedFIDs(m_pLayerObj, nFIDs, nCount); //判断是否有选中要素
        if (nCount > 0)
        {
            delete nFIDs; nFIDs = NULL;
            bHaveSelected = true;
        }
        pMHMapView->GetSelectedHighLightedFIDs(m_pLayerObj, nFIDs, nCount); //判断是否有高亮要素
        if (nCount > 0)
        {
            delete nFIDs;
            bHaveHighLighted = true;
        }
        pMenu_Left->EnableMenuItem(ID_P_ZOOMTOSELECTION, bHaveSelected ? MF_ENABLED: MF_GRAYED);
        pMenu_Left->EnableMenuItem(ID_P_ZOOMTOHIGHLIGHTED, bHaveHighLighted ? MF_ENABLED: MF_GRAYED);
        nSel = pMenu_Left->TrackPopupMenu(TPM_LEFTALIGN | TPM_RETURNCMD, point.x, point.y, this);
    }
    else                              //其他地方,弹出 复制、粘贴功能
    {
        pMenu_Others->EnableMenuItem(ID_P_CUT, MF_GRAYED);
```

```
            nSel = pMenu_Others->TrackPopupMenu(TPM_LEFTALIGN | TPM_RETURNCMD, point.x, point.y, this);
    }
    switch (nSel)
    {
    case ID_P_ADDFIELD: //用户选择的菜单项结果,仅以此一项为例,其他略
        OnAddField();
        break;
    }
}
```

上述代码中,先加载本模块中的菜单资源IDR_POPUP_GRIDCTRL,并分离出其中的3个子菜单项,再判断鼠标右键点击的位置,分别在不同的点击位置弹出不同的菜单。在弹出菜单前,通过EnableMenuItem()、CheckMenuItem()等函数对不同的菜单项进行配置(是否可用、是否复选)等(上述代码中省略了大量对应的菜单配置)。最后通过TrackPop-upMenu()弹出对应的菜单,并在其第一个参数中加上TPM_RETURNCMD选项,以便该函数返回对应的命令ID,最后可以通过对应的命令ID(即上述代码中的变量nSel)判断用户的右键菜单选择项,并进而调用不同的功能实现函数。

图13-4示意的菜单中,左侧为点击不同要素所弹出的菜单,相应的各菜单项在13.3中都已经介绍或有类似内容的介绍;中间为字段操作或字段计算、排序等操作,此部分内容将在13.4.3中进行介绍;右侧为点击属性值上弹出的菜单,主要为所选区域数据的复制操作,其实现原理较为简单,即在类CGridCtrl中直接实现将所选定区域的文字复制到系统剪贴板。

```
void CGridCtrl::OnEditCopy()
{
    COleDataSource* pSource = CopyTextFromGrid();//根据用户选定区域row,col,代码略
    if (!pSource)return;
    pSource->SetClipboard();
}
```

13.4.3　矢量字段操作

如图13-4所示,矢量字段操作包括增加字段、删除字段、字段计算、字段排序等。

增加字段就是需要对所选定的矢量图层增加一个字段,弹出一个对话框,由用户指定新增字段的名称与类型,如图13-5所示。

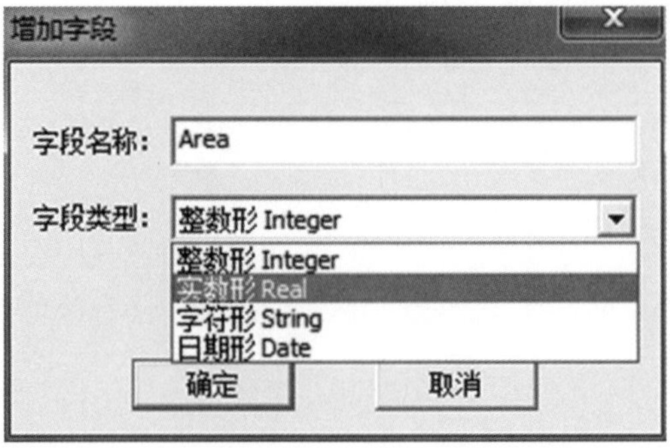

图13-5　属性表中新增字段弹出的对话框

实际上,图 13-5 所示的对话框定义在另一个模块——MHMapDlgAttr 中,同样地,相应的功能也实现在该模块中(参见图 2-10 的线⑰处的聚合关系)。本模块中新增字段函数 OnAddField()(即右键菜单项"新增字段"的实现函数)的代码为:

```
void      CMHMapAttrTableWnd::OnAddField()
{
    CMHMapView* pMHMapView = (CMHMapView*)m_pMHMapView;
    CMHMapDlgAttrShow das;                          //模块MHMapDlgAttr的主要实现类
    if(das.ShowAttrAddFieldMode() == IDOK)    //弹出对应的对话框
        pMHMapView->UpdateMHMapAttr();            //更新属性表视图
}
```

其中,模块 MHMapDlgAttr 的功能实现类 CMHMapDlgAttrShow 的函数 Show-AttrAddFieldMode()实现代码如下:

```
INT_PTR CMHMapDlgAttrShow::ShowAttrAddFieldMode()
{
    AFX_MANAGE_STATE(AfxGetStaticModuleState());    //应用模块MHMapDlgAttr自己的(对话框)资源
    CMHMapDlgAttrAddField dlgAQ;                    //模块MHMapDlgAttr的对话框功能实现类
    INT_PTR nReturn = dlgAQ.DoModal();
    return nReturn;
}
```

该函数再进一步调用类 CMHMapDlgAttrAddField 的 DoModal()函数弹出模式对话框,该对话框"确定"键的实现代码为:

```
void CMHMapDlgAttrAddField::OnBnClickedOk()
{
    UpdateData();
    CMHMapGDAL gdal;
    int nCurSel = m_cmbFieldType.GetCurSel();//用户在对话框上选择了哪种波段数据类型
    string sType;
    switch (nCurSel)
    {
    case 0:
        sType = "OFTInteger";        break;
    case 1:
        sType = "OFTReal";           break;
    case 2:
        sType = "OFTString"; break;
    case 3:
        sType = "OFTDate";           break;
    }
    bool bSuc = gdal.AddField(m_pLayerObj, string(m_strFieldName.GetString()), sType); //模块MHMapGDAL
    CDialog::OnOK();
}
```

也就是说,最终的代码实现是调用模块 MHMapGDAL 增加该矢量的字段,而模块 MHMapGDAL 再调用 GDAL/OGR 的底层功能实现该矢量图层的字段增加,对应的代码如下:

```
bool        CMHMapGDAL::AddField(MSLayerObj* pLayer, string sFieldName, string sFiledType)
{
    OGRLayer* pOGRLayer = (OGRLayer*)pLayer->m_pOGRLayerPtrOrGDALDatasetPtr;
    OGRErr err;
    if (sFiledType == "OFTInteger")//整形
    {
        OGRFieldDefn fd(sFieldName.c_str(), OFTInteger);
        err = pOGRLayer->CreateField(&fd); //调用OGRLayer的生成字段函数
    }
    else
        //其他数据类型,略
    return (err == OGRERR_NONE);
}
```

除增加字段外,其他针对矢量数据字段的操作也类似,最终均是由模块MHMapG-DAL实现底层GDAL/OGR的操作,如删除字段的代码为:

```
void        CMHMapAttrTableWnd::OnDeleteField(int nField)
{
    int nSel = MessageBox("注意,删除字段将不可恢复! \r\n确定删除此字段?", "注意", MB_YESNO |
                            MB_ICONQUESTION | MB_DEFBUTTON2 | MB_TASKMODAL);
    if (nSel != IDYES)    return;
    CMHMapView* pMHMapView = (CMHMapView*)m_pMHMapView;
    CMHMapGDAL mhGdal;
    mhGdal.DeleteField(m_pLayerObj, nField); //调用模块MHMapGDAL的删除字段函数
    pMHMapView->UpdateMHMapAttr();
}
```

对于字段排序功能,由于不涉及数据底层的存储,只是在属性表中的显示方式不同,因此不需要调用模块MHMapGDAL,只需要调用本模块的表格显示方面的函数即可,相应的代码如下:

```
void CMHMapAttrTableWnd::OnSortAscending(int col)
{
    CGridCtrl* pWndGrid = (CGridCtrl*)m_wndGridCtrlPtr;
    pWndGrid->SortItems(col, TRUE); //排序显示方式
    pWndGrid->Invalidate();
}
```

最后,矢量字段提供了一些较为常用字段的快速计算功能,这些功能的实现实际上可以直接调用GDAL/OGR的底层统计功能函数,如图13-4中,中间菜单上的统计多边形面积的功能,对应本模块的实现代码为:

```
void        CMHMapAttrTableWnd::OnComputePolygonArea(int nField)
{
    CMHMapView* pMHMapView = (CMHMapView*)m_pMHMapView;
    CMHMapGDAL mhGdal;
    bool bSuc = mhGdal.UpdateFieldByPolygonArea(m_pLayerObj, nField); //调用模块MHMapGDAL的相应功能
    if (bSuc)
        pMHMapView->UpdateMHMapAttr();//更新属性表视图
}
```

在计算面状几何要素的字段面积时,需要调用 GDAL/OGR 的相应函数,因此本模块调用了模块 MMapGDAL 的函数 UpdateFieldByPolygonArea()进行实现,并在成功后更新属性表视图。相应地,模块 MHMapGDAL 中针对函数 UpdateFieldByPolygonArea()的原理调用 OGR 的相关函数计算几何多边形的面积,对应的实现代码为:

```
bool    CMHMapGDAL::UpdateFieldByPolygonArea(MSLayerObj* pLayer, int nField)
{
    string sReturn;
    OGRLayer* pOGRLayer = (OGRLayer*)pLayer->m_pOGRLayerPtrOrGDALDatasetPtr; //图层对应的OGRLayer指针
    OGRFeatureDefn *pFeatureDefn = pOGRLayer->GetLayerDefn();//要素定义
    OGRFieldDefn* pFieldDefn = pFeatureDefn->GetFieldDefn(nField); //字段定义
    const char* cFieldName = pFieldDefn->GetNameRef();//字段名称
    pOGRLayer->ResetReading();//图层从头开始
    OGRFeature* pFeature = NULL;
    while ((pFeature = pOGRLayer->GetNextFeature()) != NULL)  //遍历所有feature;
    {
        OGRGeometry* pGeometry = pFeature->GetGeometryRef();//要素对应的几何体
        OGRwkbGeometryType type = wkbFlatten(pGeometry->getGeometryType());//几何体类型
        double dArea = 0;
        if (type == wkbPolygon || type == wkbMultiPolygon) //单多边形或多多边形
        {
            OGRSurface* pSurface = (OGRSurface*)pGeometry;
            dArea = pSurface->get_Area();
        }
        pFeature->SetField(cFieldName, dArea); //更新要素的字段信息
        pOGRLayer->SetFeature(pFeature);      //更新图层中的要素信息,将要素写回
    }
    return true;
}
```

注意在应用 OGR 进行几何要素信息更新时,首先需要遍历对应的要素,遍历方法为调用 OGRLayer 类的 GetNextFeature()函数,直到其返回 NULL 为止,而不建议通过函数 GetFeature(GIntBig nFID)进行获得,因为在处于编辑状态下,对应的 nFID 可能为不连续的编号,无法确定是否已经读取了所有的要素。在更新了要素的属性信息后,最后还要调用一下 OGRLayer 类的 SetFeature()函数将原要素重新写回,这一过程的主要原理是在用户通过函数 GetNextFeature()获取到 OGRFeature*的指针后,实际上在内存中该指针所指向的是一个要素的复制,并不是要素的地址(OGRFeature*&)或指向要素指针的指针(OGRFeature**),这样在用户更改了要素 pFeature 的某些属性或空间信息后,并未影响原来 OGRLayer*中的对应要素,而如果用户希望进行要素更新,则需要调用 SetFeature()函数将要素手动更新。

13.5 小   结

模块 MHMapAttrTable 是一个基于表格展现矢量图层属性信息的模块,同样也是 MHMapGIS 构成模块中较为常用的模块之一,用户针对属性的操作、查询与信息分析都可以通过这个模块来完成。本章重点介绍了属性表表格视图的实现模式,其中采用了主

体功能实现类CMHMapAttrTablePane来负责同模块MHMapFrm对接,并成为主框架模块MHMapFrm的一个子窗口,再采用具体功能实现类CMHMapAttrTableWnd来实现内部包括工具栏、属性表格及操作的功能,这种设计模式使得本模块既可以作为主框架窗口的一个子窗口而存在,同时也可以将其独立出来,作为一个与主视图模块MHMapView相并行的模块,将两者连接即可完成所有的属性表操作功能。

本模块中的具体功能均由具体功能实现类CMHMapAttrTableWnd负责完成,在对其显示与操作设计后通过一个表格类CGridCtrl负责完成,相应的底层操作再调用模块MH-MapGDAL来实现OGR的底层矢量信息查询与操作。本模块设计过程并未将矢量数据的属性编辑放在此模块中,而是将其移到一个专门进行批量属性编辑的模块——MH-MapAttrEdit中进行实现,相应的实现原理与过程可参见第14章。

第14章

地图属性编辑模块 MHMapAttrEdit 的实现

地图属性编辑模块 MHMapAttrEdit 的主要功能是进行当前地图矢量图层的属性编辑或批量编辑；类似于 ArcGIS 在编辑状态下 Attribute Table 中的编辑功能，其主要功能为矢量图层中选定要素针对不同字段属性值批量编辑。实际上，之所以将属性编辑功能同属性表显示功能(第13章)区别出来并形成独立模块，主要是因为属性编辑功能使用频率并不高，独立出来而不加入属性表显示中有利于防止用户因在属性表显示上的误操作而造成属性的修改操作；更为重要的是，属性表编辑模块 MHMapAttrEdit 采用与属性表不同的视图，更有利于用户进行有针对性的属性修改，操作更加简单(特别是多要素的批量编辑)；而且，在进行属性编辑的过程中，用户还可以同时打开属性表显示与属性表编辑2个视图，在编辑之后查看属性表显示视图以确认编辑操作。

从实现角度来看，实际上无论矢量数据的空间编辑，还是属性编辑，具体的功能实现都由第21章的矢量编辑模块 MHMapEdit 负责。本模块在进行属性编辑过程中，需要完成的主要有2方面工作，一方面是所选要素属性的属性表按列方式展现，另一方面则是调用模块 MHMapView 的矢量编辑函数完成对应的矢量要素编辑过程。

14.1　属性编辑的需求与设计

矢量数据编辑包含空间数据编辑与属性数据编辑。空间数据编辑的结果是改变矢量数据要素的空间位置与范围，其交互式实现主要是通过用户鼠标的点、线操作(移动、增加、删除等)来完成的(面操作最终也分解为点或线操作)；属性数据编辑的结果则是改变矢量要素在不同字段上的属性值。在 ArcGIS 中，属性数据编辑是在允许矢量编辑状态下通过属性表来完成的，但其针对多要素的批量属性值修改操作比较麻烦，不符合用户操作习惯，因此我们希望将属性编辑功能独立出来，与属性显示功能相并列，并且能够方便、快速地完成用户需要的编辑功能。

这一功能由属性编辑模块来负责完成。图14-1示意了属性编辑模块 MHMapAttrEdit 的主要界面设计。其中，A图示意了 FID 为190的要素被选中时的属性编辑器的界面。可以看出，与第13章属性表显示模块不同的是，属性编辑器只有3列，其中第1列指示了属性字段的编号，第2列指示了属性字段的名称，这2列均为固定列，不允许用户修改。第3

列为所选要素在对应字段上的属性值。B图示意了FID为190与123的要素同时被选中时的属性编辑器界面,其中第1行的字段FID为"190,123",指示了当前图层中的选中要素及选择顺序(先选中190,后选中123),所选要素由于很多其他字段属性值不同,在属性编辑器中显示为"<不同属性值>",而当所选要素在某字段上的属性值相同时(如B图中为"IMGSOURCE"的字段),则显示对应的属性值。

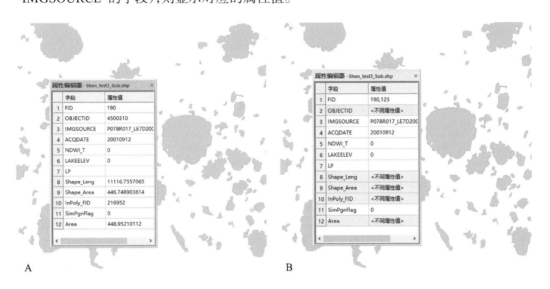

图 14-1　属性编辑模块 MHMapAttrEdit 的主要界面

按图14-1所示的界面进行属性编辑器的风格设计有着如下优点:用户修改哪个字段的属性一目了然,而且所修改的就是针对本图层中选中的要素,修改属性值之后所选中要素的属性值将直接被新值所代替,操作简单直观。

14.2　属性编辑功能的实现

在实现方面,属性编辑模块MHMapAttrEdit的界面同属性显示模块MHMapAttrTable非常相似,都是模块MHMapFrm的一个子窗口,里面也都是采用表格控件类CGridCtrl填充形成的表格。两者的区别在于,一方面是本模块不需要对应的工具栏,另一方面是在对应的OnCreate()函数中,需要允许本模块中的表格类对象允许编辑,即在对应的OnCreate()函数中有代码:

```
pWndGrid->SetEditable(TRUE); // 属性编辑表格允许编辑
```

本模块对应的显示功能调用按如下流程进行:在模块MHMapView中,当用户通过选择工具选择完要素之后,对应地,在鼠标抬起函数OnLButtonUp()中将会调用函数UpdateMHMapAttr(),该函数的功能是向主框架模块MHMapFrm发送更新属性表的消息,代码类似如下:

```
void CMHMapView::UpdateMHMapAttrEdit()
{
    CMHMapFrm* pMHMapFrm = (CMHMapFrm*)m_pMHMapFrm;
```

```
    if(pMHMapFrm)
        pMHMapFrm->SendMessage(ID_MSG_UPDATE_MHMAPATTREDIT_FROM_MHMAPVIEW);
}
```

对应地,在主框架中对相应的消息ID_MSG_UPDATE_MHMAPATTREDIT_FROM_MHMAPVIEW进行响应,对应的消息映射为:

```
BEGIN_MESSAGE_MAP(CMHMapFrm, CFrameWndEx)
    ON_MESSAGE(ID_MSG_UPDATE_MHMAPATTREDIT_FROM_MHMAPVIEW, UpdateMHMapAttrEdit)
END_MESSAGE_MAP()
```

该消息的响应函数UpdateMHMapAttrEdit()的代码为:

```
LRESULT CMHMapFrm::UpdateMHMapAttrEdit(WPARAM wparam/* = NULL*/, LPARAM lparam/* = NULL*/)
{
    map<MSLayerObj*, CMHMapAttrEditPane*>::iterator eit;
    for (eit = m_pAttrEditMap.begin(); eit != m_pAttrEditMap.end(); eit++)
    {
        CMHMapAttrEditPane* pMHMapAttrEditPane = eit->second;
        pMHMapAttrEditPane->UpdateMHMapAttrEditView();//更新
    }
    return 0;
}
```

也就是说,由于用户在完成矢量数据的选择后,函数OnLButtonUp()并不清楚用户选择了哪个或哪些图层的矢量要素,因此只能将对应的更新属性表消息统一发给所有的属性表,而上面函数UpdateMHMapAttrEdit()则遍历所有存在的属性表视图并对其进行视图刷新(调用本模块的函数UpdateMHMapAttrEditView())。

从显示角度来看,本模块MHMapAttrEdit与属性表显示模块MHMapAttrTable不同的是,本模块将字段按行的方式进行显示,因此对于一个图层来说,其行数就是该矢量数据的字段个数+2,因为第1行为固定行,第2行为FID字段(参见图14-1),其列数就是3。模块在显示时需要根据用户选中的要素来进行属性编辑的表格更新,相应的代码如下:

```
void      CMHMapAttrEditPane::UpdateMHMapAttrEditView()
{
    CGridCtrl* pWndGrid = (CGridCtrl*) m_wndGridCtrlPtr;
    CMHMapGDAL mhGdal;
    string sFields = mhGdal.GetFields(m_pLayerObj); //模块MHMapGDAL的函数,返回以~连接的字段字符串
    vector<string> sField;
    int nFind;
    while((nFind = sFields.find("~")) != sFields.npos) //分析字符串成字段数组sFields
    {
        sField.push_back(sFields.substr(0, nFind));
        sFields = sFields.substr(nFind+1);
    }
    sField.push_back(sFields);
    int nItemCount = sField.size()+2;//+1是因为最上侧一行为"",再增加一个 FID 行
    SetGridRowCount(nItemCount);//Row字段
    SetGridColumnCount(3);              //Column 字段
    SetGridText(0, 0, "");              //第1列,显示字段的序号
```

```
CString str;
for (int i=0;i<sField.size()+1;i++)
{
    str.Format("%2d",i+1);
    SetGridText(i+1,0,str);
}
SetGridText(0,1,"字段");  //第2列,显示字段的名称
SetGridText(1,1,"FID");
for (int i=0;i<sField.size();i++)
    SetGridText(i+2,1,CString(sField.at(i).c_str()));
SetGridText(0,2,"属性值");//第3列,显示字段的属性值
for (int i=0;i<sField.size()+1;i++)
    SetGridText(i+1,2,"");
CMHMapView* pMHMapView = (CMHMapView*)m_pMHMapView;
int* nFIDs = NULL,nCount = 0;
pMHMapView->GetSelectedFIDs(m_pLayerObj,nFIDs,nCount);//调用模块MHMapView获取当前图层内选中的要素
if(nCount == 0)              //没有选中的要素,返回
    return;
vector<string>* sText = new vector<string>[nCount]; //二维动态字符串数组,存储属性值
CString strFID; //用于记录被选中的FID的字符串值,中间以逗号连接选中的FID
for (int i=0;i<nCount;i++)
{
    int nFID = nFIDs[i];
    str.Format("%d",nFID);
    strFID += str + ",";
    string sValue = mhGdal.GetFeatureValueAsStringByFID(m_pLayerObj,nFID); //模块MHMapGDAL相应函数
    while((nFind = sValue.find("~")) != sValue.npos) //解析字符串sValue
    {
        string sTmpText = CString(sValue.substr(0,nFind).c_str());
        sTmpText = trim(sTmpText);
        sText[i].push_back(sTmpText);
        sValue = sValue.substr(nFind+1);
    }
    sValue = trim(sValue);
    sText[i].push_back(sValue);
}
SetGridText(1,2,strFID.Left(strFID.GetLength()-1)); //第1行第2列,FID字符的属性值
for (int i=0;i<sField.size();i++)
{
    string strV = sText[0].at(i);   //选中的第1个要素的属性值
    for (int j=0;j<nCount;j++)
    {
        if(sText[j].at(i) != strV) //如果选中的其他要素的属性值与第1个不同
        {
            strV = "<不同属性值>";
            break;
        }
    }
    SetGridText(i+2,2,CString(strV.c_str()));//选中的所有要素的属性值相同
```

```
    }
    delete []sText; delete nFIDs;
}
```

上述代码实现了属性编辑模块按需显示的相应功能。与属性显示模块MHMapAt-trTable类似的是,当用户通过鼠标选择要素后(或其他方式),统一发出一个更新属性表的指令,此时既更新属性显示模块MHMapAttrTable,又更新属性编辑模块MHMapAttrEdit。

当用户选定某些要素并在此属性编辑表上对其属性值进行更改后,对应在表格控件上回车后会向父窗口(即类CMHMapAttrEditPane)发送值更改的消息,相应的代码片段类似如下:

```
void CGridCtrl::OnEndEditCell(int nRow, int nCol, CString str)
{
    CString strCurrentText = GetItemText(nRow, nCol);
    if (strCurrentText != str)
    {
        SetItemText(nRow, nCol, str);
        int nCount = 1;
        POINT *pCurPos = new POINT[nCount]; //开辟内存,由父类的函数OnMHMapViewEditAttr()负责释放
        pCurPos[0].x = nRow; pCurPos[0].y = nCol;
        WPARAM wparam = (WPARAM)pCurPos;
        LPARAM lparam = (LPARAM)nCount;
        GetOwner()->SendMessage(ID_MSG_UPDATE_MHMAPVIEW_FROM_MHMAPATTREDIT, wparam, lparam);
    }
}
```

即当结束表格控件上的某个单元格的编辑时,会响应上述OnEndEditCell()函数,如果判断用户已经更改了内容,则new出一个新的数组并对更改的表格行列号进行记录,同时向父窗口(类CMHMapAttrEditPane)发送更新消息(ID号为ID_MSG_UPDATE_MH-MAPVIEW_FROM_MHMAPATTREDIT)。

类CMHMapAttrEditPane在接收到相应的消息时会对其进行响应,消息映射表为:

```
BEGIN_MESSAGE_MAP(CMHMapAttrEditPane, CDockablePane)
    ON_MESSAGE(ID_MSG_UPDATE_MHMAPVIEW_FROM_MHMAPATTREDIT, OnMHMapViewEditAttr)
END_MESSAGE_MAP()
```

即针对对应的消息ID,响应函数为OnMHMapViewEditAttr(),其对应的代码为:

```
LRESULT CMHMapAttrEditPane::OnMHMapViewEditAttr(WPARAM wparam, LPARAM lparam)
{
    CGridCtrl* pWndGrid = (CGridCtrl*) m_wndGridCtrlPtr;
    CMHMapView* pMHMapView = (CMHMapView*)m_pMHMapView;
    int* nFIDs = NULL, nCount = 0;
    pMHMapView->GetSelectedFIDs(m_pLayerObj, nFIDs, nCount);
    if (nCount == 0)     return 0; //如果当前图层没有选中状态的要素,返回
    delete nFIDs;
    POINT *pCurPos = (POINT*)wparam; //按上面相反的顺序恢复参数
    int  nPosCount = (int)lparam;
    vector<string> sField, sNewValue;
```

```
for (int i = 0; i < nPosCount; i++)
{
    int row = (int)pCurPos[i].x;
    int col = (int)pCurPos[i].y;
    string sCurField = string(GetField(row, col).GetString());//记录字段
    string sCurNewValue = GetGridText(row, col); //记录新的值
    sField.push_back(sCurField);
    sNewValue.push_back(sCurNewValue);
}
delete[]pCurPos; //释放类CGridCtrl中的函数OnEndEditCell()开辟的内存
BOOL bSuc = pMHMapView->ChangeSelFeatureAttr(m_pLayerObj, sField, sNewValue); //模块MHMapView的功能
return 0;
}
```

上述代码对类 CGridCtrl 中的函数 OnEndEditCell() 所发出的消息进行响应。在恢复相应的参数后,需要调用模块 MHMapView 的属性更改函数完成属性修改过程。其中,需要将字段信息及选定要素(可能为多个要素)在该字段上的新属性值传递过去,而模块 MHMapView 在函数 ChangeSelFeatureAttr() 的实现中还需要进一步调用矢量数据编辑模块 MHMapEdit 来完成具体的属性修改过程,并记录刚才的信息(选中哪些要素、字段、新属性值、原属性值),以便用户需要恢复时(Ctrl+Z)能够恢复原来的信息,具体参见第21章。

上述代码中需要知道哪些 FID(即选中了哪些要素)的属性值由什么(原值)变为了什么(新值),对应于模块 MHMapView 中的代码如下:

```
BOOL CMHMapView::ChangeSelFeatureAttr(MSLayerObj* pLayer, vector<string>sField, vector<string>sNewValue)
{
    CMHMapEdit* pMHMapEdit = (CMHMapEdit*)m_pCMHMapEditPtr;
    vector<EDITFEATURE> vEF; //用户记录要素编辑的数据结构,用于要素编辑中记录选中要素信息的容器
    int *nFID = NULL, nCount = 0;
    GetSelectedFIDs(pLayer, nFID, nCount); //获取选择集中本图层的选中要素
    if (nCount > 0)
    {
        EDITFEATURE ef;
        ef.pLayerObj = pLayer;     //记录选中要素的图层
        ef.nFIDs = nFID;           //记录选中要素的FID
        ef.nCount = nCount;  //记录选中要素的数量
        vEF.push_back(ef);
    }
    BOOL bSuc = pMHMapEdit->ChangeFeatureAttr(vEF,sField,sNewValue); //调用模块MHMapEdit完成属性编辑
    delete vEF.at(0).nFIDs; //释放内存
    if (bSuc)
        UpdateMHMapAttr();//更新属性表,包括属性显示模块MHMapAttrTable与属性编辑模块MHMapAttrEdit
    return TRUE;
}
```

模块 MHMapView 将由模块 MHMapAttrEdit 传入进来的信息进行了一定程度的转换,再调用矢量编辑模块 MHMapEdit 完成具体的属性更改过程。其中,模块 MHMapEdit 实现矢量数据第一个参数为一个表征当前图层选中要素的容器,其中数据结构 EDITFEATURE 描述了图层与选中要素信息,这样模块 MHMapEdit 中的具体功能实现将不再

与界面有关,仅是针对某些要素在某些方面的编辑功能实现,并维护用户操作的过程列表,以便用户实现撤销、重做等操作,具体功能实现可参见第21章。

14.3　小　　结

模块MHMapAttrEdit是一个与模块MHMapAttrTable相类似的模块,用于实现选定矢量数据的属性编辑功能。模块MHMapAttrEdit的属性表展现方式与模块MHMapAttrTable有所不同,该视图仅展现图层中选中要素的属性信息,而且采用列方式展现矢量图层的字段信息,从而使属性编辑更加容易实现。

由于属性数据编辑的具体功能实现在模块MHMapEdit中,本模块的主要功能是通过界面化的操作实现模块MHMapEdit功能的调用。实际上,如果希望第13章的模块MHMapAttrTable同样具有本章类似的属性编辑功能也非常容易:一方面该模块中的表格控件允许编辑,另一方面在对应的表格编辑结束函数OnEndEditCell()中调用模块MHMapView的相应函数,进而调用模块MHMapEdit的相应函数完成属性编辑功能即可,与本章的实现思路与代码类似。

第 15 章

地图鹰眼模块 MHMapOverview 的实现

地图鹰眼模块 MHMapOverview 的主要功能是采用一个较小的窗口显示当前整个地图的全貌,使得用户能够通过此窗口知道(或调整)当前主视图(模块 MHMapView 的区域)位于整个地图中的位置。与模块 MHMapView 类似的是,本模块 MHMapOverview 实际上也是一个视图的显示/操作模块,其底层的地图绘制功能也同样调用模块 MHMapRender 的地图绘图功能;但本模块与模块 MHMapView 还有较大的区别:第一,本模块的功能较 MHMapView 要少很多,是一个轻量级的显示模块;第二,视图的刷新频率较 MHMapView 要少很多(这减少了模块 MHMapRender 的绘图压力);第三,本模块的操作较模块 MHMapView 也少很多,主要是视图快速定位的操作。

15.1 鹰眼模块的需求与设计

从模块角度来看,鹰眼模块需要能够动态地加入 MHMapGIS 的构成模块之列。也就是说,本模块作为 MHMapGIS 软件中的一个可选模块,当在软件系统中激活此模块时,此模块能够实现与主视图模块 MHMapView 的功能互动,当关闭本模块时,本模块将不再需要刷新且系统运行完全不受影响。

从功能角度来看,本模块最基本的功能就是完成整个地图的显示功能,即对用户展现整个地图的"全貌",但此时的显示与模块 MHMapView 的显示方式有所不同:首先,本模块会自动计算整个地图的范围以及本模块所对应视窗的大小,并以此计算相应的缩放比例,使得地图中所有图层在本视窗上均有所体现且比例最大化(即地图全图按比例充满本模块的视窗);其次,地图中的所有图层在本视图中均为显示状态,即如果某图层的状态为隐藏状态,但在本模块中仍为显示状态,以提供地图的整体面貌;最后,需要计算主视图模块 MHMapView 当前显示的地图范围在本模块 MHMapOverview 整体视图中的位置,并采用矩形的方式进行标记,完成本模块中的显示功能支持。这样设计还有一个好处,就是当图层显示/隐藏状态切换时,不需要更新本视图模块,进而间接减少了模块 MHMapRender 的绘图压力。

本模块的另外一项功能就是操作功能。同样地,本模块需要提供的功能也较模块 MHMapView 少得多,而且相应的操作实现原理也同模块 MHMapView 类似,都是通过鼠标的 OnLButtonDown()、OnMouseMove()、OnLButtonUp() 等几个函数组合而成,右键及双击功能在本模块的设计中暂未涉及。本模块中不存在"地图比例尺"的概念,仅存在显示比例的概念,与模块 MHMapView 共享该模块地图比例尺的数值。另外,本模块不存在类似于 MHMapView 中的缩放、平移等操作,最基本的操作是在保持地图现有比例尺的情况下实现模块 MHMapView 中地图位置的平移,即本模块视窗中表现模块 MHMapView 窗口范围的矩形平移,其操作可通过上述几个鼠标操作函数配合实现。

15.2　鹰眼类功能的实现

15.2.1　鹰眼显示功能的实现方法

与模块 MHMapTree、MHMapAttrTable 类似,鹰眼模块 MHMapOverview 也需要实现既可作为主框架模块 MHMapFrm 的子窗口(类似于图 15-1 的效果),又可独立出来与主视图模块 MHMapView 相并列的功能,因此本模块中同样设计了主体功能实现类 CMHMap-OverviewPane 与具体功能实现类 CMHMapOverviewWnd,其中类 CMHMapOverviewPane 负责文件/视图结构视图中子窗口的生成,而类 CMHMapOverviewWnd 负责里面具体视图显示与操作功能的实现,两者在配合方面同模块 MHMapTree、MHMapAttrTable 完全类似。

图 15-1 示意了鹰眼视图模块与整个软件视图的关系。从图中能够看出,左下角部分的鹰眼视图在保证地图横纵比例尺不变的情况下实现了整个地图的最大化显示,

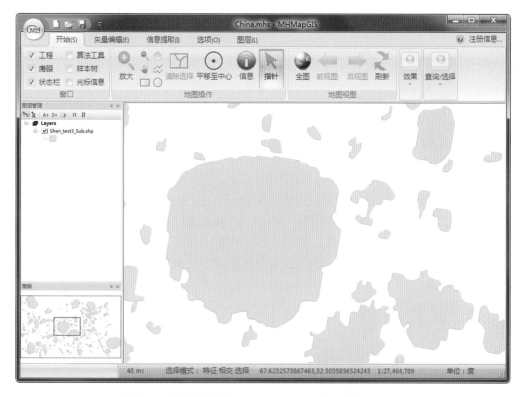

图 15-1　鹰眼模块 **MHMapOverview** 在整个视图中的关系

并在其中采用红色矩形标记出了当前主视图模块MHMapView所在的区域。图中还可以看出,主视图模块MHMapView与鹰眼视图模块MHMapOverview显示的地图可能不一样,其中根据左侧模块MHMapTree中显示的地图图层信息可知,地图中包含很多图层,但其中仅有一个图层为可见状态,即模块MHMapView中的视图,其他图层不显示;而鹰眼模块MHMapOverview中则忽略模块MHMapTree中关于图层的可见/隐藏设置,显示所有图层。

对应的代码实现方面,主体功能实现类CMHMapOverviewPane负责产生主模块MHMapFrm的鹰眼视图子窗口,而主体功能实现类CMHMapOverviewPane中声明了具体功能实现类CMHMapOverviewWnd的指针,并在其OnCreate()函数中生成对应的子窗口并铺满当前视图,而具体的功能均由类CMHMapOverviewWnd负责实现。主体功能实现类CMHMapOverviewPane中的代码与第13章、第14章类似,此处略。

具体功能实现类CMHMapOverviewWnd是一个基于CView的类,负责进行整图的绘制(由其OnDraw()函数负责),相应的类声明如下:

```
class __declspec(dllexport) CMHMapOverviewWnd :public CView
{
    CBitmap* m_pOverviewBitmap;                    //Overview视图中显示的CBitmap
    unsigned char* m_pOverviewBitmapBits; //对应的UCHAR内存
    void UpdateOverview(BOOL bErase = TRUE); //鹰眼视图刷新函数
};
```

其中的变量m_pOverviewBitmap为在本模块视图中显示的CBitmap,m_pOverviewBitmapBits为其对应的UCHAR内存。相应地,应用在函数OnDraw()中的代码为:

```
void CMHMapOverviewWnd::OnDraw(CDC* pDC)
{
    CDC memDC; //双缓存机制
    BOOL bSuc = memDC.CreateCompatibleDC(pDC);
    CBitmap *pOldBm = memDC.SelectObject(m_pOverviewBitmap); //选择内存图像进行拉伸画图
    pDC->BitBlt(m_nXOffset, m_nYOffset, m_nMapWidth, m_nMapHeight, &memDC, 0, 0, SRCCOPY);
    memDC.SelectObject(pOldBm);
    memDC.DeleteDC();
}
```

也就是说,函数OnDraw()同主视图模块MHMapView类似,都是采用双缓存机制创建一个内存DC,再选择对应的类内位图m_pOverviewBitmap,完成后将内存DC的位图一次性移交给主视图DC。在此函数之前,需要有另外一个函数负责生成/更新类内位图m_pOverviewBitmap的内容,这一项任务则由鹰眼视图更新函数UpdateOverview()负责。其对应的代码为:

```
void CMHMapOverviewWnd::UpdateOverview(BOOL bErase/* = TRUE*/)//参数bErase为是否需要进行图层重画
{
    if (!m_pOverviewBitmap)
        m_pOverviewBitmap = new CBitmap;
    CRect rect;
    GetClientRect(rect);
    int nWDC = rect.Width(), nHDC = rect.Height();//鹰眼范围
```

```
double dScaleDC = nHDC*1.0 / nWDC;
MSEnvelopObj* pEnvelopObj = m_pMapObj->GetEnvelopObj_Whole();//地图范围
double dLUX = pEnvelopObj->GetMinx(), dRBX = pEnvelopObj->GetMaxx();
double dLUY = pEnvelopObj->GetMaxy(), dRBY = pEnvelopObj->GetMiny();
double dScaleMap = (dLUY-dRBY) / (dRBX-dLUX);
m_nXOffset = m_nYOffset = 0;
if (dScaleDC > dScaleMap) //判断地图与鹰眼的长宽比,计算整个地图绘图到鹰眼上的"比例尺"
{
    m_nMapWidth = nWDC;
    m_nMapHeight = dScaleMap*nWDC;
    m_nYOffset = (nHDC-m_nMapHeight) / 2;
}
else
{
    m_nMapWidth = nHDC / dScaleMap;
    m_nMapHeight = nHDC;
    m_nXOffset = (nWDC-m_nMapWidth) / 2;
}
int nSize = m_nMapWidth*m_nMapHeight*sizeof(UINT); //最终的内存大小
if (m_nMapWidth != m_nOldMapWidth || m_nMapHeight != m_nOldMapHeight) //说明已更改大小,重置位图
{
    m_pOverviewBitmap->DeleteObject();//大小已变,删除原来的,按新的大小重建
    BOOL bSuc = m_pOverviewBitmap->CreateCompatibleBitmap(&dc, m_nMapWidth, m_nMapHeight);
    m_nOldMapWidth = m_nMapWidth;
    m_nOldMapHeight = m_nMapHeight;
    if (m_pOverviewBitmapBits)
        delete m_pOverviewBitmapBits;
    m_pOverviewBitmapBits = new unsigned char[nSize];
    memset(m_pOverviewBitmapBits, 255, nSize);
}
CMHMapView* pMHMapView = (CMHMapView*)m_pMHMapView;
int nSuc = m_pMHMapView->RenderMapByMHMapRenderGDIPlus(m_nMapWidth, m_nMapHeight,
            m_pOverviewBitmapBits, bErase,…); //调用对应函数更新视图,根据bErase决定是否完全重绘
m_pOverviewBitmap->SetBitmapBits(nSize, m_pOverviewBitmapBits);
Invalidate();
}
```

上述函数 UpdateOverview() 为鹰眼视图更新的主函数,其有一个布尔型参数 bErase,
用于标记是否需要完全重绘鹰眼视图。对于鹰眼视图来说,由于很多时候仅需要更新已
经绘制好的底图上的矩形框位置(实际对应了模块 MHMapView 的视窗位置),如用户仅
是平移、缩放主视图,而不需要重新绘制所有鹰眼底图,此时可将参数转为 FALSE,以提
高刷新的效率。

实现方面:先计算出鹰眼窗口的大小与长宽比,再计算出整个地图的大小与长宽比,
通过两者比较计算出将整个地图绘制到鹰眼视图上所能达到的最大比例,并记录此时的
X 与 Y 方向的偏移量(两者一定有一个为 0)。上述代码中采用 2 个变量,即 m_nOldMap-
Width 和 m_nOldMapHeight 分别记录上一次的窗口宽与高,如果新的窗口大小由用户更
改,则需要重新生成对应的视图与内存,并调用模块 MHMapView 的函数 RenderMap-
ByMHMapRenderGDIPlus() 进行鹰眼视图绘制,而该函数再进一步调用模块 MHMapRen-

der的鹰眼绘制函数RenderOverviewMap()完成地图绘制功能,绘制形成的结果图像的内存将被复制到m_pOverviewBitmapBits所指向的内存中。最后调用Invalidate()函数激活OnDraw(),将此内存放入双缓存memDC中,再复制到主DC中,完成整个鹰眼视图的更新过程。

模块MHMapRender对鹰眼地图绘制函数RenderOverviewMap()的实现实际上也类似于其实现主视图模块MHMapView的视图更新函数,仅是忽略了图层是否可见参数的绘制,相应的功能实现可参见第6章。

上述函数UpdateOverview()同时还在窗口大小改变时被调用,并能够实现视图的刷新功能,对应的代码可追溯到主体功能实现类CMHMapOverviewPane。其中,窗口大小调整函数OnSize()的代码为:

```
void CMHMapOverviewPane::OnSize(UINT nType, int cx, int cy)
{
    CDockablePane::OnSize(nType, cx, cy);
    AdjustLayout();//调整CMHMapOverviewWnd并充填到CMHMapOverviewPane窗口的整个范围
    SetTimer(m_nIDEvent_RefreshOverview, 200, NULL); //设置Timer事件
}
```

即一方面调用函数AdjustLayout()实现具体功能实现类CMHMapOverviewWnd的窗口填充到主体功能实现类CMHMapOverviewPane的整个窗口,代码略;另一方面则是设定一个0.2 s的Timer事件m_nIDEvent_RefreshOverview,Timer事件的响应代码为:

```
void CMHMapOverviewPane::OnTimer(UINT_PTR nIDEvent)
{
    switch (nIDEvent)
    {
    case m_nIDEvent_RefreshOverview: //Timer事件的响应
        if (m_pMapObj && m_pOverviewWnd)
        {
            ((CMHMapOverviewWnd*)m_pOverviewWnd)->UpdateOverview(bErase || m_bForceErase); //功能调用
            m_bForceErase = FALSE;
        }
        KillTimer(nIDEvent); //删除Timer事件
        break;
    }
    CDockablePane::OnTimer(nIDEvent);
}
```

上述代码的功能是当用户调用窗口0.2 s后进行视图刷新,调用具体功能实现类CMHMapOverviewWnd的UpdateOverview()函数进行视图刷新。

注意,这里之所以将OnSize()函数及对应的Timer事件放置于主体功能实现类中,而并未放到具体功能实现类中,主要是因为对于第2章Wood版本,具体功能实现类所直接生成的鹰眼视图不需要具有窗口大小调整功能,在首次进行UpdateOverview()函数调用后就可以进行鹰眼视图的正常显示。

15.2.2　鹰眼操作功能的实现方法

根据前文所述需求,本模块需要实现的操作功能主要是在鼠标点击本视图中的某个

位置时,将主视图位置移到鹰眼中显示的对应位置,同时保持主视图的视图比例尺不变(类似于主视图上进行了平移Pan操作),还需要更新鹰眼视图上指示主视图位置的对应矩形框。同时,当鼠标点击并在视图上进行移动时,也需要根据鼠标位置变化更新对应的矩形框位置。这些需要由本类中的鼠标左键按下事件OnLButtonDown()、鼠标移动事件OnMouseMove()以及鼠标左键抬起事件OnLButtonUp()配合完成。

其中,鼠标左键按下事件OnLButtonDown()非常简单:

```
void CMHMapOverviewWnd::OnLButtonDown(UINT nFlags, CPoint point)
{
    m_bLButtonDown = true; //鼠标左键按下指示变量
    CView::OnLButtonDown(nFlags, point);
}
```

其中的类内变量m_bLButtonDown指示了鼠标左键是否被按下,对应的鼠标移动事件OnMouseMove()中,对此变量进行判断并进行视图更新,相应的代码为:

```
void CMHMapOverviewWnd::OnMouseMove(UINT nFlags, CPoint point)
{
    AFX_MANAGE_STATE(AfxGetStaticModuleState());
    m_hCursor = SetCursor(LoadCursor(AfxGetInstanceHandle(), MAKEINTRESOURCE(IDC_CURSOR_PANTO)));
    if (m_bLButtonDown && m_bPermitOverviewOpr)
    {
        int nX = point.x - m_nXOffset;
        int nY = point.y - m_nYOffset;
        double dLUX = m_pMapObj->GetEnvelopObj_Whole()->GetMinx();
        double dRBX = m_pMapObj->GetEnvelopObj_Whole()->GetMaxx();
        double dLUY = m_pMapObj->GetEnvelopObj_Whole()->GetMaxy();
        double dRBY = m_pMapObj->GetEnvelopObj_Whole()->GetMiny();
        double dX = nX*(dRBX - dLUX) / m_nMapWidth + dLUX; //计算新的位置,用于绘制矩形框
        double dY = nY*(dRBY - dLUY) / m_nMapHeight + dLUY;
        m_pMHMapView->PanToAsCenter(dX, dY, false); //更新主视图的位置,但并不刷新视图,最后统一刷新
        UpdateOverview(FALSE); //刷新鹰眼视图
    }
    CView::OnMouseMove(nFlags, point);
}
```

在鼠标移动事件中,判断当鼠标左键按下后,计算当前鼠标在本视图中的位置,并计算视图中显示主视图位置的矩形框需要移动到的新位置,最后调用主视图的PanToAsCenter()函数进行主视图位置更新,但并不刷新主视图,直到最后鼠标左键抬起事件OnLButtonUp()时再统一进行视图刷新,以减少不必要的视图重复刷新操作。

鼠标左键抬起事件OnLButtonUp()的代码为:

```
void CMHMapOverviewWnd::OnLButtonUp(UINT nFlags, CPoint point)
{
    int nX = point.x - m_nXOffset, nY = point.y - m_nYOffset;
    double dLUX = m_pMapObj->GetEnvelopObj_Whole()->GetMinx();
    double dRBX = m_pMapObj->GetEnvelopObj_Whole()->GetMaxx();
    double dLUY = m_pMapObj->GetEnvelopObj_Whole()->GetMaxy();
    double dRBY = m_pMapObj->GetEnvelopObj_Whole()->GetMiny();
```

```
double dX = nX*(dRBX - dLUX) / m_nMapWidth + dLUX; //新的位置的X、Y地理位置
double dY = nY*(dRBY - dLUY) / m_nMapHeight + dLUY;
m_pMHMapView->PanToAsCenter(dX, dY); //保持比例尺,移动视图位置
m_pMHMapView->UpdateMHMapView();//刷新视图,对应于OnMouseMove()中未刷新的视图
UpdateOverview(FALSE); //不需要重绘的刷新本模块视图
CView::OnLButtonUp(nFlags, point);
}
```

上述代码中,先得到鼠标抬起时的屏幕坐标,再在其所对应的坐标系统中将对应的屏幕坐标转换到地理坐标,最后调用模块 MHMapView 的函数 PanToAsCenter()将此地理坐标平移到屏幕中心,更新视图与本鹰眼视图。

15.3　小　　结

模块 MHMapOverview 实现了 MHMapGIS 中的鹰眼视图功能,能够较直观地看出当前视图位于全局视图中的位置与比例。模块 MHMapOverview 的实现较简单,只需要计算好比例将地图全图绘制到视窗中,并表达出当前主视图模块 MHMapView 位于全局视图中的位置即可(以全局底图上的矩形表示)。鹰眼视图上的操作也比较简单,只需要在保持比例的情况下进行主视图区位置移动即可。进一步地,可以对鹰眼视图的操作功能进行进一步扩展,如本章中未实现的在鹰眼视图上进行矩形区域的大小调整,进而调整主视图的视图比例与显示区域,这些功能可根据用户的需要做进一步扩展。

第 16 章

地图信息查询模块 MHMapIdentify 的实现

地图信息查询模块 MHMapIdentify 的主要功能是实现当前视图中的图层信息交互式查询,类似于 ArcGIS 的 Identify 功能。用户通过鼠标在当前地图视图中进行点击或拉框,实现点或框内区域相关的图层信息查询。其中,矢量数据查询主要实现鼠标区域的各矢量要素的信息查询,包括该区域相交(或包含等,取决于用户设定)的要素及其信息(字段,各字段属性);栅格数据则主要对鼠标抬起时的坐标点所对应的栅格数据像素信息进行查询,即该像素点所对应的各波段的像素值。模块 MHMapIdentify 是用户进行遥感与地理信息系统交互式信息查询的一种主要手段。

16.1 信息查询窗口界面设计

图 16-1 示意了本模块 MHMapIdentify 的主要窗口界面示意图。其中左侧视图为针对矢量数据要素的信息查询界面,右侧视图为针对栅格数据的信息查询界面。

图 16-1 模块 MHMapIdentify 针对矢量与栅格数据信息查询的不同界面

由图 16-1 可以看出,信息查询窗口实际上是一个纵向分隔窗口,该纵向窗口的上面部分一般采用树状视图进行图层展现,下面部分采用表格视图进行展现。当用户选择了信息查询工具并在模块 MHMapView 视图中采用鼠标进行交互式信息查询后,从显示模式角度来看,图 16-1 中的上侧树视图显示的是与鼠标区域相交的图层及其所属信息,其中一般采用父节点显示图层,矢量图像以该区域相交的矢量要素作为子节点,栅格图层则以其渲染模式作为子节点(如图中的 ColorMap);从操作模式角度来看,当点击上侧树视图中的矢量图层或栅格图层时,需要在 MHMapView 主视图上显示信息查询鼠标点击的位置,当点击矢量图层下面的各要素子节点时,模块 MHMapView 需要采用闪烁的方式进行对应要素的闪烁功能,同时在图 16-1 中的下侧表格中显示对应要素的各字段及其属性值,当点击栅格图层下面的渲染模式子节点时,需要在下侧表格中显示各波段在对应鼠标点的像素值。

16.2　模块 MHMapIdentify 对应的窗口实现

如图 16-1 所示,模块 MHMapIdentify 所对应的窗口实际上是由纵向 2 个视图构成的,上部是一个树状视图,下部是一个表格视图及底部的输入框视图(显示当前鼠标位置信息),相应的视图分割实现方法采用类 CSplitterWnd。

其中,模块 MHMapIdentify 的主体功能实现类 MHMapIdentifyPane 的类声明为:

```
class __declspec(dllexport) CMHMapIdentifyPane : public CDockablePane
{
    CMHMapIdentifyTreeCtrl    m_wndTreeCtrl; //上部的树状视图
    CGridCtrl      m_wndGridCtrl; //下部的表格视图
    CEdit     m_wndEditCtrl; //底部的信息视图
    CSplitterWnd    m_wndSplitter; //分隔窗口控件
    map<HTREEITEM, CString> m_mIdentifyMap;//HTREEITEM为对应的节点,记录节点同信息之间的对应关系
};
```

该类中包含了几个主要窗口类对象,其中 m_wndSplitter 为类 CSplitterWnd 声明的一个对象,用于实现图 16-1 中的中间视图分割窗口栏,而类中对象 m_wndTreeCtrl 为上部树状视图的对象,m_wndGridCtrl 及 m_wndEditCtrl 为下部表格视图及底部信息窗口的对象,而 m_mIdentifyMap 记录了上部树状视图与下部表格视图之间的对应关系。该类对应实现代码中的 OnCreate()函数如下:

```
int CMHMapIdentifyPane::OnCreate(LPCREATESTRUCT lpCreateStruct)
{
    if (CDockablePane::OnCreate(lpCreateStruct) == -1)
        return -1;
    m_wndSplitter.CreateStatic(this, 2, 1); //生成纵向的2个窗口,横向为1个窗口
    CRect rectDummy;
    rectDummy.SetRectEmpty();
    const DWORD dwViewStyleTree = WS_CHILD | WS_VISIBLE | TVS_HASLINES | TVS_LINESATROOT;
    UINT nIDTree = m_wndSplitter.IdFromRowCol(0, 0); //上部的窗口所对应的窗口ID
    m_wndTreeCtrl.Create(dwViewStyleTree, rectDummy, &m_wndSplitter, nIDTree);
    m_wndTreeCtrl.SetMHMapIdentifyPane(this);
    UINT nIDGrid = m_wndSplitter.IdFromRowCol(1, 0); //下部的窗口所对应的窗口ID
    m_wndGridCtrl.Create(rectDummy, &m_wndSplitter, nIDGrid);
```

```
const DWORD dwViewStyleEdit = WS_CHILD | WS_VISIBLE | ES_READONLY;
m_wndEditCtrl.Create(dwViewStyleEdit, rectDummy, this, ID_EDIT_IN_IDENTIFYPANE);
m_wndGridCtrl.SetColumnCount(2); //表格设置
m_wndGridCtrl.SetRowCount(1);
m_wndGridCtrl.SetItemText(0, 0, "字段");
m_wndGridCtrl.SetItemText(0, 1, "属性");
m_wndGridCtrl.SetFixedRowCount(1);
return 0;
}
```

上述代码不仅实现了模块窗口的纵向分割,还实现了对应2个窗口类内容的填充。

16.3　空间查询功能实现

模块MHMapIdentify的工作过程如下:当用户选择了信息查询工具并应用鼠标在主视图模块MHMapView中进行信息查询后,在对应的OnLButtonUp()函数中将调用模块MHMapRender的信息查询函数IdentifyByPoint()或IdentifyByRectangle(),信息查询模块返回查询的信息,并按一定的格式返回至MHMapView(信息查询的鼠标事件详细过程请参见7.3.5,信息查询的具体底层功能实现请参见6.3,相应的返回字符串格式见下面函数中的字符串示例,参见下面函数中注释的字符串部分)。

当模块MHMapView中鼠标抬起后,函数OnLButtonUp()中在调用完模块MHMapRender的信息查询功能后,会把查询的结果(以字符串形式)转交给函数AddToIdentifyInfo(),其对应的代码为:

```
void CMHMapView::AddToIdentifyInfo(string sInfo)
{
    CMHMapFrm* pMHMapFrm = (CMHMapFrm*)m_pMHMapFrm;
    if (pMHMapFrm)
    {
        pMHMapFrm->SendMessage(ID_MSG_SHOW_IDENTIFYPANE_FROM_MHMAPVIEW);
        pMHMapFrm->AddToIdentifyInfo(sInfo);
    }
}
```

其中代码的主要功能一方面是进行本模块所对应窗口的显示(通过函数SendMessage()实现),另一方面是通过主框架模块激活MHMapIdentify模块所对应的子窗口并进行显示,再将对应的信息通过函数AddToIdentifyInfo()转交给对应的子窗口。

主框架模块MHMapFrm对上述代码中的消息ID_MSG_SHOW_IDENTIFYPANE_FROM_MHMAPVIEW进行响应,对应的消息映射代码为:

```
BEGIN_MESSAGE_MAP(CMHMapFrm, CFrameWndEx)
    ON_MESSAGE(ID_MSG_SHOW_IDENTIFYPANE_FROM_MHMAPVIEW,ShowIdentifyPane)
END_MESSAGE_MAP()
```

而其中具体的功能实现函数ShowIdentifyPane()所对应的代码为:

```
LRESULT CMHMapFrm::ShowIdentifyPane(WPARAM wparam, LPARAM lparam)
{
    if (!m_pMHMapIdentifyPane)
```

```
    {
        m_pMHMapIdentifyPane = new CMHMapIdentifyPane;
        if (!m_pMHMapIdentifyPane->Create("信息查询", this, CRect(150, 50, 300, 500), TRUE,…))
        {
            TRACEO("未能创建"信息查询"窗口\n");
            return FALSE; // 未能创建
        }
        m_pMHMapIdentifyPane->SetAutoHideMode(FALSE, CBRS_ALIGN_BOTTOM);
        m_pMHMapIdentifyPane->FloatPane(CRect::CRect(300, 200, 500, 700), DM_STANDARD, false);
        ShowPane(m_pMHMapIdentifyPane, FALSE, FALSE, FALSE);
    }
    m_pMHMapIdentifyPane->ShowPane(bShow, FALSE, FALSE);
    m_pMHMapIdentifyPane->AdjustLayout();
    return 0;
}
```

也就是说,当主框架模块首次接收到消息ID_MSG_SHOW_IDENTIFYPANE_FROM_
MHMAPVIEW时,对本模块进行动态生成并显示,这样做的优点是如果用户不激活此模
块则不需要生成此模块,也不需要占用对应的内存。

前文代码中主框架的另一个语句是在激活窗口后,将对应的Identify信息展现到窗口
上,其对应的代码为:

```
void    CMHMapFrm::AddToIdentifyInfo(string sInfo)
{
    if (m_pMHMapIdentifyPane && m_pMHMapIdentifyPane->IsPaneVisible())
        m_pMHMapIdentifyPane->UpdateMHMapIdentifyView(sInfo);
}
```

也就是说,在此过程中,由于模块MHMapIdentify是由主框架窗口负责生成与销毁
的,主框架模块MHMapFrm中与信息查询有关的函数的相应功能均是本模块功能的转交
功能,即主框架将字符串信息转交给本模块,并进而由主体功能实现类CMHMapIdentify-
Pane中的函数UpdateMHMapIdentifyView()负责对返回字符串进行解析,相应的代码为:

```
void    CMHMapIdentifyPane:: UpdateMHMapIdentifyView(string sInfo)
{
//示例：&96. 1282651846234, 40. 835487480724&LAYERNAME:ChinaCity. shp&FEATURENAME:酒泉市, FID:136& FID:136
|NAME:酒泉市|id:2|&FEATURENAME:哈密市, FID:139&FID:139|NAME:哈密市|id:3|&LAYERNAME:China_Envelope1. tif&
FEATURENAME:RGB&Thematic:RGB|Col,Row(Pixel):225,127|Value of band 1:1515|Value of band 2:1636|&
    ClearTree();//清除树状视图内容
    ClearGridCache();//清除表格视图内容
    CString str(sInfo.c_str());
    str = str.Right(str.GetLength() - 1);
    int nFind = str.Find("&");//一定有
    CString sLeft = str.Left(nFind);
    str = str.Mid(nFind + 1);
    SetToEdit("当前位置: " + sLeft); //底部CEdit的状态栏的内容:坐标
    HTREEITEM hRoot;
    int nNum = 0;
    bool bSel = false;
    CString strSel;
```

```
if (str == "")AddToGrid("");
while (str != "")//循环分析字符串,按规则分析出字符串中所有的含义
{
    CString strTmp = str; //strTmp用户记录用于充填表格的内容
    int nFind = strTmp.Find("FEATURENAME:");
    if (nFind > 0)
        strTmp = strTmp.Mid(nFind + 1);
    nFind = strTmp.Find("&");
    if (nFind > 0)
        strTmp = strTmp.Mid(nFind + 1);
    nFind = strTmp.Find("&");
    if (nFind > 0)
        strTmp = strTmp.Left(nFind);
    if (strTmp.Right(1) == "&")
        strTmp = strTmp.Left(strTmp.GetLength() - 1);
    nFind = str.Find("&");
    sLeft = str.Left(nFind);
    str = str.Mid(nFind + 1);
    if (sLeft.Left(10) == "LAYERNAME:") //图层信息
    {
        CString sRight = sLeft.Mid(10);
        hRoot = AddToTree(sRight, NULL);
        m_mIdentifyMap[hRoot] = strTmp;
    }
    else if (sLeft.Left(12) == "FEATURENAME:") //矢量要素(或栅格渲染模式)
    {
        CString sRight = sLeft.Mid(12);
        ASSERT(hRoot);
        HTREEITEM hChild = AddToTree(sRight, hRoot);
        m_mIdentifyMap[hChild] = strTmp;
        if (!bSel)
        {
            SetTreeSel(hChild);
            strSel = sRight;
        }
    }
    else//具体信息,用于充填表格
    {
        if (sLeft == "")break;
        int nFind = strSel.Find(" , ");
        if (nFind >= 0)
            strSel = strSel.Mid(nFind + 3);
        if (sLeft.Find(strSel) < 0)continue;
        if (!bSel)
        {
            AddToGrid(sLeft);
            bSel = true;
        }
    }
}
}
```

简单地说,上述代码就是将模块MHMapRender返回的信息查询结果的字符串进行解析,得出对应的坐标信息、图层信息、要素信息、矢量字段属性信息、栅格波段信息等,最后将解析出的信息放置到图16-1所对应的窗口中。

16.4　属性查询功能实现

从模块操作来看,当用户在图16-1中上部树状视图点击不同节点时,会把相应的节点所对应的信息解析出来并更新对应的界面,鼠标抬起对应于类CMHMapIdentifyTreeCtrl的消息实现代码为:

```
void CMHMapIdentifyTreeCtrl::OnLButtonDown(UINT nFlags, CPoint point)
{
    HTREEITEM hItem = this->HitTest(point, &nFlags);
    if (hItem)
        ((CMHMapIdentifyPane*)m_pMHMapIdentifyPanePtr)->OnChangeTreeItem(hItem);
    CTreeCtrl::OnLButtonDown(nFlags, point);
}
```

也就是说,当鼠标抬起时,需要得到该鼠标点击位置的HTREEITEM信息,并向其父类窗口类CMHMapIdentifyPane发送更新的消息,对应的函数实现代码为:

```
void CMHMapIdentifyPane::OnChangeTreeItem(HTREEITEM hItem)
{
    CString strNewItem = m_wndTreeCtrl.GetItemText(hItem);
    CString sParentName;
    int nNum = 0, nFID = -1;
    CString str = m_mIdentifyMap[hItem]; //从已经存储的结构体中分析出鼠标点击位置所对应的字符串内容
    int nFind = strNewItem.Find("，");
    CString strFID_to_Find = strNewItem;
    CString strName_to_Find = strNewItem;
    if (nFind >= 0)
    {
        strName_to_Find = strNewItem.Left(nFind);
        strFID_to_Find = strNewItem.Mid(nFind + 3);
    }
    strFID_to_Find += "|";
    AddToGrid(str); //更新表格信息
    nFind = str.Find("FID:");
    if (nFind >= 0)
    {
        nFID = atoi(str.Mid(nFind + 4));
        sParentName = m_wndTreeCtrl.GetItemText(m_wndTreeCtrl.GetParentItem(hItem));
        m_pMHMapView->OnUpdateIdentifySelection(nFID, sParentName); //针对矢量,闪烁
    }
    m_pMHMapView->ShowIdentifyCrossLine();//闪烁相交线,指示Identify的坐标位置
}
```

上述代码实现了鼠标点击树节点hItem进行界面信息更新的实现过程。其中类内变量m_mIdentifyMap记录了各树节点所对应的表格内填充信息,对于矢量数据来说,这些

信息主要包括所选树节点所对应的字段信息与属性信息,对于栅格数据来说,这些信息主要包括所选树节点所对应的地理坐标处的各波段像素值信息。

上述代码中调用了主视图函数OnUpdateIdentifySelection()实现Identify数据集中特定要素(根据FID)的闪烁功能,其实现原理是:

```
void        CMHMapView::OnUpdateIdentifySelection(int nFID, CString sParentName)
{
    CMHMapRenderGDIPlus* pMapRenderGDIPlus = (CMHMapRenderGDIPlus*)m_MapRenderGDIPlus;
    string sPN = sParentName;
    pMapRenderGDIPlus->IdentifyByFIDFromIdentifyContainer(nFID, sPN); //模块MHMapRender相应功能
    int nSize = m_nScreenWidth*m_nScreenHeight*sizeof(UINT);
    if(m_pCurrentMapResult_backup_for_Identify)     //内存先备份出来,后面Timer事件后再恢复
    {
        delete m_pCurrentMapResult_backup_for_Identify;
        m_pCurrentMapResult_backup_for_Identify = NULL;
    }
    m_pCurrentMapResult_backup_for_Identify = new unsigned char[nSize];
    memcpy(m_pCurrentMapResult_backup_for_Identify, m_pCurrentMapResult, nSize); //内存复制
    pMapRenderGDIPlus->RenderMapAndSelectMapAndIdentifyMap(m_dScreenXMin, m_dScreenYMin, …); //Identify
    SetTimer(eEventForIdentify, 500, NULL);
    m_pBitmap->SetBitmapBits(nSize, m_pCurrentMapResult); //应用新的内存位图,即Identify
    Invalidate();
}
```

上述代码实现了基于FID进行特定要素的闪烁功能,其原理是先将当前屏幕位图内存备份到临时内存m_pCurrentMapResult_backup_for_Identify中,再调用模块MHMapRender对选定对应要素的位图进行绘制,形成位图内存m_pCurrentMapResult并赋值给m_pBitmap,再调用函数Invalidate()进行屏幕刷新,此时屏幕上选中要素采用绿色填充。然后设定一个0.5 s的Timer事件,待0.5 s后再恢复已经备份的视图内存,对应恢复代码的OnTimer()函数略,其代码可参见7.3.5。

16.5 小　结

模块MHMapIdentify负责MHMapGIS中信息查询结果的显示与再查询工作。本章介绍了基于CSplitterWnd类实现窗口的分割,并分别采用树状视图及表格视图实现信息查询的展现。本章主要介绍了模块MHMapIdentify的工作流程,用户在模块MHMapView采用鼠标操作后,通过调用模块MHMapRender实现图层信息查询并返回查询结果字符串,模块MHMapView再将查询结果字符串转交给主框架模块MHMapFrm,最后由主框架模块转交给本模块进行解析,更新本模块界面中的相应信息并进行显示。

第 17 章

地图光标信息模块 MHMapCursorValue 的实现

地图光标模块 MHMapCursorValue 的主要功能是实现当前视图中鼠标位置光标的可见图层信息查询与展现,其功能类似于第 16 章的 MHMapIdentify 模块功能。两者的主要区别是,本章模块 MHMapCursorValue 通过简单对话框的方式进行信息展现,能够实时实现鼠标移动位置信息的快速展现,但展现的信息并不如模块 MHMapIdentify 全面,如本模块中不进行矢量图层所有字段及其对应属性的查询,只进行鼠标所在位置的信息查询,而模块 MHMapIdentify 则查询鼠标位置一定区域的信息(默认为鼠标位置周围 5 个像素内)。具体的功能实现方面,本模块的鼠标信息查询功能同模块 MHMapIdentify 一样,都是调用主视图模块 MHMapView 的相应功能,再进一步调用模块 MHMapRender 的信息查询功能进行实现。

17.1　光标信息窗口界面设计

图 17-1 示意了本模块 MHMapCursorValue 的主要窗口界面。其中视图的上部为一个针对不同操作的工具栏,下部则主要是信息的展现窗口,其底层的实现即为一个允许多行显示的只读 CEdit 控件。

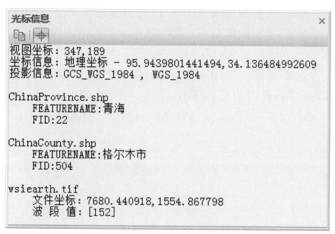

图 17-1　模块 MHMapCursorValue 针对矢量与栅格数据信息查询的界面

由图17-1可以看出,窗口顶部展现了当前视图中鼠标位置的坐标、对应的地理坐标或投影信息,以及鼠标经过的可见图层的信息。其中对于矢量图层来说,展现了当前鼠标位置的图层名称、要素名称(如果存在)、要素FID等信息;对于栅格图层来说,展现了当前鼠标位置的图层名称、文件坐标(像素 X、Y)以及该影像上不同波段的值。

17.2　模块MHMapCursorValue对应的窗口实现

如图17-1所示,模块MHMapCursorValue所对应的窗口实际上由2个部分构成,上部是一个位置固定的工具栏视图,下部是一个具有多行显示功能的CEdit只读控件。其中,模块MHMapCursorValue的主体功能实现类MHMapCursorValuePane的类声明为:

```
class __declspec(dllexport) CMHMapCursorValuePane : public CDockablePane
{
    CMHMapCVToolBar      m_wndToolBar; //上部工具栏
    CEdit                m_edtContent; //下部CEdit控件,显示内容
};
```

该类中包含了几个主要窗口类对象,其中m_wndToolBar为顶部的工具栏对象,用于实现图17-1中顶部的工具栏,而类中对象m_edtContent为下部的内容视图对象,用于显示鼠标位置的相关信息。该类对应实现代码中的OnCreate()函数如下:

```
int CMHMapCursorValuePane::OnCreate(LPCREATESTRUCT lpCreateStruct)
{
    if (CDockablePane::OnCreate(lpCreateStruct) == -1)
        return -1;
    CRect rectDummy;
    rectDummy.SetRectEmpty();
    m_wndToolBar.Create(this, AFX_DEFAULT_TOOLBAR_STYLE, IDR_TOOLBAR_CURSORVALUE); //工具栏
    m_wndToolBar.LoadToolBar(IDR_TOOLBAR_CURSORVALUE, 0, 0, TRUE /* 已锁定*/);
    m_wndToolBar.SetPaneStyle(m_wndToolBar.GetPaneStyle() | CBRS_TOOLTIPS | CBRS_FLYBY);
    m_wndToolBar.SetRouteCommandsViaFrame(FALSE); //所有命令将通过此控件路由,而不是通过主框架路由:
    DWORD dwViewStyleTree = WS_CHILD| WS_VISIBLE| ES_LEFT| ES_MULTILINE| ES_AUTOHSCROLL| ES_READONLY;
    if (!m_edtContent.Create(dwViewStyleTree, rectDummy, this, 923)) //CEdit控件的生成
    {
        TRACE0("未能创建文件视图\n");
        return -1;       //未能创建
    }
    return 0;
}
```

上述代码实现了在窗口顶部生成对应的工具栏,再在底层生成CEdit控件,对应的调整控件大小的代码在OnSize()函数中进行实现,代码类似于前面几章的函数AdjustLayout(),其功能是实现控件m_edtCotent的窗口除顶部工具栏外充满至整个窗口大小,此处略。

17.3　鼠标移动时光标信息更新功能实现

模块MHMapCursorValue的工作过程如下。首先当用户激活了光标信息窗口后,本模块的主视图窗口将分为2种模式对鼠标在主视图上的位置信息进行视窗展现。1种模

式是顶部工具栏的显示光标工具处于选中状态(参见图17-1),此时主视图中将显示十字交叉线,而本模块中显示的信息为十字交叉线位置的信息。当查询某处的图层信息时,需要在对应的位置按下鼠标左键。对应的功能实现代码为OnLButtonDown()及OnMouseMove(),系统界面如图17-2所示。另1种模式是对应的工具栏中的显示光标工具处于未选中状态,此时移动鼠标时需要随时跟踪鼠标位置的变化,查询鼠标位置所对应的各图层信息并更新到本模块的窗口中,此时对应的功能实现代码位于函数OnMouseMove()中。

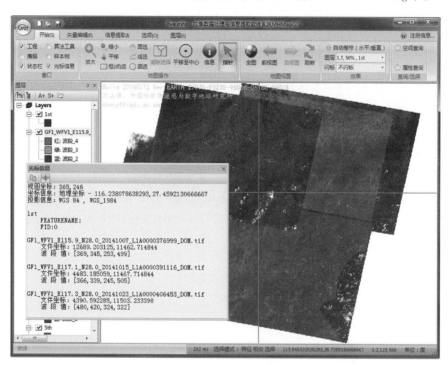

图17-2　光标信息显示界面

对于上述2种模式,模块中通过一个布尔型变量m_bShowCursorValue进行实现,但2种模式的实现原理都是调用一个共同的函数——UpdateMHMapFrmStatusBarCoor()。也就是说,当用户选中/不选中图17-1顶部工具栏中右侧按钮时,实际上是设置指示变量m_bShowCursorValue为TRUE/FALSE,并进一步体现在OnMouseMove()函数中。其中左键按下时的代码为:

```
void        CMHMapView::OnLButtonDown(UINT nFlags, CPoint point)
{
    CMHMapFrm* pMHMapFrm = (CMHMapFrm*)m_pMHMapFrm; //主框架模块指针
    if (pMHMapFrm)
    {
        if (pMHMapFrm->ShouldAddToCursorValueInfo() && m_bShowCursorValue) //本模块可见
            UpdateMHMapFrmStatusBarCoor(point); //调用信息本模块并实现信息更新
    }
}
```

其中函数UpdateMHMapFrmStatusBarCoor()的主要功能是实现本模块的信息更新,对应的代码为:

```
void      CMHMapView::UpdateMHMapFrmStatusBarCoor(CPoint point)
{
    CMHMapFrm* pMHMapFrm = (CMHMapFrm*)m_pMHMapFrm;
    CRect rect;
    GetClientRect(&rect);
    double dCurX = (m_dScreenXMax - m_dScreenXMin)*point.x / rect.Width() + m_dScreenXMin; //地理坐标
    double dCurY = (m_dScreenYMax - m_dScreenYMin)*point.y / rect.Height() + m_dScreenYMin;
    CString str;
    str.Format("%s,%s", _szf_format_double(dCurX).c_str(), _szf_format_double(dCurY).c_str());
    string sText = string(str);
    string sInfo = GetPointInfo(point, sText); //当前点信息
    pMHMapFrm->AddToCursorValueInfo(sInfo); //通过主框架指针更新信息
#endif
}
```

上述代码的原理就是通过函数GetPointInfo()将当前点point的信息转化成为需要在本模块中显示的一些信息,包括地图坐标、地理坐标、各图层信息等(参见图17-1),再将这些信息通过主框架指针发送到主框架的函数AddToCursorValueInfo()中进行信息更新,这个函数对应的代码为:

```
void      CMHMapFrm::AddToCursorValueInfo(string sInfo)
{
    if (m_pMHMapCursorValuePane && m_pMHMapCursorValuePane->IsPaneVisible())
        m_pMHMapCursorValuePane->UpdateMHMapCursorValueView(sInfo); //调用本模块的信息更新函数
}
```

也就是说,主框架的这个函数仅起到"功能中转"的作用,具体的功能还是交由本模块的主体功能实现类CMHMapCursorValuePane负责信息更新,对应的代码非常简单,即:

```
void      CMHMapCursorValuePane::UpdateMHMapCursorValueView(string sInfo)
{
    CString str(sInfo.c_str());
    m_edtContent.SetWindowText(str); //信息更新
}
```

到此为止,就完成了鼠标左键按下后的信息采集至本模块的信息更新过程。

类似地,当用户在图17-1所示的顶部工具栏中按下右侧按钮并使该按钮处于选中状态时,或者不选中该按钮但按下鼠标左键时,需要响应鼠标移动时的本模块信息更新,对应的代码示例为:

```
void      CMHMapView::OnMouseMove(UINT nFlags, CPoint point)
{
    UpdateMHMapFrmStatusBarCoorInfo(point); //同样调用上边函数
}
```

在鼠标移动的响应函数OnMouseMove()中,同样调用前文所述的函数UpdateMHMapFrmStatusBarCoor(),并判断这2种情况进行信息更新。

17.4 属性查询功能实现

前文中还有一个比较关键的函数GetPointInfo(),其功能是实现鼠标位置的信息快速

查询,实现原理同样是调用模块**MHMapRender**的信息查询功能实现信息的查询,并以字符串的形式返回,然后在本模块中进行对应的字符串解析,形成需要在本模块中显示的字符串。该函数对应的伪代码为:

```cpp
string    CMHMapView::GetPointInfo(CPoint pt, string sText)
{
    string sInfo;
    CString str;
    str.Format("视图坐标:%d,%d\r\n", pt.x, pt.y);
    sInfo += str;
    sInfo += "坐标信息:";//后续解析的其他信息略
    string sWKT = m_pMapObj->GetSpatialRefObj()->GetWkt();//地图地理/投影信息
    CMHMapRenderGDIPlus* pMapRenderGDIPlus = (CMHMapRenderGDIPlus*)m_MapRenderGDIPlus;
    double dXLBUp = pt.x * (m_dScreenXMax - m_dScreenXMin) / m_nScreenWidth + m_dScreenXMin;
    double dYLBUp = pt.y * (m_dScreenYMax - m_dScreenYMin) / m_nScreenHeight + m_dScreenYMin;
    double dOffset = (m_dScreenXMax - m_dScreenXMin) / m_nScreenWidth;
    string sReturn = pMapRenderGDIPlus->IdentifyByPoint(dXLBUp, dYLBUp, dOffset, NULL, -1); //查询
    if (sWKT != "")
    {
        //解析字符串形成待显示的有用信息,略
        MSLayerObj* pLayer = m_pMapObj->GetFirstValidLayer();//遍历图层
        while (pLayer)
        {
            if (pLayer->GetVisible())
            {
                string sLN = pLayer->GetName();
                int nFind = sReturn.find(sLN);
                if (nFind == string::npos)
                {
                    pLayer = m_pMapObj->GetNextValidLayer();
                    continue;
                }
                string sIdentify = sReturn.substr(nFind + sLN.length() + 1);
                if (pLayer->IsFeatureLayer())
                    //解析矢量图层信息,略
                else if (pLayer->IsImageLayer())
                    //解析栅格图层信息,略
                sInfo += "\r\n";
            }
            pLayer = m_pMapObj->GetNextValidLayer();
        }
    }
    return sInfo;
}
```

上述代码实现了鼠标位置的信息查询,能够实现与该位置有相交的可见图层的信息查询,返回的信息中我们仅选择了矢量图层的**FID**信息与栅格图层的各波段信息,如果需要返回其他信息可以进行对应功能的扩展。

17.5　小　　结

模块MHMapCursorValue负责实现MHMapGIS中与鼠标位置相关的信息查询,并将查询结果显示到一个只读的CEdit中,便于进行信息的复制等操作。实际上,本模块与第16章的MHMapIdentify模块只是从不同的角度对图层信息进行查询与展现,两者在操作模式与显示模式方面有所不同,用户可以根据实际需要进行选择与应用。底层实现方面,两者均是调用模块MHMapRender的底层信息查询功能,并以字符串的形式返回查询结果,再对返回字符串进行解析并形成不同的视图进行展现。

第 18 章

图层属性配置模块 MHMapDlgProp 的实现

图层属性配置模块 MHMapDlgProp 的主要功能是进行地图图层属性信息的显示与地图渲染模式更改操作,是进行地图图层配置模式的主要用户操作入口,主要以模式对话框窗口的形式对用户进行展现。图层属性配置模块实际上是通过读取/更改地图定义模块 MHMapDef 信息来实现图层属性配置信息的展现/操作的:一方面,从地图底层数据模型中读取当前地图的渲染模式信息(存储在模块 MHMapDef 中,参见第 5 章)并展现到对话框窗口上;另一方面,通过对话框上的一系列用户交互操作实现对对话框信息的更改,再进一步更改并存储模块 MHMapDef 中的渲染信息,最后通知模块 MHMapView 及其他相关模块进行数据与视图更新(参见 7.7.5)。

18.1　属性配置对话框模块设计

类似于 ArcGIS 的属性对话框,模块 MHMapDlgProp 实现地图中指定图层信息的对话框展现,包括该图层的渲染模式、图层基本信息等,以及针对矢量图层的注记信息及其他信息。同时,基于对话框,本模块还负责实现对应图层渲染模式的更改,其实现途径是通过对话框的信息配置完成地图定义模块 MHMapDef 的信息更改,并进行其他模块(如主视图模块 MHMapView)的信息更新。

上述对话框模块设计思路的最大优点是减少模块间的关联性,也就是说,本模块 MHMapDlgProp 从实现角度来看,基本上只与模块 MHMapDef 进行信息交换/更新,与其他模块进行交互的方式仅是调用对应模块的数据/视图更新,减少了模块之间的耦合程度,进而减少了代码的维护难度。同时,对于后期的模块维护与功能升级来说,如果通过修改/增加地图定义模块中的一些信息来实现地图定义的功能扩展,本模块只需要将对应的信息展现/更新在对话框上即可,对应其他模块中的信息应用也是如此。同样地,其他模块的数据/视图更新函数也主要与地图定义模块 MHMapDef 打交道,并进行各模块的视图更新操作,如模块 MHMapView 中的地图更新函数 UpdateMHMapView()(参见 7.7.5)、模块 MHMapTree 中的 TOA 树视图更新模块 UpdateMHMapTreeView()(参见 12.2.2)、模块 MHMapAttrTable 中的属性表视图更新函数 UpdateMHMapAttrTableView()(参见 13.3)等。

为了实现功能的相对独立,本模块将与地图某一图层的渲染信息、矢量注记信息等独立分开,并采用对话框的方式形成一个独立模块,即模块 **MHMapDlgProp**。由于本模块为一个基于对话框的模块,因此从实现角度来看需要将对话框有关的各种对话框资源放置/封装到本模块内部,这样既有利于功能的相对独立,也能防止各种对话框资源混到一起而产生混乱现象。即与本模块相关的功能仅需要调用本模块中自己管理的一系列对话框模块,再通过一个外部函数对其调用即可。

模块 **MHMapDlgProp** 的对外表现接口类 **CMHMapDlgPropShow** 的类声明如下:

```
class __declspec(dllexport) CMHMapDlgPropShow
{
    CMHMapDlgPropShow(void* pFrame,void* pView,void* pDoc,MSMapObj* pMapObj); //构造函数
    INT_PTR    ShowPropDialogMode(MSLayerObj* pCurLayer); //以模式对话框的形式展现,外部调用唯一入口
};
```

在上述类声明中,构造函数需要将外部本系统有关的一些重要信息声明传递到本模块中,并在需要时通过这些参数指针访问系统的一些变量、参数与定义,如上面代码中的参数 pMapObj 就是整个 **MHMapGIS** 中的地图定义指针,而本模块正是通过这个指针读取用户指定的图层信息并展现到对话框上的,或是通过更改对话框上的某些变量、渲染模式等信息反馈回该指针所定义的数据结构中。

另外一个函数 ShowPropDialogMode() 则是以模式对话框的形式展现对应于图层 pCurLayer 的图层信息,其代码实现为:

```
INT_PTR CMHMapDlgPropShow::ShowPropDialogMode(MSLayerObj* pCurLayer)
{
    AFX_MANAGE_STATE(AfxGetStaticModuleState());//应用本模块自己的(对话框)资源,而不用主程序的资源
    if(!pCurLayer)return IDCANCEL;
    CString str = "属性…";
    CMHMapDlgProperties dlgProp(str);
    dlgProp.SetFrmViewDocMapPtrs(m_pMHMapFrm,m_pMHMapView,m_pMHMapDoc,m_pMapObj,pCurLayer);
    INT_PTR nRes = dlgProp.DoModal();//弹出模式对话框
    return nRes;
}
```

上述代码实现了从外部(其他模块)调用本模块函数并实现模式对话框的展现过程。也就是说,如果外部其他模块需要实现本模块的对话框展现,就需要将对应图层的指针(即上述代码构造函数中的指针)传递进来,并在本模块内部调用对应对话框对象的 **DoModal()** 函数。进一步地,在弹出对应的对话框后,相应的信息展现/交互过程都可以进一步通过对话框的实现代码/函数进行实现。

在其他模块中,当需要调用本模块的功能并显示图层属性对话框时,基于本模块的上述函数 ShowPropDialogMode() 可作为入口点,如在模块 **MHMapTree** 中调用时的代码为:

```
void CMHMapTOATreeCtrl::ShowLayerProperties(MSLayerObj* pLayer)
{
    CMHMapDlgPropShow dlgPS(m_pMHMapFrm, m_pMHMapView, m_pMHMapDoc, m_pMapObj); //本模块的主体功能实现类
    INT_PTR nSuc = dlgPS.ShowPropDialogMode(pLayer); //本模块的功能入口函数
    if (nSuc == IDOK)
    {
        CMHMapDoc* pMHMapDoc = (CMHMapDoc*)m_pMHMapDoc;
```

```
        pMHMapDoc->SetModifiedFlag();//设置文档已更改
    }
}
```

18.2　对话框生成与初始化

根据对话框中需要显示的图层信息,可以进一步将对话框分为矢量对话框与栅格对话框2种。由于在对话框上要显示的图层信息较多,因此采用属性页的方式对待显示的信息进行分类,并表现到不同的属性页上。其中,无论是矢量图层还是栅格图层,均需要展现其可视化和图层信息2个标签页,对于矢量图层来说,还增加了一个图层的标注页,以及一个图层定义页(用于进行矢量图层要素限制)。以下将以矢量图层的属性对话框及其属性页的生成与初始化为例进行介绍。

图层属性配置模块的对话框负责实现地图定义模块MHMapDef中有关矢量图层信息/定义(参见第5章)的展现,表现的对话框界面如图18-1所示。

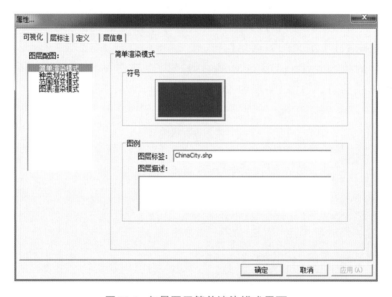

图18-1　矢量图层简单渲染模式界面

从图18-1所示的对话框可以看出,该对话框实际上是由一个属性页对话框(CPropertySheet)及多个属性页(图中可视化、层标注、定义、层信息等)构成的,其主体功能实现类CMHMapDlgProperties对应的类声明如下:

```
class CMHMapDlgProperties : public CPropertySheet
{
    CMHMapDlgPage1* m_page1; //图层信息属性页
    CMHMapDlgPage2* m_page2; //渲染模式属性页
    CMHMapDlgPage3* m_page3; //矢量标注属性页
    CMHMapDlgPage4* m_page4; //矢量定义属性页
    afx_msg void OnApply();
};
```

其中,类CMHMapDlgProperties为一个继承CPropertySheet的属性页对话框类,其内部包括4个属性页m_page1~m_page4,根据需要可以对其进行扩展;而界面中的"确定"或"应用"按键的实现代码也是调用了对应各属性页内的函数,代码如下:

```
void CMHMapDlgProperties::OnApply()
{
    if (m_page1 && m_page1->HaveBeenActived())
        m_page1->OnApply();
    if (m_page2 && m_page2->HaveBeenActived())
        m_page2->OnApply();
    if (m_page3 && m_page3->HaveBeenActived())
        m_page3->OnApply();
    if (m_page4 && m_page4->HaveBeenActived())
        m_page4->OnApply();
}
```

即调用已经激活的对话框属性页中的OnApply()函数。

在4个属性页中,m_page1为图层的各种信息展现的属性页(如18.6中的图18-11所示),m_page2为图层渲染模式展现/修改的属性页(见图18-1),m_page3为针对矢量图层的图层标注属性页(如18.5中的图18-10所示),m_page4为针对矢量图层的图层定义属性页(如18.6中的图18-12所示)。

也就是说,当激活矢量图层的属性对话框时,需要弹出的对话框属性页中包括了上述4个属性页;而当激活栅格图层的属性对话框时,弹出的对话框属性页中仅包含上述的m_page1和m_page2这2个属性页。

对于矢量图层的渲染来说,根据5.7.1,矢量图层在MHMapGIS中的渲染模式可分为简单渲染、种类划分、范围渐变与图表渲染模式,参考ArcGIS中针对图层渲染属性对话框的布局模式,同时考虑用户的应用习惯,这几种渲染模式也在m_page2中再一次采用不同的属性页进行信息展现。本模块对矢量数据的渲染表现为图18-1所示的简单渲染模式对话框、图18-2所示的种类划分模式对话框以及图18-3所示的范围渐变模式对话框。

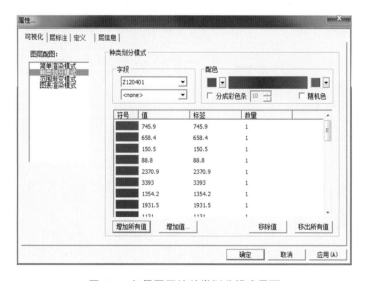

图18-2 矢量图层按种类划分模式界面

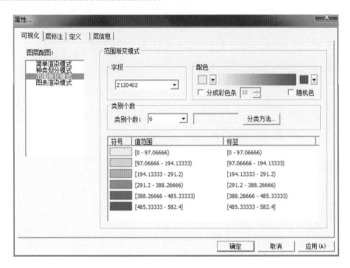

图18-3　矢量图层按范围渐变模式界面

　　m_page2进一步由一系列类似于属性页的框架构成。由于图层渲染模式对话框为本模块中比较重要的用户交互对话框,因此将图层渲染模式配置对话框属性页放到了属性对话框的首页,参见图18-1。进一步地,该属性页又根据用户指定的图层矢量、栅格属性性质而由一系列子属性页(子对话框)构成:如果是矢量图层,则允许图层的渲染模式为简单渲染模式(参见图18-1)、种类划分模式(参见图18-2)、范围渐变模式(参见图18-3);如果是栅格图层,再进一步根据其波段的个数进行渲染模式的选择:如果为单波段影像,则可能的渲染模式包括唯一值渲染模式(如18.4中的图18-4所示)、分类渲染模式(如18.4中的图18-5所示)、拉伸渲染模式(如18.4中的图18-6所示)、颜色表渲染模式(如果存在颜色表的话,如18.4中的图18-7所示)、离散渲染模式(如18.4中的图18-8所示);如果其波段个数超过1个,则其渲染模式可以为RGB彩色合成模式(如18.4中的图18-9所示)或针对其中某一个波段的拉伸渲染模式(如18.4中的图18-6所示)。

　　其中,m_page2所对应的图层渲染模式属性页由类CMHMapDlgPage2负责完成,其对应类的声明如下:

```cpp
class CMHMapDlgPage2 : public CPropertyPage
{
    CMHMapDlgPage2FeaSimple*        m_page2FeaSimple;        //矢量,简单模式对话框页
    CMHMapDlgPage2FeaCategory*      m_page2FeaCategory;      //矢量,种类模式对话框页
    CMHMapDlgPage2FeaGraduate*      m_page2FeaGraduate;      //矢量,渐变模式对话框页
    CMHMapDlgPage2ImgColor*         m_page2ImgColor;         //栅格,彩色RGB合成模式对话框页
    CMHMapDlgPage2ImgClassification*  m_page2ImgClassification; //栅格,分类模式对话框页
    CMHMapDlgPage2ImgColormap*      m_page2ImgColormap;      //栅格,颜色表模式对话框页
    CMHMapDlgPage2ImgDiscrete*      m_page2ImgDiscrete;      //栅格,分离模式对话框页
    CMHMapDlgPage2ImgStretched*     m_page2ImgStretched;     //栅格,拉伸模式对话框页
    CMHMapDlgPage2ImgUnique*        m_page2ImgUnique;        //栅格,唯一值模式对话框页
    MSSimpleThematicObj*            m_pNewSimpleThematicObj; //矢量,简单模式,新生成的主题
    bool  m_bNewSimpleThematicObjNewHere;   //是否在此类中 new 出来的,如果是且使用过(见下),则需要删除
    bool  m_bNewSimpleThematicObjUsedHere;  //是否被用过,如果是,析构时就不用删除,在MSLayerObj类中删除
    //其他矢量模式与对应的变量,包括种类划分模式与范围渐变模式,略
```

```
    MSRGBRasterThematicObj* m_pNewRGBRasterThematicObj; //栅格 多波段 彩色模式
    bool m_bNewRGBRasterThematicObjNewHere; //是否在此类中 new 出来的
    bool m_bNewRGBRasterThematicObjUsedHere; //是否被用过
    //其他栅格模式与对应的变量,包括拉伸模式、唯一值模式、分类模式、颜色表模式、离散模式,略
};
```

　　类的声明中需要预定义矢量图层与栅格图层可能用到的一些渲染模式的指针,并在激活时对相应的指针进行初始化,这是因为当指定了图层并弹出对应的属性对话框时,用户可能并不更改当前图层的渲染模式,也可能更改图层的渲染模式,而我们无法确定用户更改的新图层渲染模式,因此需要将可能的渲染模式都进行初始化,最后判断用户是否更改了渲染模式:如果没有更改,则需要将在此处初始化的各渲染模式的内存进行释放;如果进行了更改,则将未用到的渲染模式进行释放,将指定图层的渲染模式指定到新的渲染模式(用到的模式)中,而原来的渲染模式会在MHMapGIS系统释放时统一释放所有原来用过且未及时释放的内存。

　　根据上述的类声明,当用户指定的图层为矢量图层时,需要在弹出对话框时进行矢量图层可能的3种图层渲染模式初始化;当图层为栅格图层时,需要判断当前栅格图层的波段个数,如果为单波段数据,则需要对上述声明中栅格类除彩色RGB合成模式外的其他栅格渲染模式进行初始化,如果为多波段数据,则需要对彩色RGB合成模式与拉伸模式进行初始化,并等待用户的渲染模式配置。

　　其中实现上述设计思想所对应的类初始化代码函数OnInitDialog()如下:

```
BOOL CMHMapDlgPage2::OnInitDialog()
{
    m_bHaveBeenActived = true; //标记为激活状态
    MSLayerType type = m_pLayerObj->GetLayerType();
    if (type == MS_LAYER_POINT || type == MS_LAYER_LINE || type == MS_LAYER_POLYGON) //矢量类型
    {
        CreateFeaThematicObjs();//先生成矢量的一些临时渲染模式,用于对话框显示,代码见后续
        m_lstThematic.InsertString(0,"    简单渲染模式    ");
        m_lstThematic.InsertString(1,"    种类划分模式    ");
        m_lstThematic.InsertString(2,"    范围渐变模式    ");
        m_lstThematic.InsertString(3,"    图表渲染模式    ");
        MSThematicObj* pThematicObj = m_pLayerObj->GetThematicObj();
        if(pThematicObj->GetThematicType() == MS_THEMATIC_SIMPLE)
            m_nCurThematic = 0;
        else if(pThematicObj->GetThematicType() == MS_THEMATIC_CATEGORY)
            m_nCurThematic = 1;
        else if(pThematicObj->GetThematicType() == MS_THEMATIC_GRADUATE)
            m_nCurThematic = 2;
        m_lstThematic.SetCurSel(m_nCurThematic);
        if (!m_page2FeaSimple)
            m_page2FeaSimple = new CMHMapDlgPage2FeaSimple(m_pNewSimpleThematicObj);
        BOOL bSuc1 = m_page2FeaSimple->Create(IDD_DLG_PAGE2_FEA_SIMPLE, this);
        if (!m_page2FeaCategory)
            m_page2FeaCategory = new CMHMapDlgPage2FeaCategory(m_pNewCategoryThematicObj);
        BOOL bSuc2 = m_page2FeaCategory->Create(IDD_DLG_PAGE2_FEA_CATEGORY, this);
        if (!m_page2FeaGraduate)
```

```
            m_page2FeaGraduate = new CMHMapDlgPage2FeaGraduate(m_pNewGraduateThematicObj);
        BOOL bSuc3 = m_page2FeaGraduate->Create(IDD_DLG_PAGE2_FEA_GRADUATE, this);
        m_page2FeaSimple->ShowWindow(SW_HIDE);
        m_page2FeaCategory->ShowWindow(SW_HIDE);
        m_page2FeaGraduate->ShowWindow(SW_HIDE);
        switch(m_nCurThematic)
        {
        case 0: //显示简单渲染类型
            m_page2FeaSimple->ShowWindow(SW_SHOW);
            break;
        case 1: //显示种类渲染类型
            m_page2FeaCategory->ShowWindow(SW_SHOW);
            break;
        case 2: //显示渐变渲染类型
            m_page2FeaGraduate->ShowWindow(SW_SHOW);
            break;
        }
    }
    else if (type == MS_LAYER_RASTER) //影像类型
    {
        CMHMapGDAL mhGdal;
        int nBandNum = mhGdal.GetRasterBandCount(m_pLayerObj);
        bool bHaveColorTable = false;
        if (nBandNum == 1)
        {
            CreateImgSingleBandThematicObjs(bHaveColorTable); //先生成单波段临时渲染模式
            m_lstThematic.InsertString(0," 唯一值渲染模式     ");
            m_lstThematic.InsertString(1," 分类渲染模式     ");
            m_lstThematic.InsertString(2," 拉伸渲染模式     ");
            bHaveColorTable = mhGdal.RasterHaveColorTable(m_pLayerObj);
            if (bHaveColorTable)
            {
                m_lstThematic.InsertString(3," 颜色表渲染模式     ");
                if (!m_page2ImgColormap)
                    m_page2ImgColormap = new CMHMapDlgPage2ImgColormap(m_pNewColorMapThematicObj);
                bSuc3 = m_page2ImgColormap->Create(IDD_DLG_PAGE2_IMG_COLORMAP, this);
            }
            m_lstThematic.InsertString(nNext," 离散渲染模式     ");
            //初始化生成单波段的不同模式,设置对应窗口显示/隐藏状态,略
        }
        else
        {
            CreateImgMultiBandThematicObjs();//先生成多波段临时渲染(RGB彩色、拉伸)模式
            m_lstThematic.InsertString(0," 拉伸渲染模式     ");
            m_lstThematic.InsertString(1," 彩色合成模式     ");
            MSThematicObj* pThematicObj = m_pLayerObj->GetThematicObj();
            if(pThematicObj->GetThematicType() == MS_THEMATIC_STRETCH)
            {
                m_nCurThematic = 8;
                m_lstThematic.SetCurSel(0);
```

```
        }
        else if(pThematicObj->GetThematicType() == MS_THEMATIC_COLOR)
        {
            m_nCurThematic = 11;
            m_lstThematic.SetCurSel(1);
        }
        //初始化生成单波段的不同模式,设置对应窗口显示/隐藏状态,略
    }
    switch(m_nCurThematic)
    {
    case 6:
        m_page2ImgUnique->ShowWindow(SW_SHOW);
        break;
        //其他值,将对应的不同窗口显示
    }
}
return TRUE;
}
```

上述代码的主要思想是在进行对话框初始化时,判断指定图层的类型,并预先生成对应类型可能的渲染模式,一方面用于对话框显示,另一方面,如果用户选定了对应的渲染模式,则将新生成的渲染模式替代模块MHMapDef中已经设置的该图层的渲染模式。上述代码还实现了从模块MHMapDef读出指定图层中已经设置的渲染模式,并在对话框初始化时将该图层已经设定的信息展现到对话框上。

同时,当用户选择了不同渲染模式时,需要根据用户的选择将已经生成的不同对话框设定为显示或隐藏状态,其类似代码如下:

```
void CMHMapDlgPage2::OnLbnSelchangeListThematic()
{
    m_nCurThematic = m_lstThematic.GetCurSel();
    if(m_page2FeaSimple->GetSafeHwnd())
        m_page2FeaSimple->ShowWindow(SW_HIDE);
    //将其他所有窗口先设置为隐藏,然后在下面根据选择将选定的窗口设置为展现,略
    switch(m_nCurThematic) //用户渲染模式的选择
    {
    case 0:
        if(m_page2FeaSimple->GetSafeHwnd())
            m_page2FeaSimple->ShowWindow(SW_SHOW);
        break;
    //根据选择将选定的窗口设置为展现,略
    }
    GetParent()->GetDlgItem(ID_APPLY_NOW)->EnableWindow(TRUE); //应用按钮可用
}
```

最后,当用户按下按钮“应用”或“确定”时,对应于主对话框中的OnApply()会调用本对话框的OnApply()函数,同样地,该函数再将调用函数进一步下发,对应的代码类似如下:

```
BOOL CMHMapDlgPage2::OnApply()
{
    switch (m_nCurThematic)
```

```
    {
    case 0:
        m_bNewSimpleThematicObjUsedHere = true;
        m_page2FeaSimple->OnApply();
        break;
    //其他类似,调用对应类的OnApply()函数
    }
    return CPropertyPage::OnApply();
}
```

上述函数 OnInitDialog()中 CreateFeaThematicObjs()的主要功能是对对话框中可能用到的各种矢量渲染模式进行初始化,相应的代码类似如下:

```
void    CMHMapDlgPage2::CreateFeaThematicObjs()
{
    MSLayerType layerType = m_pLayerObj->GetLayerType();
    MSThematicObj* pThematicObj = m_pLayerObj->GetThematicObj();
    MSThematicType thematicType = pThematicObj->GetThematicType();
    if (layerType == MS_LAYER_POINT || layerType == MS_LAYER_LINE || layerType == MS_LAYER_POLYGON)
    {
        if (thematicType == MS_THEMATIC_SIMPLE) //如果是简单模式,new出其他2种模式
        {
            m_bNewSimpleThematicObjNewHere = false;
            m_bNewCategoryThematicObjNewHere = true;
            m_bNewGraduateThematicObjNewHere = true;
            m_pNewSimpleThematicObj = (MSSimpleThematicObj*)pThematicObj;
            m_pNewGraduateThematicObj = new MSGraduateThematicObj;
            m_pNewCategoryThematicObj = new MSCategoryThematicObj;
        }
        //其他类似,方法类似,包括MS_THEMATIC_CATEGORY及MS_THEMATIC_GRADUATE,略
    }
}
```

上述代码中,首先判断指定图层的渲染模式,并将对应的渲染模式指针复制给对应的 new 指针,并采用变量 m_bNewSimpleThematicObjNewHere 等记录哪些渲染模式是新 new 出来的,哪些渲染模式是直接复制过来的,以便在析构函数中进行正确的内存释放。

类似地,栅格数据中单波段生成渲染模式函数 CreateImgSingleBandThematicObjs()的功能是实现单波段各种模式的初始化,其实现代码如下:

```
void    CMHMapDlgPage2::CreateImgSingleBandThematicObjs(bool bHaveColorTable)
{
    MSLayerType layerType = m_pLayerObj->GetLayerType();
    MSThematicObj* pThematicObj = m_pLayerObj->GetThematicObj();
    MSThematicType thematicType = pThematicObj->GetThematicType();
    if (layerType == MS_LAYER_RASTER)
    {
        if (thematicType == MS_THEMATIC_STRETCH) //如果是拉伸模式,new出其他几种模式
        {
            m_bNewStretchRasterThematicObjNewHere = false;
            m_bNewDiscreteRasterThematicObjNewHere = true;
```

```
            m_bNewUniqueValueRasterThematicObjNewHere = true;
            m_bNewClassificationRasterThematicObjNewHere = true;
            if (bHaveColorTable)
            {
                m_bNewColorMapRasterThematicObjNewHere = true;
                m_pNewColorMapRasterThematicObj = new MSColorMapRasterThematicObj;
            }
            m_bNewRGBRasterThematicObjNewHere = true;
            m_pNewStretchRasterThematicObj = (MSStretchRasterThematicObj*)pThematicObj;
            m_pNewDiscreteRasterThematicObj = new MSDiscreteRasterThematicObj;
            m_pNewUniqueValueRasterThematicObj = new MSUniqueValueRasterThematicObj;
            m_pNewClassificationRasterThematicObj = new MSClassificationRasterThematicObj;
            m_pNewRGBRasterThematicObj = new MSRGBRasterThematicObj;
        }
        //其他类似,方法类似,包括DISCRETE、COLORMAP、UNIQUEVALUE、CLASSIFICATION等
    }
}
```

栅格数据中多波段生成渲染模式函数CreateImgMultiBandThematicObjs()的功能是进行RGB及拉伸模式的初始化,实现代码如下:

```
void        CMHMapDlgPage2::CreateImgMultiBandThematicObjs()
{
    MSLayerType layerType = m_pLayerObj->GetLayerType();
    MSThematicObj* pThematicObj = m_pLayerObj->GetThematicObj();
    MSThematicType thematicType = pThematicObj->GetThematicType();
    if (layerType == MS_LAYER_RASTER)
    {
        if (thematicType == MS_THEMATIC_STRETCH) //如果是拉伸模式,new出另外1种模式:RGB
        {
            m_bNewStretchRasterThematicObjNewHere = false;
            m_bNewRGBRasterThematicObjNewHere = true;
            m_pNewStretchRasterThematicObj = (MSStretchRasterThematicObj*)pThematicObj;
            m_pNewRGBRasterThematicObj = new MSRGBRasterThematicObj;
        }
        else if (thematicType == MS_THEMATIC_COLOR) //如果是RGB彩色模式,new出另外1种模式:拉伸
        {
            m_bNewStretchRasterThematicObjNewHere = true;
            m_bNewRGBRasterThematicObjNewHere = false;
            m_pNewStretchRasterThematicObj = new MSStretchRasterThematicObj;
            m_pNewRGBRasterThematicObj = (MSRGBRasterThematicObj*)pThematicObj;
        }
    }
}
```

18.3　矢量渲染方案

矢量渲染方案包括图18-1所示的简单渲染模式、图18-2所示的种类划分模式以及图18-3所示的范围渐变模式。

18.3.1 简单渲染模式

如图18-1所示,矢量数据的简单渲染模式是通过对话框上的一个较大按钮,并在按钮上加载根据简单渲染模式中的各项设置信息而形成的CBitmap*(即下面类中的变量m_pBitmapForButton),相应的类CMHMapDlgPage2FeaSimple 声明如下:

```cpp
class CMHMapDlgPage2FeaSimple : public CDialog
{
    CButton m_btnSymbol; // 简单渲染模式的按钮,见图18-1
    CBitmap    * m_pBitmapForButton; // 按钮上的图片,展现简单渲染模式的渲染模式
    MSSimpleThematicObj* m_pNewSimpleThematicObj; //新生成的主题
    MSSimpleThematicObj* m_pTmpSimpleThematicObj; //临时主题
    void        CreateNewSimpleThematic(bool bForceCreateNewThematic); //简单主题生成函数
    MSSymbolObj* CreateNewSymbolObj(const MSSymbolObj* pSourceSymbolObj); //生成主题中对应的简单符号
    virtual BOOL OnApply();//点击应用按钮
    BOOL        UpdateButtonBitmap();//更新按钮图片
}
```

其中类的声明中有2个主题变量指针,m_pNewSimpleThematicObj 与 m_pTmpSimpleThematicObj,其中指针 m_pTmpSimpleThematicObj 需要在对话框初始化时 new 出一个新的、临时的简单渲染主题,而指针 m_pNewSimpleThematicObj 则是用户已经将渲染模式确定设置成为简单渲染模式时所应用的指针变量,由构造函数从外部传入。这里之所以用到2个变量指针,是因为当用户点击图18-1中简单渲染模式所对应的按钮时,需要在内存中维护一个临时简单渲染模式及其信息的指针,而此时 m_pTmpSimpleThematicObj 就是这个临时变量所对应的指针。如果用户最终采用了配置后的简单渲染模式,则将这个指针中的内容复制给所采用的变量 m_pNewSimpleThematicObj;如果最终用户没有采用这个简单渲染模式(即用户最终点击了"取消"按钮),则此时需要将变量 m_pTmpSimpleThematicObj 所对应的内存进行释放。

在构造函数中,指针 m_pNewSimpleThematicObj 由类 CMHMapDlgPage2 的初始化函数 OnInitDialog() 新生成指针并传递到此类中,对应的构造函数代码为:

```cpp
CMHMapDlgPage2FeaSimple::CMHMapDlgPage2FeaSimple(MSSimpleThematicObj* pSimpleThematicObjPtr, CWnd*
pParent /*=NULL*/): CDialog(CMHMapDlgPage2FeaSimple::IDD, pParent)
{
    m_pNewSimpleThematicObj = pSimpleThematicObjPtr;
}
```

此类所对应的对话框初始化函数代码为:

```cpp
BOOL CMHMapDlgPage2FeaSimple::OnInitDialog()
{
    CDialog::OnInitDialog();
    CreateNewSimpleThematic(false);   //生成新的、临时简单渲染模式
    BOOL bSuc = UpdateButtonBitmap();//更新按钮上的图片
    return TRUE;
}
```

其中函数 CreateNewSimpleThematic() 用于生成前文所述的临时简单渲染模式的对应内存,其代码如下:

```cpp
void        CMHMapDlgPage2FeaSimple::CreateNewSimpleThematic(bool bForceCreateNewThematic)
```

```
{
    if (!m_pTmpSimpleThematicObj)
        m_pTmpSimpleThematicObj = new MSSimpleThematicObj;
    MSThematicObj* pThematicObj = m_pLayerObj->GetThematicObj();
    //从原来的Thematic中找出其中的参数,包括透明度和点线面各种渲染属性(形状、大小、颜色、宽度等)
    if (pThematicObj->GetThematicType() == MS_THEMATIC_SIMPLE && !bForceCreateNewThematic)
    {
        //根据原来的Thematic生成新的符号,并指定给临时渲染模式
        MSSimpleThematicObj* pOldSimpleThematicObj = (MSSimpleThematicObj*)pThematicObj;
        MSSymbolObj* pOldSymbolObj = pOldSimpleThematicObj->GetSymbolObj();
        if (!m_pTmpSimpleThematicObj->GetSymbolObj())
        {
            MSSymbolObj* pNewSymbolObj = CreateNewSymbolObj(pOldSymbolObj);
            m_pTmpSimpleThematicObj->SetSymbolObj(pNewSymbolObj);
        }
    }
    else
    {
        //生成新的符号,其中的信息指定为常规应用的即可,再由用户更改
        MSSymbolObj* pNewSymbolObj = NULL;
        MSLayerType layerType = m_pLayerObj->GetLayerType();
        if (layerType == MS_LAYER_POINT)
        {
            MSSimpleMarkerSymbolObj* pSimpleMarkerSymbolObj = new MSSimpleMarkerSymbolObj();
            pSimpleMarkerSymbolObj->SetEdgeColor(pointEdgeColor);
            pSimpleMarkerSymbolObj->SetFillColor(_MSColor(nA, 156, 83, 0));
            pSimpleMarkerSymbolObj->SetSize(pointSize);
            pSimpleMarkerSymbolObj->SetMarkerType(pointMarkerType);
            pSimpleMarkerSymbolObj->SetAngle(pointAngle);
            pSimpleMarkerSymbolObj->SetEdgeLineWidth(pointEdgeWidth);
            pNewSymbolObj = pSimpleMarkerSymbolObj;
        }
        //线、面类型,同上类似,略
        m_pTmpSimpleThematicObj->SetSymbolObj(pNewSymbolObj);
    }
    CopyLabelThematicObj();
}
```

而上述代码中函数 CreateNewSymbolObj() 的功能是生成指定简单符号相一致的符号,函数 CopyLabelThematicObj() 的功能则是将原有渲染模式中的标注信息复制到新的渲染模式中,对应函数的代码略。

最后,类 CMHMapDlgPage2FeaSimple 的初始化函数 OnInitDialog() 中还有一个更新按钮的函数,即 UpdateButtonBitmap(),其功能是将临时渲染指针 m_pTmpSimpleThematicObj 中所设定的简单符号信息读取出来,再调用模块 MHMapRender 中的绘图函数将符号信息绘制成位图,最后用生成的位图更新图18-1按钮上的位置信息,对应的代码如下:

```
BOOL CMHMapDlgPage2FeaSimple::UpdateButtonBitmap()
{
    if (m_pBitmapForButton)
```

```
        delete m_pBitmapForButton;
    m_pBitmapForButton = new CBitmap; //重新生成新的位图
    CRect rect;
    m_btnSymbol.GetWindowRect(rect);
    BOOL bSuc = m_pBitmapForButton->CreateBitmap(rect.Width() - 8, rect.Height() - 8, 1, 32, NULL);
    BITMAP bitmap;
    m_pBitmapForButton->GetBitmap(&bitmap);
    CMHMapRenderGDIPlus* pMapRenderGDIPlus = new CMHMapRenderGDIPlus; //调用模块MHMapRender中的绘制功能
    int nSize = bitmap.bmWidth * bitmap.bmHeight * sizeof(UINT);
    unsigned char* pResult = new unsigned char[nSize];
    MSSymbolObj* pSymbolObj = m_pTmpSimpleThematicObj->GetSymbolObj();//符号
    int nSuc = pMapRenderGDIPlus->RenderTreeIcon(bitmap.bmWidth, bitmap.bmHeight, pSymbolObj, pResult);
    delete pMapRenderGDIPlus;
    m_pBitmapForButton->SetBitmapBits(nSize, pResult);
    delete pResult;
    HBITMAP hNewBitmap = (HBITMAP)*m_pBitmapForButton; //设置新生成的位置到按钮上
    m_btnSymbol.SetBitmap(hNewBitmap);
    return TRUE;
}
```

当点击图18-1上简单渲染模式的按钮时,会以模式对话框的形式弹出第19章中所对应的地图符号配置模块的对话框,并由用户选择不同矢量配置参数。此时,在第19章的模块MHMapDlgSymbol弹出前,将本模块简单渲染模式中的符号信息传入模块MHMap-DlgSymbol,经该模块配置并点击"确定"按钮后,将该符号新的信息返回至本模块中,具体原理及实现见第19章。

最后,当用户点击"应用"或"确定"按钮时,需要调用本类中的OnApply()函数,其功能是将临时渲染模式指针m_pTmpSimpleThematicObj中的符号信息读取并复制给指针m_pNewSimpleThematicObj,并将该指针所对应渲染模式指定给对应的图层,实现代码如下:

```
BOOL CMHMapDlgPage2FeaSimple::OnApply()
{
    if (m_pTmpSimpleThematicObj)
    {
        MSSymbolObj* pTmpSymbolObj = m_pTmpSimpleThematicObj->GetSymbolObj();
        MSSymbolObj* pNewSymbolObj = CreateNewSymbolObj(pTmpSymbolObj);
        m_pNewSimpleThematicObj->SetSymbolObj(pNewSymbolObj); //复制对应的简单符号信息
    }
    m_pLayerObj->SetThematicObj(m_pNewSimpleThematicObj);
    CMHMapView* pMHMapView = (CMHMapView*)m_pMHMapView;
    if (pMHMapView) //更新视图及其他相关信息
    {
        pMHMapView->SendMessage(ID_MSG_UPDATE_MHMAPVIEW_FROM_MHMAPDLGPROP);
        pMHMapView->SendMessage(ID_MSG_UPDATE_MHMAPOVERVIEW_FROM_MHMAPDLGPROP);
    }
    return TRUE;
}
```

类似地,除简单渲染模式外,矢量渲染方案中还有种类划分模式(见图18-2)与范围渐变模式(见图18-3),它们的实现除界面上有些差异外,其设计思路、实现方法及对应函数的功能都与简单渲染模式类似。

18.3.2 其他渲染模式

除18.3.1介绍的简单渲染模式外,矢量图层还可以有其他渲染模式。如图18-2所示,矢量数据的种类划分模式需要指定该矢量数据的1个或2个字段(任何类型均可以),渲染模式将按设定的字段种类进行计算,统计出各类别的值、对应的标签以及其数量,用于进行种类划分模式渲染。从本对话框实现的功能角度来看,当用户指定了矢量图层的字段并按下对话框中的"增加所有值"按钮后,图18-2中的CListBox对话框将按设定的字段进行所有值的统计,按设定的2种颜色进行种类划分并增加到CListBox控件中去;当用户按下按钮"应用"或"确定"之后,本模块的对话框将按与上述简单渲染模式相类似的方法,new出对应的指向种类渲染模式的指针m_pNewCategoryThematicObj,并将对话框中的各种信息赋值到对应的渲染模式中(字段信息、各类别信息,可参见5.7.1中的第2)部分),再将该指针赋值给对应图层的渲染模式指针(Thematic);最后在视图更新时,模块MHMapRender会根据新的种类渲染模式的信息进行矢量各要素的渲染(参见6.2.3中的第7)部分)。

如图18-3所示,矢量数据图层的范围渐变模式需要指定1个数值型字段,范围渐变渲染模式将按此数值型字段划分范围,其分类方法可以是平均法、预定义法、手工法、标准差等。类似于种类划分方法,对应的CListBox中将增加已经分组好的各类别并进行显示,当用户按下按钮"应用"或"确定"之后,对话框将new出范围渐变渲染模式的指针m_pNewGraduateThematicObj,并将对话框中的各种信息赋值到对应的渲染模式中(字段信息、各分组信息,可参见5.7.1中的第3)部分),再将该指针赋值给对应图层的渲染模式指针(Thematic);最后在视图更新时,模块MHMapRender会根据新的范围渲染模式的信息进行矢量各要素的渲染(参见6.2.3中的第8)部分)。

以上2种矢量渲染模式所对应的代码略。

18.4 栅格渲染方案

栅格渲染方案根据该栅格图层的波段个数进行划分:如果为单波段数据,则可以为图18-4所示的唯一值渲染模式、图18-5所示的分类渲染模式、图18-6所示的拉伸渲染模式、图18-8所示的离散渲染模式,如果其中存在颜色表的话,还可以为图18-7所示的颜色表渲染模式;如果为多波段数据,则其渲染模式可以分为图18-9所示的RGB彩色合成渲染模式或图18-6所示的拉伸渲染模式。

18.4.1 拉伸渲染模式

拉伸渲染模式为栅格数据渲染模式中较常用的一种模式,既可以应用到单波段影像数据(如果不存在颜色表且为栅格数据的默认渲染模式),又可以针对多波段数据中指定的波段进行渲染,本节以拉伸模式为例对本模块中栅格数据中的渲染表现形式进行介绍,参见图18-6。

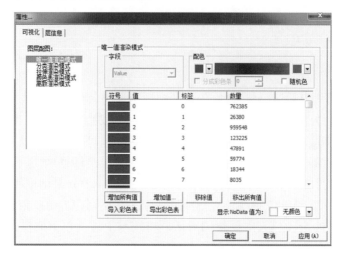

图18-4 栅格图层唯一值渲染模式界面

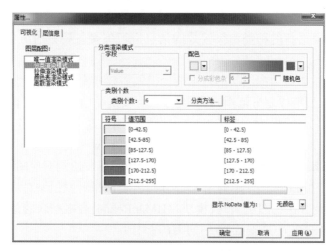

图18-5 栅格图层分类渲染模式界面

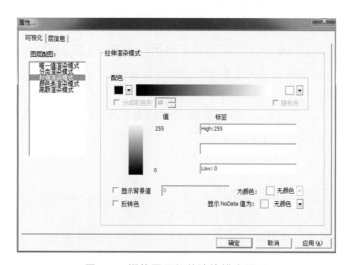

图18-6 栅格图层拉伸渲染模式界面

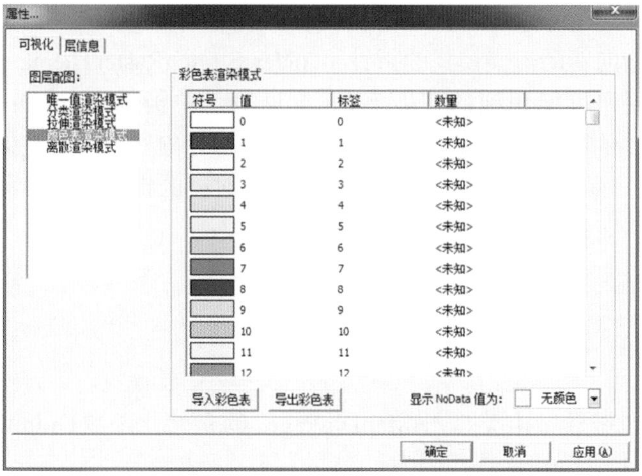

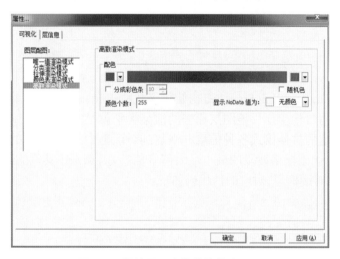

图18-7　栅格图层颜色表渲染模式界面

图18-8　栅格图层离散渲染模式界面

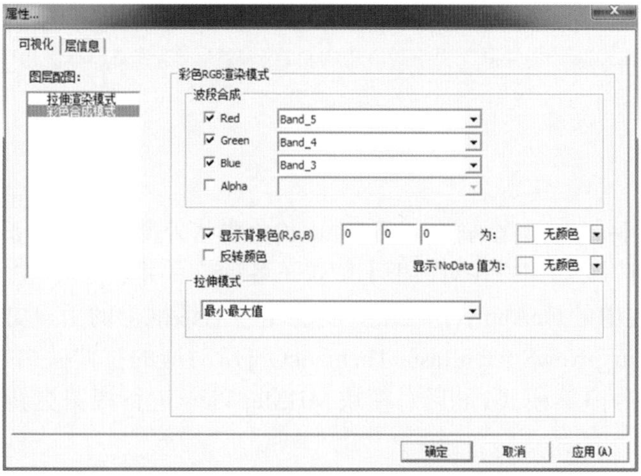

图18-9　栅格图层多波段RGB彩色合成渲染模式界面

拉伸渲染模式对话框的主要实现类为 CMHMapDlgPage2ImgStretched,其声明中同样需要包含一个指向新的渲染模式的指针 m_pNewStretchRasterThematicObj,用于指向已经临时生成的、用户可能用到的渲染模式(参见 18.2 中函数 OnInitDialog()的初始化代码)。如果用户最终指定采用这个渲染模式,则将该指针内所对应的渲染模式信息指定给对应图层;如果用户最终未采用这个渲染模式,则在对应的析构函数中释放对应的内存。

对应类 CMHMapDlgPage2ImgStretched 的声明为:

```
class CMHMapDlgPage2ImgStretched : public CDialog
{
    MSStretchRasterThematicObj* m_pNewStretchRasterThematicObj;
};
```

该指针在构造函数中由类 CMHMapDlgPage2 的初始化函数 OnInitDialog()新生成指针并传递到此类中,其构造函数代码为:

```
CMHMapDlgPage2ImgStretched::CMHMapDlgPage2ImgStretched(MSStretchRasterThematicObj*
pStretchRasterThematicObjPtr, CWnd* pParent /*=NULL*/): CDialog(CMHMapDlgPage2ImgStretched::IDD,
pParent)
{
    m_pNewStretchRasterThematicObj = pStretchRasterThematicObjPtr;
}
```

类 CMHMapDlgPage2ImgStretched 初始化函数 OnInitDialog()的主要功能是实现对话框中各种控件的初始化。如果该图层原来的渲染类别就是拉伸模式,则从原来的拉伸模式中读出已经设定的拉伸模式各种信息并恢复到对话框中;如果原来的渲染模式不是拉伸模式,则需要统计该栅格波段的最小最大值等信息,以及一些其他的默认信息(如拉伸颜色等)并恢复到对话框上,对应的伪代码如下:

```
BOOL CMHMapDlgPage2ImgStretched::OnInitDialog()
{
    MSThematicObj* pThematicObj = m_pLayerObj->GetThematicObj();
    MSRasterThematicObj* pRasterThematicObj = (MSRasterThematicObj*)pThematicObj;
    if (pThematicObj->GetThematicType() == MS_THEMATIC_STRETCH)
    {
        MSStretchRasterThematicObj*pStretchThematicObj = (MSStretchRasterThematicObj*)pThematicObj;
        //从pStretchThematicObj中读出各种信息,并更新到对话框的各控件上,如最小最大值,颜色设定等,略
    }
    //其他对话框控件初始化,略
    return TRUE;
}
```

也就是说,对话框初始化函数 OnInitDialog()负责将外部关于拉伸渲染模式中的各种信息恢复到对话框中,当用户在对话框上配置了各种信息并点击按钮"应用"或"确定"之后,需要调用本类中的 OnApply()函数,其功能是将对话框上的用户更改后的各种信息重新写回到指针 m_pNewStretchRasterThematicObj 所对应的拉伸模式中,并更改本图层的渲染模式为此种渲染模式,最后对模块 MHMapView 进行视图更新。对应的伪代码如下:

```
BOOL CMHMapDlgPage2ImgStretched::OnApply()
```

```
{
    UpdateData(TRUE);
    //将对话框中各控件所设置的信息设置到渲染指针m_pNewStretchRasterThematicObj中,略
    m_pLayerObj->SetThematicObj(m_pNewStretchRasterThematicObj);
    CMHMapView* pMHMapView = (CMHMapView*)m_pMHMapView;
    pMHMapView->SendMessage(ID_MSG_UPDATE_MHMAPVIEW_FROM_MHMAPDLGPROP); //更新主视图及其他
    pMHMapView->SendMessage(ID_MSG_UPDATE_MHMAPOVERVIEW_FROM_MHMAPDLGPROP); //更新鹰眼视图及其他
    return TRUE;
}
```

18.4.2 其他渲染模式

如图18-4所示,栅格数据的唯一值渲染模式与矢量数据的种类划分渲染模式的对话框及功能相类似,只是对于栅格数据来说,矢量数据中需要设定的字段在这里被栅格波段的像素值所代替。图18-4所示的对话框实现类CMHMapDlgPage2ImgUnique的初始化函数OnInitDialog()主要负责将该图层中的所有像素值统计并展现到对话框中,而该类OnApply()函数的主要功能则是将用户配置的信息(主要为颜色)写入对应的指针中,并更新对应的图层渲染类型与视图。

图18-5所示的栅格数据分类渲染与矢量数据的范围渐变渲染也很类似,需要将该图层的所有像素值划分为用户设定的类别个数,再对每个类别赋值一个表现颜色,分别由OnInitDialog()及OnApply()函数负责初始化,再写回类CMHMapDlgPage2ImgClassification对应的指针中。

图18-7示意了颜色表渲染模式的界面。颜色表为一种特殊的渲染模式,简单地说,就是存在一种自像素值至颜色的映射关系,我们在进行栅格图像渲染时,读出这些映射并恢复其颜色。颜色表能够通过仅仅1个波段就实现类似于RGB彩色合成的效果,一般采用BYTE类型进行数据存储,其像素值为0至255,而每一个值实际上代表了一个彩色值(如图18-7中界面),最后表现出来的是一种经压缩的彩色合成效果。

图18-8示意了离散渲染模式的界面,该模式通过离散符号实现用特定数量的颜色来显示数据集,每种颜色均会表示相同数量的值,其实现效果类似于分类渲染模式。

图18-9示意了栅格数据图层的RGB彩色合成渲染模式。从对话框的功能与实现角度来看,其所对应的类CMHMapDlgPage2ImgColor中的OnInintDialog()与OnApply()分别实现初始化对话框与将用户设置的参数信息写回对应渲染指针的功能,并进一步调用模块MHMapView实现更新,而视图MHMapView进一步调用模块MHMapRender实现栅格数据按新的设定模式渲染并进行更新,对应于本模块中所设定渲染模式的具体渲染实现代码见模块MHMapRender(包括图18-9中所设定的不同拉伸模式的具体实现代码)。

以上栅格数据渲染模式所对应本模块中的代码略。

18.5 注记功能的实现

注记,又称标注,是针对矢量数据要素进行标记的一种方式,通过指定矢量图层的某个字段对该矢量图层的各要素进行标记,并展现到画布上的过程。由于最终展现到画布且呈现到用户界面上的仅为一张画布,因此标记过程是一个针对地图的"整体"过程,而不

是针对个别图层的"个别"过程;也就是说,如果当前地图中存在多个矢量图层且为标记状态,则这些不同矢量图层的标注画布仅为1个,需要逐图层进行标注信息的标记。标注的原则为标记的文字不能有所重叠,因此需要程序在进行标注后,在内存中记录对应画布已经进行标注的区域,且该区域在后续标注中将不再可用。标注的另一个特点就是"动态性",即标注图层与用户的缩放比例尺、图层是否可见、当前视图位置等均有关;也就是说,当用户在主视图中进行视图平移、缩放、图层顺序与可见性等切换时,均有可能需要标注画布的重绘,进而导致整个画布视图的重绘过程。

图18-10示意了针对图层的标注对话框界面,其中标注字段为1个CComboBox,需要在对话框初始化函数中首先读取该矢量图层的所有字段并加入此下拉选框中,标注样式定义了标注字体颜色、字号大小等信息,标注位置定义了按什么顺序进行标注(即优先位置),标注稀疏程度定义了标注文字的多少。

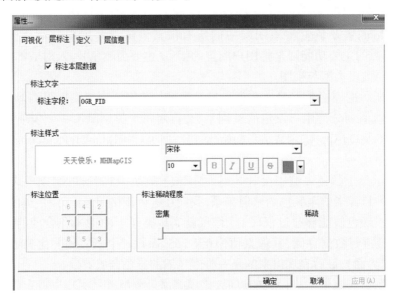

图18-10 矢量图层对图层标注的界面

在对话框初始化函数OnInitDialog()中需要对上述界面中的信息进行初始化。其中,标注字段的优选策略为:如果所有字段中具有"NAME"字段则优先定为标注字段;如果其某个字段中既包含"NAME"又包含图层名字,则选为该字段;如果某个字段仅包含"NAME"则将其定为标注字段,最后则以FID为标注字段。标注位置则初始化为按图中的顺序,即右、右上、右下、上、下、左上、左、左下的顺序,其他控件略。其对应的伪代码如下:

```
BOOL CMHMapDlgPage3::OnInitDialog()
{
    //m_cmbLabelField选择策略:首选"NAME",其次有LayerName和"NAME",再次是有"NAME",最后是FID
    string sFirstSelect, sSecondSelect, sThirdSelect, sFouthSelect = "OGR_FID";
    string cLayerName = m_pLayerObj->GetName();
    while (sFields.size() > 0) //遍历所有字段
    {
```

```
            int nFind = sFields.find("~");
            if (nFind != sFields.npos)
            {
                CString str = CString(sFields.substr(0, nFind).c_str());//获取的字段名称,获取过程略
                sFields = sFields.substr(nFind + 1);
                if (str == "NAME")//首选
                    sFirstSelect = str;
                else if (str.Find("NAME") >= 0 && str.Find(cLayerName.c_str()) >= 0) //次选
                    sSecondSelect = str;
                else if (str.Find("NAME") >= 0) //再次
                    sThirdSelect = str;
            }
        }
        for (int i = 0; i < m_cmbLabelField.GetCount(); i++)
        {
            CString str;
            m_cmbLabelField.GetLBText(i, str);
            if (sFirstSelect != "" && str == CString(sFirstSelect.c_str()))/首选"NAME"
            {
                m_cmbLabelField.SetCurSel(i);
                break;
            }
            else
                //逐一判断第二、第三、第四种,并设定m_cmbLabelField选择哪个,略
        }
        //其他控件(颜色,字体、标注位置……)初始化(如果已经标注,从标注中读取信息并恢复,否则按默认),略
    return TRUE;
}
```

当完成对话框初始化并弹出对话框后,用户就可以以交互式对矢量数据的标注信息
进行设置,并在用户点击按钮"应用"或"确定"之后由上级对话框调用本类中的OnApply()
函数,其主要代码为:

```
BOOL CMHMapDlgPage3::OnApply()
{
    UpdateData(TRUE);
    MSThematicObj* pThematicObj = m_pLayerObj->GetThematicObj();
    MSFeatureThematicObj* pFeatureThematicObj = (MSFeatureThematicObj*)pThematicObj;
    MSLabelThematicObj* pLableThematicObj = pFeatureThematicObj->GetLabelObj();
    pFeatureThematicObj->SetUseLabel(m_bLabelThisLayer);
    //将对话框中的信息(字段、字体等)赋值给标注指针pLableThematicObj,略
    CMHMapView* pMHMapView = (CMHMapView*)m_pMHMapView;
    pMHMapView->SendMessage(ID_MSG_UPDATE_MHMAPVIEW_FROM_MHMAPDLGPROP); //更新视图
    return CPropertyPage::OnApply();
}
```

上述代码是用户在本模块主对话框按下"应用"按钮后的最终代码响应,其原理就是
将对话框中设置的各种信息写回到标注指针pFeatureThematicObj中,并更新视图,而更新视
图的具体代码仍是底层绘制模块MHMapRender负责完成的,可参见6.2.3中的第15)部分。

18.6　其他杂项功能

本模块的对话框中还有一个标签页能够展示当前图层的基本信息,如图18-11所示。其中图层的可视范围设定功能位于模块MHMapTree中,当用户在该模块中的对应图层上按下右键并设置对应的设置显示比例时,模块MHMapTree会对当前主视图模块MHMapView中的比例尺进行计算并记录于模块MHMapDef中,而本模块在初始化时将对应于模块MHMapDef中的信息读取出来并展现在图18-11所对应的窗口中;同样,对话框中也可以通过下拉框或直接输入的方式设置图层的最小/最大显示比例尺,在按下"应用"或"确定"按钮后将设定的信息写回到模块MHMapDef对应的图层中。

图18-11中其他信息主要是该图层的各种信息,其实现方式是调用模块MHMapGDAL,并通过其内部的GDAL/OGR相关函数读出图层的各种信息,相应的实现代码较简单,此处略。

图18-11　矢量图层信息显示界面

另外,针对矢量数据类型,本模块中的对话框标签页中还有一项为"层定义",其主要功能是对矢量图层的显示要素进行限制。注意,这里设置的层定义为图层要素显示的最上层设置,默认为空,即显示所有要素。当这里采用公式进行要素限制/筛选时,被筛选掉的要素将在图层的各种操作中均不显示,这里的层定义采用SQL相兼容的方式进行表达。

如图18-12所示,当对图层规定定义限制为'"AREA" >= 50'时,矢量图层中将采用此SQL语句对所有要素进行筛选并对不满足条件的要素进行显示限制,用户按下按钮"应用"或"确定"之后主视图将由图18-13所示的显示多个要素的地图变为图18-14所示的满足面积大于限定值的少量要素视图。该过程的实现原理为地图定义模块MHMapDef中修改针对矢量图层的图层定义语句,而模块MHMapRender中针对矢量图层渲染时,首先需要遍历所有的图层内要素,此时代码将会根据用户设定的图层定义信息对所有要素进行判断,如果未满足定义条件则不再进行渲染。类似地,其他图层操作,如图层的标注信息等,也将根据图层定义进行要素限制。

图18-12 矢量图层针对图层定义的显示界面

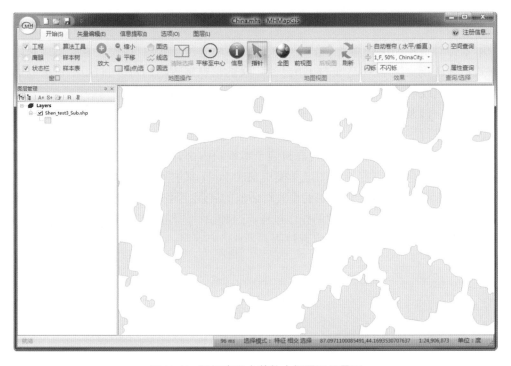

图18-13 图层定义之前的主视图显示界面

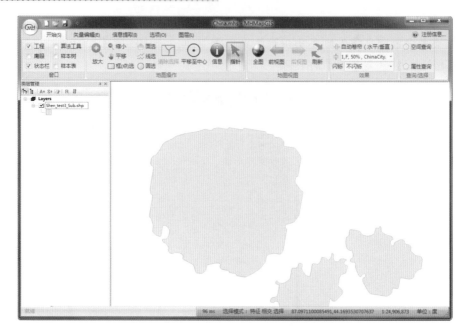

图18-14　图层定义之后的主视图显示界面

　　本模块中针对标签页的实现非常简单,在点击图18-12中的"查询规则定制器"按钮时,将调用第20章的地图查询模块并生成属性限制,点击"确定"后将其生成的限制字符串填充到本标签页的CEditBox即可,相应的实现代码略。

18.7　小　　结

　　本章针对地图图层的属性与渲染模式配置模块进行了介绍,该模块主要是以对话框的方式将地图定义模块MHMapDef中已经定义的信息展现给用户,同时用户也可以通过交互式信息更改模块MHMapDef中的信息,进而达到更改图层属性的目的。

　　本模块中涉及的具体功能并不多,更多的是采用一系列对话框控件对MHMapDef中定义的信息进行展现与操作,涉及的用户交互性代码较多且较繁杂,但难度不大。本模块在设计过程中通过将所有对话框资源封装于本模块内部,外部其他模块通过本模块的构造函数将外部信息(主要是指地图定义模块MHMapDef的指针信息)传递到本模块,并通过一个函数的调用即可实现本模块的模式对话框的展现,操作完成后再通过写回/更改模块MHMapDef的相应信息实现地图的操作过程。这种设计思路同样适用于MHMapGIS的其他基于对话框为主的模块设计与实现过程。

第19章

地图符号配置模块 MHMapDlgSymbol 的实现

地图符号配置模块 MHMapDlgSymbol 的主要功能是对构成地图矢量图层渲染模式的各基本符号信息进行显示与更改操作,是进行地图图层渲染时符号配置的主要操作入口,以对话框窗口的形式向用户进行展现。地图符号配置模块实际上是通过读取/更改地图定义模块 MHMapDef 中各矢量图层的符号信息来实现地图符号配置信息展现/操作的:一方面从地图底层数据模型中读取当前地图图层的渲染符号信息(存储在模块 MHMapDef 中,参见第5章)并展现到对话框窗口上,另一方面还通过对话框上的一系列用户交互式操作实现对该符号信息的更改,并进一步更新至模块 MHMapDef 中的渲染符号信息中,最后再通知模块 MHMapView(参见7.7.5)及其他相关模块进行数据与视图更新来完成符号信息的配置工作。

19.1 地图符号配置对话框模块设计

符号配置对话框模块实现地图中指定符号信息的对话框展现,同时,本模块还负责实现对符号进行更改、配置的功能,其实现途径就是通过对话框的信息配置实现地图定义模块 MHMapDef 中的对应图层渲染符号的信息更改,并进而通知其他模块信息更新的过程。同模块 MHMapDlgProp 的设计模式类似,模块 MHMapSymbol 采用对话框模块设计的思路能够减少模块间的关联性(只与模块 MHMapDef 进行信息交换/更新)、耦合度和维护难度。

这里需要解释一下矢量图层渲染属性与图层符号之间的关系。根据第18章所述,矢量图层的渲染模式(主题)主要有简单渲染模式、种类渲染模式、范围渲染模式等,但实际上这几种渲染模式(主题)的基本组成都是由一系列符号(点、线、面)构成的,其中简单渲染模式就是由一个基本的符号构成;种类渲染模式则是根据数据中某个字段值的不同分为一系列不同种类,而每一个种类也是由一个基本的符号来进行表达的,不同种类之间一般以符号大小、符号填充颜色的不同进行区别;范围渲染模式与种类渲染模式类似,是根据某一字段将其数值分为一系列区间,再分别对每一区间选择一种基本的符号进行渲染。由此可见,地图图层的符号实际上是进行地图渲染的一个最基本单元。

地图符号配置模块 MHMapDlgSymbol 一般主要以模式对话框的方式对外进行展现,

当用户完成符号配置后才可以继续其他方面的工作。从实现角度来看,本模块将对话框有关的各种对话框资源放置/封装到本模块内以保证功能/对话框资源的独立性,而对外调用方面则以一个函数接口的方式对外进行展现。模块MHMapDlgSymbol的对外表现接口类CMHMapDlgSymbolShow的类声明如下:

```
class __declspec(dllexport) CMHMapDlgSymbolShow
{
    INT_PTR    ShowSymbolDialogMode();//外部调用本对话框的唯一入口
    MSSymbolObj* GetSymbolObj();//对话框按下确定键后返回用户配置的符号
};
```

在上述类声明中,函数ShowSymbolDialogMode()为激活本模块对话框的主要入口,模块会弹出对话框对用户设定图层与设定初始符号(由外部传入或本模块随机初始化)进行展现,当用户在对话框上配置完毕后,再由上述类声明中的函数GetSymbolObj()返回用户配置后新的符号(及其信息),以便进行后续的符号更改等操作。

函数ShowSymbolDialogMode()是以模式对话框的形式展现对应于设定图层、设定初始符号的符号配置信息,其代码实现为:

```
INT_PTR CMHMapDlgSymbolShow::ShowPropDialogMode()
{
    AFX_MANAGE_STATE(AfxGetStaticModuleState());//应用本模块自己的(对话框)资源,而不用主程序的资源
    CMHMapDlgSymbolSelect dlgSS; //具体的对话框实现类
    dlgSS.SetFrmViewDocMapPtrs(m_pMHMapFrm,m_pMHMapView,m_pMHMapDoc,m_pMapObj,m_pLayerObj,m_pSymbolObj);
    return dlgSS.DoModal();//弹出模式对话框
}
```

上述代码实现了从外部(其他模块)调用本模块的入口函数ShowSymbolDialogMode()并实现模式对话框的展现过程。也就是说,外部其他模块将对应图层及符号的指针传递进来,并在本模块内部调用本地资源对话框的DoModal()函数,最后通过函数GetSymbolObj()返回用户配置的符号指针。

其他模块调用本模块的功能并显示符号配置对话框时,需要基于上述函数ShowSymbolDialogMode()作为入口点,如在模块MHMapTree中鼠标点击图标并调用符号配置对话框的代码为:

```
void CMHMapTOATreeCtrl::OnLButtonDown(UINT nFlags, CPoint point)
{
    //判断当前点中的图标的父节点是否为矢量节点,如果是则执行下述代码
    if (type == MS_THEMATIC_SIMPLE)
    {
        MSSimpleThematicObj* pSimpleThematicObj = (MSSimpleThematicObj*)pThematicObj;
        pSymbol = pSimpleThematicObj->GetSymbolObj();//简单渲染主题中的符号
        MSSymbolObj* pNewSymbol = CreateNewSymbolObj(pSymbol); //临时新建Symbol,如果没用则删除
        CMHMapDlgSymbolShow dlgSS; //调用本模块功能的对象
        dlgSS.SetFrmViewDocMapPtrs(m_pMHMapFrm, m_pMHMapView, m_pMHMapDoc, m_pMapObj,
                pCurLayer, pNewSymbol);
        if (dlgSS.ShowSymbolDialogMode() == IDOK)
        {
            pSimpleThematicObj->SetSymbolObj(dlgSS.GetSymbolObj());//采用当前符号并更新
```

```
            UpdateMHMapView();//更新主视图
        }
        else        //没有按下确定键,则删除临时的符号并返回
        {
            delete pNewSymbol;
            pNewSymbol = NULL;
        }
    }
    else if (type == MS_THEMATIC_CATEGORY)
    {
        MSCategoryThematicObj* pCategoryThematicObj = (MSCategoryThematicObj*)pThematicObj;
        MSValueSymbolObj* pValueSymbolObj = pCategoryThematicObj->GetValueSymbol(nNumber);
        pSymbol = pValueSymbolObj->GetSymbol();//获取到鼠标点击的单一符号
        MSSymbolObj* pNewSymbol = CreateNewSymbolObj(pSymbol); //临时新建Symbol,如果没用则删除
        CMHMapDlgSymbolShow dlgSS;
        if (dlgSS.ShowSymbolDialogMode() == IDOK)
        {
            pValueSymbolObj->SetSymbol(dlgSS.GetSymbolObj());//采用当前符号
            UpdateMHMapView();
        }
        else
            //没有按下确定键,则删除临时的符号并返回,代码见上,略
    }
    else if (type == MS_THEMATIC_GRADUATE)
    {
        MSGraduateThematicObj* pGraduateThematicObj = (MSGraduateThematicObj*)pThematicObj;
        MSRangeSymbolObj* pRangeSymbolObj = pGraduateThematicObj->GetRangeSymbol(nNumber);
        pSymbol = pRangeSymbolObj->GetSymbol();//获取到鼠标点击的单一符号
        MSSymbolObj* pNewSymbol = CreateNewSymbolObj(pSymbol); //临时新建Symbol,如果没用则删除
        CMHMapDlgSymbolShow dlgSS;
        if (dlgSS.ShowSymbolDialogMode() == IDOK)
        {
            pRangeSymbolObj->SetSymbol(dlgSS.GetSymbolObj());//采用当前符号
            UpdateMHMapView();
        }
        else
            //没有按下确定键,则删除临时的符号并返回,代码见上,略
    }
}
```

19.2　对话框生成与初始化

除19.1中介绍的当用户在TOA控件上鼠标左击矢量图层的渲染图标会弹出本模块的对话框外,在第18章模块 MHMapDlgProp 的简单渲染模式对话框上点击简单渲染模式按钮(参见图18-1),或在种类渲染模式及范围渲染模式的表格控件上双击对应的 CListBox 时(参见图18-2及图18-3),均会弹出本模块的符号选择对话框,具体的解释如图19-1所示。

图19-1中,左侧为模块 MHMapTree 的树视图,通过鼠标左键单击矢量图标即可激活

本模块对话框;中间为矢量图层为简单渲染模式时弹出的图层属性对话框(可参见第18章),当鼠标点击此时图中的简单渲染模式符号时,也会激活本模块的符号选择/配置对话框;右侧为矢量图层是范围渐变模式时的图层属性对话框,当在右下侧的CListBox中鼠标双击时,同样会弹出本模块的符号配置对话框。

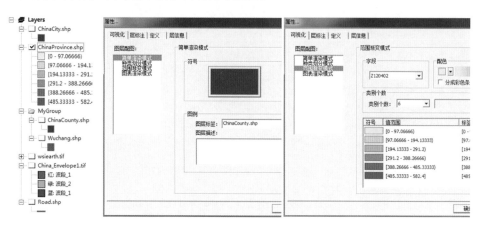

图 19-1 外部激活本模块对话框的几种途径

其中,图19-1左侧的树视图上激活本模块的代码非常简单,此处略。图19-1中间按钮按下时对应的代码为:

```
void CMHMapDlgPage2FeaSimple::OnBnClickedButtonSymbol()
{
    CreateNewSimpleThematic(false); //临时构造简单渲染模式,生成下面的m_pTmpSimpleThematicObj
    MSSymbolObj* pSymbolObj = m_pTmpSimpleThematicObj->GetSymbolObj();//简单渲染模式内的符号
    CMHMapDlgSymbolShow dlgSS;
    dlgSS.SetFrmViewDocMapPtrs(m_pMHMapFrm, m_pMHMapView, m_pMHMapDoc, m_pMapObj, m_pLayerObj,
pSymbolObj); //将上边的简单渲染模式内的符号传递给本模块,本模块读出对应样式并反映在OnInitDialog()
函数中
    if(dlgSS.ShowSymbolDialogMode() == IDOK)
        UpdateButtonBitmap();//取出新的符号,更新图19-1上中间图片上的按钮图标
}
```

上述代码为简单渲染模式对话框上点击对应的渲染样本按钮时的代码,当用户按下确定按钮后,从用户配置的新的简单符号内取出符号信息进行按钮图标更新。

当用户在种类渲染模式或范围渲染模式对话框的列表上对构成该模式的某个符号进行双击时(对应于图19-1的右侧界面),同样会弹出本模块的对话框,所对应的代码如下:

```
void CMHMapDlgPage2FeaCategory::OnNMDblclkListCategorythematic(NMHDR *pNMHDR, LRESULT *pResult)
{
    LPNMITEMACTIVATE pNMItemActivate = reinterpret_cast<LPNMITEMACTIVATE>(pNMHDR);
    int nItem = pNMItemActivate->iItem;
    if(nItem < 0 || nItem >= m_lstCategoryThematic.GetItemCount())return;
    CString str = m_lstCategoryThematic.GetItemText(nItem, 1);
    int nInitialNum = nItem;
    MSValueSymbolObj* pValueSymbolObj = m_pTmpCategoryThematicObj->GetValueSymbol(nInitialNum);
    MSSymbolObj* pSymbolObj = pValueSymbolObj->GetSymbol();//用户双击位置的符号指针
```

```
MSSimpleThematicObj* pTmpSimpleThematicObj = NULL;
CMHMapDlgPage2FeaSimple dlgP2P1(pTmpSimpleThematicObj); //临时构造一个简单主题,如果不用则删除
MSSymbolObj* pNewSymbol = dlgP2P1.CreateNewSymbolObj(pSymbolObj);
CMHMapDlgSymbolShow dlgSS;
dlgSS.SetFrmViewDocMapPtrs(m_pMHMapFrm, m_pMHMapView, m_pMHMapDoc, m_pMapObj, m_pLayerObj,
pNewSymbol); //将构造的符号指针传递到本模块中
    if(dlgSS.ShowSymbolDialogMode() == IDOK)
        //更新新的图标(图片),略
    *pResult = 0;
}
```

即本模块的主要功能是由外部传入一个符号(信息),模块通过对话框的形式将该信息进行展现;进一步地,用户通过本对话框进行符号信息更改/配置,并可通过函数 GetSymbol() 将新的信息返回。

对应地,对话框的初始化过程由函数 OnInitDialog() 负责完成,并当用户按下确定按钮后,需要调用函数 UpdateSymbolInfo() 进行信息更新。由于这2个函数在点、线、面符号时有不同的代码,对应的代码与解释将在下述几节中进行介绍。

19.3　点符号定义及其参数

当选定图层的类型为点类型时,需要弹出点选择类型用于用户配置,如图 19-2 所示。图 19-2 中左侧为一个列表框,其内容一般为符号库内容,可以根据用户的喜好或特定需求增加一些常用符号的配置,用户在选择符号库中的符号时,右侧信息直接显示选定符号的信息,同时根据用户的需要在此基础上进行进一步的配置。针对符号库的建设内容,一般采用文件/数据库的方式对特定的符号类型进行组织/管理,其中记录了该符号的配置信息,可以采用 XML(开放)或二进制(不开放)等方式进行存储,本文中略。

当按 19.1 或 18.2 中的过程激活图 19-2 所示的对话框时,需要调用模块 MHMapDlgSymbol

图19-2　模块 MHMapDlgSymbol 中针对点符号的对话框显示界面

的主体功能实现类CMHMapDlgSymbolSelect的OnInitDialog(),以实现对应对话框的初始化工作,其中针对点符号的代码如下:

```
BOOL CMHMapDlgSymbolSelect::OnInitDialog()
{
    CDialog::OnInitDialog();
    m_spinEdgeWidth.SetRange(0, 20);
    m_btnFillColor.EnableAutomaticButton("无充填颜色", RGB(240, 240, 240));
    m_btnFillColor.SetColor((COLORREF)-1);
    m_btnEdgeColor.EnableAutomaticButton("无边线颜色", RGB(240, 240, 240));
    m_btnEdgeColor.SetColor((COLORREF)-1);
    m_spinAngle.SetRange(0, 359);
    m_sldTransparent.SetRange(0, 255);
    m_spinPointParameterWidth.SetRange(0, 20);
    m_cmbPointType.InsertString(0, "不渲染");
    //增加其他:"圆点""三角形""正方形""菱形""十字形""五边形""六边形""五角形""长城"
    m_cmbPointType.SetCurSel(0);
    MSSymbolType type = m_pSymbolObj->GetSymbolType();
    if(type >= MS_SIMPLE_MARKER_SYMBOL && type <MS_SIMPLE_LINE_SYMBOL) //判断Symbol的类型为点
    {
        MSMarkerSymbolBaseObj* pMarkerSymbolBaseObj = (MSMarkerSymbolBaseObj*)m_pSymbolObj;
        m_nAngle = pMarkerSymbolBaseObj->GetAngle();//角度
        MSColor colorFill = pMarkerSymbolBaseObj->GetFillColor();//填充颜色
        m_btnFillColor.SetColor(RGB(colorFill._colorR, colorFill._colorG, colorFill._colorB));
        if(colorFill._colorA == 0)
            m_btnFillColor.SetColor((COLORREF)-1);
        MSColor colorLine = pMarkerSymbolBaseObj->GetEdgeColor();//边线颜色
        m_btnEdgeColor.SetColor(RGB(colorLine._colorR, colorLine._colorG, colorLine._colorB));
        m_sldTransparent.SetPos(255 - colorFill._colorA);
        m_cmbPointType.SetCurSel(1);
        if(type == MS_SIMPLE_MARKER_SYMBOL)
        {
            MSSimpleMarkerSymbolObj* pSimpleMarker = (MSSimpleMarkerSymbolObj*)pMarkerSymbolBaseObj;
            m_fEdgeWidth = pSimpleMarker->GetEdgeLineWidth();//边线粗细
            MSMarkerType nType = pSimpleMarker->GetMarkerType();//符号类型
            switch (nType)
            {
            case MS_MARKER_NULL:
                m_cmbPointType.SetCurSel(0);
                break;
            //其他类型,更新对话框信息,略
            }
        }
        m_fPointParameterWidth = pMarkerSymbolBaseObj->GetSize();
    }
    UpdateData(FALSE); //更新对话框
    return TRUE;
}
```

上述代码展示了点类型符号对话框的初始化代码,简单地说,上述代码的功能就是将外部传入的点符号指针中的信息读取出来并展现到对话框上的过程。

类似地,当用户进行各参数的配置后,需要统一调用函数UpdateSymbolInfo(),该函数的主要功能是将对话框中的参数设置写回到各变量中,相应的代码是上述OnInitDialog()的逆过程,此处略。

另外,当用户调整了对话框中的信息后,会在图19-2的右上角进行新的符号样式更新,对应的代码是通过OnPaint()进行实现的:

```
void CMHMapDlgSymbolSelect::OnPaint()
{
    CWnd* pSymbolPic = GetDlgItem(IDC_STATIC_SYMBOLPIC); //图19-2右上角显示符号的窗口
    if (m_nBitmapWidth == 0)
    {
        CRect rect;
        pSymbolPic->GetWindowRect(&rect);
        m_nBitmapWidth = rect.Width()-2; //得到该图片显示框的宽与高
        m_nBitmapHeight = rect.Height()-2;
    }
    CDC* pDC = pSymbolPic->GetDC();
    if(!m_pSymbolPicBitmap)
    {
        m_pSymbolPicBitmap = new CBitmap; //新建位图指针,并生成对应DC兼容的位图
        m_pSymbolPicBitmap->CreateCompatibleBitmap(pDC,m_nBitmapWidth,m_nBitmapHeight);
    }
    BOOL bSuc = UpdateBitmap();//调用函数进行位图更新
    CDC pMemDC; //双缓存机制
    pMemDC.CreateCompatibleDC(pDC);
    CBitmap* pOldBitmap = pMemDC.SelectObject(m_pSymbolPicBitmap);
    pDC->BitBlt(0,0,m_nBitmapWidth,m_nBitmapHeight,&pMemDC,0,0,SRCCOPY); //位图复制
    pMemDC.SelectObject(pOldBitmap);
    pMemDC.DeleteDC();
}
```

上述函数产生一个大小与图19-2的右上角窗口一致的位图,再产生一个与此窗口DC相兼容的内存DC并选择新建的位图,调用函数UpdateBitmap()进行位图更新,最后将内存DC中的位图平铺到对应的窗口中。其中位图更新函数UpdateBitmap()的代码为:

```
BOOL                    CMHMapDlgSymbolSelect::UpdateBitmap()
{
    BITMAP bitmap;
    m_pSymbolPicBitmap->GetBitmap(&bitmap); //获取图片信息
    CMHMapRenderGDIPlus oMapRenderGDIPlus; //模块MHMapRender的临时对象
    int nSize = bitmap.bmWidth * bitmap.bmHeight * sizeof(UINT);
    unsigned char* pResult = new unsigned char[nSize];
    int    nSuc    =    oMapRenderGDIPlus.RenderTreeIcon(bitmap.bmWidth,bitmap.bmHeight,m_pSymbolObj,
pResult);
    m_pSymbolPicBitmap->SetBitmapBits(nSize,pResult); //将新的位图内存复制给了类内变量位图,完成绘图
    delete pResult;
    return TRUE;
}
```

　　上述代码的实现原理是调用模块MHMapRender中的相应功能进行符号的绘制,具体的实现过程是采用GDI+进行画布的符号绘制,该过程类似于模块MHMapRender的其他绘图过程,详见第6章。

19.4　线符号定义及其参数

　　线符号对话框的弹出过程与19.3中的点符号对话框过程类似,区别主要体现在对应的对话框初始过程函数OnInitDialog(),对应的窗口界面如图19-3所示。从图中来看,线符号比点符号缺少了一些配置的信息,因此实际上较点符号更简单。

图19-3　模块 MHMapDlgSymbol 中针对线符号的对话框显示界面

图19-3所示对话框中针对线符号的初始化代码为:

```
BOOL CMHMapDlgSymbolSelect::OnInitDialog()
{
    //其他初始化代码,略
    if(type >= MS_SIMPLE_LINE_SYMBOL && type <MS_SIMPLE_FILL_SYMBOL) //读取信息并反映到图19-3上
    {
        MSLineSymbolBaseObj* pLineSymbolBaseObj = (MSLineSymbolBaseObj*)m_pSymbolObj;
        MSColor colorFill = pLineSymbolBaseObj->GetColor();//颜色
        m_btnFillColor.SetColor(RGB(colorFill._colorR,colorFill._colorG,colorFill._colorB));
        m_sldTransparent.SetPos(255 - colorFill._colorA); //透明度
        m_fEdgeWidth = pLineSymbolBaseObj->GetWidth();//线宽
    }
    UpdateData(FALSE); //更新对话框
    return TRUE;
}
```

　　与点符号对话框的初始化函数类似,线符号对话框的初始化函数的主要功能是分析传入的线符号指针并读取出所有参数,再将这些参数反馈(更新)到对话框上的过程。函

数 UpdateSymbolInfo()的功能是将对话框中的参数设置写回到各变量中,对应的代码与
19.3 中的对应函数功能类似,此处略。

19.5　面符号定义及其参数

面符号对话框的弹出过程与 19.3 中的点符号对话框过程类似,区别主要体现在对应
的对话框初始过程函数 OnInitDialog(),对应的窗口界面如图 19-4 所示。

图 19-4　模块 MHMapDlgSymbol 中针对面符号的对话框显示界面

图 19-4 所示对话框中针对面符号的初始化代码为:

```
BOOL CMHMapDlgSymbolSelect::OnInitDialog()
{
    //其他初始化代码,略
    if(type >= MS_SIMPLE_FILL_SYMBOL && type < MS_SIMPLE_TEXT_SYMBOL)  //读取信息并反映到图19-4上
    {
        MSFillSymbolBaseObj* pFillSymbolBaseObj = (MSFillSymbolBaseObj*)m_pSymbolObj;
        MSColor colorFill = pFillSymbolBaseObj->GetFillColor();//填充色
        m_btnFillColor.SetColor(RGB(colorFill._colorR,colorFill._colorG,colorFill._colorB));
        m_sldTransparent.SetPos(255-colorFill._colorA);  //透明度
        MSSymbolObj* pOutlineSymbolObj = pFillSymbolBaseObj->GetOutlineSymbol();//外边线
        if (pOutlineSymbolObj)  //可能有外边线,也可能没有
        {
            MSLineSymbolBaseObj* pLineSymbolBaseObj = (MSLineSymbolBaseObj*)pOutlineSymbolObj;
            m_fEdgeWidth = pLineSymbolBaseObj->GetWidth();//外边线宽
            MSColor colorLine = pLineSymbolBaseObj->GetColor();//外边线色
            m_btnEdgeColor.SetColor(RGB(colorLine._colorR,colorLine._colorG,colorLine._colorB));
            if(colorLine._colorA == 0)
                m_btnEdgeColor.SetColor((COLORREF)-1);
        }
```

```
    }
    UpdateData(FALSE); //更新对话框
    return TRUE;
}
```

与点符号对话框的初始化函数类似,面符号对话框的初始化函数的主要功能是分析传入的面符号指针并读取出所有参数,再将这些参数反馈(更新)到对话框上的过程。函数 UpdateSymbolInfo()的功能是将对话框中的参数设置写回到各变量中,对应的代码与19.3中的对应函数功能类似,此处略。

19.6 小 结

本章针对地图中矢量图层的符号配置模块进行了介绍,该模块主要是以对话框的方式将地图中的矢量图层符号(定义在模块 MHMapDef 中)进行对话框方式展现,同时也提供通过交互式信息更改模块 MHMapDef 中的信息,并进而达到更改矢量图层渲染符号的目的。

本模块中的代码也主要是针对对话框的一系列操作,目的是实现 MHMapDef 中定义的矢量图层符号信息的展现与更改操作,涉及的用户交互性代码功能较多,但代码难度不大。本模块在设计模式上同第18章模块 MHMapDlgProp 类似:将所有对话框资源均封装于本模块内部,在调用本模块时通过外部其他模块将信息传入本模块(主要是指地图定义模块 MHMapDef),而本模块内部再将交互式操作后新的信息写回模块 MHMapDef,最后通过地图视图模块 MHMapView 的更新来完成矢量图层符号配置。

本章主要介绍了针对矢量符号中的点、线、面的对话框显示与配置功能,根据实际需要还可以进行符号库方面的功能扩展,其原理就是将用户常用的或专业的符号配置好,并在图19-2、图19-3、图19-4等左侧的符号库中显示并供用户选择与应用。

第 20 章

地图查询对话框模块 MHMapDlgQuery 的实现

地图查询对话框模块 MHMapDlgQuery 的主要功能是实现地图矢量图层的查询功能,主要表现为矢量要素的空间查询及属性查询,以对话框窗口的形式对用户进行展现。其中空间查询一般以非模式对话框的方式进行体现,而属性查询则根据不同的调用模式表现为模式对话框或非模式对话框。实际上,地图查询对话框模块的主要功能为通过对话框构造用户需要查询要素的界面,而具体的矢量要素查询功能则是由模块 MHMapRender负责实现。模块间的信息交换通过模块 MHMapView 进行实现,查询结果根据用户设定的规则而体现在矢量数据选择集中。

20.1 查询对话框与实现过程

如前文所述,空间查询过程主要以非模式对话框的方式进行体现,这种方式有利于用户的各种操作,如在查询过程中增加图层、调整图层顺序等。当然,伴随着这些在非模式对话框中可能的操作,也需要程序实现者随时对非模式对话框进行信息更新。例如,在模式对话框出现后,用户删除了某个图层,此时必须对非模式对话框进行更新,否则就会在后期查询过程中出错。更新过程将由类中函数 UpdateLayerInfo() 负责实现。

属性查询过程则根据不同的需求与调用模式表现为模式对话框或非模式对话框。其中大多数调用以非模式对话框的方式进行,类似于空间查询对话框,由函数 UpdateLayerInfo()负责非模式对话框的信息更新。少数情况以模式对话框的形式进行展现,如当图层显示要素进行限制定义(即制定该图层的要素查询规则,Layer Definition)时。

地图查询对话框模块的主体功能实现类 CMHMapQueryShow 的类声明为:

```
class __declspec(dllexport) CMHMapDlgQueryShow
{
    INT_PTR    ShowAttrQueryMode(CString strWindowText); //属性查询,模式对话框
    void ShowAttrQueryModeless(BOOL bHideSelectMethod = FALSE, BOOL bHideSelectLayer = TRUE);
    void CloseAttrQueryModeless();//关闭属性查询非模式对话框
    CString    GetAttrQueryCString();//从属性对话框中取出用户设定的查询字符串
    void ShowSpatialQueryModeless();//空间查询,非模式对话框
```

```
        void CloseSpatialQueryModeless();//关闭空间查询非模式对话框
        void UpdateLayerInfo(bool bUpdateAll = false); //从外部调用更新非模式对话框中的参数
};
```

其他模块可以通过调用上述类声明中的函数实现模式/非模式对话框的展现与信息更新等。其中,属性查询模式对话框的实现方式与第19章的类似,即通过加载本模块内部的资源,再调用对象的DoModal()函数实现模式对话框的弹出展现,对应的代码如下:

```
INT_PTR CMHMapDlgQueryShow::ShowAttrQueryMode(CString strWindowText)
{
    AFX_MANAGE_STATE(AfxGetStaticModuleState());//使用本模块内部资源
    CMHMapDlgQueryByAttribute dlgAQ(TRUE, TRUE);
    dlgAQ.SetFrmViewDocMapPtrs(m_pMHMapFrm, m_pMHMapView, m_pMHMapDoc, m_pMapObj, m_pLayerObj);
    dlgAQ.SetQuery(strWindowText); //由外部传入已经构造好的查询字符串,显示到对话框上
    INT_PTR nReturn = dlgAQ.DoModal();
    if(nReturn == IDOK)
        m_strQuery = dlgAQ.GetQuery();//模式对话框上按下确定键,更新类内查询结果变量
    return nReturn;
}
```

上述代码展现了模块内属性查询模式对话框的过程,对应地,其非模式对话框的实现过程如下:首先在类内声明对应非模式对话框的指针 m_pDlgAttrQuery,并在其构造函数内初始化为NULL,当需要弹出非模式对话框时,对该指针在堆(Heap)上进行new操作,并调用对话框的Create()函数生成对话框,在显示与隐藏时分别调用ShowWindow()即可。对应的代码如下:

```
void     CMHMapDlgQueryShow::ShowAttrQueryModeless(BOOL bHideSelectMethod, BOOL bHideSelectLayer)
{
    AFX_MANAGE_STATE(AfxGetStaticModuleState());//使用本模块内部资源
    if (!m_pDlgAttrQuery) //初始化并创建
    {
        m_pDlgAttrQuery = new CMHMapDlgQueryByAttribute(bHideSelectMethod, bHideSelectLayer);
        CMHMapDlgQueryByAttribute* pDlgQueryByAttr = (CMHMapDlgQueryByAttribute*)m_pDlgAttrQuery;
        pDlgQueryByAttr->Create(IDD_DLG_QUERYBYATTRIBUTE);
    }
    CMHMapDlgQueryByAttribute* pDlgQueryByAttr = (CMHMapDlgQueryByAttribute*)m_pDlgAttrQuery;
    pDlgQueryByAttr->ShowWindow(SW_SHOW); //显示非模式对话框
}
```

也就是说,非模式对话框的构建方法与模式对话框的不同,模式对话框的实现过程是将对话框类声明一个对象,并调用该对象的DoModal()函数即可弹出对话框,关闭之后对象内存会自动释放。而非模式对话框需要先构造一个类指针,在需要弹出时new出该类并调用对话框的Create()函数进行创建,再调用其ShowWindow()函数进行对话框展现。当需要从外部关闭非模式对话框时(如新建一个地图时),需要调用下述CloseAttrQueryModeless()函数进行实现:

```
void     CMHMapDlgQueryShow::CloseAttrQueryModeless()
```

```
{
    CMHMapDlgQueryByAttribute* pDlgQueryByAttr = (CMHMapDlgQueryByAttribute*)m_pDlgAttrQuery;
    if (pDlgQueryByAttr)
        pDlgQueryByAttr->ShowWindow(SW_HIDE); //实际上，仅是隐藏
}
```

由于是非模式对话框,当外部一些条件更改并需要从外部对对话框进行信息更新时,
则需要调用下述 UpdateLayerInfo()函数进行实现:

```
void    CMHMapDlgQueryShow::UpdateLayerInfo(bool bUpdateAll/* = false*/)
{
    if (m_pDlgAttrQuery)
    {
        CMHMapDlgQueryByAttribute* pDlgQueryByAttr = (CMHMapDlgQueryByAttribute*)m_pDlgAttrQuery;
        pDlgQueryByAttr->UpdateLayerInfo(bUpdateAll);
    }
    //空间查询的非模式对话框的信息更新,与上述属性查询的非模式对话框信息更新过程类似,略
}
```

也就是说,实现类似于上述的 UpdateLayerInfo()函数,需要实现非模式对话框的往返
信息交换与更新的过程:从更改全局指针(如 MSMapObj*)所对应的变量进行外部信息更
新,并设置外部可以调用的更新对话框的信息函数(如上述 UpdateLayerInfo())实现对话
框信息随外部条件更改而进行更新。

最后,类的析构函数需要实现非模式对话框指针的内存释放,代码类似如下:

```
CMHMapDlgQueryShow::~CMHMapDlgQueryShow(void)
{
    if (m_pDlgAttrQuery)
    {
        CMHMapDlgQueryByAttribute* pDlgAttrQuery = (CMHMapDlgQueryByAttribute*)m_pDlgAttrQuery;
        pDlgAttrQuery->DestroyWindow();
        delete (CMHMapDlgQueryByAttribute*)m_pDlgAttrQuery;
        m_pDlgAttrQuery = NULL;
    }
    //空间查询的非模式对话框的销毁,与上述属性查询的非模式对话框销毁过程类似,略
}
```

通过上述几个函数就实现了主体功能实现类 CMHMapDlgQueryShow 中模式、非模
式对话框的生成、显示、信息更新与销毁过程。

20.2 空 间 查 询

空间查询主要是针对当前地图中存在的图层间的空间关系进行的要素选择过程,是
"图层"与"图层"间的分析。图 20-1 示意了空间查询的显示界面。

空间查询对话框仅以非模式对话框的形式进行展现,需要实现的功能一方面包括非
模式对话框展现时的初始化函数 OnInitDialog()及相关的对话框控件更改代码,另一方面
则是对话框上点击"应用"按钮后具体的空间查询功能。其中对话框初始化代码如下:

图 20-1   模块中空间查询显示界面

```
BOOL CMHMapDlgQueryBySpatial::OnInitDialog()
{
    m_cmbSelectMethod.InsertString(0, "从以下图层中选择");//展示了选择结果的几种处理方式
    m_cmbSelectMethod.InsertString(1, "加到当前选择集");
    m_cmbSelectMethod.InsertString(2, "从选择集删除");
    m_cmbSelectMethod.InsertString(3, "从选择集中选择");
    m_cmbSelectMethod.SetCurSel(0);
    m_cmbSpatialQueryMethod.InsertString(0, "与源图层相交");//展示了空间查询的几种方法
    m_cmbSpatialQueryMethod.InsertString(1, "位于源图层一定范围内");
    m_cmbSpatialQueryMethod.InsertString(2, "包含源图层要素");
    m_cmbSpatialQueryMethod.InsertString(3, "包含于源图层要素");
    m_cmbSpatialQueryMethod.InsertString(4, "等于源图层要素");
    m_cmbSpatialQueryMethod.InsertString(5, "与源图层要素范围相接");
    m_cmbSpatialQueryMethod.InsertString(6, "与源图层要素有共同的边");
    m_cmbSpatialQueryMethod.InsertString(7, "被源图层要素边线穿过");
    m_cmbSpatialQueryMethod.SetCurSel(0);
    m_edtDistance.SetWindowText("4.0000000");//是否应用距离选项
    m_cmbUnit.InsertString(0, "与屏幕单位相同");//单位,再加上常用的度、米、公里……略
    m_cmbUnit.SetCurSel(0);
    UpdateLayerInfo(true); //层信息读取并更新ListBox
    return TRUE;
}
```

这里代码的功能是实现对话框中各控件参数的初始化。其中函数 UpdateLayerInfo()的功能是进行层信息的读取并更新其中的 ListBox 控件,其代码类似如下:

```
void    CMHMapDlgQueryBySpatial::UpdateLayerInfo(bool bUpdateAll) //可由外部模块调用,是否完全更
新对话框
{
```

```
if (bUpdateAll) //如果此选项为true,则重新遍历所有图层,防止期间有图层更改、删除等操作
{
    vector<MSLayerObj*> vSelLayers; //记录原来ListBox上的选择信息,可多选
    for (int j = 0; j < m_lstTargetLayers.GetCount(); j++)
    {
        if (m_lstTargetLayers.GetSel(j) > 0)
            vSelLayers.push_back(m_vAllVectorMSLayerObj.at(j));
    }
    m_lstTargetLayers.ResetContent();//重叠
    int nNum = 0;
    m_sAllVectorLayerNames.clear();
    m_vAllVectorMSLayerObj.clear();
    MSLayerObj* pLayer = m_pMapObj->GetFirstValidFeatureLayer();
    while (pLayer) //遍历所有有效矢量图层
    {
        string sName = pLayer->GetName();
        m_sAllVectorLayerNames.push_back(sName);
        m_vAllVectorMSLayerObj.push_back(pLayer);
        m_lstTargetLayers.InsertString(nNum++, sName.c_str());
        pLayer = m_pMapObj->GetNextValidFeatureLayer();
    }
    for (int j = 0; j < vSelLayers.size(); j++)//恢复原来List上的图层选择信息
    {
        vector<MSLayerObj *>::iterator it = find(m_vAllVectorMSLayerObj.begin(),
                         m_vAllVectorMSLayerObj.end(), vSelLayers.at(j));
        if (it != m_vAllVectorMSLayerObj.end())
            m_lstTargetLayers.SetSel(it - m_vAllVectorMSLayerObj.begin());
    }
    OnLbnSelchangeListLayers();//记录/恢复原来ComboBox上的选择信息
}
UpdateDialogShowInfo();//更新对话框的显示信息
}
```

上述代码中,如果参数bUpdateAll为true,就需要重叠此对话框的所有信息,此时需要首先记录上一状态ListBox的选择状态,并对当前有效图层进行遍历,最后对选择状态进行恢复,选择状态采用动态数组vSelLayers记录各图层的指针。上述代码中,在恢复了ListBox的选择状态后,还需要调用函数OnLbnSelchangeListLayers()实现ComboBox的信息更新,其代码如下:

```
void CMHMapDlgQueryBySpatial::OnLbnSelchangeListLayers()
{
    int nOldSel = m_cmbSourceLayer.GetCurSel();
    CString strSel;          //先记录原来的选择的矢量图层名
    if (nOldSel >= 0)
        m_cmbSourceLayer.GetLBText(nOldSel, strSel);
    m_cmbSourceLayer.ResetContent();
    int nNum = 0;
    for (int j = 0; j < m_lstTargetLayers.GetCount(); j++)
    {
        if (m_lstTargetLayers.GetSel(j) <= 0) //如果ListBox中的当前记录没有被选择,可以加入ComboBox中
```

```
    {
        CString str;
        m_lstTargetLayers.GetText(j, str);
        m_cmbSourceLayer.InsertString(nNum, str);
        if (str == strSel) //如果是原来选中的,继续选中
            m_cmbSourceLayer.SetCurSel(nNum);
        if (m_cmbSourceLayer.GetCurSel() <0 && m_cmbSourceLayer.GetCount() > 0) //原来没选,选第
1个
            m_cmbSourceLayer.SetCurSel(0);
        nNum++;
    }
  }
}
```

　　与 ListBox 类似,ComboBox 的信息也首先需要记录原来选择的图层,然后根据 ListBox 中的选择状态再更新 ComboBox 中的选项(即如果 ListBox 中处于选择状态,则 ComboBox 中将不再出现,也不可选),最后恢复记录的状态。

　　函数 UpdateLayerInfo()中还有一个函数 UpdateDialogShowInfo(),其功能是更新对话框上的选择状态信息,如图 20-1 的对话框中,指示了有多少个要素处于选择状态,该功能即由下面函数进行实现,其代码为:

```
void      CMHMapDlgQueryBySpatial::UpdateDialogShowInfo()
{
    int nSel = m_cmbSourceLayer.GetCurSel();
    MSLayerObj* pSourceLayer = m_vAllVectorMSLayerObj.at(nSel);
    CMHMapView* pMHMapView = (CMHMapView*)m_pMHMapView;
    int nSelCount = pMHMapView->GetSelectedFeaturesCount(pSourceLayer); //调用模块MHMapView获取选中个
数
    char tmp[255];
    itoa(nSelCount, tmp, 10);
    str = CString(tmp) + "个要素被选择";
    m_staSelInfo.SetWindowText(str); //更新信息
}
```

　　也就是说,该函数的功能实现实际上是调用主视图模块 MHMapView 中的相关功能函数。

　　最后,当用户点击了"应用"按钮,需要将界面上设定的一系列参数传递给最终的模块 MHMapRender 进行空间查询功能的实现(见第 6 章),其功能的转交是通过模块 MHMapView 来实现的,即将空间查询窗口中设定的参数打包成字符串形式,再作为 SendMessage()的参数发送给主视图模块,主视图模块中再解析相应的参数调用模块 MHMapRender,完成功能的转交。按钮"应用"所对应的代码为:

```
void CMHMapDlgQueryBySpatial::OnBnClickedApply()
{
    CMHMapView* pMHMapView = (CMHMapView*)m_pMHMapView;
    //对话框各种设定信息更新,构造下面字符串,略
    string sParams = sSourceLayerIndex + ";" + sTargetLayerIndex + ";" + string(tmpRMType) + ";"
+ string(tmpSQType) + ";" + string(strDistance) + ";" + string(tmp);
```

```
    string *wparam = new string(sParams); //new出一个新字符串,并把其地址作为参数传递给主视图模块
    pMHMapView->SendMessage(ID_MSG_QUERYBYSPATIAL_FROM_MHMAPDLGATTRQUERY, (DWORD)wparam, NULL);
    delete (string*)wparam; //释放内存
}
```

上述代码中,设定如下规则:各参数间以分号进行间隔,而目标图层之间采用逗号进行分隔,各图层采用字符串的形式进行表达。在作为参数前,new出一个新的字符串,并以新字符的指针位置作为参数(DWORD类型),采用这种方式,原则上说有多少参数都可以传递出去,传递出去之后再释放new出的字符串内存。

对应地,模块 MHMapView 中有上述消息 ID_MSG_QUERYBYSPATIAL_FROM_ MHMAPDLGATTRQUERY 的响应代码,对应的消息映射为:

```
BEGIN_MESSAGE_MAP(CMHMapView, CMHMapViewBase)
    ON_MESSAGE(ID_MSG_QUERYBYATTRIBUTE_FROM_MHMAPDLGATTRQUERY,QueryByAttribute) //属性查询
    ON_MESSAGE(ID_MSG_QUERYBYSPATIAL_FROM_MHMAPDLGATTRQUERY, QueryBySpatial) //空间查询
END_MESSAGE_MAP()
```

基于对应的消息映射,该消息的响应函数为QueryBySpatial(),其对应的代码为:

```
LRESULT  CMHMapView::QueryBySpatial(WPARAM wparam/* = NULL*/, LPARAM lparam/* = NULL*/)
{
    string * sParams = (string*)wparam; //实际上就是前文所构造的一个较长的字符串
    //从字符串中分离出对应的一系列参数,略,格式同上
    CMHMapRenderGDIPlus* pMapRenderGDIPlus = (CMHMapRenderGDIPlus*)m_MapRenderGDIPlus;
    pMapRenderGDIPlus->QueryBySpatial(sSourceLayerIndex,  sTargetLayerIndex, (MSQueryResultMethodType)
nRMType, (MSQuerySpatialQueryType)nSQType, dDistance, bUseSelectedFeature); //这些参数均分离自字符串
    UpdateMHMapViewAndAttr();//更新主视图及属性表视图
    return nSuc;
}
```

而其中函数 QueryBySpatial()的实现原理与方法均位于第6章,可参见6.4.3的第7)部分。

20.3 属 性 查 询

属性查询同空间查询类似,也同样主要采用对话框的形式进行功能展现,图20-2示意了属性查询的显示界面。与空间查询不同的是,属性查询可以有3种不同的调用方式,即3个调用入口,而不同的入口在界面上的展现也略有不同。

图20-2为从外部调用的界面效果,顶端允许用户选择属性查询的图层,允许用户定制属性查询后查询结果的处理方式。图20-3则是在属性表工具栏最左侧按钮点击时弹出的属性查询界面,相对于图20-2的界面来说,缺少了其最上侧的选择图层功能,这是因为当从某矢量图层的属性表上激活属性查询时,此时默认的就是针对该矢量图层进行查询,不需要针对其他图层的查询操作。图20-4示意了对矢量图层要素进行限制显示定义的界面,该界面是从矢量图层的属性对话框(模式对话框)中设定针对该图层要素显示限制的定义而弹出的,既不需要用户指定图层(就是属性页所对应的矢量图层),也不需要用户指定查询后的结果处理方法,因此相对于图20-2来说,缺少了顶部的2行用户设定参数,且为模式对话框弹出方式。

图20-2 模块中属性查询显示界面

图20-3 属性表工具栏中针对该图层属性查询的界面

鉴于以上属性查询对话框及其可能的几种界面显示方式,构造了本对话框的构造函数,具体如下:

```
CMHMapDlgQueryByAttribute(BOOL bHideSelectMethod, BOOL bHideSelectLayer, CWnd* pParent = NULL);
```

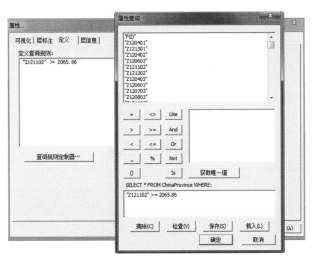

图20-4　图层要素显示限制定义中查询规则定制器按钮所对应的属性查询界面

也就是说,在弹出属性查询对话框时,需要指定是否隐藏选择方法一行(参数 bHideSelectMethod)以及是否需要隐藏选择图层一行(参数 bHideSelectLayer)。进一步地,在构造函数中通过某参数记住用户的设定后,就需要在对话框的初始化时根据这些设定参数进行对应界面显示/隐藏的设定了。

对应的对话框初始化函数OnInitDialog()的主要代码如下:

```
BOOL CMHMapDlgQueryByAttribute::OnInitDialog()
{
    if (m_bHideSelectMethod && m_bHideSelectLayer) //全隐藏时的界面安排
        //隐藏图20-2顶部2行控件,移动ListBox控件向上填充所有顶部,底部按钮改为"确定"与"取消"
    else if (m_bHideSelectMethod || m_bHideSelectLayer) //隐藏一行时的界面安排
        //隐藏图20-2顶部对应1行控件,移动ListBox控件向上填充该行,底部按钮改为"应用"与"关闭"
    if (!m_bHideSelectLayer)
        UpdateLayerInfo(true); //更新图层信息
    m_cmbSelectMethod.InsertString(0, "生成新选择集");//设定选择处理方法
    m_cmbSelectMethod.InsertString(1, "加到当前选择集");
    m_cmbSelectMethod.InsertString(2, "从选择集删除");
    m_cmbSelectMethod.InsertString(3, "从选择集中选择");
    m_cmbSelectMethod.SetCurSel(0);
    OnChangeLayer();//读取设定图层的字段信息并更新到对话框上
    UpdateData(FALSE);
    return TRUE;
}
```

这里代码的功能是实现对话框中各控件参数的初始化。其中函数 UpdateLayerInfo()的功能是进行层信息的读取并更新其中的 ComboBox 控件,其代码同前文的空间查询部分有些类似,对应的代码如下:

```
void    CMHMapDlgQueryByAttribute::UpdateLayerInfo(bool bUpdateAll/* = false*/)
{
    if (bUpdateAll)
    {
```

```
            int nSel = m_cmbSelectLayer.GetCurSel();
            CString str;
            if (nSel >= 0) //记录更新前选择的矢量图层
                m_cmbSelectLayer.GetLBText(nSel, str);
            m_cmbSelectLayer.ResetContent();
            int nNum = 0;
            MSLayerObj* pLayer = m_pMapObj->GetFirstValidFeatureLayer();//遍历矢量图层
            while (pLayer)
            {
                MSLayerType type = pLayer->GetLayerType();
                string sName = pLayer->GetName();
                m_cmbSelectLayer.InsertString(nNum, sName.c_str());//更新图层
                if (sName == string(str)) //如果是原来选择的图层,则重新选择
                    m_cmbSelectLayer.SetCurSel(nNum);
                nNum++;
                pLayer = m_pMapObj->GetNextValidFeatureLayer();
            }
            if (m_cmbSelectLayer.GetCurSel() < 0 && m_cmbSelectLayer.GetCount() > 0)
            {
                m_cmbSelectLayer.SetCurSel(0); //如果原来没有选择,或原图层已经被删除,选第1图层
                OnCbnSelchangeComboSelectlayer();//ComboBox选定图层已更改,更新其字段
            }
        }
}
```

上述代码中,需要首先记录上一状态ComboBox的选择状态,并对当前有效图层进行遍历,最后对选择状态进行恢复。如果ComboBox的选择已更改,还需要调用函数OnCbnSelchangeComboSelectlayer()实现ComboBox选择更改后字段ListBox的信息更新,其代码如下:

```
void        CMHMapDlgQueryByAttribute::OnCbnSelchangeComboSelectlayer()
{
    int nCursel = m_cmbSelectLayer.GetCurSel();
    CString strLayerName;
    m_cmbSelectLayer.GetLBText(nCursel, strLayerName);
    string sLayerName(strLayerName);
    MSLayerObj* pLayer = m_pMapObj->GetFirstValidFeatureLayer();//遍历所有矢量图层
    while (pLayer)
    {
        string sName = pLayer->GetName();
        if (sName == sLayerName)
        {
            m_pLayerObj = pLayer; //功能主要是遍历图层找出已经设定图层并赋值给类内变量m_pLayerObj
            break;
        }
        pLayer = m_pMapObj->GetNextValidFeatureLayer();
    }
    OnChangeLayer();//调用函数实现类似于改变选择图层的功能
}
```

上述代码的主要功能是在通过 ComboBox 选择了新的矢量图层后,遍历找到该图层的指针并赋值给 m_pLayerObj,再基于此调用函数 OnChangeLayer() 实现图层改变的字段信息更新等功能。其代码为:

```
void        CMHMapDlgQueryByAttribute::OnChangeLayer()
{
    CMHMapGDAL mhGdal;
    mhGdal.SetFrmViewDocMapPtrs(m_pMHMapFrm, m_pMHMapView, m_pMHMapDoc, m_pMapObj);
    string sFields = mhGdal.GetFields(m_pLayerObj); //获取字段信息,以字符连接形式返回
    //对上述返回的字符串进行解析并逐一加入ListBox中,略
    str.Format("SELECT * FROM %s WHERE:", sQLast.c_str());
    GetDlgItem(IDC_STATIC_QUERYTITLE)->SetWindowText(str);
    GetDlgItem(IDC_STATIC_QUERYTITLE)->GetParent()->RedrawWindow();
}
```

上述函数的主要功能就是在用户选择不同图层时更新对应的字段等信息。

最后,当用户点击了"应用"按钮,同空间查询类似,需要将界面上设定的一系列参数传递给最终的模块 MHMapRender 进行属性查询(见第 6 章),由模块 MHMapView 负责进行功能转交,对应的代码为:

```
void CMHMapDlgQueryByAttribute::OnBnClickedOk()
{
    if (m_bHideSelectMethod)   //"确定"
        CDialog::OnOK();
    else                       //"应用"
    {
        string sLayerIndex = m_pMapObj->GetLayerString(m_pLayerObj);
        string sQuery = string(m_strQuery);
        MSQueryResultMethodType type = m_cmbSelectMethod.GetCurSel();
        sLayerIndex += ",";
        sLayerIndex += sQuery;
        string *wparam = new string(sLayerIndex); //构造的需要传输到模块MHMapView的字符串参数
        CMHMapView* pMHMapView = (CMHMapView*)m_pMHMapView;
        pMHMapView->SendMessage(ID_MSG_QUERYBYATTRIBUTE_FROM_MHMAPDLGATTRQUERY, (DWORD)wparam, (DWORD)type);
        delete (string*)wparam;
    }
}
```

上述代码的思路同前文的空间查询类似,都是先采用字符串将用户设定的参数信息构造成一个较大字符串,再通过函数 SendMessage() 向主视图模块 MHMapView 发送消息 ID_MSG_QUERYBYATTRIBUTE_FROM_MHMAPDLGATTRQUERY,其参数为构造的字符串。主视图模块中收到此消息进行函数响应(对应的消息映射参见 20.3),对应的函数实现为:

```
LRESULT  CMHMapView::QueryByAttribute(WPARAM wparam/* = NULL*/, LPARAM lparam/* = NULL*/)
{
    string * sMerge = (string*)wparam;
    //反射解析出字符串中的内容,略
    CMHMapRenderGDIPlus* pMapRenderGDIPlus = (CMHMapRenderGDIPlus*)m_MapRenderGDIPlus;
```

```
pMapRenderGDIPlus->QueryByAttribute(sLayerIndex,sQuery,RMType); //调用模块MHMapRender属性查询
UpdateMHMapViewAndAttr();//视图更新
return nSuc;
}
```

进一步地,模块MHMapRender针对属性查询的代码可参见6.4.3的第6)部分。

20.4　小　　结

本章针对地图矢量图层查询模块进行了介绍,该模块主要是以对话框的方式实现地图中的矢量图层要素信息的查询,并将查询结果以选择集的形式展现给用户。用户可以在查询之前设定查询结果的返回形式,如生成一个新的选择集、从选择集中删除、加入到当前选择集、从选择集中进行二次选择等。

从查询的实现角度来看,所有查询均是针对选定目标图层中的要素进行的,查询过程即是将满足查询条件的要素找出来,并根据用户设定的查询结果处理方式进行选择集处理。其中,空间查询主要是针对某些设定图层或图层内选中要素在一定空间范围有关目标图层内要素的查询过程,其底层的实现过程可以通过OGR的一系列空间查询函数进行;属性查询则是针对设定的查询条件,在目标图层中构造一个SQL语句,再采用OGR的执行SQL语句函数进行查询。

在此过程中,模块MHMapView负责实现查询结果的可视化与功能转交,具体的查询功能由模块MHMapRender负责实现。

第 21 章

矢量数据编辑模块 MHMapEdit 的实现

地图矢量数据编辑模块 MHMapEdit 的主要功能是进行地图中矢量图层要素的编辑，类似于 ArcGIS 的矢量数据编辑功能（功能对应于 Editor 工具栏）。矢量数据的编辑功能是地图应用中的一个常用功能，也是一个比较复杂的功能，是在矢量地图管理与空间分析、遥感影像信息提取矢栅一体化分析等过程中较常用的一项功能，同时也是一个完备的地理信息系统所应该具备的功能之一。矢量数据的编辑功能通过用户的交互式操作实现，包括较常用的矢量要素合并、切割、整形、移动、删除、修剪等功能，也包含其中针对复杂要素与岛进行的各种操作等需求，同时还要求模块能够实现撤销与重做的功能，即需要对用户的操作进行记录。

从实现角度来看，本模块中的大量功能都是由 OGR 底层功能支持（直接底层应用 OGR，而不需要调用模块 MHMapGDAL，这方面同模块 MHMapRender 类似），因此本模块中的大量功能函数需要独立于用户针对键盘/鼠标的操作及界面，直接采用接口描述的方式实现底层矢量编辑的功能，进而用户的键盘/鼠标操作再通过模块 MHMapView 转义成为一系列参数并调用本模块的一系列功能接口，从而完成底层矢量要素的编辑功能。

21.1　矢量编辑功能需求与设计

21.1.1　矢量编辑功能需求分析

如前文所述，针对矢量数据的编辑功能需求，一般来说，编辑的对象为用户交互式操作过程中的选中要素，而不同的编辑功能可能需要不同的选中条件，如某些功能允许针对跨图层选择要素，有些操作仅允许在一个图层内选中要素；有些操作仅针对面状要素，有些仅针对线要素，也有些仅针对点要素；有些操作允许同时选中多个要素，也有些操作仅针对选中一个要素；等等。

总结来说，矢量数据要素编辑过程中需要实现以下一系列矢量要素的编辑功能：

→　针对多图层内选中多要素矢量选择/移动功能，对应模块 MHMapView 中的接口函数 SelectTool_SelectAndMoveFeatures()（快捷键为 Ctrl+Shift+V，或 V）。当图层处于可编辑状态时，此接口的功能包含 2 个：一为要素选择，此功能同模块

MHMapView上的其他选择功能函数接口(如点选、框选、多边形选、线选、圆选等)功能类似,但有所区别:如果是拉框选择,则底层使用的数据模型也相同,即矩形选择与矩形交叉的要素放到选择容器内;如果是点选,则此工具同矢量要素点选的功能有所不同,此工具的点选仅选择1个最上层的要素(仅选中最上面的一个要素),而常规的点框则选择与该点有交集的所有要素(可能选中多个要素),这样设计的最大优点是方便后续的编辑操作。二为要素移动,对于选中要素,当鼠标移动到此要素上或内部时,鼠标光标会变成可移动的光标(有几个像素的容差值),此时按下鼠标并移动可以将选中的要素在各自图层内进行一定范围的移动。

→ 特征复制与特征粘贴,这2个矢量编辑功能需要配合起来使用,分别对应于模块MHMapView中的函数OnCopyFeatures()与OnPasteFeatures()(快捷键为Ctrl+C与Ctrl+V),其功能是针对多图层内选中的多要素进行复制,再粘贴到目标图层的过程。这里要求当前地图选择集内的选中要素类型一致(均是点、线或面状要素),且目标图层类型与其一致。复制到新图层中要素的属性采用如下规则:如果源要素与目标图层有共同字段,则将该要素对应于该字段的属性值一并复制,如果目标图层的某字段在源图层内没有对应的字段,则对应的字段值为空。

→ 针对某图层内选中某要素的属性格式刷,对应于模块MHMapView中的函数SelectTool_AttrPainter(),其作用是复制选中要素的部分或全部属性至内存中,此时鼠标光标会变成格式刷的样式,再通过鼠标拉框到其他要素上,将源要素上选中的属性复制到新的要素上对应的属性中去。使用的方法是首先选择某个要素并点击此工具,此时鼠标的光标变成了格式刷样式,再在视图上框选某一范围,则该范围内所选中要素的对应字段上的属性均将被源要素所选中的属性所代替。

→ 针对同一图层内选中多要素的要素合并功能(Merge),对应模块MHMapView中的函数SelectTool_MergeFeatures()(快捷键为Ctrl+Shift+M),该工具仅适用于线图层或面图层,不适用于点图层,其作用是合并同一图层上的2个或2个以上的选中要素并形成1个要素(因此最终会将属性合并)。对于面图层来说,如果待合并的2个要素间有共同区域,则将此2个要素合并成同一要素;如果待合并的2个要素间没有共同区域,则将此2个要素合并成一个MultiPolygon。对于线要素来说,如果2个线要素的首尾点重合(如采用后面介绍的切割工具将一条线切分为2条后的结果),则将此2个要素合并成为1个;否则将此2个要素重构成1个MultiLine。使用的方法有2种:第1种是首先在某一个图层上选择若干个要素(注意,其他可见图层上不可以有被选择的要素,否则此工具将不可用)并点击此工具,此时将进行要素合并的操作,合并结果的属性来源于其中的某一个要素,可以弹出对话框让用户选择合并后的属性由合并前的哪个要素的属性所代替;另1种是当前视图中存在面状图层,且无任何选中要素,此时选择合并要素后光标变为画线工具,当画线完毕后形成了一条线,而与此线相交的所有目标图层上的要素则进行合并,这种方法更适合面状要素较多过程的合并。

→ 针对不同图层内选中多要素的要素合并功能(Union),对应模块MHMapView中的函数 SelectTool_UnionFeatures()（快捷键为 Ctrl+Shift+U），该工具同样仅适用于线图层或面图层，不适用于点图层，其作用是合并不同图层上的2个或2个以上的要素成1个要素。与 Merge 操作不同的是，Merge 之前处于选择状态的要素在合并之后都将消失，而 Union 操作前处于选择状态的要素都将不变。Union 的规则同 Merge 类似，操作方法是需要对合并后的结果选择目标图层，Union 的合并结果由于可能为不同的目标图层，所以合并后的属性暂定为下面规则：如果目标图层的字段同源图层的字段一致，则将 FID 最小要素属性值复制到结果要素，如果不一致则不复制（实际上，也可以效仿 Merge 合并弹出属性选择对话框，或其他策略）。

→ 针对不同图层内选中一个或多个要素的要素切分功能（Cut），对应模块 MHMapView 中的函数 SelectTool_CutFeatures()（快捷键为 Ctrl+Shift+T），该工具同样仅适用于线图层或面图层，不适用于点图层，其作用是将选中要素切分成2个或多个要素，并将该要素的属性复制到新生成的要素中。操作方法是选中某些要素，选择此工具后，此时光标为画线工具，在选中要素上连续点击或按住鼠标并移动画切分线（需要同待切分的要素有2个以上的交点），结束时为双击、右键或按下 F2 键（操作过程均表现在模块 MHMapView 中对应的代码），操作的结果是采用新生成的线段将原来选中的要素切分为多个不同要素。

→ 针对不同图层内选中多要素的要素整形功能（Reshape），对应模块 MHMapView 中的函数 SelectTool_ReShapeFeatures()（快捷键为 Ctrl+Shift+E），该工具同样仅适用于线图层或面图层，不适用于点图层，其作用是将选中要素的形状进行重塑，面要素整形的规则是保留整形后的面积较大者。操作方法是选中某些要素，选择此工具后，此时光标为画线工具，在选中要素上连续点击或按住鼠标并移动画切分线（需要同待切分的要素有2个以上的交点，仅第1个与最后1个交点有意义），结束时同样为双击、右键或按下 F2 键，操作的结果是新生成的线段与选中要素的首尾2个交点间的线段代替选中要素上的原有线段。

→ 针对不同图层内选中多要素的要素删除功能（Delete），对应模块 MHMapView 中的函数 SelectTool_DeleteFeatures() 或 SelectTool_OnKeyDelete()，快捷键为 Ctrl+Shift+Del 键，或 Del 键，删除选中要素，可批量跨图层删除。

→ 在点图层上生成新点，对应模块 MHMapView 中的函数 SelectTool_CreatePoint-Feature()（快捷键为 Ctrl+Shift+C+O），当选择此工具时，鼠标光标会变成加点光标，在地图上按下鼠标时在对应的坐标位置增加新的点（其各字段的属性为空）。

→ 在点图层上生成新线，对应模块 MHMapView 中的函数 SelectTool_CreateLine-Feature()（快捷键为 Ctrl+Shift+C+L），当选择此工具时，鼠标光标会变成加线光标，在地图上连续按下鼠标或按住鼠标并移动，此时会生成连续的线，直到结束为止，结束时同样为双击、右键或按下 F2 键（其各字段的属性为空）。

→ 在点图层上生成新矩形，对应模块 MHMapView 中的函数 SelectTool_CreateRect-angleFeature()（快捷键为 Ctrl+Shift+C+R），当选择此工具时，鼠标光标会变成矩形光标,其操作方法有 2 种:第 1 种是在地图上按下鼠标左键后并移动,此时会显示生成的矩形大小,左键抬起时会基于左键按下与抬起的 2 个坐标生成矩形;另 1 种方法是在地图上按下鼠标左键并抬起,再移动到第 2 个位置同样按下左键后抬起,此时移动鼠标会显示待生成的矩形范围,这种方法用于生成一个长与宽不平行于屏幕的矩形。生成矩形各字段的属性均为空。

→ 生成多边形,对应模块 MHMapView 中的函数 SelectTool_CreatePolygonFeature()(快捷键为 Ctrl+Shift+C+P),当选择此工具时,鼠标光标会变成多边形光标,在地图上连续按下鼠标或按下鼠标后移动,此时会显示待生成多边形边界范围,直到结束为止,结束时同样为双击、右键或按下 F2 键(其各字段的属性为空)。

→ 针对某个面状图层内选中的一个或多个要素对当前可见视图内其他面状要素的修剪功能(Clip),对应模块 MHMapView 中的函数 SelectTool_ClipFeatures()(快捷键为 Ctrl+Shift+P),作用是用选中的要素修剪其他可见要素,使得选中要素同未选中要素之间无公共区域(交集),可跨图层修剪,用于多边形修剪。

→ 针对图层中要素内的复杂要素(线状或面状)变成简单要素,对应模块 MHMapView 中的函数 SelectTool_ConvertToSimpleFeatures(),作用是将选中要素中的 MultiLine 和 MulitPolygon 变成简单要素,即多个 Line 或 Polygon,同时将原要素上的属性分别复制过去,实际上这一过程是图层内要素合并(Merge)的逆过程。

→ 针对一个面状要素的挖洞功能,对应模块 MHMapView 中的函数 SelectTool_AddIsland()(快捷键为 Ctrl+Shift+A),在选中的面要素中挖出一个内岛或区域(其实现原理是新生成的内岛多边形对原选中多边形进行修剪,Clip),同时删除内岛,用于手动标记如云区等无意义的区域,可连续挖洞。

→ 针对面状要素的补洞功能,对应模块 MHMapView 中的函数 SelectTool_DeleteIsland()(快捷键为 Ctrl+Shift+D),将选中的面要素中已经挖出的内岛补上,使用方法是选中此工具后进行拉框,与矩形框相交的内岛将都被补上。

→ 针对一个面状要素的切岛功能,对应模块 MHMapView 中的函数 SelectTool_SplitIsland(),与挖洞类似,只是之后保留内岛而不删除此内岛,可连续切岛,结果多边形的所有属性值均复制于源多边形。

→ 针对某可见面状图层的按条件补洞,对应模块 MHMapView 中的函数 SelectTool_DeleteIslandBatch(),实现按面积设定规则删除某图层中的所有内岛,通过对话框的形式,其中目标图层为需要作用的图层,可设定面积小于某值或大于某值的内岛进行删除,此对话框为非模式对话框,当图 21-1 中小于右侧的 EditBox 处于焦点时,右侧的"视图选择面积"按钮变得可用,按下之后可在主视图 MHMapView 内画出一个矩形并自动计算相应的面积再填充到对应的焦点 EditBox 内。

→ 针对一个选中的线状或面状要素的编辑节点功能,对应于模块 MHMapView 中的函数 SelectTool_EditSketch(),编辑构成线或面的节点信息,可以通过鼠标进行节点或边线的移动,也可以对某节点的坐标进行精确编辑。

→ 针对同一图层内多要素的属性编辑/批量编辑功能,对应于模块 MHMapView 中的函数 ChangeSelFeatureAttr(),实现该图层内选中要素某一字段的属性值修改/批量修改。

图 21-1　按面积删除图层内符合条件的内岛界面

除完成上述一系列矢量编辑功能外,还需要实现针对矢量编辑的一系列选项,以限制/约束上述矢量编辑功能的结果,这些选项包括:

➢ 编辑过程中维持现在多边形拓扑,对应模块 MHMapView 中的函数 SetKeepTopology(),在编辑过程中是否保持着已有多边形间的拓扑,表现在界面上是一个 CheckBox,自按下此按钮开始,认为后续的所有操作都需要保持已有可见多边形的拓扑结构,其主要影响后续的2种操作:生成新矩形/多边形及移动多边形,如果操作后的多边形同原多边形有相交的情况,相当于用原来存在的多边形对新的多边形进行修剪。注意,此选项对新粘贴的多边形不起作用,即允许新粘贴的多边形与源多边形进行重合,待用户移动新粘贴的要素时此选项再起作用。

➢ 编辑过程中是否允许移动,对应模块 MHMapView 中的函数 SetPermitEditMove(),表现在界面上是一个 CheckBox,按下后可以移动选中的要素,否则不可以移动,可以根据鼠标在选中要素上的光标来判断当前是否允许要素移动。

➢ 编辑过程中是否允许吸附,对应模块 MHMapView 中的函数 SetPermitAbsorption(),表现在界面上是一个 CheckBox,是否需要对视图中的已有要素的顶点及边进行吸附,用于需要精确定位、切分、生成等操作,当此选项选中时会多耗用资源。

➢ 编辑过程中要素合并后是否弹窗,对应模块 MHMapView 中的函数 SetPermitPopupAttrSelDlg(),表现在界面上是一个 CheckBox,表示要素 Merge 合并后是否弹出属性选择对话框,对于某些应用来说,如果后续会统一进行属性编辑,或不关注属性变化(只关注空间变化)的情况,可以选择合并后不弹出询问对话框选项。

最后,针对用户的各种矢量编辑操作,包括撤销与重做功能、保存与放弃功能:

➢ 撤销,对应模块 MHMapView 中的函数 OnUnDoEdit()(快捷键为 Ctrl+Z),对上一步的操作进行撤销,可一直撤销到最初或上次主动保存的位置。

➢ 重做,对应模块 MHMapView 中的函数 OnReDoEdit()(快捷键为 Ctrl+Y),对已经撤销的动作进行重做,可一直重做到最后的操作。

➢ 保存,对应模块 MHMapView 中的函数 SaveEdit()(快捷键为 Ctrl+Shift+S),同时

清除当前地图的选择集,保存后之前的操作将不可撤销。

➤ 放弃,对应模块MHMapView中的函数QuitEdit()(快捷键为Ctrl+Shift+Q),同时清除当前地图的选择集,相当于撤销所有能够撤销的步骤,回到初始状态,且不可重做。

21.1.2　矢量编辑功能实现设计

为实现上述一系列矢量要素数据的编辑功能,以及需要进行的用户操作步骤的记忆(即实现用户所有编辑操作的撤销与重做功能),需要构建一套较好的数据结构,能够首先将编辑过程从用户操作界面脱离出来,并能够以较简单的数据结构概括或抽象出对应函数调用的接口表达;同时为完成用户编辑过程的"全记忆",我们分析了以SHP文件为代表的矢量数据底层数据存储结构与方式,并得出以下结论:SHP文件删除一个要素的过程并非真正一次性地将要素从数据中进行删除,而是通过将该要素所对应的属性在数据库DBF中进行标记的方式实现。也就是说,我们应用这一特性,当用户编辑某一要素或某一序列要素时,可以按下面方式表达(抽象)用户操作前后的FID标记与变化:

$$\text{FID: } x_1, x_2, \cdots, x_m \rightarrow \alpha_1, \alpha_2, \cdots, \alpha_n$$

上式所表达的意义在于:用户通过一定的矢量要素编辑操作,实现了原来的$m(m \geq 0)$个要素的矢量编辑操作,矢量编辑的结果是生成了$n(n \geq 0)$个新的要素。这段表述的意思是说:当某要素或某些要素在接受用户编辑时,并不改变要素本身的任何属性(包括空间或属性,即:要素并未改变),而改变的是:根据用户设定的编辑条件,新生成了一个或多个要素,同时将原来要素的隐藏属性设为TRUE,这样给用户的感觉就是原来矢量要素的FID自$x_i(i=0,\cdots,m)$变成了$\alpha_j(j=0,\cdots,n)$。

上述公式所描述的这一过程既实现了矢量要素编辑过程的抽象,同时也实现了将用户矢量编辑过程抽象并记录的过程。

在此基础上,我们需要抽象出一系列的C++底层数据结构,用于描述/抽象用户编辑过程的数据/参数交换(主视图模块MHMapView同本模块MHMapEdit之间),从而达到用户操作描述与操作视图界面有效分离的过程。

21.2　用于编辑的数据结构

21.1节已经说明,本模块中需要构造一系列的数据结构,以实现用户视图操作与模块接口操作之间的编辑描述切换。其中一个重要的数据结构为EDITFEATURE,其定义为:

```
typedef struct _EDITFEATURE
{
    MSLayerObj*    pLayerObj;    //选中要素所在的图层指针
    int*           nFIDs;        //选中要素的FID所对应的数据首地址
    int            nCount;       //选中要素的个数
}EDITFEATURE;
```

上述数据结构描述了用于进行要素编辑的数据结构,其内部包含了3个主要参数:其中pLayerObj指示了当前的矢量图层,nFIDs与nCount用于描述图层pLayerObj中的选中要素:nFIDs[0]~nFIDs[nCount-1]。这个数据结构用于进行主模块MHMapView同本模块

功能调用与传参,如本模块的矢量合并的函数接口为:

```
BOOL MergeFeaturesByFID(vector<EDITFEATURE> vEF, int nFIDAttrBasedOn);
```

也就是说,其参数为一系列选中的要素,以及合并结果基于哪个基准的FID
(nFIDAttrBasedOn)。

另一个重要的数据结构为LAYERANDFEATURE,其定义为:

```
typedef struct _LAYERANDFEATURE
{
    MSLayerObj*    pLayerObj;        //选中要素所在的图层指针
    vector<int>    nFIDs;            //选中要素的FID数组
}LAYERANDFEATURE;
```

实际上,这一数据结构同上述数据结构EDITFEATURE类似,只是以动态数组的形式
来表达选中的要素,这样更有利于某些操作。

针对空间编辑的操作,我们需要记录空间编辑的过程,以实现编辑过程的记忆,该过
程采用数据结构EDITHISTORYFEATURESPATIAL来表示,其定义如下:

```
typedef struct _EDITHISTORYFEATURESPATIAL
{
    MSLayerObj* pLayerObj;          //对应的图层指针
    string      sEditFromFID;       //操作的FID对象集,逗号分隔    0, 3, 8, 21
    string      sEditToFID;         //操作后生成的对象集,逗号分隔   45, 46
}EDITHISTORYFEATURESPATIAL;
```

该数据结构中需要记录的参数有矢量图层、编辑前FID与编辑后FID,不同的FID之
间采用逗号进行间隔。类似地,针对属性编辑的操作,我们需要记录属性编辑的过程,以
实现编辑过程的记忆,该过程采用数据结构EDITHISTORYFEATUREATTR来表示,其定
义如下:

```
typedef struct _EDITHISTORYFEATUREATTR
{
    MSLayerObj* pLayerObj;          //对应的图层指针
    int         nFID;               //编辑的要素FID
    string      sField;             //编辑要素的字段
    string      sOldValue;          //编辑要素对应字段的原值
    string      sNewValue;          //编辑要素对应字段的新值
}EDITHISTORYFEATUREATTR;
```

其中参数包括矢量图层、编辑要素的FID、要素的字段、该字段的原属性值及该字段
的新属性值,这些参数的记忆都将在用户进行撤销并恢复原来的属性值时起作用。

最后一个重要的数据结构就是用于存储用户某个操作过程中"历史操作记录",用于
记录用户在某个步骤的编辑操作过程,对应的数据结构如下:

```
typedef struct _EDITHISTORY
{
    int         nIndex;             //0, 1, ……
    string      sEditOprName;       //操作名称,如:特征移动,特征删除,特征整形,特征合并,特征分割等
    string      sEditChange;        //对应的英文操作,如:DeleteFeature
```

```
vector<EDITHISTORYFEATURESPATIAL> vEditFeatureSpatial;//此次操作改变的空间编辑信息
vector<EDITHISTORYFEATUREATTR> vEditFeatureAttr;//此次操作改变的属性编辑信息
}EDITHISTORY;
```

对应地,在模块内部再定义一个vector类型的变量,用于记录用户的所有矢量编辑操作过程,对应的变量如下:

```
vector<EDITHISTORY*> m_vEditHistory;
```

也就是说,通过类内变量m_vEditHistory就可以记录所有的用户编辑操作过程,同时记录了该过程是属于空间编辑操作还是属性编辑操作。

变量m_vEditHistory在后续的要素编辑过程及撤销过程将会被多次调用。

21.3   GDAL底层功能扩展

前文已述及,Shape文件在进行要素删除时,实际上是针对该要素在DBF上进行标记,当遍历发现该标记时,则将该要素略过(即认为该要素不存在)。对应于代码方面,Shape文件在进行要素删除时的代码是通过类OGRShapeLayer的函数DeleteFeature()实现的,其代码如下:

```
OGRErr OGRShapeLayer::DeleteFeature(GIntBig nFID) //摘自GDAL源码,未更改,仅增加了部分注释
{
    if (!TouchLayer() || nFID > INT_MAX)
        return OGRERR_FAILURE;
    if (!bUpdateAccess)
    {
        CPLError(CE_Failure, CPLE_NotSupported,UNSUPPORTED_OP_READ_ONLY,"DeleteFeature");
        return OGRERR_FAILURE;
    }
    if (nFID < 0 || (hSHP != NULL && nFID >= hSHP->nRecords)
        || (hDBF != NULL && nFID >= hDBF->nRecords))
        return OGRERR_NON_EXISTING_FEATURE;
    if (!hDBF)
    {
        CPLError(CE_Failure, CPLE_AppDefined,
            "Attempt to delete shape in shapefile with no .dbf file.\n"
            "Deletion is done by marking record deleted in dbf\n"
            "and is not supported without a .dbf file.");
        return OGRERR_FAILURE;
    }
    if (DBFIsRecordDeleted(hDBF, (int)nFID)) //测试要素记录是否已经标记为"删除"
        return OGRERR_NON_EXISTING_FEATURE;
    if (!DBFMarkRecordDeleted(hDBF, (int)nFID, TRUE)) //标记nFID的要素为"删除"
        return OGRERR_FAILURE;
    bHeaderDirty = TRUE; //标记该要素为"Dirty",后续一般的应用将自动略过些记录
    if (CheckForQIX() || CheckForSBN())
        DropSpatialIndex();
    return OGRERR_NONE;
}
```

也就是说,对应于类OGRShapeLayer的要素删除函数DeleteFeature()中,通过数据库DBF操作函数DBFMarkRecordDeleted()将要素标记为删除,同时将该要素的指示变量bHeaderDirty设置为TRUE而实现要素的删除过程,此过程并未真正删除对应的要素记录。

当需要对Shape文件中现有记录真正删除时(而不仅是上述的标记过程),可以调用该类的Repack()函数进行对应记录的彻底删除。

针对上述要素删除函数DeleteFeature()的过程,我们重载该类的RestoreFeature()函数以实现标记为删除要素记录的"恢复"过程。

```
OGRErr OGRShapeLayer::RestoreFeature(GIntBig nFID) //针对需求,我们进行了函数重载
{
    if (!TouchLayer() || nFID > INT_MAX)
        return OGRERR_FAILURE;
    if (!bUpdateAccess)
    {
        CPLError(CE_Failure, CPLE_NotSupported, UNSUPPORTED_OP_READ_ONLY, "DeleteFeature");
        return OGRERR_FAILURE;
    }
    if (nFID < 0 || (hSHP != NULL && nFID >= hSHP->nRecords)
        || (hDBF != NULL && nFID >= hDBF->nRecords))
        return OGRERR_NON_EXISTING_FEATURE;
    if (!hDBF)
    {
        CPLError(CE_Failure, CPLE_AppDefined,
            "Attempt to delete shape in shapefile with no .dbf file. \n"
            "Deletion is done by marking record deleted in dbf\n"
            "and is not supported without a .dbf file.");
        return OGRERR_FAILURE;
    }
    if (!DBFIsRecordDeleted(hDBF, (int)nFID)) //测试要素记录是否已经标记为"删除"的函数
        return OGRERR_NON_EXISTING_FEATURE;
    if (!DBFMarkRecordDeleted(hDBF, (int)nFID, FALSE)) //标记为"非删除"
        return OGRERR_FAILURE;
    bHeaderDirty = FALSE;
    if (CheckForQIX() || CheckForSBN())
        DropSpatialIndex();
    return OGRERR_NONE;
}
```

也就是说,我们通过重载类OGRShapeLayer的恢复函数RestoreFeature()实现已经删除要素的恢复过程,此函数将在我们后续的矢量编辑或恢复过程中起到作用。如21.1.2中的过程:

$$\text{FID}:x_1,x_2,\cdots,x_m \rightarrow \alpha_1,\alpha_2,\cdots,\alpha_n$$

用于描述一个编辑过程就是:将FID为 $x_1,x_2,\cdots,x_m$ 的 m 个要素通过某个矢量编辑过程形成一些新的要素 $\alpha_1,\alpha_2,\cdots,\alpha_n$ 共 n 个,再删除 $x_1,x_2,\cdots,x_m$ 要素的过程(标记为删除)。此时,用户的感觉是将原来 m 个要素改变成了 n 个新生成的要素。同样地,当需要对上述过程进行恢复时,需要首先将对应新生成的 n 个要素标记为删除,再将原来的 m 个要素标

记为非删除,即达到了该过程撤销的目的,其他过程依此类推。

21.4　编辑功能实现

矢量要素编辑功能包括较常用的矢量要素合并、切割、整形、移动、删除、修剪等功能,见21.1.1,以下将分别对这些编辑功能的实现方法进行介绍。

21.4.1　要素删除

之所以最先介绍要素的删除,是因为要素的删除过程是其中最为简单的一个过程。针对21.1.2中的公式,要素删除的定义可以理解为:

$$\text{FID}:x_1,x_2,\cdots,x_m \longrightarrow$$

即删除前共 m 个要素,删除后没有新生成的要素。基于此公式,可以构造要素删除的函数接口为:

```
BOOL        DeleteFeature(vector<EDITFEATURE> vEF)
```

其中,参数vEF表示当前视图中可见的选中要素,对应数据结构EDITFEATURE的定义见21.2,通过一个vector型的动态数组实现跨图层选中要素的删除。也就是说,对于一个图层内的选中要素来说,这些要素可以通过vEF数据中的一个成员获取,而对于不同图层的选中要素来说,则其信息分别存储于vEF的不同成员。要素删除是矢量数据编辑中最为常用的功能之一,其功能不仅为用户所调用,还几乎被其他所有编辑功能所调用(应用)并作为完成该功能的一个组成部分。用户进行要素删除功能的外部接口是通过主视图模块MHMapView实现的,其对应的操作方法与本模块功能函数调用前的操作过程可参见7.5.7。其中本模块中针对要素删除的功能对应于上述接口的具体实现代码为:

```
BOOL        CMHMapEdit::DeleteFeature(vector<EDITFEATURE> vEF, bool bRecordHistory)
{
    if (bRecordHistory) //是否记录删除要素这一过程到可撤销的记录中
    {   //下面代码功能是记录用户编辑过程,在后续其他功能中均有类似需求,后续功能略去了本部分代码
        m_vLastGenFeatures.clear(); //最后生成的新的要素,清空
        m_nCurEditOprIndex++; //指示可撤销的步骤,增加一步
        BOOL bSuc = UpdateStatusAndReleaseMemory(); //从当前操作点后面的可恢复步骤都删除,并且释放内存
        EDITHISTORY* pEditHistoryToAdd = new EDITHISTORY; //新建记录历史记录数据结构
        pEditHistoryToAdd->nIndex = m_nCurEditOprIndex;
        pEditHistoryToAdd->sEditOprName = "特征删除";
        pEditHistoryToAdd->sEditChange = "DeleteFeature";
        for (int ji = 0; ji < vEF.size(); ji++)
        {
            string sEC; //采用字符串的形式记录删除前的FIDs,以逗号分隔
            char sttmp[255];
            int nCount = vEF.at(ji).nCount;
            int *nFIDs = vEF.at(ji).nFIDs;
            MSLayerObj* pLayer = vEF.at(ji).pLayerObj;
            for (int i = 0; i < nCount; i++)
            {
                itoa(nFIDs[i], sttmp, 10);
                sEC += string(sttmp);
```

```
                    sEC += ",";
            }
            sEC = sEC.substr(0, sEC.length() - 1);
            string sTo = "";//采用字符串的形式记录删除后新生成的FIDs,对于删除来说为空
            EDITHISTORYFEATURESPATIAL ehfs; //构造用于记录过程的空间编辑临时变量
            ehfs.pLayerObj = pLayer;   //对应的图层指针
            ehfs.sEditFromFID = sEC;   //源要素FID,以逗号分隔
            ehfs.sEditToFID = sTo;            //新生成的要素,对于本函数删除来说,为空,即""
            pEditHistoryToAdd->vEditFeatureSpatial.push_back(ehfs); //将该变量加入空间编辑记录数组
        }
        m_vEditHistory.push_back(pEditHistoryToAdd);   //将该变量加入历史记录数组
    }
    BOOL bSuc = TRUE;
    for (int ji = 0; ji < vEF.size(); ji++)               //遍历所有选中要素
    {
        MSLayerObj* pLayer = vEF.at(ji).pLayerObj;    //图层指针
        int* nFIDs = vEF.at(ji).nFIDs;                //选中FID指针
        int nCount = vEF.at(ji).nCount;
        if (find(m_vChangeLayers.begin(), m_vChangeLayers.end(), pLayer) == m_vChangeLayers.end())
            m_vChangeLayers.push_back(pLayer);        //记录受影响的图层
        vector<int> nDelFIDs;
        for (int i = 0; i < nCount; i++)
            nDelFIDs.push_back(nFIDs[i]);             //记录该层内需要删除的FID
        bSuc = DeleteFeature(pLayer, nDelFIDs);       //具体的删除操作
    }
    if (!bSuc && bRecordHistory)
    {
        m_nCurEditOprIndex--;//没有成功,再恢复
        ASSERT_FALSE_AND_RETURN_ZERO; //返回FALSE
    }
    return bSuc;
}
```

上述代码中,参数bRecordHistory用于指示当前的删除要素过程是否要记录到用户操作队列中。一般来说,当用户选择了一系列要素并删除时,需要将删除过程记录,但是删除操作还是很多其他操作的伴随过程,此时删除要素则不应该被记录到操作队列中,如过程 $x_1,x_2,\cdots,x_m \rightarrow \alpha_1,\alpha_2,\cdots,\alpha_n$ 中,生成 n 个新要素时还需要将原来 m 个旧要素删除,而此时的删除操作则不需要记录其删除的用户操作队列,也不作为一个单独的操作过程,因此此时的函数调用参数bRecordHistory为False。

上述代码中调用的多态函数DeleteFeature()实现了具体的删除操作,其代码为:

```
BOOL    CMHMapEdit::DeleteFeature(MSLayerObj* pLayer, vector<int> nFids)
{
    OGRDataSource* pDS = (OGRDataSource*)pLayer->m_pOGRDatasourcePtr;
    OGRLayer* pOGRLayer = (OGRLayer*)pLayer->m_pOGRLayerPtrOrGDALDatasetPtr;
    for (int i = nFids.size() - 1; i >= 0; i--) //从后至前删除
    {
        int nFID = nFids.at(i);
        if (nFID < 0)continue;
```

```
            OGRErr er = pOGRLayer->DeleteFeature(nFID); //真正的删除操作,调用21.3中的删除函数
    }
    return TRUE;
}
```

即通过调用OGRLayer类的DeleteFeature()实现要素的删除,对于Shape文件可参见21.3。

21.4.2　要素复制粘贴

要素的复制与粘贴往往同时配合着应用,其功能是进行选定要素的复制,将要素信息存储起来;当进行要素粘贴时,将存储的要素重新生成一个新的要素处于原要素位置和选中状态,方便用户根据实际需要进行要素移动。

要素复制与粘贴的操作方法与本函数调用前的操作过程可参见7.5.2。在本模块中,对应的要素复制过程并未采用Windows的剪贴板进行实现,而是通过内存中对相应要素信息记忆的方法进行实现,对应的复制代码如下:

```
BOOL CMHMapEdit::CopySelToClipboard(vector<EDITFEATURE> vEF, vector<LAYERANDFEATURE>* pCopyContainer)
{
    vector<LAYERANDFEATURE>*  pCurCopyContainer = pCopyContainer;
    if (!pCurCopyContainer)
        pCurCopyContainer = &m_vDefaultCopyContainer; //如果指定的容器为NULL,使用默认的容器
    pCurCopyContainer->clear();//复制时,清除原来容器的内容
    for (int i = 0; i < vEF.size(); i++)//当前选中的要素集
    {
        MSLayerObj* pLayer = vEF.at(i).pLayerObj;
        int* nFIDs = vEF.at(i).nFIDs;
        int nCount = vEF.at(i).nCount;
        LAYERANDFEATURE lf; //2种数据结构的转换
        lf.pLayerObj = pLayer;
        for (int j = 0; j < nCount; j++)
            lf.nFIDs.push_back(nFIDs[j]);
        pCurCopyContainer->push_back(lf); //加入对应的容器
    }
    return TRUE;
}
```

上述进行要素复制代码的实现中,将当前视图可见的选中要素复制到容器pCopyContainer中,如果指定的容器为空,则复制到默认的容器(即内存中的要素剪切板上)。

在执行完上述要素复制后,相应的要素粘贴按钮将变为可用,可以通过以下代码实现上述复制要素的粘贴(要求目标图层的要素类型同复制的要素类型相同):

```
BOOL    CMHMapEdit::PasteFromClipboard(MSLayerObj* pDstLayer, double dOffset, vector<LAYERANDFEATURE>*
pCopyContainer)
{
    //按21.4.1中类似的方法增加到编辑历史中,便于后续撤销操作,略
    for (int ji = 0; ji < pCurCopyContainer->size(); ji++)
    {
```

```
        MSLayerObj* pLayer = pCurCopyContainer->at(ji).pLayerObj;
        vector<int> vFIDs = pCurCopyContainer->at(ji).nFIDs;
        vector<int> nNewFID = MoveFeature(pDstLayer, vFIDs, dOffset, -dOffset, pLayer, true); //粘贴
    }
    return TRUE;
}
```

上述粘贴代码中省略了大量进行编辑历史记录的语句,相应的记录过程可参见21.4.1。上述代码中真正执行复制要素的粘贴过程是通过函数MoveFeature(),其对应的实现代码为:

```
vector<int>   CMHMapEdit::MoveFeature(MSLayerObj*   pDstLayer,   vector<int>   nFids,   double
dXOffset, double dYOffset, MSLayerObj* pSrcLayer, bool bCopy)
{
    OGRLayer* pSrcOGRLayer = (OGRLayer*)pSrcLayer->m_pOGRLayerPtrOrGDALDatasetPtr;
    vector<int> nMovResultFIDs;
    for (int i = 0; i < nFids.size(); i++)
    {
        OGRFeature *pSrcFeature = pSrcOGRLayer->GetFeature(nFids.at(i)); //源要素
        int nNewFID = MoveFeature(pDstLayer, pSrcFeature, dXOffset, dYOffset, pSrcLayer, nFids.at(i),
bCopy);//逐要素进行粘贴(移动或复制)
        nMovResultFIDs.push_back(nNewFID);
    }
    return nMovResultFIDs;
}
```

上述代码分析了要素来源于哪一图层的哪一具体要素,再继续执行下面函数MoveFeature()进行具体要素移动(粘贴)工作:

```
int         CMHMapEdit::MoveFeature(MSLayerObj* pDstLayer, void* pSrcF, double dXOffset, double dYOffset,
MSLayerObj* pSrcLayer, int nSrcFID, bool bCopy)
{
    OGRLayer* pDstOGRLayer = (OGRLayer*)pDstLayer->m_pOGRLayerPtrOrGDALDatasetPtr;
    OGRLayer* pSrcOGRLayer = (OGRLayer*)pSrcLayer->m_pOGRLayerPtrOrGDALDatasetPtr;
    OGRFeature *pSrcFeature = (OGRFeature *)pSrcF;
    OGRFeature* pNewFeature = (OGRFeature*)OGR_F_Create(pDstOGRLayer->GetLayerDefn());//生成新要素
    OGRGeometryH hNewGeometry = NULL;
    OGRGeometry* pSrcGeometry = pSrcFeature->GetGeometryRef();
    OGRwkbGeometryType type = wkbFlatten(pSrcGeometry->getGeometryType());
    if (type == wkbPoint) //点
    {
        hNewGeometry = OGR_G_CreateGeometry(wkbPoint); //生成新的点
        OGRPoint* pSrcPt = (OGRPoint*)pSrcGeometry;
        MovePoint(pDstLayer, pSrcPt, hNewGeometry, dXOffset, dYOffset); //从源点上复制坐标信息,略
    }
    //其他类型,类似,包括线、面、多点、多线、多面,略
    pNewFeature->SetGeometry((OGRGeometry*)hNewGeometry); //将生成几何形状指定到新生成要素上
    if (pSrcLayer == pDstLayer)      //同层内需要所有属性的复制
        CopyFeatureAttrs(pDstOGRLayer, pSrcFeature, pNewFeature); //复制所有属性
```

```
    else
         //不同图层只复制2个图层公有的字段上的值,略
    OGRErr er = pDstOGRLayer->CreateFeature(pNewFeature); //在目标图层上生成新生成的要素
    OGR_G_DestroyGeometry(hNewGeometry); OGR_F_Destroy(pNewFeature);
    return pDstOGRLayer->GetFeatureCount() - 1; //返回新生成要素的FID
}
```

而代码中又进一步调用移动点、线和面的函数 MovePoint()、MoveLine() 及 MovePolygon(),这里以 MovePoint() 为例,其他函数类似:

```
void        CMHMapEdit::MovePoint(MSLayerObj* pDstLayer, void* pSrcPt, void*& hNPt, double dXOffset, double
dYOffset)
{
    OGRLayer* pOGRLayer = (OGRLayer*)pDstLayer->m_pOGRLayerPtrOrGDALDatasetPtr;
    OGRPoint* pSrcPoint = (OGRPoint*)pSrcPt;
    OGRPoint* pNewPoint = (OGRPoint*)hNPt;
    pNewPoint->setX(pSrcPoint->getX() + dXOffset); //复制信息并有所偏移
    pNewPoint->setY(pSrcPoint->getY() + dYOffset);
}
```

上述代码是真正执行要素移动的代码,也是作为本功能中要素粘贴调用代码实现的主要过程,即在已经确定了源要素与目标图层的情况下,先在目标图层上建立新要素,再按对应的要素类型建立新的几何形状,从源要素几何形状中复制对应的信息,如点复制坐标信息,线与面要素复制源要素上的每个点信息,复杂形状则分别复制简单形状的几何信息等。复制完对应的几何信息后,再将新生成的几何形状指定给新建的要素,再从源要素上复制对应的属性信息,其策略是如果同层内复制(移动),则全部字段与属性依次复制,如果不同图层复制,仅复制(移动)2个图层内公有字段上对应的属性值。

回顾一下要素粘贴的过程,实际上总结来说就是分析容器内的每个要素,并在目标图层上分别新建对应的要素,并自源要素上复制该要素的空间信息(主要指形状信息,即坐标)与属性信息的过程。实际代码实现过程中,还有大量其他情况需要考虑,比如复制的要素被删除时,将不可再粘贴,并对相应的情况进行判断后将对应按钮变为不可用状态等,此处略。

本函数中构造了复制(移动)要素的函数 MoveFeature(),该多态函数是多个应用的代码抽象,将在后续其他矢量编辑代码中被调用。

21.4.3 属性编辑与属性格式刷

属性格式刷是指复制选中一个要素的部分或所有属性到新选中要素上的过程,使用的方法是首先选中需要复制属性的要素,再点击属性格式刷工具,并确定需要选择复制哪些属性(默认为所有属性),此时光标变成格式刷样式并可以进行拉框选择,选中的要素如果有字段与源要素中的选中字段相同者,将源要素中对应字段上的值复制到选中要素上。实际上,这一过程就是要素属性值复制的过程。

图 21-2 示意了当选择属性格式刷时自动弹出的对话框。当用户选择"属性格式刷"工具时,会自动弹出如图 21-2 左侧的窗口,窗口中允许用户选择待复制的字段信息。如

图21-2 节点编辑是要素的节点信息显示界面

果用户不期望某些字段的信息被复制,可以将该字段前的复选框勾掉,如图21-2右侧视图所示,其中的字段"Z20602"至字段"Z21103"的信息将不被复制到其他要素上。图21-2所示对话框的实现原理比较简单,与第15章的模块MHMapOverview实现原理很类似,只是采用一个CCheckListBox控件来代替模块MHMapOverview中的CView并填充至整个Pane视图。对应地,该Pane对外接口为:

```
void GetCheckedFieldIndex(vector<int>& vFI);
```

其功能为获取选中字段的索引号,通过该函数即可获取用户在界面上选中的字段,这些信息将在后续以参数的形式传入函数PasteFeatureAttrsToSelected()中并进行字段判断。

属性编辑过程的操作方法与本函数调用前的操作过程可参见14.2,属性格式刷的操作方法可参见7.5.3。对于选中一个要素并进行属性格式刷工具选择时所执行的代码就是记录选中要素的信息,代码如下:

```
BOOL      CMHMapEdit::CopyFeatureAttrs(vector<EDITFEATURE> vEF)
{
    m_pLayerAttrPainter = vEF.at(0).pLayerObj; //用于后续属性复制的源图层
    m_nFIDAttrPainter = vEF.at(0).nFIDs[0]; //用于后续属性复制的源要素
    return TRUE;
}
```

其中,采用类内变量m_pLayerAttrPainter记录格式刷的源图层,用于记录格式刷源要素的FID。记录了源要素的信息后,就可以应用下述代码实现要素"属性信息的粘贴":

```
BOOL      CMHMapEdit::PasteFeatureAttrsToSelected(vector<EDITFEATURE> vEF, vector<int> vFieldIndex)
{
    vector<string> sField, sNewValue;
    OGRLayer* pOGRLayer = (OGRLayer*)m_pLayerAttrPainter->m_pOGRLayerPtrOrGDALDatasetPtr;
    OGRFeature* pSrcFeature = pOGRLayer->GetFeature(m_nFIDAttrPainter); //源要素
```

```
OGRFeatureDefn *pFeatureDefn = pOGRLayer->GetLayerDefn();
int nFieldCount = pFeatureDefn->GetFieldCount();
for (int i = 0; i < nFieldCount; i++)//遍历所有字段
{
    if (find(vFieldIndex.begin(),vFieldIndex.end(),i) == vFieldIndex.end())
        continue; //如果该字段没有被选中,继续其他字段,仅复制选中字段的属性
    OGRFieldDefn* pFieldDefn = pFeatureDefn->GetFieldDefn(i);
    char* cName = (char*)pFieldDefn->GetNameRef();//字段名称
    sField.push_back(cName);
    const char* cValue = pSrcFeature->GetFieldAsString(i); //字段值
    sNewValue.push_back(string(cValue));
}
OGRFeature::DestroyFeature(pSrcFeature);
return ChangeFeatureAttr(vEF, sField, sNewValue); //具体的属性值复制过程
}
```

上述代码实际上就是从源要素中得到所有字段名称与属性值的对应关系,再调用函数 ChangeFeatureAttr()实现具体属性值更改的过程。对应的函数 ChangeFeatureAttr()代码如下:

```
BOOLCMHMapEdit::ChangeFeatureAttr(vector<EDITFEATURE> vEF, vector<string> sField, vector<string> sNewValue)
{
    //按21.4.1中类似的方法增加到编辑历史中,便于后续撤销操作,略
    for (int ji = 0; ji < vEF.size(); ji++)//所有新的选中图层
    {
        for (int i = 0; i < nCount; i++)//该图层内所有选中要素
        {
            int nFID = nFIDs[i];
            OGRFeature* pFeature = pOGRLayer->GetFeature(nFID);
            for (int j = 0; j < sField.size(); j++)//该要素所有字段
            {
                const char* cOldValue = pFeature->GetFieldAsString(sField[j].c_str());
                string sOldValue = string(cOldValue);
                pFeature->SetField(sField[j].c_str(), sNewValue[j].c_str());//更新新的属性值
                OGRErr er = pOGRLayer->SetFeature(pFeature); //重新写回到要素中
            }
        }
    }
    return TRUE;
}
```

上述代码完成了将源要素中的所有属性值复制到新选中要素上的过程,该过程通过 OGR 的 SetField()函数更改要素的属性值,再调用 OGRLayer 中的函数 SetFeature()将要素重新写回到该图层中进行要素信息的更新。

对于属性编辑来说,与上述的属性格式刷类似,实际上就是用户通过模块 MHMapAttrEdit 的表格进行属性更改(可参见 14.2),当用户在该模块的对应表格上修改属性值并按下回车键时,调用上述的函数 ChangeFeatureAttr()即可,该过程通过记录对应要素的原始字段、属性的对应值以及新的属性值到编辑历史,以便后续的撤销操作,再更

改对应要素的属性值成新的属性值来实现属性编辑过程。参见14.2，该部分实现属性编辑后所调用的函数就是本模块中的函数ChangeFeatureAttr()。

21.4.4　要素合并

前文已述及，要素合并有2种结果：1种是同一图层上的要素合并，对应于英文为Merge；另1种是跨图层的要素合并，对应于英文为Union。两者的实现过程类似，但结果有所差别，具体参见21.1.1。

要素合并的操作方法与本函数调用前的操作过程可参见7.5.4。同图层内的要素合并是通过函数MergeFeaturesByFID()完成的，对应的代码为：

```
BOOL     CMHMapEdit::MergeFeaturesByFID(vector<EDITFEATURE> vEF, int nFIDAttrBasedOn)
{
    //按21.4.1中类似的方法增加到编辑历史中，便于后续撤销操作，略
    int nNewFID = -1;
    if (pLayer->IsPointLayer())
        nNewFID = MergeFeature_Point(pLayer, nMrgFIDs); //合并点，实际上不允许
    else if (pLayer->IsLineLayer())
        nNewFID = MergeFeature_Line(pLayer, nMrgFIDs); //合并线
    else if (pLayer->IsPolygonLayer())
        nNewFID = MergeFeature_Polygon(pLayer, nMrgFIDs); //合并面
    OGRFeature* pNewFeature = pOGRLayer->GetFeature(nNewFID); //新生成的要素
    if (nFIDAttrBasedOn > 0) //外部弹出属性选择对话框，由用户确定新生成的要素基于哪个源要素的属性值
    {
        pFeature = pOGRLayer->GetFeature(nFIDAttrBasedOn);
        CopyFeatureAttrs(pOGRLayer, pFeature, pNewFeature); //从指定的要素上复制属性
    }
    pOGRLayer->SetFeature(pNewFeature); //更新要素
    bSuc = DeleteFeature(pLayer, nFIDs, nCount); //同层内合并，需要删除合并前源要素
    return bSuc;
}
```

上述代码中分别判断原矢量图层的数据类型，并根据其类型分别调用MergeFeature_Point()、MergeFeature_Line()和MergeFeature_Polygon()实现点、线和面的合并过程，最后再从指定的源要素上复制对应的属性值。其中合并面的函数MergeFeature_Polygon()最为复杂，在日常中应用最多，下面以该函数为例解释面的合并过程，对应代码如下：

```
int      CMHMapEdit::MergeFeature_Polygon(MSLayerObj* pLayer, vector<int> nFids)
{
    OGRDataSource* pDS = (OGRDataSource*)pLayer->m_pOGRDatasourcePtr;
    OGRLayer* pOGRLayer = (OGRLayer*)pLayer->m_pOGRLayerPtrOrGDALDatasetPtr;
    OGRMultiPolygon* pNewMultiPolygon = (OGRMultiPolygon*)OGR_G_CreateGeometry(wkbMultiPolygon);
    for (int i = 0; i < nFids.size(); i++)//上面新生成一个复杂多边形，再把待合并的加入进去
    {
        int nFID = nFids.at(i);
        OGRFeature* pFeature = pOGRLayer->GetFeature(nFID);
        OGRGeometry* pGeometry = pFeature->GetGeometryRef();
        OGRwkbGeometryType type = wkbFlatten(pGeometry->getGeometryType());
```

```
        if (type == wkbPolygon)
            pNewMultiPolygon->addGeometry(pGeometry); //加入
        else if (type == wkbMultiPolygon)
        {
            OGRMultiPolygon* pMultiPolygon = (OGRMultiPolygon*)pGeometry;
            for (int ji = 0; ji < pMultiPolygon->getNumGeometries(); ji++)
                pNewMultiPolygon->addGeometry(pMultiPolygon->getGeometryRef(ji)); //逐个加入
        }
        OGRFeature::DestroyFeature(pFeature);
    }
    OGRFeature* pNewFeature = (OGRFeature*)OGR_F_Create(pOGRLayer->GetLayerDefn());//生成新要素
    OGRGeometry* pNewGeometry = pNewMultiPolygon->UnionCascaded();//复杂多边形内部合并
    pOGRLayer->CreateFeature(pNewFeature); //指定新几何形状到新生成的要素上
    OGR_F_Destroy(pNewFeature);        OGR_G_DestroyGeometry(pNewMultiPolygon);
    return pOGRLayer->GetFeatureCount() - 1; //返回新生成要素的FID
}
```

也就是说,通过调用OGR底层的函数UnionCascaded()实现一个复杂多边形内部各几何形状的合并,以此实现选中多边形的合并过程。

合并线的过程均可以采用类似的方法进行实现。唯一不同的是,在合并线时需要事先逐一判断输入的2条线是否首尾连接,如果是则不需要加入同一个复杂线(MultiLineString*),而是复制一条线上的节点信息到另一条线上(同时需要注意点的顺序),完成2条线的合并过程,对应的代码略。

另一种要素合并过程是跨图层的要素合并(Union)过程,对应的代码由函数UnionFeaturesByFID()负责实现,其原理就是将原来选中的一系列要素复制到目标图层上,再在目标图层上调用上述的多边形合并过程(此时为非跨图层,Merge)进行多要素的合并。对应的代码类似如下:

```
BOOL    CMHMapEdit::UnionFeaturesByFID(vector<EDITFEATURE> vEF, MSLayerObj* pTargetLayer)
{
    //按21.4.1中类似的方法增加到编辑历史中,便于后续撤销操作,略
    vector<int> nFidsToUnion;
    vector<LAYERANDFEATURE> vTmp;
    bSuc = CopySelToClipboard(vEF, &vTmp); //复制选中要素,见21.4.2
    bSuc = PasteFromClipboard(pTargetLayer, 0, &vTmp); //粘贴到 pTargetLayer 去,见21.4.2
    vector<int>* pNewFIDs = &m_vLastGenFeatures.at(0).nFIDs;
    for (int i = 0; i < pNewFIDs->size(); i++)
        nFidsToUnion.push_back(pNewFIDs->at(i));
    int nNewFID = MergeFeature_Polygon(pTargetLayer, nFidsToUnion); //此处仅示意Merge面状要素,其他类似
    bSuc = DeleteFeature(pTargetLayer, nFidsToUnion); //删除合并Merge之前的要素
    return bSuc;
}
```

同时,为完成7.5.4中的需求,即当视图中无任何选中要素时,此时选中要素合并工具后光标变为画线工具,当画线完毕后形成了一条线,而与此线相交的所有目标图层上的面状要素则进行合并,模块MHMapView将此新生成线的信息传到本模块,本模块中再由函数MergePolygon()负责完成与该线相交的多边形的合并过程。注意,这里的函数

MergePolygon()同其他编辑函数的一个区别是：本函数不需要事先选定矢量要素，因此其参数中并没有其他编辑函数中的vector<EDITFEATURE> vEF，本函数对应的接口代码为：

```
BOOL        CMHMapEdit::MergePolygon(MSLayerObj* pLayer, double* dX, double* dY, int nNumPoint)
{
    OGRDataSource* pDS = (OGRDataSource*)pLayer->m_pOGRDatasourcePtr;
    OGRLayer* pOGRLayer = (OGRLayer*)pLayer->m_pOGRLayerPtrOrGDALDatasetPtr;
    OGRwkbGeometryType type = wkbFlatten(pOGRLayer->GetGeomType());
    OGRLineString* pLineString = (OGRLineString*)OGR_G_CreateGeometry(wkbLineString); //临时生成线
    for (int i = 0; i < nNumPoint; i++)//增加所有点
        pLineString->addPoint(dX[i], dY[i]);
    OGREnvelope env;
    pLineString->getEnvelope(&env); //获取线的外接矩形
    OGRFeature* pFeature;
    pOGRLayer->ResetReading();
    pOGRLayer->SetSpatialFilterRect(env.MinX, env.MinY, env.MaxX, env.MaxY); //多边形图层上设置空间过滤
    vector<EDITFEATURE> vEF; //为调用前文的要素合并函数,生成的临时数据结构
    EDITFEATURE ef;
    vector<int> vFid;
    while ((pFeature = pOGRLayer->GetNextFeature()) != NULL)
    {
        OGRGeometry* pGeometry = pFeature->GetGeometryRef();
        if (pLineString->Intersects(pGeometry)) //如果确实相交,加入待合并之列
        {
            int nFID = pFeature->GetFID();
            vFid.push_back(nFID);
        }
    }
    OGR_G_DestroyGeometry(pLineString); //删除临时的线几何对象
    pOGRLayer->SetSpatialFilter(NULL); //恢复图层的过滤
    ef.nFIDs = new int[vFid.size()];
    for (int i = 0; i < vFid.size(); i++)
        ef.nFIDs[i] = vFid[i];
    ef.nCount = vFid.size();
    ef.pLayerObj = pLayer;
    vEF.push_back(ef);
    if (ef.nCount > 0)
        return MergeFeaturesByFID(vEF, -1); //调用前面的函数实现对应要素的合并
    return TRUE;
}
```

21.4.5 要素切割

要素切割的操作方法与本函数调用前的操作过程可参见7.5.5。要素切割是众多矢量编辑功能中实现起来较麻烦的一个，其目的是用户通过鼠标将选中要素进行切割的过程，其实现原理采用GEOS的相关函数，对应的主要代码如下：

```
BOOL        CMHMapEdit::CutFeaturesByFID(vector<EDITFEATURE> vEF, double* dX, double* dY, int nNumPoint)
```

```
{
    //按21.4.1中类似的方法增加到编辑历史中,便于后续撤销操作,略
    GEOSGeometry* splitLineGeos = createGeosLineString(dX, dY, nNumPoint); //生成GEOS线
    for (int ji = 0; ji < vEF.size(); ji++)
    {
        GEOSContextHandle_t hGEOSCtxt = OGRGeometry::createGEOSContext();
        for (int i = 0; i < nCount; i++)
        {
            int nFID = nFIDs[i];
            GEOSGeometry* srcGeometry = (GEOSGeometry*)pGeometry->exportToGEOS(hGEOSCtxt); //导出GEOS
            vector<GEOSGeometry*> newGeometries; //用于存储GEOS新生成的几何形状
            int returnCode = -1;
            if (type == wkbLineString || type == wkbMultiLineString)
                returnCode = splitLinearGeometry(splitLineGeos, srcGeometry, newGeometries, 1e-8);
            else if (type == wkbPolygon || type == wkbMultiPolygon)
                returnCode = splitPolygonGeometry(splitLineGeos, srcGeometry, newGeometries);
            for (int i = 0; i < newGeometries.size(); i++)
            {
                GEOSGeometry* pGG = newGeometries.at(i);
                OGRGeometry* pNewG = OGRGeometryFactory::createFromGEOS(hGEOSCtxt, pGG);
                OGRFeature* pFeature = (OGRFeature*)OGR_F_Create(pOGRLayer->GetLayerDefn());
                pFeature->SetGeometry((OGRGeometry*)pNewG);
                OGR_L_CreateFeature(pOGRLayer, pFeature);
                res.push_back(pOGRLayer->GetFeatureCount() - 1);
                OGR_F_Destroy(pFeature);
            }
            //复制属性到新生成的要素上,略
            bSuc = DeleteFeature(pLayer, nCutFIDs); //删除源要素
        }
    }
    return bSuc;
}
```

由于GEOS中的大量函数并未被OGR所封装,因此对于矢量要素的切割首先需要将选中的不同要素逐一导出到GEOS中,再根据类型分别调用其分割函数splitLinearGeometry()或splitPolygonGeometry()实现。上述代码在分割完成后的结果会存储在动态数组newGeometries中(因为分割后的结果个数不定),最后再遍历这个动态数组逐个生成新的结果要素。

其中GEOS的分割线函数splitLinearGeometry()对应的主要代码为:

```
int CMHMapEdit::splitLinearGeometry(GEOSGeometry *srcSplitLine, GEOSGeometry* srcGeosGeometry,
vector<GEOSGeometry*>& newGeometries, double tolerance)
{
    GEOSGeometry *splitLine = srcSplitLine;
    GEOSGeometry* mGeos = srcGeosGeometry;
    if (0 == GEOSIntersection_r(geosinit.ctxt, splitLine, mGeos)) //如果两者不相交,直接返回
        return 1;
    int linearIntersect=GEOSRelatePattern_r(geosinit.ctxt, mGeos, splitLine, "1*******"); //是否自相交
    if (linearIntersect > 0)
```

```
        return 3;
    int splitGeomType = GEOSGeomTypeId_r(geosinit.ctxt, splitLine);
    GEOSGeometry* splitGeom = GEOSDifference_r(geosinit.ctxt, mGeos, splitLine);
    vector<GEOSGeometry*> lineGeoms; //生成的多线
    int splitType = GEOSGeomTypeId_r(geosinit.ctxt, splitGeom);
    if (splitType == GEOS_MULTILINESTRING) //多线
    {
        int nGeoms = GEOSGetNumGeometries_r(geosinit.ctxt, splitGeom); //多线的个数
        for (int i = 0; i < nGeoms; ++i) //逐一加入多线的各部分
            lineGeoms.push_back(GEOSGeom_clone_r(geosinit.ctxt,
                GEOSGetGeometryN_r(geosinit.ctxt, splitGeom, i)));
    }
    else//单线
        lineGeoms.push_back(GEOSGeom_clone_r(geosinit.ctxt, splitGeom));
    mergeGeometriesMultiTypeSplit(mGeos, lineGeoms); //调用分割函数
    for (int i = 0; i < lineGeoms.size(); ++i)
        newGeometries.push_back(lineGeoms[i]);
    GEOSGeom_destroy_r(geosinit.ctxt, splitGeom); //销毁
    return 0;
}
```

GEOS分割多边形函数splitPolygonGeometry()对应的主要代码为：

```
int CMHMapEdit::splitPolygonGeometry(GEOSGeometry* srcSplitLine, GEOSGeometry* srcGeosGeometry,
vector<GEOSGeometry*>& newGeometries)
{
    GEOSGeometry* splitLine = (GEOSGeometry*)srcSplitLine;
    GEOSGeometry* mGeos = (GEOSGeometry*)srcGeosGeometry;
    if (!GEOSIntersects_r(geosinit.ctxt, splitLine, mGeos)) //如果两者不相交,直接返回
        return 1;
    GEOSGeometry *nodedGeometry = nodeGeometries(splitLine, mGeos); //首先将得到切割线所有节点
    GEOSGeometry *polygons = GEOSPolygonize_r(geosinit.ctxt, &nodedGeometry, 1); //根据节点构造多边形
    GEOSGeom_destroy_r(geosinit.ctxt, nodedGeometry);
    vector<GEOSGeometry*> testedGeometries;
    GEOSGeometry *intersectGeometry = 0;
    for (int i = 0; i < numberOfGeometries(polygons); i++)
    {
        const GEOSGeometry *polygon = GEOSGetGeometryN_r(geosinit.ctxt, polygons, i); //获取每个多边形
        intersectGeometry = GEOSIntersection_r(geosinit.ctxt, mGeos, polygon); //Intersection
        double intersectionArea;
        GEOSArea_r(geosinit.ctxt, intersectGeometry, &intersectionArea); //获取面积
        double polygonArea;
        GEOSArea_r(geosinit.ctxt, polygon, &polygonArea); //获取面积
        const double areaRatio = intersectionArea / polygonArea;
        if (areaRatio > 0.99 && areaRatio < 1.01) //如果面积不同,加入
            testedGeometries.push_back(GEOSGeom_clone_r(geosinit.ctxt, polygon));
        GEOSGeom_destroy_r(geosinit.ctxt, intersectGeometry);
    }
    mergeGeometriesMultiTypeSplit(mGeos, testedGeometries); //调用分割函数
    //后处理,略
```

```
    return 0;
}
```

21.4.6 要素整形

要素整形的操作方法与本函数调用前的操作过程可参见7.5.6。要素整形仅针对线与面,选中要素与整形线的第1个与最后1个交点作用。实际上,对于线来说,就是将原线段中的第1个交点与最后1个交点之间用户新的线段所代替的过程。对于面来说,由于在面上由用户输入的这2个交点之间的线段同原来的面能够形成2个新的面,我们定义将面积较小的面去掉,保留面积较大的面作为用户整形的结果,对应的代码如下:

```
BOOL    CMHMapEdit::ReShapeFeaturesByFID(vector<EDITFEATURE> vEF, double* dX, double* dY, int nNumPoint)
{
    //按21.4.1中类似的方法增加到编辑历史中,便于后续撤销操作,略
    for (int ji = 0; ji < vEF.size(); ji++)
    {
        MSLayerObj* pLayer = vEF.at(ji).pLayerObj;
        int* nFIDs = vEF.at(ji).nFIDs;
        int nCount = vEF.at(ji).nCount;
        for (int i = 0; i < nCount; i++)
        {
            int nRspFIDs = nFIDs[i];
            int nNewFID = ReShapeFeature(pLayer, nRspFIDs, dX, dY, nNumPoint); //要素整形
        }
        bSuc = DeleteFeature(pLayer, nChangeFID); //删除源要素
    }
    return bSuc;
}
```

上述代码的实现原理就是遍历所有选中要素图层中对应的选中要素,再调用ReShape-Feature()函数进行对应的要素整形,并删除原来的要素,对应的具体功能实现函数ReShapeFeature()的主要代码为:

```
int CMHMapEdit::ReShapeFeature(MSLayerObj* pLayer, int nFid, double* dX, double* dY, int nNumPoint)
{
    if (type == wkbLineString) //针对线的整形
        bSuc = ReshapeLineString(pLayer, pLineString, pNewGeometry, dX, dY, nNumPoint);
    else if (type == wkbMultiLineString)
    {
        OGRMultiLineString* pMultLineString = (OGRMultiLineString*)pGeometry;
        for (int j = 0; j < pMultLineString->getNumGeometries(); j++)
        {
            OGRLineString* pLineString = (OGRLineString*)pMultLineString->getGeometryRef(j);
            void* pNewLineString = NULL; //针对多线中各线段的整形
            ReshapeLineString(pLayer, pLineString, pNewLineString, dX, dY, nNumPoint);
        }
    }
    else if (type == wkbPolygon) //针对面的整形
        bSuc = ReShapePolygon(pLayer, pPolygon, pNewGeometry, dX, dY, nNumPoint);
    else if (type == wkbMultiPolygon)
```

```
        {
            OGRMultiPolygon* pMultiPolygon = (OGRMultiPolygon*)pGeometry;
            for (int j = 0; j < pMultiPolygon->getNumGeometries(); j++)
            {
                OGRPolygon* pPolygon = (OGRPolygon*)pMultiPolygon->getGeometryRef(j);
                void* pNewPolygon = NULL; //针对多面中各多边形的整形
                bool bChildSuc = ReShapePolygon(pLayer, pPolygon, pNewPolygon, dX, dY, nNumPoint);
            }
        }
        //新生成的要素,将该要素的空间指定为新的几何形状,并复制源要素的属性,略
        return pOGRLayer->GetFeatureCount() - 1;
}
```

也就是说,上述代码针对选中数据类型的不同进一步调用不同的函数实现要素的整形过程。其中当选中要素为复杂要素(OGRMultiLineString*或OGRMultiPolygon*)时,需要判断用户输入线段同其中每个部分的交点,并分别对每个部分进行整形,完毕后再将各部分重新加入到对应的复杂要素中,并进行必要的要素属性更新。

下面一段伪代码示意了上述代码中针对线的整形方法思路,其他方法类似,此处略。

```
bool CMHMapEdit::ReshapeLineString(MSLayerObj* pLayer, void* pLineString, void*& pNewLineString, double*
dX, double* dY, int nNumPoint)
{
    //基本思想:根据用户输入的点串序列dX,dY,正序(dX[0],dY[0]开始)计算输入点串同原pLineString的
    第一个交点,再倒序(dX[nNumPoint-1],dY[nNumPoint-1]开始)计算输入点串的最后一个点串,同时记录
    2个交点分别在2个线段上的位置,再重新遍历pLineString上的每一个点,如果达到交点或对应于交点的线段,
    用用户输入的一部分线段代替原来的线段,需要注意方向性,代码略。
    return bResult;
}
```

21.4.7　要素生成

要素生成的操作方法与本函数调用前的操作过程可参见7.5.8。要素生成是指在选定图层上生成新的对应类型的要素,这里的生成要素类型包括点、线和面(多边形与矩形)类型,当视图中存在对应类型的图层时,可允许用户在对应的图层上增加要素,此时选择要素生成工具时,在主视图模块MHMapView中选择对应的工具,再在鼠标的LButtonDown()、LButtonUp()等消息的配合下调用本模块的要素生成函数。这里以稍复杂的多边形生成函数为例对其实现过程进行介绍,对应的代码如下:

```
BOOL CMHMapEdit::CreatePolygonFeature(MSLayerObj* pLayer, double* dX, double* dY, int nNumPoint)
{
    //按21.4.1中类似的方法增加到编辑历史中,便于后续撤销操作,略
    OGRLinearRing olr;
    for (int i = 0; i < nNumPoint; i++)//将用户输入的点加入到多边形线环上
        olr.addPoint(dX[i], dY[i]);
    if (fabs(dX[nNumPoint - 1] - dX[0]) > 1e-6 || fabs(dY[nNumPoint - 1] - dY[0]) > 1e-6)
        olr.addPoint(dX[0], dY[0]); //如果最后一点与第一点不同,再加一次第一点,形成闭环
    olr.closeRings();
    OGRPolygon op;
```

```
OGRErr er = op.addRing(&olr); //将闭环加入到多边形几何要素上
OGRFeature* pNewFeature = (OGRFeature*)OGR_F_Create(pOGRLayer->GetLayerDefn());//生成新要素
er = pNewFeature->SetGeometry((OGRGeometry*)&op); //指定其几何形状
er = pOGRLayer->CreateFeature(pNewFeature); //生成新要素
return TRUE;
}
```

上述代码实际上较简单，就是将用户输入的一系列点串转化成为一个多边形的过程，从而实现界面操作与生成多边形函数的连接过程。上述代码仅解释了多边形的生成过程，其他点、线和矩形的生成过程类似，均是由模块MHMapView负责实现点或点串坐标信息的收集，再由本模块根据相应的点信息进行新要素的生成，具体的代码略。同时，这里的要素生成仅完成了其空间几何形状的生成过程，并未对其属性进行更改，其属性信息的更改过程需要应用前面介绍的21.4.3中的属性编辑过程来完成。

21.4.8　要素修剪

要素修剪的操作方法与本函数调用前的操作过程可参见7.5.9。要素修剪(Clip)是用选中要素对当前视图内可见要素进行修剪，修剪完成后，将保证选中要素与其他要素没有公共区域。

```
BOOL      CMHMapEdit::ClipFeaturesByFID(vector<EDITFEATURE> vEF, int nFIDtoClip, bool bRecordHistory)
{
    //按21.4.1中类似的方法增加到编辑历史中,便于后续撤销操作,略
    OGRGeometry* pSrcGeometry = NULL;
    OGRMultiPolygon* pMP = (OGRMultiPolygon*)OGR_G_CreateGeometry(wkbMultiPolygon); //生成临时多边形
    int nFeaCount = vEF.at(0).nCount;
    for (int i = 0; i < nFeaCount; i++)
    {
        OGRFeature* pF = pOGRLayer->GetFeature(ef.nFIDs[i]);
        OGRGeometry* pG = pF->GetGeometryRef();
        OGRErr er = pMP->addGeometry(pG); //将选中要素加入临时多边形
    }
    if (nFeaCount > 1)
        pSrcGeometry = pMP->UnionCascaded();//如果多于1个多边形,内部自Union
    else
        pSrcGeometry = pOGRLayer->GetFeature(ef.nFIDs[0])->GetGeometryRef();
    OGR_G_DestroyGeometry(pMP);
    OGREnvelope envSrcFeature, envFeature;
    pSrcGeometry->getEnvelope(&envSrcFeature);
    MSLayerObj* pClipLayer = m_pMapObj->GetFirstValidLayer();
    while (pClipLayer) //遍历其他可见的多边形图层内
    {
        if (!pClipLayer->GetVisible() || pClipLayer->GetLayerType() != MS_LAYER_POLYGON)
        {
            pClipLayer = m_pMapObj->GetNextValidLayer();
            continue;
        }
        OGRFeature* pFeature;
        OGRLayer* pClipOGRLayer = (OGRLayer*)pClipLayer->m_pOGRLayerPtrOrGDALDatasetPtr;
```

```
        pClipOGRLayer->ResetReading();
        vector<int> nAffectFIDs;
        while ((pFeature = pClipOGRLayer->GetNextFeature()) != NULL) //遍历多边形要素
        {
            int nCurFID = pFeature->GetFID();
            if (pClipLayer == pLayer && nCurFID == ef.nFIDs[0])//如果是源同样,继续,不Clip
                DestoryFeatureAndContinue(pFeature);
            OGRGeometry* pGeometry = pFeature->GetGeometryRef();
            pGeometry->getEnvelope(&envFeature);
            if (envSrcFeature.Intersects(envFeature) && pSrcGeometry->Intersects(pGeometry))
                nAffectFIDs.push_back(nCurFID); //如果2要素有公共区域,加入待修剪队列
            OGRFeature::DestroyFeature(pFeature);
        }
        for (int i = 0; i < nAffectFIDs.size(); i++) //统一进行修剪
        {
            int nCurFID = nAffectFIDs.at(i);
            pFeature = pClipOGRLayer->GetFeature(nCurFID);
            int nNewFID = ClipFeature(pClipLayer, pSrcFeature, pFeature);
        }
        bSuc = DeleteFeature(pClipLayer, nAffectFIDs); //上步修剪生成的新的要素,需要把源要素删除
        pClipLayer = m_pMapObj->GetNextValidLayer();
    }
    return TRUE;
}
```

上述过程就是遍历当前主视图中可见面状图层中的要素,并计算要素同选中要素是否有共同区域,如果有则将其加入队列统一进行修剪,具体的修剪函数ClipFeature()代码如下:

```
int CMHMapEdit::ClipFeature(MSLayerObj* pLayer, void* pSrcF, void* pF)
{
    OGRLayer* pOGRLayer = (OGRLayer*)pLayer->m_pOGRLayerPtrOrGDALDatasetPtr;
    OGRFeature* pSrcFeature = (OGRFeature*)pSrcF;
    OGRFeature* pFeature = (OGRFeature*)pF;
    OGRGeometry* pSrcGeometry = pSrcFeature->GetGeometryRef();
    OGRGeometry* pGeometry = pFeature->GetGeometryRef();
    if (pGeometry->Within(pSrcGeometry)) //Clip完后就没有了,返回-1
        return -1;
    OGRGeometry* pNewGeometry = pGeometry->Difference(pSrcGeometry); //调用OGR生成Clip后的新几何形状
    OGRFeature* pNewFeature = (OGRFeature*)OGR_F_Create(pOGRLayer->GetLayerDefn());//生成新要素
    OGRErr er = pNewFeature->SetGeometry(pNewGeometry); //要素指定几何形状
    BOOL bSuc = CopyFeatureAttrs(pOGRLayer, pFeature, pNewFeature); //复制属性
    er = OGR_L_CreateFeature(pOGRLayer, pNewFeature); //图层上生成新要素
    OGRFeature::DestroyFeature(pNewFeature);
    return pOGRLayer->GetFeatureCount() - 1; //返回新生成要素的FID
}
```

即采用OGR的函数OGRGeometry::Difference()实现要素的修剪功能,完成之后再在图层内新建要素并将修剪结果的几何形状指定给新建的要素,复制源要素的属性并返回新生成要素的FID。

21.4.9　要素移动

要素移动的操作方法与本函数调用前的操作过程可参见7.5.1。要素移动功能是通过鼠标(或指定距离)将选中要素移动一定的距离,由函数 MoveFeaturesByFID()负责完成其功能。其中参数 dXOffset 与 dYOffset 分别为 X、Y 方向的移动偏移量,而最后一个参数 bCopy 则指示了是否为复制:如果是复制则不需要删除源要素,否则需要删除源要素。

```
BOOL    CMHMapEdit::MoveFeaturesByFID(vector<EDITFEATURE> vEF, double dXOffset, double dYOffset, bool bCopy)
{
    //按21.4.1中类似的方法增加到编辑历史中,便于后续撤销操作,略
    for (int ji = 0; ji < vEF.size(); ji++)
    {
        MSLayerObj* pLayer = vEF.at(ji).pLayerObj;
        int* nFIDs = vEF.at(ji).nFIDs;
        int nCount = vEF.at(ji).nCount;
        vector<int> nMovFIDs;
        for (int i = 0; i < nCount; i++)
            nMovFIDs.push_back(nFIDs[i]);
        vector<int> nNewFID = MoveFeature(pLayer, nMovFIDs, dXOffset, dYOffset, pLayer, bCopy); //移动
        if (!bCopy)
            bSuc = DeleteFeature(pLayer, nFIDs, nCount); //不是复制,则需要删除原来的
    }
    return bSuc;
}
```

由上述代码可知,要素移动的代码也较简单,就是遍历选中要素的图层,并将选中要素逐个在各图层内统一进行移动。上述代码中的函数 MoveFeature()是实现要素移动(复制)的具体实现代码,该代码在前面21.4.3中已经有所介绍,可参见21.4.3。

21.4.10　岛操作

岛操作是针对面状图层进行岛操作的编辑过程,包括在选中多边形中增加岛、删除内岛、按条件批量删除图层内岛等操作。在 ArcGIS 软件中,增加内岛要通过切割(Cut)操作进行实现,删除(弥补)内岛则操作起来更麻烦,需要首先生成一个能够涵盖内岛区域的多边形,再选中2个多边形进行合并(Merge)操作完成,ArcGIS 中不具有按条件批量删除内岛的功能。

要素岛的操作方法与本函数调用前的操作过程可参见7.5.11、7.5.12、7.5.13、7.5.14等部分。实际上,当用户点击并选择了增加岛的操作后,鼠标此时会变成增加多边形的光标,用户按顺序在选定多边形内部按下一系列点串并双击鼠标(或右键,或按下F2键)后,会调用模块 MHMapView 的 EndEditAddIsland()函数,对应的主代码如下:

```
void    CMHMapView::EndEditAddIsland(bool bDelInnerIsland)
{
    BOOL bSuc = pMHMapEdit->CreatePolygonFeature(pLayer, geoX, geoY, nNumPoint, bRecordHistory, true);
    if (m_bStartAddIsland || m_bStartSplitIsland)   //如果是加岛,……
    {
        vector<LAYERANDFEATURE> pNewFIDs = pMHMapEdit->GetLastGenFeatures();//最后新生成的多边形
```

```
        LAYERANDFEATURE lf = pNewFIDs.at(0);
        int nNewCreateFID = lf.nFIDs.at(0); //用新生成的多边形去Clip原来选定的多边形
        BOOL bSuc = pMHMapEdit->AddIsland(m_pEditTargetLayer,nOldFID,nNewCreateFID, m_bStartAddIsland);
        ClearSelectedFeatures(m_pEditTargetLayer);
    }
    if (bSuc)
        //更新视图,重新选择要素,略
}
```

本次增加的几项功能在进行栅格数据的云区人工处理与标定时非常方便,可以快速实现影像对应云影区域的标记与后续分析。进一步地,增加岛在用户操作界面上还可以表现为2个操作:挖洞与切岛,其中挖洞是在选定多边形上切出一个内岛并删除内岛的过程,形成了一个"空洞",而切岛的过程则是切出内岛同时保留内岛的过程,两者均由函数AddIsland()负责实现,对应的代码为:

```
BOOL    CMHMapEdit::AddIsland(MSLayerObj* pLayer, int nOldFID, int nNewCreatedFID, bool bDelInnerIsland)
{
    //按21.4.1中类似的方法增加到编辑历史中,便于后续撤销操作,略
    BOOL bSuc = ClipFeaturesByFID(vEF, nOldFID, false); //用新生成的多边形修剪选中的多边形
    int nNewLastFID = m_vLastGenFeatures.at(0).nFIDs.at(0);
    if (bDelInnerIsland)
        bSuc = DeleteFeature(vEF, false); //删除内岛,注意这里的vEF中是新生成的内岛多边形
    return TRUE;
}
```

上述增加多边形内岛的代码非常简单,就是先通过用户的鼠标生成一个新的多边形,此时该多边形处于选中状态(在vEF中),再采用选中多边形对原来处于选中状态的多边形进行修剪,修剪完成后根据参数bDelInnerIsland决定是否删除新生成的多边形(即vEF中的多边形),并使得原来增加内岛的多边形处于选中状态,最后复制属性到新的多边形上,根据设定是否删除内岛多边形。

删除内岛(补洞)的操作过程则是当用户选择了此工具并在视图上点击或拉框时,与此点或矩形框相交的内岛将都被补上,对应的代码如下:

```
BOOL    CMHMapEdit::DeleteIsland(vector<EDITFEATURE> vEF, double* dX, double* dY, int nNumPoint)
{
    //按21.4.1中类似的方法增加到编辑历史中,便于后续撤销操作,略
    OGRPolygon oPolygon; //构造临时多边形,与下面的临时点仅用一个,取决于用户是点击或是拉框
    OGRPoint oPoint; //构造临时点
    if (nNumPoint == 1) //只有一个点,用上边构造的点 oPoint,可参见7.5.12
    {
        oPoint.setX(dX[0]);
        oPoint.setY(dY[0]);
    }
    else               //有2个点,用上边构造的多边形 oPolygon,可参见7.5.12
    {
        OGRLinearRing lr;
        lr.addPoint(dX[0], dY[0]);
        lr.addPoint(dX[0], dY[1]);
```

```
            lr.addPoint(dX[1], dY[1]);
            lr.addPoint(dX[1], dY[0]);
            lr.closeRings();
            oPolygon.addRing(&lr);
        }
    for (int ji = 0; ji < vEF.size(); ji++)//遍历所有选中图层
    {
        MSLayerObj* pLayer = vEF.at(ji).pLayerObj;
        int* nFIDs = vEF.at(ji).nFIDs;
        int nCount = vEF.at(ji).nCount;
        OGRLayer* pOGRLayer = (OGRLayer*)pLayer->m_pOGRLayerPtrOrGDALDatasetPtr;
        for (int i = 0; i < nCount; i++)//遍历该图层中所有选中要素
        {
            OGRFeature* pFeature = pOGRLayer->GetFeature(nFIDs[i]);
            OGRGeometry* pGeometry = pFeature->GetGeometryRef();
            OGRwkbGeometryType type = wkbFlatten(pGeometry->getGeometryType());
            if (type == wkbPolygon) //简单多边形
            {
                vector<int> vnDeleteInterIsland; //用于记录哪些内岛需要删除
                OGRPolygon* pPolygon = (OGRPolygon*)pGeometry;
                for (int j = 0; j < pPolygon->getNumInteriorRings(); j++)//遍历所有内环
                {
                    OGRLinearRing* pLineRing = pPolygon->getInteriorRing(j);
                    OGRPolygon opTmp; //临时多边形,基于内岛构造
                    pLineRing->closeRings();
                    opTmp.addRing(pLineRing);
                    if (nNumPoint == 1 && opTmp.Intersects(&oPoint) ||
                        nNumPoint == 2 && opTmp.Intersects(&oPolygon))
                        vnDeleteInterIsland.push_back(j); //将与临时点或矩形有公共区域的内岛加入队列
                }
                if (vnDeleteInterIsland.size() == 0) continue;
                OGRPolygon newPolygon;
                void* pNewPolygon = &newPolygon;
                BOOL bSuc = DeleteInterIsland(pPolygon, pNewPolygon, vnDeleteInterIsland); //具体删除
                //生成新要素,指定几何形状,复制属性,删除原要素等过程,略
            }
            else if (type == wkbMultiPolygon) //复杂多边形
            {
                OGRMultiPolygon* pMultiPolygon = (OGRMultiPolygon*)pGeometry;
                for (int jk = 0; jk < pMultiPolygon->getNumGeometries(); jk++)
                {
                    OGRPolygon* pChildPolygon = (OGRPolygon*)pMultiPolygon->getGeometryRef(jk);
                    //类似于上面简单多边形的方式处理内岛,略
                }
            }
        }
        if (!bHaveIntersectInLayer)        continue;
    }
    return TRUE;
}
```

上述代码中将用户的输入构造成临时的点或矩形区域,对于简单多边形来说,首先分析选中要素中的所有内岛,再将与该点或矩形区域相交的内岛放到动态数组vnDeleteInterIsland中再批量进行内岛删除。对于复杂多边形,需要遍历构成复杂多边形的所有简单多边形的内岛和临时的点与矩形区域的相交情况,方法与简单多边形的相同,最后调用函数DeleteInnerIsland()进行内岛删除,对应的代码如下:

```
BOOL      CMHMapEdit::DeleteInterIsland(void* pSrcP, void*& pDstP, vector<int> vnDeleteInter)
{
    OGRPolygon* pSrcPolygon = (OGRPolygon*)pSrcP;
    OGRPolygon* pDstPolygon = (OGRPolygon*)pDstP;
    int nCount = pSrcPolygon->getNumInteriorRings();
    vector<int> vnShouldKeep; //需要保留的内岛
    for (int j = 0; j < nCount; j++)
    {
        if (find(vnDeleteInter.begin(),vnDeleteInter.end(), j) == vnDeleteInter.end())
            vnShouldKeep.push_back(j);
    }
    pDstPolygon->addRing(pSrcPolygon->getExteriorRing());      //复制外环
    for (int j = 0; j < vnShouldKeep.size(); j++)   //复制内环
    {
        int nInterID = vnShouldKeep.at(j);
        pDstPolygon->addRing(pSrcPolygon->getInteriorRing(nInterID));
    }
    return TRUE;
}
```

也就是说,通过遍历构成该多边形的所有内岛,并将需要保留下来的内岛索引记录到动态数组变量vnShouldKeep中,最后将原多边形的外环与需要保留的内环空间信息复制到新的多边形中去,从而删除不需要保留的内岛。

对于按条件进行批量删除内岛的操作来说,在主视图模块MHMapView中对应接口的实现时是弹出非模式对话框,在进行参数设定后调用本模块的功能函数DeleteIslandBatch()完成按条件删除内岛,前期操作过程可参见7.5.12。对应的实现代码如下:

```
BOOL      CMHMapEdit::DeleteIslandBatch(MSLayerObj* pLayer, double   dAreaLT/* = 0*/, double
dAreaGT/* = 0*/)
{
    //按21.4.1中类似的方法增加到编辑历史中,便于后续撤销操作,略
    OGRLayer* pOGRLayer = (OGRLayer*)pLayer->m_pOGRLayerPtrOrGDALDatasetPtr;
    bool bHaveIntersectInLayer = false;
    OGRFeature* pFeature;
    vector<int> vHaveProcessFIDs;
    while ((pFeature = pOGRLayer->GetNextFeature()) != NULL) //遍历选定图层内的所有要素
    {
        int nFID = pFeature->GetFID();
        if (find(vHaveProcessFIDs.begin(),vHaveProcessFIDs.end(),nFID) != vHaveProcessFIDs.end())
            continue; //如果某要素已经处理过,不再处理,继续处理其他的要素
        vHaveProcessFIDs.push_back(nFID);
```

```
        OGRGeometry* pGeometry = pFeature->GetGeometryRef();
        OGRwkbGeometryType type = wkbFlatten(pGeometry->getGeometryType());
        if (type == wkbPolygon)
        {
                vector<int> vnDeleteInterIsland; //标记哪些内岛需要删除
                OGRPolygon* pPolygon = (OGRPolygon*)pGeometry;
                for (int j = 0; j < pPolygon->getNumInteriorRings(); j++)
                {
                        OGRLinearRing* pLineRing = pPolygon->getInteriorRing(j);
                        OGRPolygon opTmp;
                        pLineRing->closeRings();
                        opTmp.addRing(pLineRing);
                        double dArea = opTmp.get_Area();//计算内岛的面积
                        if (dAreaLT != 0 && dArea < dAreaLT || dAreaGT != 0 && dArea > dAreaGT)
                                vnDeleteInterIsland.push_back(j); //满足用户设定的面积条件
                }
                if (vnDeleteInterIsland.size() == 0)
                        continue;
                OGRPolygon newPolygon;
                void* pNewPolygon = &newPolygon;
                BOOL bSuc = DeleteInterIsland(pPolygon, pNewPolygon, vnDeleteInterIsland); //删除内岛
                //生成新要素,指定几何形状,复制属性,删除原要素等过程,略
        }
        else if (type == wkbMultiPolygon)
                //逐个遍历构成复杂多边形的子多边形,按上述方法判断是否满足条件,删除内岛,生成新要素,略
    }
    return TRUE;
}
```

因为批量处理内岛操作是针对整个图层的操作,因此在上述代码实现中需要遍历该图层内所有要素,并对要素的每个内岛面积进行计算,并将待删除的内岛放到动态数组vnDeleteInterIsland中,最后再统一调用函数DeleteInterIsland()进行批量内岛删除。类似地,对于其中的复杂要素,需要逐个遍历构成复杂要素的各子多边形,同样采用上述的方法删除内岛,具体的代码与实现过程略。

21.4.11 复杂要素转为简单要素

复杂要素转为简单要素的操作方法与本函数调用前的操作过程可参见7.5.10。复杂要素转为简单要素的操作方法是首先在主视图上选择一系列要素,按下此工具并执行下述代码,将选中要素中的复杂要素变为简单要素,并复制对应的属性给新生成的简单要素。对应转换函数ConvertToSimpleFeatures()的实现代码为:

```
BOOL    CMHMapEdit::ConvertToSimpleFeatures(vector<EDITFEATURE> vEF)
{
    //按21.4.1中类似的方法增加到编辑历史中,便于后续撤销操作,略
    for (int ji = 0; ji < vEF.size(); ji++)//遍历所有图层
    {
        MSLayerObj* pLayer = vEF.at(ji).pLayerObj;
        int* nFIDs = vEF.at(ji).nFIDs;
```

```
            int nCount = vEF.at(ji).nCount;
            vector<int> nConvertFIDs; //需要转换的FID动态数组
            for (int i = 0; i < nCount; i++)//遍历图层中的选中要素
            {
                    int nFID = nFIDs[i];
                    OGRLayer* pOGRLayer = (OGRLayer*)pLayer->m_pOGRLayerPtrOrGDALDatasetPtr;
                    OGRFeature* pFeature = pOGRLayer->GetFeature(nFID);
                    OGRGeometry* pGeometry = pFeature->GetGeometryRef();
                    OGRwkbGeometryType type = wkbFlatten(pGeometry->getGeometryType());
                    if (type == wkbMultiPoint || type == wkbMultiLineString || type == wkbMultiPolygon)
                            nConvertFIDs.push_back(nFID); //需要转换,加入,后边统一转换
                    OGRFeature::DestroyFeature(pFeature);
            }
            vector<int> pNewFID = ConvertFeature(pLayer, nConvertFIDs); //具体的转换过程
            bSuc = DeleteFeature(pLayer, nConvertFIDs);
        }
    return bSuc;
}
```

上述代码就是遍历选中要素,并将其中复杂要素的几何形状加入一动态数组中,最后统一调用函数 ConvertFeature() 实现复杂要素变成简单要素的过程,对应的代码如下:

```
vector<int>   CMHMapEdit::ConvertFeature(MSLayerObj* pLayer, vector<int> nFids)
{
    OGRLayer* pOGRLayer = (OGRLayer*)pLayer->m_pOGRLayerPtrOrGDALDatasetPtr;
    vector<int> nMovResultFIDs;
    for (int i = 0; i < nFids.size(); i++)
    {
        OGRFeature *pFeature = pOGRLayer->GetFeature(nFids.at(i));
        OGRGeometry* pGeometry = pFeature->GetGeometryRef();
        OGRGeometryCollection* pGeometryCollection = (OGRGeometryCollection*)pGeometry;
        int nNum = pGeometryCollection->getNumGeometries();
        for (int j = 0; j < nNum; j++) //逐一遍历所有子多边形,对每个子多边形建立新要素
        {
            OGRFeature* pNewFeature = (OGRFeature*)OGR_F_Create(pOGRLayer->GetLayerDefn());//生成要素
            OGRGeometry* pChildGeometry = pGeometryCollection->getGeometryRef(j);
            OGRErr er = pNewFeature->SetGeometry(pChildGeometry);
            CopyFeatureAttrs(pOGRLayer, pFeature, pNewFeature); //复制属性
            er = pOGRLayer->CreateFeature(pNewFeature); //生成对应的要素
            OGR_F_Destroy(pNewFeature);
            nMovResultFIDs.push_back(pOGRLayer->GetFeatureCount() - 1);
        }
        OGRFeature::DestroyFeature(pFeature);
    }
    return nMovResultFIDs; //返回新生成的要素的FID数组
}
```

21.4.12 编辑节点

编辑节点是针对线或面精细化编辑的一种实现过程,主要包括构成线或面的节点(或

线段,即线段的2个节点同步移动)位置移动、增加节点、删除节点等操作。

对应的操作方法为:选中主视图中的一个要素,点击编辑节点工具,此时选中要素的所有节点上将出现一系列小方块,其中绿色方块为该环的起始点,同时弹出节点信息的列表,如图21-3所示。选中要素节点编辑的操作方法与具体步骤可参见7.5.15。

图21-3中选中的多边形外环为一个矩形,由5个节点构成(第1个与第5个坐标相同),内环为一个五边形,由6个节点构成(第1个与第6个坐标相同)。图中右侧的节点信息列表详细列出各节点的坐标信息,其中"Part 1"表示该要素的第1部分,对于多边形要素来说就是外环,"Part 2"和"Part 3"表示要素的第2部分和第3部分,对于多边形来说可能是内环,也可能是MultiPolygon的其他部分的环。

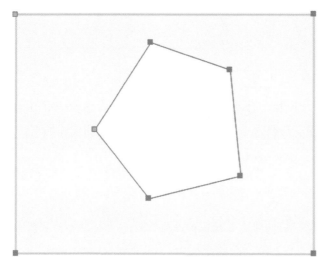

图21-3 要素的节点信息显示界面

当显示为图21-3所示的节点信息时,鼠标移动到节点上或边上时将显示移动节点的光标(参见7.5.15的第1)部分),此时按下鼠标并移动可实现节点或边的移动,对应的实现函数代码如下:

```cpp
BOOL CMHMapEdit::MoveVertices(vector<EDITFEATURE> vEF, int nPolygonPart, int nPointNum, double dNewX1,
double dNewY1, double dNewX2, double dNewY2)
{
    //按21.4.1中类似的方法增加到编辑历史中,便于后续撤销操作,略
    int nFID = nFIDs[0]; //编辑节点仅允许同时选中一个要素
    OGRLayer* pOGRLayer = (OGRLayer*)pLayer->m_pOGRLayerPtrOrGDALDatasetPtr;
    OGRFeature* pFeature = pOGRLayer->GetFeature(nFID);
    OGRGeometry* pGeometry = pFeature->GetGeometryRef();
    OGRwkbGeometryType type = wkbFlatten(pGeometry->getGeometryType());
    if (type == wkbPolygon ) //简单面状要素
    {
        OGRPolygon* pPolygon = (OGRPolygon*)pGeometry; //要素的几何形状
        OGRLinearRing* pLinearRing = NULL; //指向需要编辑的环
        if (nPolygonPart == 0) //如果编辑的为Part1,指向外环
```

```
                    pLinearRing = pPolygon->getExteriorRing();
            else        //否则指向对应的内环
                    pLinearRing = pPolygon->getInteriorRing(nPolygonPart-1);
            if (fabs(dNewX2 + 1) < 1e-6 && fabs(dNewY2 + 1) < 1e-6)   //Move Vertices
            {
                    pLinearRing->setPoint(nPointNum, dNewX1, dNewY1);  //改变第nPointNum个点信息
                    if (nPointNum == 0)          //如果是第1个,也需要改最后1个
                            pLinearRing->setPoint(pLinearRing->getNumPoints()-1, dNewX1, dNewY1);
            }
            else        //Move Edges,需要同时改变构成该边的2个节点的坐标
            {
                    pLinearRing->setPoint(nPointNum, dNewX1, dNewY1);  //改变第nPointNum个点信息
                    if (nPointNum == 0)
                            pLinearRing->setPoint(pLinearRing->getNumPoints() - 1, dNewX1, dNewY1);
                    pLinearRing->setPoint(nPointNum+1, dNewX2, dNewY2);  //改变第nPointNum+1个点信息
                    if (nPointNum+1 == pLinearRing->getNumPoints()-1)
                            pLinearRing->setPoint(0, dNewX2, dNewY2);
            }
            //生成新的要素,并重新指定给要素几何形状pPolygon,复制属性,略
    }
    else
            //其他类型:线、多线、多面,略
    return bSuc;
}
```

上述代码的实现过程是判断dNewX2与dNewY2的值是否均为-1,此时的调用过程是由移动节点的操作发出,需要移动对应的节点坐标,同时判断移动的节点是否是第1个,如果是则需要改变最后一点的坐标以确保首尾同步移动;当两者的值不为-1时,此时是移动了一个边,我们需要同步修改构成该边的2个节点的坐标信息,最后生成新的要素并指定几何形状到新的要素上,复制对应的属性信息。

对于线、多线和多面的节点操作实现过程与上述简单面的节点移动类似,此处略。

另一种操作就是增加节点,对于图21-3显示节点信息时,此时用鼠标在节点上双击,就可以在双击处增加一个节点,其前面的具体操作部分可参见7.5.15的第2)部分,对应的实现代码由函数AddVertices()负责完成:

```
BOOL CMHMapEdit::AddVertices(vector<EDITFEATURE> vEF, int nPolygonPart, int nPointNum, double dNewX,
double dNewY)
{
    //按21.4.1中类似的方法增加到编辑历史中,便于后续撤销操作,略
    int nFID = nFIDs[0]; //编辑节点仅允许同时选中一个要素
    OGRLayer* pOGRLayer = (OGRLayer*)pLayer->m_pOGRLayerPtrOrGDALDatasetPtr;
    OGRFeature* pFeature = pOGRLayer->GetFeature(nFID);
    OGRGeometry* pGeometry = pFeature->GetGeometryRef();
    OGRwkbGeometryType type = wkbFlatten(pGeometry->getGeometryType());
    if (type == wkbPolygon )
    {
            OGRPolygon ppNew; //新的多边形几何要素
            OGRLinearRing olrNew; //对应的环
```

```
        OGRPolygon* pPolygon = (OGRPolygon*)pGeometry;
        OGRLinearRing* pLinearRing = NULL;
        if (nPolygonPart == 0) //如果在外环上双击,增加节点
        {
            pLinearRing = pPolygon->getExteriorRing();//获取原外环
            int nCount = pLinearRing->getNumPoints();//外环的点数
            double *dTmpX = new double[nCount];
            double *dTmpY = new double[nCount];
            pLinearRing->getPoints(dTmpX, sizeof(double), dTmpY, sizeof(double)); //取出坐标
            for (int i = 0; i < nPointNum; i++)//复制前一部分的坐标
                olrNew.addPoint(dTmpX[i],dTmpY[i]);
            olrNew.addPoint(dNewX, dNewY); //增加新的节点
            for (int i = nPointNum; i < nCount;i++)//后一部分的同样复制过来
                olrNew.addPoint(dTmpX[i], dTmpY[i]);
            ppNew.addRing(&olrNew);
            delete dTmpX;   delete dTmpY;
            for (int i = 0; i < pPolygon->getNumInteriorRings(); i++)//复制所有内环
                ppNew.addRing(pPolygon->getInteriorRing(i));
        }
        else      //在内环上双击,增加节点
        {
            ppNew.addRing(pPolygon->getExteriorRing());//复制外环
            for (int i = 0; i < nPolygonPart - 1; i++) //不需要更改的内环均复制过来
                ppNew.addRing(pPolygon->getInteriorRing(i));
            pLinearRing = pPolygon->getInteriorRing(nPolygonPart - 1); //需要增加节点的对应的内环
            int nCount = pLinearRing->getNumPoints();//点数
            double *dTmpX = new double[nCount];
            double *dTmpY = new double[nCount];
            pLinearRing->getPoints(dTmpX, sizeof(double), dTmpY, sizeof(double)); //获取坐标
            for (int i = 0; i < nPointNum; i++)//复制前一部分坐标
                olrNew.addPoint(dTmpX[i], dTmpY[i]);
            olrNew.addPoint(dNewX, dNewY); //增加新的坐标
            for (int i = nPointNum; i < nCount; i++)//复制后一部分坐标
                olrNew.addPoint(dTmpX[i], dTmpY[i]);
            ppNew.addRing(&olrNew); //加入更改后的内环
            delete dTmpX;   delete dTmpY;
            for (int i = nPolygonPart; i < pPolygon->getNumInteriorRings(); i++) //复制其他内环
                ppNew.addRing(pPolygon->getInteriorRing(i));
        }
        //生成新的要素,并重新指定给要素几何形状ppNew,复制属性,略
    }
    else
        //其他类型、线、多线、多面,略
    return bSuc;
}
```

增加节点的代码同样以面状要素为例,需要根据参数nPolygonPart来判断用户在哪个环上进行的节点增加,在新建一个简单面状几何形状后,将不需要更改的其他环的信息复制过来,并将需要增加点的所有坐标复制,再增加此点的坐标,最后再复制后续的另一

部分的坐标信息即可。后续的根据新生成的几何形状生成新要素并复制属性等步骤略。

当在已经存在的节点上进行双击时,所需要执行的操作为节点删除,其前面的具体操作部分可参见7.5.15的第3)部分,其对应的函数DelVertices()实现代码与增加节点互为逆过程,实现方法也类似,主要代码如下:

```
BOOLCMHMapEdit::DelVertices(vector<EDITFEATURE> vEF, int nPolygonPart, int nPointNum, double dNewX,
double dNewY)
{
    //按21.4.1中类似的方法增加到编辑历史中,便于后续撤销操作,略
    if (type == wkbPolygon )
    {
        OGRPolygon ppNew;
        OGRLinearRing olrNew;
        OGRPolygon* pPolygon = (OGRPolygon*)pGeometry;
        OGRLinearRing* pLinearRing = NULL;
        if (nPolygonPart == 0)
        {
            pLinearRing = pPolygon->getExteriorRing();//获取外环
            int nCount = pLinearRing->getNumPoints();
            if (nCount == 3)        //不可以少于3个点
                return FALSE;
            double *dTmpX = new double[nCount];
            double *dTmpY = new double[nCount];
            pLinearRing->getPoints(dTmpX, sizeof(double), dTmpY, sizeof(double)); //获取点坐标
            for (int i = 0; i < nPointNum; i++)
                olrNew.addPoint(dTmpX[i],dTmpY[i]); //复制删除点前面的点坐标信息
            int nLessNum = nPointNum == 0 ? 1 : 0;
            for (int i = nPointNum + 1; i < nCount - nLessNum; i++)
                olrNew.addPoint(dTmpX[i], dTmpY[i]); //复制删除点后面的点坐标信息
            olrNew.closeRings();
            ppNew.addRing(&olrNew);
            delete dTmpX;    delete dTmpY;
            for (int i = 0; i < pPolygon->getNumInteriorRings(); i++)//复制其他内环
                ppNew.addRing(pPolygon->getInteriorRing(i));
        }
        else
        {
            ppNew.addRing(pPolygon->getExteriorRing());//复制外环
            for (int i = 0; i < nPolygonPart - 1; i++)//复制未改变的前一部分内环
                ppNew.addRing(pPolygon->getInteriorRing(i));
            pLinearRing = pPolygon->getInteriorRing(nPolygonPart - 1); //在此内环上删除点
            int nCount = pLinearRing->getNumPoints();
            double *dTmpX = new double[nCount];
            double *dTmpY = new double[nCount];
            pLinearRing->getPoints(dTmpX, sizeof(double), dTmpY, sizeof(double)); //获取点坐标
            for (int i = 0; i < nPointNum; i++)
                olrNew.addPoint(dTmpX[i], dTmpY[i]); //复制删除点前面的点坐标信息
            int nLessNum = nPointNum == 0 ? 1 : 0;
```

```
            for (int i = nPointNum + 1; i < nCount - nLessNum; i++)
                olrNew.addPoint(dTmpX[i], dTmpY[i]); //复制删除点后面的点坐标信息
            olrNew.closeRings();
            ppNew.addRing(&olrNew); //增加修改了的内环
            delete dTmpX;    delete dTmpY;
            for (int i = nPolygonPart; i < pPolygon->getNumInteriorRings(); i++)
                ppNew.addRing(pPolygon->getInteriorRing(i)); //复制未改变的后一部分内环
        }
        //生成新的要素,并重新指定给要素几何形状ppNew,复制属性,略
    }
    else
        //其他类型、线、多线、多面,略
    return bSuc;
}
```

最后,编辑节点信息过程中还有一个操作,即实现顶点坐标的精确修改,其前面的具体操作部分可参见7.5.15的第4)部分,该功能的实现函数为批量的节点信息修改(如批量的值粘贴),对应的核心代码为:

```
BOOL    CMHMapEdit::MoveVerticesBatch(vector<EDITFEATURE> vEF, vector<int> vPolygonPart, vector<int> vPointNum, vector<double> vNewX, vector<double> vNewY)
{
    //按21.4.1中类似的方法增加到编辑历史中,便于后续撤销操作,略
    void* pG = NULL;
    for (int iPtNumber = 0; iPtNumber < vPolygonPart.size(); iPtNumber++)
    {
        vector<int> res;
        int nPolygonPart = vPolygonPart[iPtNumber]; //需要修改的Part
        if (type == wkbLineString)
        {
            OGRLineString* pLineString = (OGRLineString*)pGeometry;
            double dNewX = vNewX[iPtNumber];
            double dNewY = vNewY[iPtNumber];
            int nPointNum = vPointNum[iPtNumber];
            pLineString->setPoint(nPointNum, dNewX, dNewY); //设置节点坐标信息
            pG = (OGRLineString*)pLineString;
        }
        else if (type == wkbPolygon)
        {
            OGRPolygon* pPolygon = (OGRPolygon*)pGeometry;
            OGRLinearRing* pLinearRing = NULL;
            double dNewX = vNewX[iPtNumber];
            double dNewY = vNewY[iPtNumber];
            int nPointNum = vPointNum[iPtNumber];
            if (nPolygonPart == 0) //找到Part所对应的OGRLineRing*
                pLinearRing = pPolygon->getExteriorRing();
            else
                pLinearRing = pPolygon->getInteriorRing(nPolygonPart - 1);
            pLinearRing->setPoint(nPointNum, dNewX, dNewY);                //设置坐标信息
```

```
            if (nPointNum == 0) //首尾点信息保持一致
                pLinearRing->setPoint(pLinearRing->getNumPoints() - 1, dNewX, dNewY);
            else if (nPointNum == pLinearRing->getNumPoints() - 1)
                pLinearRing->setPoint(0, dNewX, dNewY);
            pG = (OGRPolygon*)pPolygon;
        }
        else if (type == wkbMultiLineString || type == wkbMultiPolygon)
            //与上面类似,找到哪个Part的哪个点,设置坐标,略
    }
    OGRFeature* pNewFeature = (OGRFeature*)OGR_F_Create(pOGRLayer->GetLayerDefn());//生成临时要素
    pNewFeature->SetGeometry((OGRGeometry*)pG); //要素指向对应的几何形状
    CopyFeatureAttrs(pOGRLayer, pFeature, pNewFeature); //复制属性
    OGRErr er = pOGRLayer->CreateFeature(pNewFeature); //图层上生成新要素
    return TRUE;
}
```

上述代码的原理非常简单,就是找出用户修改的坐标信息位于该几何形状的哪个部分的第多少个点,再调用OGR的相应函数实现其坐标修改的功能。

21.5　矢量编辑操作功能的实现

21.4节介绍了一系列矢量编辑功能的实现方法和记录矢量编辑过程与其数据结构,同时根据该记录的过程也能够实现反向撤销与正向重做的过程。也就是说,当用户每操作一次矢量数据的编辑过程(21.4中介绍的编辑过程)后,便在类内动态数组m_vEditHistory中对该过程进行记录,同时记录当前操作位置游标的指示变量m_nCurEditOprIndex,根据该数组同样可以恢复至其中某个步骤的编辑过程,或恢复到编辑的最初始状态,也可以重做至最后。

同时,对于矢量数据的编辑过程,用户还可以随时对编辑结果保存或放弃:保存就是接受当前步骤以前的所有编辑过程,并删除可恢复的历史记录;放弃相当于撤销所有的矢量操作过程至上次保存的位置或最初的编辑状态。同时这2种操作将均清空用于记录历史记录的数组m_vEditHistory,完成后将不可撤销或重做。

21.5.1　撤销与重做

撤销过程的原理就是将指示当前位置的游标m_nCurEditOprIndex减去1,如果上一步为空间编辑过程,需要根据记录中的原空间形状与新空间形状等记录,恢复上一步已经删除的要素,同时再删除上一步新生成的要素;如果上一步为属性编辑过程,则需要根据记录中修改要素的FID、字段、原属性与新属性等进行恢复。

撤销的函数由函数OnUnDoEdit()负责完成,对应的代码如下:

```
BOOL    CMHMapEdit::OnUnDoEdit()
{
    if (m_nCurEditOprIndex >= 0)
    {
        EDITHISTORY* pEH = m_vEditHistory.at(m_nCurEditOprIndex); //当前的历史记录
        int nFind = -1;
        vector<EDITHISTORYFEATURESPATIAL>* pEHFS = &pEH->vEditFeatureSpatial; // 如果是空间编辑
```

```
        for (int ji = pEHFS->size() - 1; ji >= 0; ji--)//如果需要撤销的上一步是空间编辑,执行下面代码
        {
                MSLayerObj* pLayer = pEHFS->at(ji).pLayerObj; //空间操作的图层
                string sFrom = pEHFS->at(ji).sEditFromFID; //操作前的要素FID
                vector<int> nFids;
                nFind = sFrom.find(",");
                while (nFind != string::npos) //解析字符串sFrom,将其中FID放到动态数组nFids中
                {
                        string sT = sFrom.substr(0, nFind);
                        int sTINT = atoi(sT.c_str());
                        nFids.push_back(sTINT);
                        sFrom = sFrom.substr(nFind + 1);
                        nFind = sFrom.find(",");
                }
                if (sFrom.length() > 0)
                {
                        string sT = sFrom;
                        int sTINT = atoi(sT.c_str());
                        nFids.push_back(sTINT);
                }
                BOOL bSuc = RestoreDeletedFeature(pLayer, nFids); //恢复被删除的要素
                LAYERANDFEATURE lgf;
                lgf.pLayerObj = pLayer;
                for (int i = 0; i < nFids.size(); i++)
                        lgf.nFIDs.push_back(nFids.at(i));
                m_vLastGenFeatures.push_back(lgf);
                string sTo = pEHFS->at(ji).sEditToFID;
                //解析字符串sTo,将其中FID放到动态数组nFids中,同上,略
                bSuc = DeleteFeature(pLayer, nFids); //删除上次被新生成的要素
        }
        vector<EDITHISTORYFEATUREATTR>* pEHFA = &pEH->vEditFeatureAttr; //如果是属性编辑
        for (int ji = 0; ji < pEHFA->size(); ji++)//如果需要撤销的上一步是属性编辑,执行下面代码
        {
                MSLayerObj* pLayer = pEHFA->at(ji).pLayerObj;   //图层
                int nFID = pEHFA->at(ji).nFID;                  //要素FID
                string sField = pEHFA->at(ji).sField;           //字段
                string sOldValue = pEHFA->at(ji).sOldValue;     //属性原值
                string sNewValue = pEHFA->at(ji).sNewValue;     //属性新值
                OGRLayer* pOGRLayer = (OGRLayer*)pLayer->m_pOGRLayerPtrOrGDALDatasetPtr;
                OGRFeature* pFeature = pOGRLayer->GetFeature(nFID);
                pFeature->SetField(sField.c_str(), sOldValue.c_str());//恢复被修改要素的属性成原属性
                pOGRLayer->SetFeature(pFeature);
        }
        m_nCurEditOprIndex--;
        return TRUE;
    }
    return FALSE;
}
```

重做的过程是撤销过程的逆过程,是当用户撤销了一次或几次编辑操作后,再按已经

撤销的步骤重新进行已经撤销了的矢量编辑,该编辑的重做过程由函数OnReDoEdit()负责完成,对应的代码如下:

```
BOOL      CMHMapEdit::OnReDoEdit()
{
    if (m_nCurEditOprIndex < m_vEditHistory.size() - 1)
    {
        EDITHISTORY* pEH = m_vEditHistory.at(m_nCurEditOprIndex + 1);//这个是下一状态,需要恢复到这个
        vector<EDITHISTORYFEATURESPATIAL>* pEHFS = &pEH->vEditFeatureSpatial; //空间编辑
        for (int ji = 0; ji < pEHFS->size(); ji++)
        {
            MSLayerObj* pLayer = pEHFS->at(ji).pLayerObj;
            string sFrom = pEHFS->at(ji).sEditFromFID;
            //解析字符串sFrom,将其中FID放到动态数组nFids中,同上,略
            BOOL bSuc = DeleteFeature(pLayer, nFids); //重新删除上次被恢复的要素
            string sTo = pEHFS->at(ji).sEditToFID;
            //解析字符串sTo,将其中FID放到动态数组nFids中,同上,略
            bSuc = RestoreDeletedFeature(pLayer, nFids); //恢复上次删除的要素
        }
        vector<EDITHISTORYFEATUREATTR>* pEHFA = &pEH->vEditFeatureAttr; //属性编辑
        for (int ji = 0; ji < pEHFA->size(); ji++)
        {
            MSLayerObj* pLayer = pEHFA->at(ji).pLayerObj;    //图层
            int nFID = pEHFA->at(ji).nFID;
            string sField = pEHFA->at(ji).sField;           //字段
            string sOldValue = pEHFA->at(ji).sOldValue;     //属性原值
            string sNewValue = pEHFA->at(ji).sNewValue;     //属性新值
            OGRLayer* pOGRLayer = (OGRLayer*)pLayer->m_pOGRLayerPtrOrGDALDatasetPtr;
            OGRFeature* pFeature = pOGRLayer->GetFeature(nFID);
            pFeature->SetField(sField.c_str(), sNewValue.c_str());//重做被修改要素的属性成原属性
            pOGRLayer->SetFeature(pFeature);
        }
        m_nCurEditOprIndex++;
        return TRUE;
    }
    return FALSE;
}
```

21.5.2 保存与放弃

保存的过程就是在所有图层上执行SQL语句"REPEAK"的过程,通过执行该语句,将矢量图层进行"紧缩",并彻底删除"标记删除"(参见21.3)的要素。

```
BOOL      CMHMapEdit::SaveEdit()
{
    for (int i = 0; i < m_vChangeLayers.size(); i++)
    {
        MSLayerObj* pLayer = m_vChangeLayers.at(i);
        OGRDataSource* pDS = (OGRDataSource*)pLayer->m_pOGRDatasourcePtr;
        OGRLayer* pOGRLayer = (OGRLayer*)pLayer->m_pOGRLayerPtrOrGDALDatasetPtr;
```

```
        OGRFeatureDefn *pFeatureDefn = pOGRLayer->GetLayerDefn();
        string sPack = "REPACK " + pFeatureDefn->GetName();
        pDS->ExecuteSQL(sPack.c_str(), NULL, "");//在该OGR图层上执行对应的SQL语句
        pDS->CommitTransaction();//提交事务
    }
    m_nCurEditOprIndex = -1; //删除所有可ReDo或UnDo的数据
    UpdateStatusAndReleaseMemory();//此过程相当于清空历史记录数组m_vEditHistory
    return TRUE;
}
```

也就是说,矢量编辑后的保存过程实际上就是在该OGR图层上执行REPACK的过程,执行的效果就是将图层中"标记删除"而未真正删除的记录彻底删除,同时清空可撤销记录(即不再可撤销)。

相应地,矢量编辑后的放弃过程实际上就是执行所有可以执行的撤销操作后再进行保存的过程,对应的代码如下:

```
BOOL      CMHMapEdit::QuitEdit()
{
    while (m_nCurEditOprIndex >= 0) //撤销到最开始
        OnUnDoEdit();
    return SaveEdit();//保存状态
}
```

21.6　小　　结

　　模块MHMapEdit是MHMapGIS构成模块中代码实现相对比较复杂的模块之一,同时也是交互式矢量数据编辑与分析的主要实现模块,其功能包括针对矢量要素的空间编辑,也包括针对矢量要素的属性编辑功能。本模块中较重要的是构造一套可无限撤销与重做的数据结构,并在此数据结构的支持下实现用户所有操作过程的记录,并可根据该记录实现用户操作的撤销与恢复。

　　本套数据结构同样适合其他类似的GIS软件中矢量数据编辑模块的构造过程。其具体的实现过程仍然主要是借助OGR的相关函数或GEOS的空间操作函数来完成的,同样地,用户需要进一步完成一些针对某些操作的"快速编辑功能"时,也可以采用OGR的相关空间编辑、分析等功能,以及组合GEOS库中的编辑、分析等功能,完成更为复杂的或针对某些应用的快捷矢量编辑功能。

第 22 章

矢量节点编辑模块 MHMapEditSketch 的实现

地图矢量节点编辑模块 MHMapEditSketch 的主要功能是通过主框架内的可停靠子窗口对线状或面状矢量数据的节点信息进行展现与编辑操作,用于配合完成第 21 章中的矢量要素节点编辑功能。其中可停靠子窗口的生成功能同模块 MHMapIdentify(见第 16 章)、MHMapAttrTable(见第 13 章)、MHMapOverview(见第 15 章)等类似,其内部以表格控件进行填充,表格内用一系列坐标表示对应节点的坐标信息,并在用户需要编辑时对节点坐标进行修改。

22.1 节点编辑类 CMHMapEditSketchPane 实现要素坐标展现

图 22-1 示意了面状矢量数据编辑模块 MHMapEditSketch 的主要界面。其中左侧为对应的面状矢量数据在主视图 MHMapView 上的显示状态,右侧窗口为对应的模块 MHMapEditSketch 的子窗口界面。

当用户在主界面 MHMapView 上选中该面状数据并点击节点编辑工具时,会自动弹

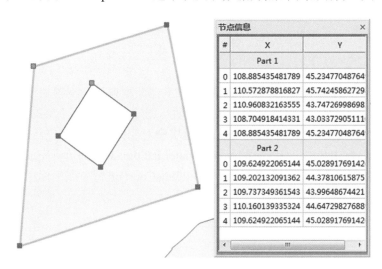

图 22-1 矢量数据编辑模块 MHMapEditSketch 的主要界面

出图22-1右侧本模块MHMapEditSketch的窗口,并在窗口中的表格控件上显示所有对应节点的坐标信息。其中,模块MHMapEditSketch的窗口生成(对应的OnCreate()函数)、窗口内表格生成等过程与模块MHMapAttrTable类似,其生成过程可参见第13章。

在图22-1右侧的MHMapEditSketch窗口视图中,采用3列对选中要素(可能为线、多线、面或多面)的节点构成信息进行展示:当选中要素为线或无内岛的面时,窗口中仅显示有"Part 1"及相应的一系列点的坐标;当选中要素为多线、含有内岛的面或多面(无论其中是否有内岛)时,窗口中则显示有多个Part,即"Part 1""Part 2"……,其规则为:对于多线及无内岛的多面,该多线的构成部分与各个"Part"一一对应;对于含有内岛的面,其"Part 1"实际上是该面的外环坐标点序列,而其内岛则对应了"Part 2""Part 3"……;对于最为复杂的含有内岛的多面,假设该复杂多边形共有m个面,右侧窗口中"Part 1"为该多面m个面中第1个面的外环,假设该面有$n_1(n_1 \geq 0)$个内岛,其"Part 2""Part 3"……"Partn_1 – 1"为该面的一系列内岛;对于m个面中的第2个面,假设该面有$n_2(n_2 \geq 0)$个内岛,右侧窗口视图中则以"Part n_1"开始,对应了第2个面的外环,进一步地,其他n_2个内岛分别为"Partn_1 + 1"……"Partn_2 + 1"……,依此类推。

当图22-1右侧的MHMapEditSketch窗口视图由主视图激活时,该函数对应于下面主框架MHMapFrm中的函数ShowEditSketchPane()(而且本函数为本模块激活的唯一入口函数),其对应的主体代码为:

```
LRESULT CMHMapFrm::ShowEditSketchPane(WPARAM wparam, LPARAM lparam)
{
    if (!m_pMHMapEditSketchPane) //主框架模块中如果未激活过本模块窗口,动态生成
    {
        m_pMHMapEditSketchPane = new CMHMapEditSketchPane;
        m_pMHMapEditSketchPane->Create("节点信息", this, CRect(150, 50, 400, 500), TRUE,…);
        m_pMHMapEditSketchPane->EnableDocking(CBRS_ALIGN_ANY);
        DockPane(m_pMHMapEditSketchPane);
    }
    m_pMHMapEditSketchPane->UpdateListPointsCoor();//激活模块本模块更新节点信息函数,见下
    m_pMHMapEditSketchPane->ShowPane(TRUE, FALSE, FALSE); //显示窗口
    m_pMHMapEditSketchPane->AdjustLayout();//调整窗口大小
    return 0;
}
```

上述代码示意了当用户选择节点编辑后由主框架窗口激活本模块窗口的过程,如果之前没有激活过本窗口,则在需要显示前进行动态创建,以节省不必要的内存开销。随着用户通过鼠标对节点及边线的编辑功能,本模块中对应的坐标信息更新的功能由主体功能实现类CMHMapEditSketchPane的函数UpdateListPointsCoor()负责完成。上述代码中,在窗口显示前,需要首先调用函数UpdateListPointsCoor()进行节点坐标信息更新,其对应的代码为:

```
void        CMHMapEditSketchPane::UpdateListPointsCoor()
{
    m_nCurRow = 0;
    CMHMapView* pMHMapView = (CMHMapView*)m_pMHMapView;
    int nCountPart = pMHMapView->m_vPolygonPoints_EditSketch.size();
```

```
int nTotalCount = 1;// 第0行
for (int i = 0; i < nCountPart; i++)
{
    int nCountPoints = pMHMapView->m_vPolygonPoints_EditSketch.at(i).size();//该Part上的点数
    nTotalCount += nCountPoints + 1;//里面的点数,每点1行,再加上Part * 1行,如图22-1右侧
}
m_wndGridCtrl.SetRowCount(nTotalCount);
m_wndGridCtrl.SetItemText(0, 0, "#");
m_wndGridCtrl.SetItemText(0, 1, "X");
m_wndGridCtrl.SetItemText(0, 2, "Y");
int nCur = 1;
for (int i = 0; i < nCountPart; i++)//构成多边形的各部分
{
    CString str, strX, strY;
    str.Format("Part %d", i + 1);
    m_wndGridCtrl.SetItemText(nCur, 0, "");
    m_wndGridCtrl.SetItemText(nCur, 1, str);
    m_wndGridCtrl.SetItemText(nCur, 2, "");
    nCur++;
    int nCountPoints = pMHMapView->m_vPolygonPoints_EditSketch.at(i).size();
    for (int j = 0; j < nCountPoints; j++)//遍历各部分,取出点坐标,添加到表格
    {
        str.Format("%d", j);
        strX.Format("%s", pMHMapView->m_vPolygonPoints_EditSketch.at(i).at(j).x.c_str());
        strY.Format("%s", pMHMapView->m_vPolygonPoints_EditSketch.at(i).at(j).y.c_str());
        m_wndGridCtrl.SetItemText(nCur, 0, str);
        m_wndGridCtrl.SetItemText(nCur, 1, strX);
        m_wndGridCtrl.SetItemText(nCur, 2, strY);
        nCur++;
    }
}
m_wndGridCtrl.Invalidate();//表格更新
}
```

当用户选中要素并点击节点编辑工具时,主视图模块MHMapView中会将选中要素所对应几何形状的节点信息在动态数组m_vPolygonPoints_EditSketch中进行记录(具体过程可参见7.5.15的第1)部分),再在上述代码中读取出对应数据的数值并在本模块表格控件中进行坐标更新。当用户每次完成节点/边的编辑过程时,均需要调用本函数实现新的坐标信息的更新。

22.2　类CMHMapEditSketchPane实现坐标修改与视图更新

除用户通过鼠标实现节点或边线的位置(坐标)更改之外,还可以直接通过图22-1右侧窗口直接修改各节点的坐标,从而实现坐标的"精确"修改。当在对应的表格窗口中更改值(通过修改后回车,或复制/粘贴一系列值)时,会激活模块MHMapEditSketch的表格类CTridCtrl的值修改函数OnEndEditCell(),其对应的代码为:

```
void CGridCtrl::OnEndEditCell(int nRow, int nCol, CString str)
{
```

```
CString strCurrentText = GetItemText(nRow, nCol);
if (strCurrentText != str) //值已更改
{
        SetItemText(nRow, nCol, str);
        int nCount = 4;
        double *pArray = new double[nCount]; //数组中有4个值,分别为Part、Count、X、Y,可参见7.5.15
        CString strValueX = GetItemText(nRow, 1);
        CString strValueY = GetItemText(nRow, 2);
        CString strCol0 = GetItemText(nRow, 0);
        pArray[1] = double(atoi(strCol0));//数组中第2个值存储当前点是第几个点
        for (int i = nRow; i > 0; i--)
        {
                CString str1 = GetItemText(i, 1);
                if (str1.Left(4) == "Part")
                {
                        str1 = str1.Mid(5);
                        pArray[0] = double(atoi(str1) - 1);//数组中第1个值存储第几个Part
                        break;
                }
        }
        pArray[2] = double(atof(strValueX));// 数组中第3个值存储X新值
        pArray[3] = double(atof(strValueY));// 数组中第4个值存储Y新值
        WPARAM wparam = (WPARAM)pArray;
        LPARAM lparam = (LPARAM)nCount;
        GetOwner()->SendMessage(ID_MSG_UPDATE_MHMAPVIEW_FROM_MHMAPEDITSKETCH, wparam, lparam);
    }
}
```

上述代码中,类似于前文的函数OnLButtonDown(),同样需要得到用户更改了线或面的哪个Part上的哪个点,以及新的X或Y的值,相应的数据结构具体可参见7.5.15的第1)部分。上述代码中,将这些参数形成一个double类型的4个值的数组,再将这些数据的信息通过SendMessage()函数发送到其对应模块的主体功能实现类CMHMapEditSketchPane中,对应的响应函数为:

```
BEGIN_MESSAGE_MAP(CMHMapEditSketchPane, CDockablePane)
    ON_MESSAGE(ID_MSG_UPDATE_MHMAPVIEW_FROM_MHMAPEDITSKETCH, OnMHMapEditSektch)
END_MESSAGE_MAP()
```

因此,类CMHMapEditSketchPane当接到上述消息后,就会调用函数OnMHMapEditSektch()对对应的消息进行响应,其对应的代码为:

```
LRESULT CMHMapEditSketchPane::OnMHMapEditSektch(WPARAM wparam/* = NULL*/, LPARAM lparam/* = NULL*/)
{
    CMHMapView* pMHMapView = (CMHMapView*)m_pMHMapView;
    double *pArray = (double*)wparam; //再将参数按上面反转回对应的数组
    int nCount = (int)lparam;
    vector<int>vPart; //记录线或面的第几部分
    vector<int> vPos;//记录第几个点的X,Y
    vector<double> vValueX; //记录X坐标值
    vector<double> vValueY; //记录Y坐标值
```

```
for (int i = 0; i < nCount / 4; i++)
{
    vPart.push_back(pArray[i * 4]);
    vPos.push_back(pArray[i * 4 + 1]);
    vValueX.push_back(pArray[i * 4 + 2]);
    vValueY.push_back(pArray[i * 4 + 3]);
}
pMHMapView->MoveVerticesForEditSketch(vPart, vPos, vValueX, vValueY); //调用更改节点坐标的函数
delete pArray;
return 0;
}
```

上述代码中将对应信息记录在几个相一致的动态数组中,实际上也可以构造一个数据结构来统一表达对应的 Part、Point、X、Y 等信息,再调用主视图的函数 MoveVertices-ForEditSketch()实现坐标更改,而该函数再继续调用模块 MHMapEdit 中的函数 MoveVerti-cesBatch()完成具体的更改功能。其伪代码如下:

```
bool    CMHMapView::MoveVerticesForEditSketch(vector<int>vPart, vector<int> vPos, vector<double>
vNewValueX, vector<double> vNewValueY)
{
    vector<EDITFEATURE> vEF;
    //获取选中要素并加入到动态数组 vEF 中,略
    if (vEF.size() > 0)
    {
        BOOL bSuc = pMHMapEdit->MoveVerticesBatch(vEF, vPart, vPos, vNewValueX, vNewValueY); //调用函数
        if (bSuc)
            //更新视图,重新选择新生成的要素,并重新选择此工具,略
    }
    return true;
}
```

上述实现代码中调用函数 MoveVerticesBatch()的实现原理同模块 MHMapEdit 中已经介绍的函数 MoveVertices()功能与实现方式类似,只是这里的函数 MoveVerticesBatch()是批量实现节点的移动,即采用循环的方式实现节点移动,但历史记录仅记录一次,对应的实现代码略(代码可参见21.4.12)。

22.3　小　　结

模块 MHMapEditSketch 是编辑模块 MHMapEdit 的一个辅助构成模块,用于辅助实现在线状或面状矢量数据节点编辑过程中的节点坐标显示功能,以及精确实现坐标编辑的功能,其实现过程与矢量数据编辑模块 MHMapEdit 的耦合度较高。模块 MHMapEditSketch 的表现形式为可停靠于主框架窗口的一个子窗口 Pane,该窗口的生成、更新过程同模块 MHMapAttrTable 的窗口生成与更新过程类似,窗口内的表格数据更改过程同模块 MHMapAttrEdit 的窗口数据更改过程类似,对应的后续消息发送与实现函数也类似。

第 23 章

属性格式刷窗口模块 MHMapAttrPainter 的实现

地图属性格式刷窗口模块 MHMapAttrPainter 的主要功能是通过主框架内的可停靠子窗口实现在属性格式刷时对选中要素字段及其属性的"选择性复制",用于配合完成第 21 章中的矢量要素格式刷功能。其中可停靠子窗口的生成功能同模块 MHMapAttrTable（见第 13 章）、MHMapOverview（见第 15 章）、MHMapIdentify（见第 16 章）、MHMapAttrPainter（见第 22 章）等类似,其内部则以可复选的列表框控件进行填充,列表框内显示了选中要素可复制的字段所对应的属性值,用户可以根据需要对选中要素相应的属性进行选择性复制。

23.1 属性格式刷窗口模块 MHMapAttrPainter 的生成过程

图 23-1 示意了选中面状矢量数据,再选择属性格式刷后,模块 MHMapAttrPainter 会自动弹出供用户属性选择的主要界面（右侧窗口）。其中左侧为对应的面状矢量数据在主视图 MHMapView 上的显示状态,右侧窗口为对应的模块 MHMapAttrPainter 的子窗口界面。

图 23-1 矢量数据格式刷模块 **MHMapAttrPainter** 的主要界面（右侧）

当用户在主界面 MHMapView 上选中一个矢量要素并点击属性格式刷工具时,会自动弹出图 23-1 右侧的本模块 MHMapAttrPainter 的窗口,并在窗口中可复选的列表控件(CCheckListBox)上显示选中要素的所有字段及其对应的属性以供用户选择,选中的字段及属性值将会复制并在用户拉框过程中将选中字段及对应的值复制到其他要素上。其中,模块 MHMapAttrPainter 的窗口生成过程(对应的 OnCreate()函数)与模块 MHMapAttrTable 类似,对应的主体代码为:

```
int CMHMapAttrPainterPane::OnCreate(LPCREATESTRUCT lpCreateStruct)
{
    m_wndCheckListBox.Create(WS_VISIBLE | WS_CHILD | WS_VSCROLL | LBS_OWNERDRAWFIXED |
LBS_HASSTRINGS | LBS_COMBOBOX | LBS_EXTENDEDSEL | LBS_WANTKEYBOARDINPUT, CRect(0, 0, 100, 100), this, 89);
    AdjustLayout();
    return 0;
}
```

上述代码在生成控件 m_wndCheckListBox 后再由函数 AdjustLayout()负责实现将该控件填充至整个 Pane 窗口,对应的代码略(可参见 30.4.1)。

在图 23-1 右侧的 MHMapAttrPainter 窗口视图中,采用一个 CCheckListBox 控件表达选中要素的字段及对应的值,默认为所有的字段及其属性均被选中,即选中要素所有的属性都将被格式刷复制并粘贴到后续选中的要素上。此时,用户可以根据其需要选择待复制的字段及其属性,将不需要复制的字段及属性的复选框勾选去掉,后续的属性格式刷则将选中字段及属性复制到其他要素上。

同时,当图 23-1 右侧的 MHMapAttrPainter 窗口视图由其他模块激活时,需要针对用户选中要素的值对该窗口进行信息更新,对应的函数实现体为 UpdateMHMapAttrPainterView(),其对应的主体代码为:

```
void CMHMapAttrPainterPane::UpdateMHMapAttrPainterView()
{
    // 获取当前选中要素属于哪个图层,并赋值给变量 pCurLayer,略
    CMHMapGDAL gdal; //应用 MHMapGDAL 模块获取所有字段,字段间以符号~间隔
    string sFields = gdal.GetFields(pCurLayer);// get all fields
    m_wndCheckListBox.ResetContent();
    int nNum = 0;
    vector<string> vFields; //所有字段的容器
    while (sFields != "")//将字段信息按字符~分离出来并装入容器
    {
        int nFind = sFields.find("~");
        if (nFind != string::npos)
        {
            vFields.push_back(sFields.substr(0, nFind));
            sFields = sFields.substr(nFind + 1);
        }
        else
        {
            vFields.push_back(sFields);
            break;
        }
    }
    int nMaxLength = 0; //指示所有字段的最长长度
```

```
for (int i = 0; i < vFields.size(); i++)
{
    if (vFields.at(i).length() > nMaxLength)
        nMaxLength = vFields.at(i).length();
}
for (int i = 0; i < vFields.size(); i++)
{
    string sValue = gdal.GetFeatureValueAsStringByFIDAndField(pCurLayer, nFid, i); //获取值
    string sField = vFields.at(i);
    for (int j = sField.length(); j < nMaxLength; j++)//使长度扩充到最长长度
        sField += " ";
    string sShow = sField + " : " + sValue; //字段与值中间以" : "连接
    m_wndCheckListBox.InsertString(i, sShow.c_str());//加入复选框
    m_wndCheckListBox.SetCheck(i, TRUE); //默认为选中
}
}
```

该函数在本模块激活时被调用,用于实现模块窗口的信息更新。其实现原理是找出选中要素的图层、字段、属性值等信息,再增加到相应的 CCheckListBox 控件中并处于选中状态进行显示。

23.2 模块 MHMapAttrPainter 的工作过程

当用户选中一个要素并选择属性格式刷时,弹出图 23-1 中右侧的窗口,当用户根据需要选中一些字段与属性后,此时由于选中了此工具,主视图中的鼠标光标将变成格式刷光标,此时在主视图中拉框选中要素的对应字段将被原选中要素的属性所代替。这一过程中,本模块的函数 GetCheckedFieldIndex()负责由其他模块调用并返回当前模块视窗中确定哪些字段被选中,返回的结果以存储其索引号的容器形式进行返回,对应的代码为:

```
void CMHMapAttrPainterPane::GetCheckedFieldIndex(vector<int>& vFI)
{
    for (int i = 0; i < m_wndCheckListBox.GetCount(); i++)//遍历所有内容
    {
        if(m_wndCheckListBox.GetCheck(i)) //如果选中,增加进入容器
            vFI.push_back(i);
    }
}
```

该函数的工作过程如下:

当用户选中属性格式刷并弹出图 23-1 中右侧的窗口后,此时在主视图中拉框,将激活主视图模块 MHMapView 对应的左键按下函数 OnLButtonDown()、鼠标移动函数 OnMouseMove()及右键抬起函数 OnLButtonUp(),在左键抬起时负责实现统计新选中了哪些要素,并将原选中要素中选中的字段值复制到新选中的要素上,因此,我们需要在鼠标左键抬起事件 OnLButtonUp()中增加代码:

```
void CMHMapView::OnLButtonUp(UINT nFlags, CPoint point)
{
    if  (m_bStartAttrPainter)
```

```
{
    m_bStartAttrPainter = false;
    CMHMapFeaEdit* pMHMapEdit = (CMHMapFeaEdit*)m_pCMHMapEditPtr;
    CMHMapFrm* pMHMapFrm = (CMHMapFrm*)m_pMHMapFrm;
    if (pMHMapFrm->IsAttrPainterPaneVisible())
    {
        vFieldIndex.clear();
        pMHMapFrm->GetCheckedFieldIndex(vFieldIndex); //通过MHMapFrm获取选中的字段索引
    }
    BOOL bSuc = pMHMapEdit->PasteFeatureAttrsToSelected(vEF,vFieldIndex); //按索引号复制属性
    UpdateMHMapViewAndOverviewAndAttr();//更新
}
}
```

其中主视图模块MHMapView通过调用主框架模块MHMapFrm的函数GetChecked-FieldIndex()获取本模块选中的字段,这是因为本模块由主框架模块MHMapFrm负责生成与中转,其中模块MHMapFrm的函数GetCheckedFieldIndex()的功能是调用本模块的函数GetCheckedFieldIndex(),对应的代码为:

```
void CMHMapFrm::GetCheckedFieldIndex(vector<int>& vFI)
{
    m_pMHMapAttrPainterPane->GetCheckedFieldIndex(vFI);
}
```

因此在上述的OnLButtonUp()函数中,会先获得哪些字段处于选中状态,再根据这些选中字段进行属性值的复制,参见21.4.3的属性复制函数PasteFeatureAttrsToSelected(),其中需要判断哪些字段处于选中状态则对其进行复制,否则则跳过,对应的代码片段为:

```
BOOL CMHMapEdit::PasteFeatureAttrsToSelected(vector<EDITFEATURE> vEF, vector<int> vFieldIndex)
{
    for (int i = 0; i < nFieldCount; i++)//遍历所有字段
    {
        if (find(vFieldIndex.begin(),vFieldIndex.end(),i) == vFieldIndex.end())
            continue; //如果该字段没有被选中,继续其他字段,仅复制选中字段的属性
    }
}
```

前文通过本模块获取到了选中字段的索引号,并将这些索引号放到一个容器中,而属性复制时,上述代码则判断该字段的索引号是否位于选中容器中,如果有则继续下面的属性复制过程,如果没有则不进行属性复制。

23.3 小　　结

模块MHMapAttrPainter是矢量要素编辑模块MHMapEdit的一个辅助构成模块,用于辅助实现在进行属性格式刷时待复制的字段(及其属性)的选择,从而对后续的属性格式刷所作用的属性有所限制。模块MHMapAttrPainter的表现形式为可停靠于主框架窗口的一个子窗口Pane,该窗口的生成、更新过程同前文介绍的模块MHMapAttrTable、MH-MapIdentify等窗口生成与更新过程类似,区别只是窗口内的控件改为CCheckListBox。

算法工具箱模块 MHMapTools 的实现

　　算法工具箱模块 MHMapTools 的主要功能是进行外部遥感与地理信息系统数据处理、分析算法的工具箱整理、显示与管理模块,其表现形式为可停靠于主窗口框架的一个子窗口 Pane。算法工具箱模块 MHMapTools 中所管理的算法同集成到菜单中的数据处理、分析算法的最大区别为:集成到菜单中的算法为交互式处理算法,其特点为需要用户的交互性强或频率高,而且其数据处理速度快;而算法工具箱中管理算法的特点是处理速度相对较慢,且用户交互性小,算法处理的前后主要通过文件的方式进行数据交换,处理的实现过程是通过启动新的线程或新的进程进行数据处理,不影响主进程的用户交互。

　　从算法工具箱模块 MHMapTools 的实现角度来看,其主要实现过程是通过一个可停靠于主框架的子窗口 Pane 内采用树状结构对各种数据处理算法进行分类组织,实现原理是通过 XML 的方式对各种算法信息进行组织(文件 MHMapTools.XML),再读取对应的 XML 文件并在本模块的树状结构中对相应的算法进行展现与调用,这种方式可以方便用户或二次开发人员进行算法的快速注册与方便组织。

24.1　算法工具箱模块设计

　　如前文所述,算法工具箱模块主要面向大量的数据处理速度相对较慢且用户交互少的一系列数据处理算法进行组织与管理工作,图 24-1 示意了算法工具箱模块 MHMap-Tools 的主要界面。

　　如图 24-1 所示,模块 MHMapTools 所表现的形式为一个子窗口,其内部采用树状视图对所有算法进行分类组织,组织方式采用 XML 方式。图 24-1 中,RSTOOLS 为遥感处理算法工具类,下面又根据算法的类别分为基本工具、影像分割、影像分类等类别,节点上的为具体的算法工具,在上面按下右键时可弹出对应的菜单,当在算法工具上进行鼠标双击,或按下回

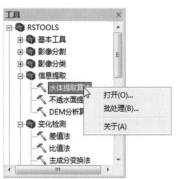

图 24-1　算法工具箱模块 MHMapTools 的表现界面

车,或右键并选择打开时,弹出算法所对应的对话框,右键批处理及关于按钮同样也分别对应了算法的对话框,这些对话框资源及实现可参见第25章,而本章主要针对模块MHMapTools的实现进行剖析。

24.2 工具注册规则

对应于图24-1的文件"MHMapTools.XML"的组织方法类似如下:

```xml
<?xml version="1.0" encoding="GB2312"?>
<TOOLS>
    <RSTOOLS>
        <信息提取>
            <水体提取算法 foldername="ZjutXLG" dllfile="MHImgWaterExt" interface="MHWaterExtraction">
            </水体提取算法>
            <不透水面提取算法 foldername="CdutCX" dllfile="MHImgImpExt" interface="MHImgImpExtraction">
            </不透水面提取算法>
            <DEM分析算法 foldername="HHuZYN" exefile="MHDEMAnalysis">
            </DEM分析算法>
        </信息提取>
        <变化检测>
            <差值法 foldername="CauWTJ" dllfile="MHImgChangeDetection" interface="MHChangeDetByDif">
            </差值法>
            <比值法 foldername="CauWTJ" dllfile="MHImgChangeDetection" interface="MHChangeDetByRatio">
            </比值法>
            <主成分变换法 foldername="CauWTJ" dllfile="MHImgChangeDetection" interface="MHChangeDetByPCADif">
            </主成分变换法>
        </变化检测>
    </RSTOOLS>
</TOOLS>
```

也就是说,通过上述的XML进行各算法的分类组织,而本模块MHMapTools的显示方式与此XML的组织方式完全一致。当用户需要增加一个新的算法工具时,或需要改变上述算法的组织方式时,可以直接修改XML来进行算法工具箱的显示定制。

根据上述文件MHMapTools.XML的部分内容可以看出,上述XML中所描述的算法工具符合以下设定规则与算法调用方式:

(1)XML文件以"TOOLS"作为根节点,其他所有节点均为此节点的子节点、孙节点或更深级别的子节点;

(2)如果某个节点不存在属性"dllfile",也不存在属性"exefile",则该节点为文件夹节点,对应了图24-1中的一个算法组织文件夹;

(3)存在属性"dllfile"或"exefile"的节点为算法节点,该节点可能含有以下属性以描述该算法:其中foldername的值指示了对应算法的实体文件所在位置文件夹,以相对文件的形式存在,以当前文件MHMapTools.XML作为基准,如上述代码中的"foldername="ZjutXLG"",其意义为该算法的实体文件位于MHMapTools.XML文件所在当前文件夹下属的"ZjutXLG"文件夹下;其中如果存在属性"dllfile",证明该算法的实体为动态链接库的导出接口,其属性值为对应的动态链接库的名字(后缀".dll"可以省略,实际上应该加上此后缀),此时必须还存在另一个属性,即"interface",指示了该动态链接库的对外导出接口;如果存在属性"exefile",证明该算法的实体为一个可执行文件(EXE文件),其属性值为对应的可执行文件的名字(后缀".exe"可以省略,实际上应该加上此后缀),此时不存在属性"interface";

对于上述规则的第(3)点,需要进一步解释节点对算法的描述规则:对于动态链接库的导出接口来说,实际上该XML文件描述了由某个动态链接库的某个导出接口负责实现该算法功能,如上文中第1个算法,即说明了水体提取算法由当前文件夹下面的"ZjutXLG"文件夹下的"MHImgWaterExt.DLL"文件的接口"MHWaterExtraction"负责完成,而此过程实际上对应了C++的类似下面的伪代码:

```
m_hModule = LoadLibrary("MHImgWaterExt.DLL");//装载动态库
FnDLL_Fun g_fnGetFuncDesp = (FnDLL_Fun)GetProcAddress(m_hModule, "MHWaterExtraction");//获取接口
```

也就是说,当指定了动态链接库及其对应的导出接口后,就可以通过上述伪代码实现该接口功能的调用,而该接口则对应动态链接库MHImgWaterExt.DLL的接口函数MHWaterExtraction(),但调用的参数再由其他接口描述,具体的接口描述规则可见第25章。

对于可执行文件(EXE文件,目前仅支持无界面的Command命令行方式)来说,则不需要描述接口,而该可执行文件的相关参数传递方法则以与该可执行文件同名的XML描述其运行参数的方式,具体的运行参数描述方式可参见第25章。

当本模块MHMapTools在进行初始化并读取、分析此XML文件并得到模块文件及接口信息后,会自动在算法工具箱内加载并显示对应的模块算法接口信息,并在用户调用时生成新的进程/线程加载对应的模块运行信息,从而实现算法模块的集成。

24.3　工具读取与显示功能的实现

模块MHMapTools的主要功能均是通过其主体功能实现类CMHMapToolsPane来负责完成的。其中需要设计一个数据结构,用于读取XML文件中的算法信息并记录对应算法的各种信息,我们定义该数据结构如下:

```
typedef struct _MHTOOLS              //此数据结构描述了一个算法工具所有的信息
{
    HTREEITEM  hTreeItem;            //工具所对应的树节点
    string     sName;               //工具名称
    string     sDllName;            //记录算法动态库名字
    string     sExeName;            //记录可执行文件的名字
    string     sFolderName;         //记录算法动态库的文件夹
    string     sInterface;          //记录算法动态库的接口
    void*      pDlg;                //记录算法所弹出的对话框指针
    _MHTOOLS(){ hTreeItem = NULL;}  //相当于结构体的构造函数
    bool operator == (const _MHTOOLS& right)  //两个工具相等的条件为两者源于同一个树节点
    {
        if (hTreeItem && hTreeItem == right.hTreeItem)
            return true;
        return false;
    }
}MHTOOLS;
```

其中数据结构MHTOOLS用于记录算法的信息及算法弹出对话框进行数据处理的对话框管理操作,其中包含算法动态库的名字、算法可执行文件的名字、文件夹及接口信息,同前文介绍的XML中的信息相对应,最后一个参数pDlg是该算法所对应的算法对话框窗口,该指针用于进行该窗口的后续操作(如生成、显示、销毁等)。

对应地,在主体功能实现类CMHMapToolsPane的定义中,需要定义一个上述数据结构的动态数组,用于记录当前系统中所有可用的算法信息,同时定义一个用于进行XML文件算法信息读取的操作指针,其类定义如下:

```
class __declspec(dllexport) CMHMapToolsPane : public CDockablePane
{
    vector<MHTOOLS> m_allDlgPtr; //存储所有算法信息的动态数组
    void*     m_pXMLOprPtr; //XML操作并读取算法信息的指针
};
```

对应地,在主体功能实现类的实现函数中,需要在窗口Pane的创建函数OnCreate()中初始化XML读取类指针,并进行XML的读取,对应的代码如下:

```
int CMHMapToolsPane::OnCreate(LPCREATESTRUCT lpCreateStruct)
{
    // 创建树视图m_wndTreeCtrl控件,并将树视图充填至整个Pane视图,略
    if(!m_pXMLOprPtr)
        m_pXMLOprPtr = new CMHMapXMLIO(&m_wndTreeCtrl);
    ((CMHMapXMLIO*)m_pXMLOprPtr)->ReadMHMapToolsXML();//读取XML并更新算法至对应的子窗口Pane
    return 0;
}
```

其中,读取XML的工作是由类CMHMapXMLIO负责完成的,其XML的读取工作是由pugixml的XML读取方法具体完成的,对应的函数实现代码类似如下:

```
BOOL CMHMapXMLIO::ReadMHMapToolsXML()
{
    char chpath[MAX_PATH];
    GetModuleFileName(NULL, (LPSTR)chpath, sizeof(chpath)); //获取文件夹
    string sXML = "MHMapTools.XML";
    if (_access(sXML.c_str(), 0) != 0) //是否需要变成绝对目录
    {
        string strTmp(chpath);
        strTmp = strTmp.substr(0, strTmp.rfind('\\') + 1);
        sXML = strTmp + sXML;
    }
    xml_document xml_doc; //采用pugixml进行XML解析
    if (false == xml_doc.load_file(sXML.c_str()))//装载XML文件
        return -1;
    xml_node root_node = xml_doc.child("TOOLS");//根节点
    return AnalyzeNodeList(root_node, NULL); //分析根节点下属的所有节点
}
```

上述代码中就是装载并读取MHMapTools.XML文件,并分析TOOLS下的各子节点,对应的分析函数AnalyzeNodeList()的主要代码为:

```
BOOL CMHMapXMLIO::AnalyzeNodeList(xml_node pNodeRoot, HTREEITEM hParent)
{
    xml_node::iterator it;
    for (it = pNodeRoot.begin(); it != pNodeRoot.end(); it++)//遍历所有节点
    {
        HTREEITEM hTreeItem = NULL;
        string sFolderName = it->attribute("foldername").as_string();//获取对应的属性
        string sDllFile = it->attribute("dllfile").as_string();
        string sExeFile = it->attribute("exefile").as_string();
        string sInterface = it->attribute("interface").as_string();
        string sNodeName = it->name();
        bool bIsTools = (sDllFile != "" || sExeFile != "");//如果对应的2个属性均不存在,则不是算法工具
        MHTOOLS tool;
        tool.sName = sNodeName; //把信息加入到对应的工具中
        tool.sDllName = sDllFile;
        tool.sExeName = sExeFile;
        tool.sFolderName = sFolderName;
        tool.sInterface = sInterface;
        if (!bIsTools)  //目录,非算法
        {
            hTreeItem = m_treeCtrl->InsertItem(sNodeName.c_str(), 0, 0, hParent);
            m_treeCtrl->EnsureVisible(hTreeItem);
            tool.hTreeItem = hTreeItem;
            m_alltools.push_back(tool);
            AnalyzeNodeList(*it, hTreeItem); //递归查找节点的下属节点
        }
        else if(sDllFile != "")    //   动态链接库 工具
        {
            string sName = sFolderName + "\\" + sDllFile + ".dll";
            if (_access(sName.c_str(), 0) != 0) //如果该动态链接库文件不存在
            {
                sNodeName += "<不可用>";
                hTreeItem = m_treeCtrl->InsertItem(sNodeName.c_str(), 2, 2, hParent);
            }
            else              //如果该动态链接库文件正常
                hTreeItem = m_treeCtrl->InsertItem(sNodeName.c_str(), 1, 1, hParent);
            tool.hTreeItem = hTreeItem;
        }
        else if (sExeFile != "")//可执行文件EXE 工具
        {
            string sName = sFolderName + "\\" + sExeFile + ".exe";
            if (_access(sName.c_str(), 0) != 0) //如果该可执行文件不存在
            {
                sNodeName += "<不可用>";
                hTreeItem = m_treeCtrl->InsertItem(sNodeName.c_str(), 2, 2, hParent);
            }
            else                //如果该可执行文件正常
                hTreeItem = m_treeCtrl->InsertItem(sNodeName.c_str(), 1, 1, hParent);
            tool.hTreeItem = hTreeItem;
        }
```

```
        m_alltools.push_back(tool);
    }
    return TRUE;
}
```

上述代码示意了通过类CMHMapXMLIO的相应函数实现XML文件"TOOLS"下的所有子节点的读取与分析的功能,并遍历对应节点的信息,存储相应的信息到前文定义的数据结构中,最后将相应信息存储于主体功能实现类CMHMapToolsPane内的动态数组m_allDlgPtr中。

注意,这里实际上将每个节点都视为一个算法工具,只是对于文件夹节点来说,该工具不连接实体算法,因此无法激活,而正常的算法工具则连接着一个动态链接库实体或可执行文件实体,激活时对于动态链接库来说,就是装载该动态链接库的对应接口并调用该函数;对于可执行文件来说,就是采用新的进程对该可执行文件进行执行。

24.4   工具激活功能的实现

24.3中对MHMapTools.XML文件进行解析后并显示到本模块,再将其中的算法及其功能与接口描述信息进行读取,此时需要进一步实现当用户鼠标双击算法节点或在节点上按下回车键时,对树节点所对应的算法进行激活,并弹出基于算法自动生成的算法对话框,当用户按下对话框上的确定键时执行相应的算法。

在响应上述算法执行过程的描述时,需要我们在本模块的主体功能实现类的树中实现对鼠标双击功能的响应,即实现ID_TREECTRL_IN_TOOLSPANE的树状控件的双击响应函数OnTvnDbClickTreeItem(),其消息映射为:

```
BEGIN_MESSAGE_MAP(CMHMapToolsPane, CDockablePane)
    ON_NOTIFY(NM_DBLCLK, ID_TREECTRL_IN_TOOLSPANE, OnTvnDbClickTreeItem)
END_MESSAGE_MAP()
```

对应函数实现代码为:

```
void CMHMapToolsPane::OnTvnDbClickTreeItem(NMHDR *pNMHDR, LRESULT *pResult)
{
    CPoint curPoint;
    UINT nFlags;
    GetCursorPos(&curPoint); //当前点坐标
    m_wndTreeCtrl.ScreenToClient(&curPoint); //屏幕坐标转换为TREE内坐标
    HTREEITEM hItem = m_wndTreeCtrl.HitTest(curPoint, &nFlags); //坐标是否有ITEM
    if(hItem && (TVHT_ONITEM & nFlags)) //判断是否有HTREEITEM
        PopupAlgorithmDialog(hItem); //弹出算法所对应的对话框
}
```

上述函数的实现过程中,判断当前双击的位置是否为节点位置(包括前文所述的算法节点及文件夹节点),如果是则调用函数PopupAlgorithmDialog()对该节点所对应的算法进行激活。

类似地,当某节点处于焦点信息时,此时用户按下回车键会执行同样的操作,即激活对应的算法对话框,对应的代码可通过预消息处理函数实现,代码为:

```
BOOL CMHMapToolsPane::PreTranslateMessage(MSG* pMsg)
{
    if (pMsg->message == WM_KEYDOWN && pMsg->wParam == VK_RETURN) //如果按下的为回车键
    {
        HTREEITEM hItemSel = m_wndTreeCtrl.GetSelectedItem();
        if(hItemSel)
            PopupAlgorithmDialog(hItemSel); //同上类似,激活选中节点的算法对话框
    }
    return CDockablePane::PreTranslateMessage(pMsg);
}
```

激活对应的算法对话框的函数PopupAlgorithmDialog()所对应的实现代码为:

```
void CMHMapToolsPane::PopupAlgorithmDialog(HTREEITEM hItem)
{
    TOOLS curTool;
    curTool.hTreeItem = hItem;
    vector<MHTOOLS>::iterator it; //迭代器
    CMHMapXMLIO* pXMLOprPtr = (CMHMapXMLIO*)m_pXMLOprPtr;
    vector<MHTOOLS>* allTools = pXMLOprPtr->GetToolsPtr();
    if ((it = find(allTools->begin(), allTools->end(), curTool)) != allTools->end())//遍历现有工具
    {
        CMHMapDlgAlgorithmsShow* pDlgAS = NULL;                 //指向算法工具的非模式对话框指针
        if (it->sDllName != "" && it->sInterface != "") //DLL mode
        {
            string sDllName = string(it->sDllName);
            string sFolderName = string(it->sFolderName);
            string sInterfaceName = string(it->sInterface);
            string sName = it->sName;
            for (int i = 0; i < m_allDlgPtr.size(); i++)
            {
                if (m_allDlgPtr[i].sDllName == sDllName && m_allDlgPtr[i].sFolderName ==
sFolderName && m_allDlgPtr[i].sInterface == sInterfaceName) //工具的各项信息一致,将工具指针赋值给
对应的pDlgAS
                {
                    pDlgAS = (CMHMapDlgAlgorithmsShow*)m_allDlgPtr[i].pDlg; //工具指针赋值
                    break; //找到工具后就不需要再遍历,中断
                }
            }
            if (!pDlgAS) //如果指针为NULL,则需要新建算法对话框
            {// new出新的算法对话框,具体可参见第25章
                pDlgAS = new CMHMapDlgAlgorithmsShow(sDllName, sFolderName, sInterfaceName, sName);
                MHTOOLS tmp;
                tmp.pDlg = pDlgAS;
                tmp.sDllName = sDllName;
                tmp.sFolderName = sFolderName;
                tmp.sInterface = sInterfaceName;
                m_allDlgPtr.push_back(tmp); //将算法工具信息加入到所有算法工具数组中
            }
            pDlgAS->ShowAlgorithmSingleModeless();//非模式 显示
```

```
        }
        else if(it->sExeName != "")     // EXE mode
        {
            string sExeName = string(it->sExeName);
            string sFolderName = string(it->sFolderName);
            string sName = it->sName;
            for (int i = 0; i < m_allDlgPtr.size(); i++)
            {//工具的各项信息一致,将工具指针赋值给对应的pDlgAS
                if (m_allDlgPtr[i].sExeName == sExeName && m_allDlgPtr[i].sFolderName == sFolderName)
                {
                    pDlgAS = (CMHMapDlgAlgorithmsShow*)m_allDlgPtr[i].pDlg;
                    break; //找到工具后就不需要再遍历,中断
                }
            }
            if (!pDlgAS) //如果指针为NULL,则需要新建算法对话框
            {// new出新的算法对话框,具体可参见第25章
                pDlgAS = new CMHMapDlgAlgorithmsShow(sExeName, sFolderName, sName);
                MHTOOLS tmp;
                tmp.pDlg = pDlgAS;
                tmp.sExeName = sExeName;
                tmp.sFolderName = sFolderName;
                m_allDlgPtr.push_back(tmp);
            }
            pDlgAS->ShowAlgorithmSingleModeless();//非模式 显示
        }
    }
}
```

上述代码中的语句pXMLOprPtr->GetToolsPtr()是获取XML读取器中已经存储的算法工具,为一个vector类型的动态数组,如果其中已经存在所对应的算法工具,则直接取出,否则则把该工具再加入到对应的动态数组中去。同时,变量m_allDlgPtr同样为一个vector类型的容器,用于存储所有算法工具的相应信息。最后调用算法实现类CMHMap-DlgAlgorithmsShow的函数ShowAlgorithmsModeless()显示该算法所对应的自动生成的算法对话框,该对话框的具体实现可参见第25章。

上述函数PopupAlgorithmDialog()的功能实现了鼠标双击节点或在节点上回车时激活算法的函数。其中弹出的算法对话框为非模式对话框,其主要实现语句为模块MH-MapDlgAlgorithms的主体功能实现类CMHMapDlgAlgorithmsShow的对话框激活函数ShowAlgorithmsModeless()。同样地,除上述的算法对话框外,还有一系列对话框与此算法相关,即批处理对话框及关于对话框等。当需要实现该算法的批处理时,即同时指定多个输入参数与输出参数,按下确定后形成一个数据处理序列时,需要弹出一个以表格形式表达所有参数的批处理算法对话框,此时需要调用类CMHMapDlgAlgorithmsShow的另一个重要对话框激活函数ShowAlgorithmsBatchModeless(),即批处理函数对话框。关于对话框则为该类的另一个对话框资源,其激活函数为ShowAlgorithmsAboutMode(),即采用模式对话框展现算法的关于信息。相应的对话框资源实现方法可参见第25章。

24.5　小　　结

模块MHMapTools是MHMapGIS中的算法工具箱模块,采用树状方式对MHMapGIS中所有以插件方式(形式上为算法动态链接库或可执行文件)的算法工具进行管理,其管理方式底层以XML文件的存储方式进行组织,便于用户方便地进行算法工具的管理、文件夹组织以及新工具的注册(即增加工具的说明到对应的XML中即可)。

模块MHMapTools主要负责实现对应的XML文件的读取,并以可停靠于主框架的子窗口Pane内的树状视图展现对应的算法工具,工具节点能够响应用户的键盘、鼠标等操作,并进行算法对话框(关于对话框以模式对话框的方式展现,其他对话框以非模式对话框的方式进行展现)的方式调用。算法对话框的实现原理及调用方式可参见第25章。

算法工具对话框模块 MHMapDlgAlgorithms 的实现

第 24 章模块 MHMapTools 的主要功能是以子窗口内的树状视图对算法工具进行组织管理,并在用户鼠标、键盘操作后激活对应的算法对话框,而本章所要介绍的模块 MHMapDlgAlgorithms 的功能则正是这里激活的算法对话框的实现方式。

在 MHMapTools 模块所管理的各种算法工具模块中,所有算法与用户的交互方式均采用对话框的方式进行参数的输入与输出,而本模块的主要功能就是针对算法中定义的规则与参数,自动生成与算法相对应的对话框资源,实现算法功能的输入、输出参数的信息交换,并将输入的参数传递给对应的算法,再生成新的线程或进程对算法进行调用,实现算法的调用及传参过程。因此,模块 MHMapDlgAlgorithms 的主要功能实现上就是根据算法参数生成算法对话框并采用新线程或进程进行算法调用的过程。其中,算法采用模式对话框进行界面展现,算法参数交互对话框及批量算法调用对话框采用非模式对话框进行用户展现。

25.1　算法工具对话框设计

模块 MHMapTools 在实现算法工具管理的基础上,还需要在本模块 MHMapDlgAlgorithms 实现的对话框上根据不同算法的参数设定实现该算法的不同参数输入。由于不同算法的参数类型、个数等均可能不同,因此为实现对所有算法工具的概化,本模块中进行了以下几方面的功能设定/设计:

25.1.1　算法参数抽象方面的设计

首先,在算法输入参数的类型方面,由于我们设定所有算法的接口均采用 C 导出接口的方式,而算法的调用方式是在此基础上通过函数 LoadLibrary() 装载对应的算法动态链接库,再查找并调用对应的 C 导出接口,因此对算法的输入参数要求为 C 语言形式的基本数据类型(常用的如 int、long、float、double、char*等);我们在这几种常用数据类型分析的基础上,定义并统一模块的输入参数为字符型变量 char*或 const char*,而其他数据类型则通过用户自行进行格式转换形成(如用户需要的是 int 型参数,可通过 atoi() 函数进行转换等)。

　　其次,在算法输入参数的个数方面,由于不同的数据处理算法可能需要的输入参数个数均可能不同,因此我们在装载了算法模块所对应的动态链接库后,再查找接口并进行调用时可以将其模型定义为多一些的参数(如本模块中定义了算法参数最多为19个),而用户的算法可能需要的仅为3个时,其他17个参数可以忽略,并不影响算法接口的调用,其定义模型为:

```
typedef char* (cdecl *FnDLL_Interface)(char*, char*, char*, char*, char*, char*, char*, char*,
char*, char*, char*, char*, char*, char*, char*, char*, char*, char*, char*);
```

　　也就是说,函数FnDLL_Interface()的参数为一系列char*类型的参数,返回类型仍定义为char*类型,当用户需要其他类型时,可以由此字符型参数强制转换至其他类型。例如,当算法中需要导出的接口定义原型为如下语句时:

```
int Fun(int param1, float param2, double param3, char* param4);
```

　　仍然可以将上述函数Fun()抽象为接口FnDLL_Interface(),而在调用时仅前4个输入参数有效,并在算法内部通过一系列函数实现char*同其他数据类型的转化。上述声明转化为符合算法参数规定的char*形式的参数及返回值的对外接口为:

```
char* FnDLL_Interface(char* c1, char* c2, char* c3, char* c4) //符合MHMapGIS的规范的导出接口
{
    int param1 = atoi(c1); //将一系列char* 形式的参数转换为用户需要的类型
    float param2 = atof(c2);
    double param3 = atof(c3);
    int nReturn = Fun(param1, param2, param3, param4); //调用用户原来的函数Fun()
    char cReturn[255];
    itoa(nReturn, cReturn, 10);
    return cReturn; //返回char*类型的算法结果
}
```

　　基于以上参数定义模型,我们就可以对所有算法处理工具进行参数抽象,并实现算法参数对话框的自动生成。因此,我们在本模块中制定了一系列规则,当用户按此规则实现他们各自的数据处理算法时,本模块将按照算法模块中的相应参数规则实现算法交互对话框的自动生成,这将大大提高用户算法工具进行注册的效率,并降低算法的注册难度。

25.1.2　算法执行的方式方面的设计

　　在MHMapTools模块所管理的数据处理算法中,一般耗时较长,为保证不影响用户界面的操作及主进行的显示效率,因此要求算法的执行过程采用另一个新的进程或线程运行,从而不影响主进程或主线程的用户界面操作。其执行过程按如下顺序进行:首先生成一个新的进程或线程,对于动态链接库方式的算法工具,装载算法动态链接库并执行其导出的对应C接口;对于可执行文件方式的算法工具,将新的进程或线程执行该可执行文件,并在算法执行完毕通知主进程/主线程相应的执行结果。

　　本模块MHMapDlgAlgorithms中,对于动态链接库形式的算法工具,采用的是新建一个线程并装载算法动态库的方式;对于可执行文件形式的算法工具,采用的是新建一个进行并运行该可执行文件的方式。同时,对于动态链接库的算法工具,也可以采用新建进程的方式实现一个进程(如ProcessLoader.EXE),当新建进程时,实际上执行类似的如下语

句,"ProcessLoader ABC.DLL",其中 ProcessLoader.EXE 就是为了进行进程间通讯的动态库装载器,其装载的仍然为算法的动态链接库,因此,进程 ProcessLoader.EXE 实际上就充当一个"中间装载器"的作用,其作用是有效率隔离主进程与算法线程,从而达到保证主进程稳定的目的。

25.2　算法工具对话框自动生成

模块 MHMapDlgAlgorithms 中主要包含了 3 种类型的对话框:算法参数输入对话框、批量算法执行对话框以及关于对话框,图 25-1、图 25-2 和图 25-3 分别示意了相应的 3 种算法对话框界面,分别对应了图 24-1 中右键菜单的 3 个弹出的对话框。

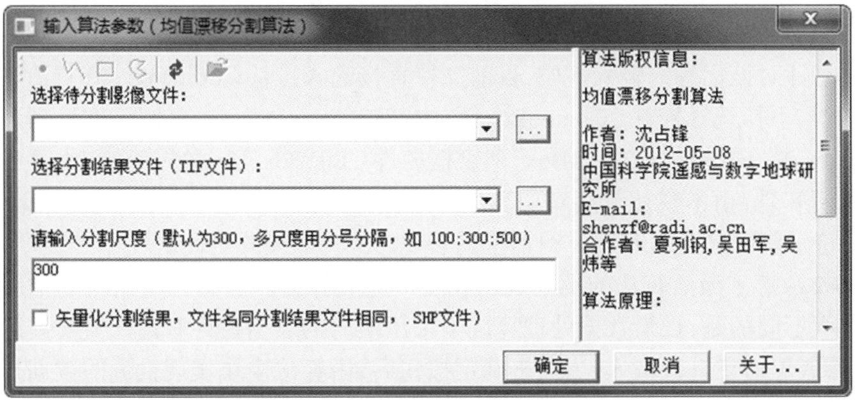

图 25-1　均值漂移遥感影像分割算法自动生成的参数输入对话框界面

图 25-2　均值漂移分割算法的批量运行自动生成的参数输入对话框界面

由图 25-1 可知,在自动生成的算法对话框中,需要从算法中获取以下信息:首先就是一系列参数的标签,如图中的"选择待分割影像文件:""选择分割结果文件(TIF 文件):"等,这些参数是由算法模块的接口 GetFuncParamsDesp()获取(详情请参见第 26 章)。

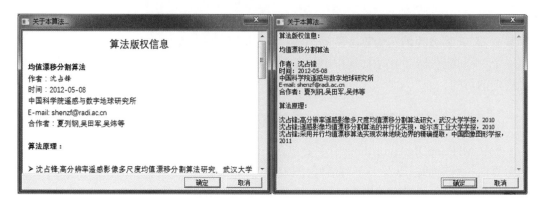

图25-3 均值漂移遥感影像分割算法的关于对话框界面

其次是针对该标签的输入性质,目前支持直接输入控件CEditBox(图中"请输入分割尺度"下方)、下拉选择控件CComboBox(图中"选择待分割影像文件"下方)、列表选择控件CListBox、复选框控件CCheckBox、列表框控件CListBox等,这些参数均由算法中的参数配置负责实现,由本模块调用对应算法动态链接库的接口GetFuncParamsDesp()获取,对应的算法示例可参见第26章。对话框的展现形式为非模式对话框。

图25-2示意了激活算法的批处理功能所对应的界面。与图25-1所示的常用算法参数输入界面不同的是,批量数据处理算法中采用横向的表格控件对用户需要进行批处理的数据、参数等信息进行输入,当点击确定按钮后,由算法模块实现批量的数据处理及队列管理工作。对话框的展现形式为非模式对话框。

图25-3示意了算法中的关于对话框,其实现途径及表现形式有2种:一种就是图中左侧示意的采用HTML方式展示的算法关于信息,另一种则是算法中直接返回算法的版权信息字符串,再由本对话框中的CEditBox(只读模式)加载对应的字符串进行关于信息的展现。对话框的展现形式为模式对话框。对应的算法示例可参见第26章。

25.2.1 算法工具对话框主体功能实现类

同模块MHMapDlgQuery中的非模式对话框弹出方法类似,本模块中各种对话框的主体功能实现类CMHMapDlgAlgorithmsShow中暴露出几个外部调用接口,用于在模块MHMapTools中进行调用,对应本类的声明如下:

```
class __declspec(dllexport) CMHMapDlgAlgorithmsShow
{
    void ShowAlgorithmsModeless();      //非模式显示算法对话框
    void ShowAlgorithmsBatchModeless(); //非模式显示算法批量处理对话框
    INT_PTR    ShowAlgorithmsAboutMode();//模式显示算法关于对话框
    void* m_dlgAlgorithmSingle;         //CMHMapDlgAlgorithmsDlg* 算法对话框指针
    void* m_dlgAlgorithmsDlgBatch;      //CMHMapDlgAlgorithmsDlgBatch* 批量算法对话框指针
};
```

对应地,本类中分别对以上几个对话框激活函数进行实现,其中前2个非模式对话框的实现方式为先new出类声明的2个对话框指针,再Create对应的对话资源,然后调用对话框的分析动态库函数AnalyzeDllFile(),最后调用该指针的ShowWindows()进行对话框

的显示,对应的代码略,该过程的主体代码如下:

```
void CMHMapDlgAlgorithmsShow::ShowAlgorithmSingleModeless()
{
    AFX_MANAGE_STATE(AfxGetStaticModuleState());//应用本模块内的对话框资源
    bool bDllMode = true; //true为DLL模式,false为EXE模式
    if (m_sDllName == "" && m_sInterface == "")
        bDllMode = false;
    if (!m_dlgAlgorithmSingle)       //非模式对话框,新建对话框资源
    {
        if (bDllMode)
            m_dlgAlgorithmSingle = new CMHMapDlgAlgorithmSingle(m_sDllName, m_sFolderName,
m_sInterface);
        else
            m_dlgAlgorithmSingle = new CMHMapDlgAlgorithmSingle(m_sExeName, m_sFolderName);
        ((CMHMapDlgAlgorithmSingle*)m_dlgAlgorithmSingle)->Create(IDD_DLG_ALGORITHM_SINGLE);
    }
    CMHMapDlgAlgorithmSingle*        dlgAlgorithmSingle        = (CMHMapDlgAlgorithmSingle*)
m_dlgAlgorithmSingle;
    CMHMapAlgFormView* pFormView = pMHMapDlgAlgorithmsDlg->GetFormView();//左侧窗体进行初始化
    bool bSuc = pFormView->InitDllOrExeParams(m_sDllName, m_sExeName, m_sFolderName,
m_sInterface);
    dlgAlgorithmSingle->ShowWindow(SW_SHOW);
}
```

25.2.2　算法对话框功能实现

根据前文介绍主体功能实现类CMHMapDlgAlgorithmsShow的算法对话框显示唯一接口ShowAlgorithmSingleModeless()的实现过程,在一个算法需要激活时,需要判断该算法为动态链接库模式还是可执行文件模式,并判断当前环境中是否已经激活过该算法:如果已经激活过,则找到该算法对话框的指针,如果没有激活过,则需要根据算法信息(包括动态链接库名称或可执行文件名称、所在文件夹、接口等)新建一个算法对话框并存储其指针,再调用对应对话框函数的GetFormView()函数(稍后介绍)的分析函数实现其信息分析,最后实现对话框的展示。

其中,函数GetFormView()的功能是获取该对话框的左侧窗体视图(参见图25-1左侧窗体),该算法对话框的主体功能均表现在此窗体上,因此需要首先对本算法对话框的实现过程进行介绍。

图25-1的对话框中实际上是由左右2个窗体构成,中间由1个分隔窗口进行分隔,该类的算法对话框类声明如下(对应的构造函数同前文新生成的本对话框相一致):

```
class CMHMapDlgAlgorithmSingle : public CDialog
{
    CMHMapDlgAlgorithmSingle(string sDllName, string sFolderName, string sInterface, CWnd* pParent);
    CMHMapDlgAlgorithmSingle(string sExeName, string sFolderName, CWnd* pParent = NULL);// 标准构造函数
    CFrameWnd*          m_pMyWnd; //产生到本窗口中的一个用于窗口2个窗体的子窗口
    CSplitterWnd        m_SplitterWnd; //分隔窗口控件
    CMHMapAlgFormView* m_pFormView; //左侧的Form窗体
```

```
    CMHMapAlgEditView* m_pEditView; //右侧的编辑窗口,如果帮助信息为文件信息
    CMHMapAlgHtmlView* m_pHtmlView; //右侧的网页窗口,如果帮助信息为HTML文件
};
```

上述类声明中具有2种类型的构造函数,分别对应了采用动态链接库和可执行文件2种方式进行对话框初始化的情况。同时声明了一个框架类窗口变量m_pMyWnd,用于指向本对话框的区域并形成接纳2个左右排列的窗口(左侧窗口为代码中的指示变量m_pFormView,右侧窗口为代码中的指示变量m_pEditView或m_pHtmlView)及中间的分隔窗口(代码中的指示变量m_SplitterWnd)

相应的指针变量及初始化过程由对话框的OnCreate()函数负责,其代码为:

```
int CMHMapDlgAlgorithmSingle::OnCreate(LPCREATESTRUCT lpCreateStruct)
{
    CString strMyClass = AfxRegisterWndClass(CS_VREDRAW | CS_HREDRAW, ::LoadCursor(NULL,
IDC_ARROW),
        (HBRUSH)::GetStockObject(WHITE_BRUSH), ::LoadIcon(NULL, IDI_APPLICATION));
    m_pMyWnd = new CFrameWnd; // 生成以本窗口为父窗口的窗体,容纳左右2窗体及分隔窗口
    m_pMyWnd->Create(strMyClass, _T(""), WS_CHILD, CRect(0, 0, 200, 200), this); //生成窗口
    m_pMyWnd->ShowWindow(SW_SHOW);
    if (m_SplitterWnd.CreateStatic(m_pMyWnd, 1, 2) == NULL) //分隔窗口在对应窗口中生成1行2列的容器
        return -1;
    m_SplitterWnd.CreateView(0, 0, RUNTIME_CLASS(CMHMapAlgFormView), CSize(400, 80), NULL); //左侧
    m_pFormView = (CMHMapAlgFormView*)m_SplitterWnd.GetPane(0, 0); //左侧窗口指向的Form视图
    m_pFormView->InitDllOrExeParams(m_sDllName, m_sExeName, m_sFolderName, m_sInterface); //初始化
    bool bIsHelpHtml = m_pFormView->IsHelpHTML();//根据Form视图中判断是否为HTML模式
    CString strHelp = m_pFormView->GetHelpInfo();//根据Form视图中获取帮助信息
    if (bIsHelpHtml)    //如果是HTML模式,右侧窗口生成HTML容器View
    {
        m_SplitterWnd.CreateView(0, 1, RUNTIME_CLASS(CMHMapAlgHtmlView), CSize(100, 80), NULL);
        m_pHtmlView = (CMHMapAlgHtmlView*)m_SplitterWnd.GetPane(0, 1);
        m_pHtmlView->InitParams(strHelp); //将HTML文件赋值给右侧HTML容器
    }
    else                //如果不是HTML模式,右侧窗口生成Edit容器View
    {
        m_SplitterWnd.CreateView(0, 1, RUNTIME_CLASS(CMHMapAlgEditView), CSize(100, 80), NULL);
        m_pEditView = (CMHMapAlgEditView*)m_SplitterWnd.GetPane(0, 1);
        m_pEditView->InitParams(strHelp); //将帮助信息的字符串加入右侧Edit窗口中
    }
    return 0;
}
```

也就是说,上述代码中首先在对话框上生成一个与本子窗口大小一致的View窗口,再在其上生成3个窗口:左侧Form视图,中间分隔窗口以及右侧的HTML或Edit窗口视图。

实际上,算法对话框的主要功能均是由图25-1中左侧窗体中的类CMHMapAlgFormView负责实现的,而本窗口中的很多相应的功能也直接转交给该类进行处理,如对话框上"确定"按钮的实现代码:

```
void CMHMapDlgAlgorithmSingle::OnBnClickedOk()
{
    if (m_pFormView)
        m_pFormView->OnBnClickedOk();//调用CMHMapAlgFormView的对应函数实现左侧窗体中算法激活
    CDialog::OnOK();
}
```

25.2.3　具体功能实现类 CMHMapAlgFormView

算法对话框的左侧窗体视图中,需要声明一些用于自动生成图 25-1 中所示的基本控件。由于我们假定算法中的参数不超过 20 个(实际上 20 个已经足够了,而且如果需要,也可以扩展),因此我们需要在类中声明对应的标签(CStatic)、按钮(CButton)、下拉框(CComboBox)、编辑框(CEdit)、列表框(CListBox)、复选框(CCheckBox)等控件,再根据算法动态库中的参数进行控件的实时生成及位置安排(由于不清楚每个参数的标签长度,因此一般将标签作为一整行),对话框的左侧子窗体对应了具体功能实现类 CMHMapAlgFormView,该类声明如下:

```
class CMHMapAlgFormView : public CFormView
{
    bool InitDllOrExeParams(string sDllName, string sExeName, string sFolderName, string sInterface);
    CStatic*      m_static[20];          //静态参数说明控件,即标签
    CButton*      m_button[20];          //(FILE)后面的浏览按钮或(FILELIST)后面的浏览按钮
    CComboBox* m_comboboxFile[20];       //(FILE)对应的CComboBox
    CListBox*     m_listbox[20];         //(FILELIST)对应的CListBox
    CEdit*        m_edit[20];            //输入的参数
    string        m_label[20];           //参数说明
    CButton*      m_buttonForList_Up[20];      //CListBox后面的向上按钮
    CButton*      m_buttonForList_Down[20];    //CListBox后面的向下按钮
    CButton*      m_buttonForList_Delete[20];  //CListBox后面的删除按钮
    CButton*      m_check[20];           //复选框
    CComboBox* m_comboboxUser[20];       //下拉框,由用户指定下拉框中的内容
    map<int, int>  m_mComboInput;        //用于记录哪个m_comboboxFile或m_edit对应于哪个m_comboboxUser
};
```

在对话框的类实现过程中,首先需要声明与算法对话框导出相一致的函数接口,按第 24 章中的说明,我们声明了算法接口的抽象函数为:

```
typedef char* (cdecl *FnDLL_Interface)(char*, char*, char*, char*, char*, char*, char*, char*,
char*, char*, char*, char*, char*, char*, char*, char*, char*, char*);
typedef char* (cdecl *FnDLL_Fun)(char* sFuncName); //用于对算法参数说明的导出接口
```

其中函数 FnDLL_Interface()对应于算法的执行函数接口,函数 FnDLL_Fun()对应于算法的参数说明接口,而抽象化的接口将与算法中描述(暴露)的接口参数相一致。

前文已述,当算法工具对话框激活时,需要执行具体功能实现类 CMHMapAlgFormView 的参数初始化函数 InitDllOrExeParams(),该函数负责实现算法信息的初始化,并分析参数中的信息(如文件、接口、帮助、关于等信息)。其对应的代码为:

```
bool CMHMapAlgFormView::InitDllOrExeParams(string sDllName, string sExeName, string sFolderName,
string sInterface)
```

```
{
    m_sDllName = sDllName; //将外部传入的变量赋值给类内变量
    m_sExeName = sExeName;
    m_sFolderName = sFolderName;
    m_sInterfaceName = sInterfaceName;
    if (sDllName != "" && sInterfaceName != "")//如果是DLL模式,分析相应的参数
        return AnalyzeDllFile();
    else
        return AnalyzeExeFile();//否则则为EXE模式,分析相应的参数
}
```

在对话框显示之前需要根据算法类型调用对话框的参数分析函数:对于动态链接库模式,需要调用动态链接库的分析函数AnalyzeDllFile(),对于可执行文件模式,需要调用其分析函数AnalyzeExeFile(),其功能是分析用户激活的动态库并进行对话框参数输入显示,其中动态链接库分析伪代码如下:

```
bool CMHMapAlgFormView::AnalyzeDllFile()
{
    string sName = m_sFolderName + "\\" + m_sDllName;
    if (!m_hModule)
        m_hModule = LoadLibrary(sName.c_str());//装载动态库
    FnDLL_Fun g_fnGetFuncDesp = (FnDLL_Fun)GetProcAddress(m_hModule, "GetFuncParamsDesp");//获取接口
    string sDesp = string(g_fnGetFuncDesp((char*)m_sInterfaceName.c_str()));//得到接口描述
    while (sDesp.length() > 0)
        //将字符串sDesp中的字符按逗号分离出各子串并加入m_label中,略
    FnDLL_Fun g_fnGetAboutDesp = (FnDLL_Fun)GetProcAddress(m_hModule, "GetFuncAboutDesp");//获取接口
    FnDLL_Fun g_fnGetHelpDesp = (FnDLL_Fun)GetProcAddress(m_hModule, "GetFuncHelpDesp");//获取接口
    AnalyzeMSMap();//分析地图图层,保存各图层名称,后续将其加入CComboBox中,用户可以直接选择图层
    CreateWindows();//生成控件
    AdjustWindows();//对生成的控件按窗口的拉伸调整位置
    return true;
}
```

由上述代码可知,对于动态链接库模式,首先采用LoadLibrary()函数进行相应的动态库加载,再分析其中的接口"GetFuncParamsDesp"(要求必须有此接口,定义了参数个数、提示性标签等,具体的定义规则可参见第26章),以相应的接口名称作为参数调用该接口并得到接口描述性字符串sDesp,再分析此字符串得到用户需要的一系列参数定义信息,同样地,用户通过调用接口GetFuncAboutDesp()获取算法的关于信息(字符串)或描述关于的网页信息(HTML文件),用户通过调用接口GetFuncHelpDesp()获取算法的帮助信息(字符串)或描述帮助的网页信息(HTML文件),最后,通过函数AnalyzeMSMap()分析当前地图中的图层名称并加入到需要进行文件选择的CComboBox控件中,方便用户选择,此函数的实现略。然后通过函数CreateWindows()根据分析出来的算法描述字符串sDesp动态创建对算法描述相对应的控件,再通过函数AdjustWindows()完成相应控件的正确位置排放(同样被OnSize()所调用,因此将该功能独立成单独函数)。类似地,可执行文件也需要提供上述类似的信息,并进一步分析出其中所需的参数,对应的代码为:

```
bool CMHMapAlgFormView::AnalyzeExeFile()
{
```

```
    string sName = m_sFolderName + m_sExeName;
    string sXMLName(sName);
    sXMLName = sName.substr(0, sName.length() - 4) + ".xml"; //分析EXE所对应的XML文件
    CString strXML = sXMLName.c_str();
    string sNameAttr, sDesp, sAbout, sHelp; //需要从中分析出的几个参数
    int nSuc = CMHMapXMLIO::ReadToolXMLFile(string(strXML), sNameAttr, sDesp, sAbout, sHelp);
    while (sDesp.length() > 0)
        //将字符串sDesp中的字符按逗号分离出各子串并加入m_label中,略
    m_bInitExeFile = true;
    m_sAbout = sAbout.c_str();
    AnalyzeMSMap(); //分析地图图层,保存各图层名称,后续将其加入CComboBox中,用户可以直接选择图层
    CreateWindows(); //生成控件
    AdjustWindows(); //对生成的控件按窗口的拉伸调整位置
    return true;
}
```

与动态链接库模式分析不同的是,可执行文件模式分析过程中不是通过接口算法描述信息sDesp,而是通过与该可执行文件同名的XML文件分析,而该XML中的算法描述信息规则同动态链接库中的算法参数描述完全一致(具体的定义规则可参见第26章)。

其中,比较关键的是根据sDesp中的一系列参数自动生成窗体上的相应控件,下面以控件生成函数CreateWindows()为例进行解释:

```
void CMHMapAlgFormView::CreateWindows() //根据前文算法描述的字符串sDesp生成对应的控件
{
    GetWindowRect(m_rectWindow);
    int nStaticNum = 0; //用于记录标签的计数器
    m_nComboOrEditNum = 0; //用于记录ComboBox、CEdit、CList等的计数器
    int nCurTop = 10; //用于记录各控件距离窗口顶部的距离
    for (int i = 0; i < 20; i++)
    {
        if (m_label[i] == "") //如果遇到为空的参数描述,则中断,证明所有参数都已经生成
            break;
        bool bFile = false; //是否为输入/选择文件控件
        bool bDir = false; //是否为输入/选择文件夹控件
        bool bFileList = false; //是否为输入文件列表控件
        string sTmp = m_label[i];
        if (sTmp.length() > 6 && sTmp.substr(sTmp.length() - 6) == "(FILE)") //如果需要输入文件名
        {
            string st = string(m_label[i]);
            sTmp = st.substr(0, st.length() - 6);
            bFile = true;
        }
        else if (sTmp.length() > 5 && sTmp.substr(sTmp.length() - 5) == "(DIR)") //如果需要输入文件夹
            //如果需要输入文件夹,类似上面输入文件方式分析出st与sTmp,赋值bDir为true,略
        else if (sTmp.length() > 10 && sTmp.substr(sTmp.length() - 10) == "(FILELIST)") //输入文件列表
            //判断是否为LIST、COMBOBOX、CHECKBOX等,类似上面赋值,略
        m_static[nStaticNum] = new CStatic; //新建CStatic控件
        m_static[nStaticNum]->Create(sTmp.c_str(), WS_CHILD | WS_VISIBLE, CRect(10, nCurTop,
m_rectWindow.Width() - 20, nCurTop + 25), this, 300); //创建
```

```
        m_static[nStaticNum]->ShowWindow(SW_SHOW); //显示
        nStaticNum++;//计数器
        nCurTop += 20; //调整位置
        if (bFile) //如果是需要输入文件
        {
            m_combobox[m_nComboOrEditNum] = new CComboBox; //新建CComboBox控件
            m_combobox[m_nComboOrEditNum]->Create(WS_CHILD | WS_VISIBLE | WS_VSCROLL | WS_TABSTOP |
CBS_DROPDOWN, CRect(10, nCurTop, m_rectWindow.Width() - 20 - 40 - 10, nCurTop + 25 * 5), this, 100 + i);
            m_combobox[m_nComboOrEditNum]->ShowWindow(SW_SHOW); //显示
        }
        else if (bFileList) //如果是需要输入文件列表
            //类似输入文件方式新建m_listbox[m_nComboOrEditNum]并显示,略
        else//正常的输入参数
            //类似输入文件方式新建m_edit[m_nComboOrEditNum]并显示,略
        if (bFile || bDir || bFileList)
        {
            m_button[m_nComboOrEditNum] = new CButton; //新建CButton控件
            m_button[m_nComboOrEditNum]->Create("...", BS_DEFPUSHBUTTON | WS_TABSTOP, CRect
(m_rectWindow.Width() - 20 - 40, nCurTop, m_rectWindow.Width() - 30, nCurTop + 25), this, 200 + i);
            m_button[m_nComboOrEditNum]->ShowWindow(SW_SHOW); //显示
            if (bFile)
                m_nFileID.push_back(200 + i); //记录哪些按钮的ID属于打开文件类型的
            else if (bDir)
                m_nDirID.push_back(200 + i); //记录哪些按钮的ID属于打开文件夹类型的
            else if (bFileList)
                m_nFileListID.push_back(200 + i); //记录哪些按钮的ID属于打开文件列表类型的
        }
        m_nComboOrEditNum++;
        nCurTop += 50;
    }
    UpdateComboInfo();//前面函数AnalyzeMSMap()获取的图层信息加入到新生成的CComboBox控件中,略
}
```

　　上述代码全面地解释了针对不同算法参数对话框动态生成的过程。由于动态生成算法对话框上左侧视图中的各种控件的过程比较复杂,因此下面将比较详细地阐述其中的动态生成过程。

　　如图25-4所示,其中示意了动态生成的对话框(左侧)及算法动态链接库中所导出的函数GetFuncParamsDesp()接口描述(右侧),首先我们来分析一下图中右侧的代码。从图中的代码可以得知,函数GetFuncParamsDesp()的参数为一个const char*类型的参数,该传

图25-4　算法自动生成对话框界面同算法参数描述接口的对应关系

入的参数为接口名称,当此接口名称为"MHSegByMeanShift"时(即调用了本动态链接库的均值漂移分割接口),返回一个长字符串,该字符串中的逗号作为保留,能够将该字符串分为多个部分,而每个部分则对应了该均值漂移分割算法的一个参数,下面我们对其进行逐一分析。

以逗号为间隔对该字符串进行分析,第一个字符串为"选择待分割影像文件:(FILE)",第二个字符串为"选择分割结果文件(TIF 文件):(FILE)",第三个字符串为"请输入分割尺度(默认为 300,多尺度用分号分隔,如 100;300;500):(EDIT:300)",第四个字符串为"矢量化分割结果,文件名同分割结果文件相同,.SHP 文件)(CHECKBOX)"。根据图 25-4 左侧自动生成的算法参数输入对话框,对话框界面中的 4 个 CStatic 的标签即来自这 4 个字符串,并将其中后面括号中的保留字转换成了具体的控件。目前系统中的保留字符串及其代表的意义(控件)包括:

(1)(FILE)代表了文件输入/选择的下拉框(CComboBox)及后面的文件选择按钮(CButton),将会在此处自动生成对应的文件下拉框与后面的文件选择按钮,反映到用户算法中的参数是一个字符串,指示当前下拉框中的内容(即文件);

(2)(DIR)代表了文件夹输入框(CEdit)及后面的文件选择按钮(CButton),将会在此处自动生成对应的输入框与后面的文件夹选择按钮(点击后会选择计算机上的文件夹),反映到用户算法中的参数是一个字符串,指示当前下拉框中的内容(即文件夹);

(3)(EDIT:300)代表了数据/字符串的输入框(CEdit),将会在此处自动生成一个输入框,其中允许用户指定该输入框的默认值,如本句中输入框中默认为"300",又如,(EDIT:200;500)是指对应的输入框中默认的值为"200;500",反映到用户算法中的参数是一个字符串,指示当前输入框中的内容(如果用户不更改,算法参数即为"300");

(4)(CHECKBOX)代表了复选框(CButton),将会在此处自动生成一个复选框,反映到用户算法中的参数是一个字符串,指示当前复选框是否选中:当选中时,返回字符串"1",否则返回"0";

(5)(FILELIST)代表了文件的列表框(CListBox)及其后面的文件选择、文件顺序调整及文件删除按钮(CButton),将会在此处自动生成对应的文件列表框及文件顺序调整、删除等按钮,反映到用户算法中的参数是一个字符串,指示当前列表框中的内容(即所有文件,各文件之间采用英文的分号作为间隔);

(6)(COMBOBOX)代表了数据下拉框(CComboBox),由于下拉框中的数据需要事先给定其值,或事先告诉其值的来源,因此实际上此保留值的应用方法有 3 种:第 1 种是在这里事先定义好所有的下拉值并以分号作为间隔,如"(COMBOBOX:GeoTiff;Erdas Image;ENVI file;Bitmap file;JPEG file;PNG file)"将自动生成一个下拉框,其中的第 1 项值为"GeoTiff",第 2 项值为"Erdas Image",依次类推,反映到用户算法中的参数是一个字符串,指示当前下拉框中选定内容的字符;第 2 种则是指定该下拉框中的值来源于某一输入矢量文件的字段,如"(COMBOBOX:FIELD_FROM_INPUT1)"其中的"FIELD_FROM_IN-PUT"为保留字符串,说明该下拉框控件的数据来源于第 1 个输入(CEdit 或 CComboBox)所对应文件的字段,当第 1 个输入更改后,会自动更改本下拉框中的值,反映到用户算法中的参数是一个字符串,指示当前下拉框中选定的内容(字段)字符串;第 3 种则是指定该下拉框中的值来源于某一输入影像文件的波段,如"(COMBOBOX:BAND_FROM_IN-PUT2)"其中的"BAND_FROM_INPUT"为保留字符串,说明该下拉框控件的数据来源于第2个输入(CEdit 或 CComboBox)所对应文件的波段,当第2个输入更改后,会自动更改本下拉框中的值,反映到用户算法中的参数是一个字符串,指示当前下拉框中选定的内容(波段)字符串。此项工作还可以根据实际需求进行进一步扩展。

(7)(LISTBOX)代表了数据列表框(CListBox),该项的各种规定同上面的第6点比较相似:由于列表框:的数据需要事先给定其值,或事先告诉其值的来源,因此实际上此保留值的应用方法有3种:第1种是在这里事先定义好所有的下拉值并以分号作为间隔,如"(LISTBOX:GeoTiff;Erdas Image;ENVI file;Bitmap file;JPEG file;PNG file)"将自动生成一个列表框,其中的第1项值为"GeoTiff",第2项值为"Erdas Image",依次类推,反映到用户算法中的参数是一个字符串,指示当前列表框中选定的内容字符,字符之间采用英文的分号连接;第2种则是指定该下拉框中的值来源于某一输入矢量文件的字段,如"(LISTBOX:FIELD_FROM_INPUT3)"其中的"FIELD_FROM_INPUT"为保留字符串,说明该下拉框控件的数据来源于第3个输入(CEdit 或 CComboBox)所对应文件的字段,当第3个输入更改后,会自动更改本列表框中的值,反映到用户算法中的参数是一个字符串,指示当前下拉框中选定的内容(字段)字符串(如果选择多项,以英文的分号作为间隔);第3种则是指定该列表框中的值来源于某一输入影像文件的波段,如"(LISTBOX:BAND_FROM_INPUT4)"其中的"BAND_FROM_INPUT"为保留字符串,说明该列表框控件的数据来源于第4个输入(CEdit 或 CComboBox)所对应文件的波段,当第4个输入更改后,会自动更改本列表框中的值,反映到用户算法中的参数是一个字符串,指示当前下拉框中选定的内容(波段)字符串(如果选择多项,以英文的分号作为间隔)。此项工作还可以根据实际需求进行进一步扩展。

上述代码中,数组变量 m_static、m_combobox 等为类内变量,我们认为集成到系统中的算法参数个数不应该超过20个,因此在类内声明其为个数为20的数组,再根据读取 DLL 中的参数信息 sDesp 或 EXE 文件所对应 XML 文件中的参数信息 sDesp 来进行动态生成这些控件并调整位置。相应的几种自动生成的控件类型及参数接口定义关系见图 25-4 所示(其中接口描述规则见第26章)。

图 25-5 示意了前文叙述的所有规则及其算法描述的对应关系。图中左侧为算法自动生成的对话框,右侧是算法描述接口的主要返回字符串。其中,按逗号为间隔进行分析返回的字符串,第1行中的字符串为"请选择影像文件(FILE)",因此左侧对话框中增加了一个 CStatic 标签,其内容为"请选择影像文件",同时在其下方生成了一个文件选择/输入的 CComboBox 控件及文件选择按钮,对应于字符串中的"(FILE)";第2行的字符串为"请选择矢量文件(FILE)",与第一行的效果相同;第3行的字符串为"请选择文件夹(DIR)",对应在该标签下方生成一个输入框 CEdit 及上一文件夹选择按钮(对应的功能是选择一个文件夹);第4行的字符串为"请输入参数(EDIT:225)",对应了一个输入框 CEdit,其填充的默认值为"225";第5行的字符串为"是否考虑其他参数(CHECKBOX)",在对应位置生成一个复选框;第6行的字符串为"输入辅助文件(FILELIST)",在对应标签下方生成一

个较大的 CListBox 控件以及右侧对应的 4 个按钮；第 7 行的字符串为"输入文件类型（COMBOBOX:INTEGER；DOUBLE；FLOAT；DATE）"，在对应的标签位置下方生成一个 CComboBox 控件，里面有 4 个选项，分别为 INTEGER、DOUBLE、FLOAT、DATE；第 8 行的字符串为"请选择作用的影像波段（COMBOBOX:BAND_FROM_INPUT1）"，同样在对应的标签位置下方生成一个 CComboBox 控件，其内的选项取决于第 1 个输入项（即前文的第 1 行）的影像文件所对应的波段；第 9 行的字符串为"请选择作用的矢量字段（COMBOBOX:FIELD_FROM_INPUT2）"，同样在对应的标签位置下方生成一个 CComboBox 控件，其内的选项取决于第 2 个输入项（即前文的第 2 行）的矢量文件所对应的字段；第 10 行的字符串为"请选择选项（可多选）（LISTBOX:GeoTiff；Erdas Image；ENVI file；Bitmap file；JPEG file；PNG file）"，在对应的标签位置下方生成一个 CListBox 控件，其内的值分别为指定的一系列字符串（GeoTiff、Erdas Image……）；最后一行的字符串为"请选择字段（可多选）（LISTBOX:FIELD_FROM_INPUT2）"，在对应的标签位置下方生成一个 CListBox 控件，其内的值来源于第 2 个输入框或下拉框所对应矢量文件的字段名。

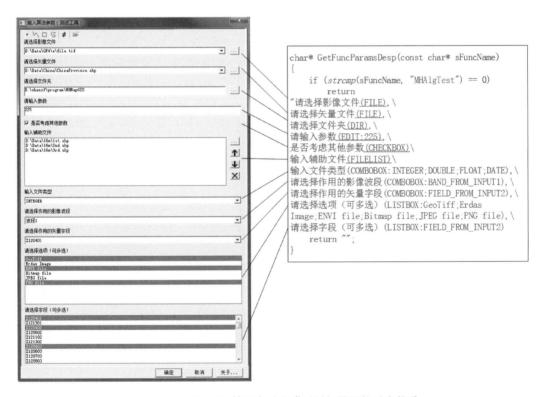

图 25-5 上述规则及算法自动生成对话框界面的对应关系

对于上述对话框，当按下窗口中的"确定"按钮后，返回的一系列参数如表 25-1 所示，这些参数将直接作为用户编写算法工具的一系列输入参数。

函数 AdjustWindows() 的功能是进行对应对话框上各控件位置及大小的调整，该函数在对话框的 OnSize() 函数中也进行调用，相应的代码略。

表25-1   对应于图25-5的参数返回值

参数	值
1	D:\Data\GF4\e\file.tif
2	D:\Data\China\ChinaProvince.shp
3	D:\shenzf\program\MHMapGIS\
4	225
5	1
6	D:\Data\16m\1st.shp;D:\Data\16m\2nd.shp;D:\Data\16m\3rd.shp
7	INTEGER
8	波段1
9	Z120401
10	GeoTiff;ENVI file;PNG file
11	Z120401;Z120402;Z120403

25.2.4   算法工具对话框其他功能实现类

图25-4中的左侧窗体实际上对应了25.2.3中介绍的具体功能实现类CMHMapAlg-FormView,而其右侧根据算法的配置情况可能为一个HTML视图或一个Edit视图,分别由类CMHMapAlgHtmlView或CMHMapAlgEditView负责实现。其中,类CMHMapAlgHtmlView的功能是采用HTML视图对用户设定的网页进行展现,该类的声明为:

```
class CMHMapAlgHtmlView : public CHtmlView
{
    void InitParams(CString strURL); //初始化URL信息并进行显示
};
```

而该函数的主体功能是进行传入参数所对应的HTML文件的显示,对应的代码也非常简单:

```
void CMHMapAlgHtmlView::InitParams(CString strURL)
{
    Navigate2(strURL); //显示HTML文件
}
```

类CMHMapAlgEditView在右侧产生一个只读的多行CEdit控件并显示对应的帮助信息,这一点与关于对话框类似,也是采用HTML或只读的编辑框进行信息显示,该类的声明为:

```
class CMHMapAlgEditView : public CEditView
{
    void InitParams(CString strContent); //初始化帮助信息并进行显示
};
```

该类的代码中通过函数PreCreateWindow()来改变窗口的类型,将对应的控件变成只读模式,并增加垂直滚动条,去掉水平滚动条,对应的代码为:

```
BOOL CMHMapAlgEditView::PreCreateWindow(CREATESTRUCT& cs)
{
    BOOL bPreCreated = CEditView::PreCreateWindow(cs);
    cs.style &= ~(ES_AUTOHSCROLL | WS_HSCROLL);
    cs.style |= ES_READONLY;
    return bPreCreated;
}
```

其中同样有函数 InitParams(),能够传递进来一大串帮助信息进行显示,对应的代码为:

```
void CMHMapAlgEditView::InitParams(CString strContent)
{
    SetWindowText(strContent);
}
```

25.3　算法线程/进程的生成与管理

当根据算法定义的参数生成算法对话框界面后,当用户按下对话框的确定按钮时,需要按用户输入的参数生成新的线程或进程,并调用算法模块的具体接口实现算法功能的激活。下面以新线程的实现方法为例,当对话框按下确定按钮时,对话框的函数 OnBn-ClickedOk() 将进一步调用类 CMHMapAlgFormView 的同名函数,其对应的代码为:

```
void CMHMapAlgFormView::OnBnClickedOk()
{
    CString str[20];
    for (int i = 0; i < 20; i++)//将所有参数按顺序加入到 m_sParams 中
    {
        m_sParams[i] = "";
        if (m_combobox[i])
        {
            m_combobox[i]->GetWindowText(str[i]);
            m_sParams[i] = string(str[i]);
        }
        else if (m_edit[i])
            //将 m_edit[i] 内容加入到 m_sParams[i] 中,略
        else
            //对于其他控件来说,将其内容加入到 m_sParams[i] 中,略
    }
    m_handle = CreateThread(NULL, 0, (LPTHREAD_START_ROUTINE)DoInterface, (LPVOID)this, 0, 0); //线程
    OnClose();
}
```

上述代码中,首先分析对话框界面中设定的所有参数,再分别读取所有参数并将它们存储到动态数组 m_sParams 中,最后调用生成线程函数 CreateThread() 新的线程,并将该线程执行静态函数 DoInterface() 实现算法动态链接库的线程执行(线程中只能执行静态函数),执行的参数为本类的指针,也就是说,由于参数个数不定,此处将本类的指针直接传递到接口函数 DoInterface() 中,需要哪些参数再在该函数中进行读取。

对应的静态线程装载函数 DoInterface() 的声明如下:

```
static DWORD DoInterface(LPVOID lParam);
```

即该函数为一个类内静态函数,其实现代码为:

```
DWORD CMHMapAlgFormView::DoInterface(LPVOID lParam)
{
    CMHMapAlgFormView *pThis = (CMHMapAlgFormView *)lParam; //恢复类指针
    if (pThis->m_sDllName != "")          //动态库模式
    {
        FnDLL_Interface m_fnInterface = (FnDLL_Interface)GetProcAddress(pThis->m_hModule,
pThis->m_sInterface.c_str());//动态链接库中对应的执行接口
        char s[20][255];
        for (int i = 0; i < 20; i++)
            strcpy(s[i], pThis->m_sParams[i].c_str());
        char* returnValue = m_fnInterface(s[0], s[1], s[2], s[3], s[4], s[5], s[6], s[7], s[8], s[9],
            s[10], s[11], s[12], s[13], s[14], s[15], s[16], s[17], s[18], s[19]); //调用接口
    }
    else if (pThis->m_sExeName != "")     //可执行文件模式
    {
        string toberun = string(pThis->m_sExeName); //待执行的可执行文件
        for (int i = 0; i < 20; i++)
        {
            if (pThis->m_sParams[i] == "")break;
            toberun += " " + pThis->m_sParams[i];
        }
        UINT nCmd = WinExec(toberun.c_str(), SW_HIDE); //执行带参数的可执行文件
    }
    return 0;
}
```

上述函数中的一个重要参数是 lParam,前文程序中将 this 指针赋值给对应的 lParam,即本类 CMHMapAlgFormView 的指针,通过该指针能够实现类内变量/函数同静态函数间完全的消息通信。上述代码中,需要判断算法的类型:对于动态链接库模式,将传入的20个字符型参数作为传入的接口参数进行接口调用,对于可执行文件方式,将传入的20个字符型参数作为可执行文件命令行的一系列参数进行可执行文件调用。这些参数是通过界面中用户设定并传入进来的,传给算法后再由算法内部分析各字符型参数并进行适当的类型转换及数据处理工作,最后当线程完成后弹出对应的对话框,或采用其他方式通知主程序/线程,完成算法线程的调用过程。也就是说,最终算法的调用过程是在新建一个线程的基础上,将该线程执行接口对应20个参数。对于C导出接口来说,假设原始接口声明为6个参数,当以20个参数(第7至最后的参数值均为空)调用该函数时,调用过程会自动截断第7个以后的参数,从而保证算法的正常完成。

上述代码通过 CreateThread() 函数新建了一个线程对算法进行调用。当需要采用进程方式装载算法动态链接库时,可以采用如下方式:首先,需要实现一个 Console 方式的程序装载器 MHDllLoader.EXE,其功能是通过 LoadLibrary() 装载对应的算法动态库并执行

相应的C导出接口,其方式同上述线程的执行方式类似,其参数传递方式可以直接通过该EXE后续连接1个接口名称及20个字符型参数的方式实现。其次,将前文CreateThread()产生新线程处更换为生成新的进程,其语句类似如下:

```
string toberun = "MHDllLoader.EXE "+string(sInterface)+" "+string(sParams); //sParams间空格间隔
if( !CreateProcess( NULL,               // No module name (use command line)
    (LPSTR)toberun.c_str(),             // Command line
    NULL,                               // Process handle not inheritable
    NULL,                               // Thread handle not inheritable
    FALSE,                              // Set handle inheritance to FALSE
    0,                                  // No creation flags
    NULL,                               // Use parent's environment block
    NULL,                               // Use parent's starting directory
    &si,                                // Pointer to STARTUPINFO structure
    &pi )                               // Pointer to PROCESS_INFORMATION structure
    return false;
WaitForSingleObject( pi.hProcess, INFINITE );
```

也就是说,当采用进程方式装载算法动态链接库时,实际上是激活一个中间装载器MHDllLoader.EXE,再通过此进程装载对应的算法动态链接库,这样对算法的实现没有任何影响,同时达到了有效分离算法进程同主进程MHMapGIS.EXE并保证主进程稳定性的目的。

25.4 批量数据处理算法的实现

当需要激活算法的批量数据处理功能时,会弹出如图25-2所示的批量数据处理算法对话框,其界面布局方式实际上同算法对话框的布局方式不同,各参数以行的方式分别进行填入,而不同的任务以不同"表格行"的方式进行展现。

以下以动态链接库方式为例对批量数据处理算法的实现过程进行分析。

对于图25-2所示的对话框生成及初始化代码,可参见第13章,其思路是在对话框的OnCreate()函数中生成表格控件,并根据对应的初始化函数AnalyzeDllFile()进行算法动态链接库参数分析,将对应的参数说明加到表格的表头说明中,当用户填写完表格中所有需要处理数据的信息并点击确定按钮后,将激活采用新的线程或进程方式进行接口功能调用,与算法的激活流程相同。

在接口激活方式上,有2种方式,一种就是同时产生多个线程,每个线程均对应一个数据处理任务,另一种方式就是仅产生一个线程,所有任务按任务队列排队方式进行数据处理,其中前一种方式效率高,但不易同时开通过多线程,否则容易造成程序的不稳定性,后一种方式稳定性高,相当于所有数据的串行处理。其中同时产生多个线程方式的代码如下:

```
void CMHMapDlgAlgorithmsDlgBatch::OnBnClickedOk()
{
    CGridCtrl* pWndGrid = (CGridCtrl*)m_wndGridCtrlPtr;
    for (int i = 0; i < 20; i++)
        m_handle[i] = NULL;
```

```
m_nHandleNum = 0;
for (int i = 0; i < 20; i++)//最多允许同时提交20个任务
{
    CString str = pWndGrid->GetItemText(i + 1, 1);
    if (str == "")//如果为空,证明自此以后的表格中的所有行为空,没有任务提交
        break;
    m_nHandleNum++;
    for (int j = 0; j < 20; j++)//复制第i个任务所对应的参数
    {
        CString str = pWndGrid->GetItemText(i + 1, j + 1);
        m_sParams[j] = string(str); //将第i个任务中的所有参数加到参数数组中
    }
    m_handle[i] = CreateThread(NULL, 0, (LPTHREAD_START_ROUTINE)DoInterface, (LPVOID)this, 0, 0);
    Sleep(30); //休眠一会
}
CreateThread(NULL, 0, (LPTHREAD_START_ROUTINE)WaitAllInterface, (LPVOID)this, 0, 0); //监测线程
CDialog::OnOK();
}
```

当用户填充了表格上对应的一系列需要批量处理的参数并按下确定按钮后,从表格中分别读取已经设定的参数并创建线程m_handle[i],所执行的静态函数仍然为DoInterface(),其方式同前文所述类似。最后,再新建一个监测线程并执行函数WaitAllInterface(),用于进行上述所有线程的监测,直到所有线程均完成数据处理后才算数据处理完毕。对应的线程监测函数代码如下:

```
DWORD CMHMapDlgAlgorithmsDlgBatch::WaitAllInterface(LPVOID lParam)
{
    CMHMapDlgAlgorithmsDlgBatch *pThis = (CMHMapDlgAlgorithmsDlgBatch*)lParam;
    WaitForMultipleObjects(pThis->m_nHandleNum, pThis->m_handle, TRUE, INFINITE); //等待所有线程
    for (int i = 0; i < pThis->m_nHandleNum; i++)//完成后关闭句柄
    {
        CloseHandle(pThis->m_handle[i]);
        pThis->m_handle[i] = NULL;
    }
    //弹出信息,如处理时间、成功与否等信息,略
    return 0;
}
```

即该线程并不进行数据处理操作,仅是对其他线程运行状态的监控,直到完成所有数据处理线程后再关闭对应线程的句柄,并进行适当的后处理即可。

另一种方式中,仅调用函数CreateThread()一次,即仅产生一个额外线程,再将对应的参数赋值给这个新线程,在新线程内部进行"串行"处理,这种方式更稳定,相应的代码与前文类似,此处略。

以上描述了动态链接库方式的批量数据处理算法的实现方式,对于可执行文件方式的算法来说,实际上与此也类似:可以一次性生成多个线程,每个线程进行一个可执行文件及其对应参数的调用;另一种方式则是只生成一个线程,再在这个线程中将对应的可执行文件及参数按串行的方式进行调用,两种方式能够达到同样类似的效果。

25.5　小　　结

模块 MHMapDlgAlgorithms 是 MHMapGIS 中对算法进行响应的具体功能实现模块，用于配合模块 MHMapTools 实现用户注册算法的激活与运行。模块 MHMapDlgAlgorithms 中需要实现用户算法模块中参数的分析，并基于此自动生成算法对话框内的相关控件，最后在用户按下确定按钮后建立新的线程或进程实现算法模块的装载及算法接口功能的调用。

本章仅介绍了模块中比较重要的2种对话框的实现过程，即算法运行及批量算法运行的2种对话框方式，均采用非模式对话框进行展现。还有1种就是算法的关于对话框，它是以模式对话框的方式进行展现的（见图25-3），相应的实现方式较为简单，本章未对其进行介绍，其实现方式可参见13.4.3的模式对话框的实现方式（函数 ShowAttrAddField-Mode()）。

第 26 章

算法工具实现:以植被指数计算模块的实现为例

在算法工具箱模块MHMapTools(第24章)及算法工具对话框模块MHMapDlgAlgorithms(第25章)实现的基础上,就可以将符合系统集成规则的遥感或GIS数据处理/分析算法进行软件工具箱集成。在MHMapGIS中,工具箱中的数据处理或分析算法目前可以采用2种方式进行系统集成:动态链接库方式或可执行文件方式。对于动态链接库方式,其调用接口为该模块导出的C接口,能够被第25章中以LoadLibrary()的方式进行装载并进行接口激活;对于可执行文件方式,其调用方式需要为命令行带参数的执行方式,并配合同名XML文件对其相关信息进行描述并集成。两者的区别是,一个动态链接库可以包含一个导出接口,并在工具箱中表现为一个算法,也可以包含多个导出接口,并在工具箱中表现为多个算法;而一个可执行文件仅能够表现为工具箱的一个算法。此外,由于动态链接库方式是采用接口调用与参数指定的方式实现,因此这种方法允许参数中有"默认"参数的存在;而可执行文件由于后续需要带一系列参数运行,而其参数个数除非在可执行文件中经特殊处理,否则必须输入指定的参数个数,因此一般不允许"默认"参数,具体的解释见本章后面。

本章将以原理与计算过程均很简单的多光谱遥感影像归一化植被指数(以下简称"植被指数")的计算为例,对算法工具的实现及系统集成规则进行详细的解释说明,分别采用动态链接库及可执行文件2种方式进行集成。

26.1 植被指数计算的程序实现

植被指数是对地表植被状况的简单、有效和经验的度量,目前已经定义了40多种植被指数,广泛地应用在全球与区域土地覆盖、植被分类和环境变化中;归一化植被指数为两个通道反射率之差除以它们的和,在植被处于中、低覆盖度时,该指数随覆盖度的增加而迅速增大,当达到一定覆盖度后增长缓慢,所以适用于植被早、中期生长阶段的动态监测。本章以植被指数计算的算法为例进行解释。

对于多光谱遥感影像数据来说,植被指数能够快速识别出影像中的植被区域,其原理是通过影像中的近红外波段(NIR)与红色波段(R)的简单数据运算来实现的,其公式为:

$$NDVI = \frac{NIR - R}{NIR + R}$$

其中，NIR为某一像元在近红外波段上的值，R为该像元在红色波段上的值，NDVI则为该像元的归一化植被指数，而本模块的主要目的就是实现多光谱遥感影像的像素级归一化植被指数的计算。

由此，我们可以大致勾画出计算一幅含有近红外波段及红色波段的多光谱遥感影像的NDVI计算方法与过程：首先我们需要输入待计算NDVI的多光谱遥感影像（TIF、IMG等栅格格式），还需要输入计算NDVI后的结构文件名称（TIF、IMG等栅格格式），同时指定红色、近红外波段位于原栅格数据中的哪2个波段，最后还需要指定输入栅格数据的数据类型格式（double、float、byte）。由此，可以构造出本模块中NDVI计算的主要接口形式：

```
char* NDVICompute(                      // 计算 NDVI
    const char* pszInputImg,            //参数1：输入的多光谱影像名称
    const char* pszOutputImg,           //参数2：计算后的NDVI结果影像名称
    const char* pszRedAndNIRBands,      //参数3：指定红、近红波段位于pszInputImg中的波段数，以逗号间隔
    const char* pszOupputType);         //参数4：指定输出栅格数据类型，double,float,byte
```

上述接口形式定义中，基于第24章及第25章的定义，所有参数均以char*或const char*的方式存在，到程序的具体实现时再根据实际的需要进行必要的数据格式转换。如上述的返回类型，可以为int类型，也可以为BOOL类型，而此处采用的是char*类型，在此处可以进行一定的规则制定：如果返回的字符串为"true"，则证明程序执行正常，否则则返回其他相应的字符串，如"false""输入文件不存在""打开文件不正确"等。

参数1与参数2只能以字符串的形式进行输入，而参数3需要输入的红色及近红外的波段数也可以分成2个参数，并分别以整形（int）的形式输入，这不影响算法的正常运行，而此处采用符合前文要求的char*形式的参数也可以达到同样效果：如红色波段为3，近红外波段为4，则此处可以输入"3,4"。最后一个参数需要指定输出数据的类型，同样也可以采用字符串的方式指定。

NDVI的计算原理是首先通过GDAL打开输入的多光谱影像，并逐一遍历各个像元，通过前文所述的公式计算出对应的NDVI数值，再按指定的格式输出到对应的栅格数据文件中。上述接口对应的实现示例如下：

```
char* NDVICompute(                              //计算NDVI接口的代码实现
    const char* pszInputImg,
    const char* pszOutputImg,
    const char* pszRedAndNIRBands,
    const char* pszOupputType)
{
    GDALAllRegister();   //初始化GDAL
    char* cReturn = "true";//返回值
    GDALDataset* pDataset = (GDALDataset*)GDALOpen(pszInputImg, GA_ReadOnly); //打开输入影像文件
    int nBandR = 3,  nBandNIR = 4;
    if (strcmp(pszRedAndNIRBands, "") != 0) //判断NIR、R波段
    {
        string sRedNir(pszRedAndNIRBands);
        int nFind = sRedNir.find(",");//找到逗号
```

```
            nBandR = atoi(sRedNir.substr(0, nFind).c_str());//逗号前的为红波段
            nBandNIR = atoi(sRedNir.substr(nFind + 1).c_str());//逗号后的为近红外
    }
    int nXSize = pDataset->GetRasterXSize();//影像宽
    int nYSize = pDataset->GetRasterYSize();//影像高
    GDALDriver* pDriver = (GDALDriver*)GDALGetDriverByName("GTiff");//输出GeoTiff文件格式
    GDALDataType typeOutput = GDT_Float32;
    if (strcmp(pszOupputType, "") != 0) //输出文件类型
    {
            string sOutType(strupr((char*)pszOupputType));
            if (sOutType == "BYTE")
                    typeOutput = GDT_Byte;
            else if (sOutType == "DOUBLE")
                    typeOutput = GDT_Float64;
    }
    GDALDataset* pOutDataset = (GDALDataset*)GDALCreate(pDriver, pszOutputImg, nXSize, nYSize, 1,
typeOutput, NULL); //生成输出文件,单波段
    GDALRasterBand* pBandNDVI = pOutDataset->GetRasterBand(1);
    double dTran[6];        // 复制信息,包括投影、仿射变换信息
    CPLErr er = pDataset->GetGeoTransform(dTran);
    if (er == CE_None)
            er = pOutDataset->SetGeoTransform(dTran);
    const char* cPR = pDataset->GetProjectionRef();
    if (strlen(cPR) > 0)
            er = pOutDataset->SetProjection(cPR);
    GDALRasterBand* pBandR = pDataset->GetRasterBand(nBandR);
    GDALRasterBand* pBandNIR = pDataset->GetRasterBand(nBandNIR);
    GDALDataType type = pBandR->GetRasterDataType();
    if (type == GDT_Byte) //根据源文件数据格式的不同,调用模板函数ComputeNDVI()计算其NDVI
            cReturn = ComputeNDVI<UCHAR>(nXSize, nYSize, pBandR, pBandNIR, pBandNDVI, type, typeOutput);
    else if (type == GDT_UInt16 || type == GDT_Int16)
            cReturn = ComputeNDVI<INT16>(nXSize, nYSize, pBandR, pBandNIR, pBandNDVI, type, typeOutput);
    else if (type == GDT_UInt32 || type == GDT_Int32)
            cReturn = ComputeNDVI<INT32>(nXSize, nYSize, pBandR, pBandNIR, pBandNDVI, type, typeOutput);
    else if (type == GDT_Float32)
            cReturn = ComputeNDVI<float>(nXSize, nYSize, pBandR, pBandNIR, pBandNDVI, type, typeOutput);
    else if (type == GDT_Float64)
            cReturn = ComputeNDVI<double>(nXSize, nYSize, pBandR, pBandNIR, pBandNDVI, type, typeOutput);
    GDALClose(pDataset);
    GDALClose(pOutDataset);
    return cReturn;
}
```

上述代码较为详细地展示了多光谱遥感影像NDVI值的计算过程。上面的函数NDVICompute()为算法对外暴露的接口,是NDVI计算的主要实现代码。其中可以看出,代码中采用格式转换的方法将用户需要的参数类型进行转换,但对外表现主要采用const char*字符串的方式进行展现,这是因为这种方式的参数传递在不同模块间更加容易。功能实现方面,其过程可描述为通过GDAL打开文件并读取对应的2个波段数据,再将其转变为double类型并计算NDVI,最后根据用户的输出类型要求进行文件输出。

其中，函数 ComputeNDVI() 为一模板类函数，功能为根据不同的输入影像类型对 NDVI 进行计算，其代码类似如下：

```
template <class T> char* ComputeNDVI(int nXSize, int nYSize, GDALRasterBand* pBandR, GDALRasterBand*
pBandNIR, GDALRasterBand* pBandNDVI, GDALDataType type, GDALDataType typeOutput) //模板类函数
{
    void* pBuffer = new unsigned char[nXSize*sizeof(typeOutput)]; //输出
    void* pBufferR = new unsigned char[nXSize* sizeof(T)]; //R输入
    void* pBufferNIR = new unsigned char[nXSize* sizeof(T)]; //NIR输入
    for (int i = 0; i < nYSize; i++)//遍历所有行
    {
        pBandR->RasterIO(GF_Read, 0, i, nXSize, 1, pBufferR, nXSize, 1, type, 0, 0); //读数据
        pBandNIR->RasterIO(GF_Read, 0, i, nXSize, 1, pBufferNIR, nXSize, 1, type, 0, 0);
        for (int j = 0; j < nXSize; j++)//遍历每1行上的所有像元
        {
            double dNIR = (double)((T*)pBufferNIR)[j];
            double dR = (double)((T*)pBufferR)[j];
            double dNDVI = (dNIR - dR) / (dNIR + dR); //计算NDVI
            if (typeOutput == GDT_Float32)
                ((float*)pBuffer)[j] = dNDVI; //输出float型
            else if (typeOutput == GDT_Float64)
                ((double*)pBuffer)[j] = dNDVI; //输出double型
            else if (typeOutput == GDT_Byte)
            {
                int nNewNDVI = (dNDVI + 1) * 128;
                if (nNewNDVI == 256) nNewNDVI = 255;
                ((unsigned char*)pBuffer)[j] = nNewNDVI; //输出unsigned char型
            }
        }
        pBandNDVI->RasterIO(GF_Write, 0, i, nXSize, 1, pBuffer, nXSize, 1, typeOutput, 0, 0); //写数据
    }
    delete (T*)pBufferR; delete (T*)pBufferNIR;    delete pBuffer;
    return "true";
}
```

上述2个函数相配合就能够完成计算多光谱遥感影像NDVI并进行文件输出的功能。其中主要的功能由GDAL库负责支持，需要熟悉GDAL库的RasterIO()函数，以及其对投影、仿射变换等的支持功能。

26.2 动态链接库导出接口方式

26.2.1 算法工具的设计规则

在MHMapGIS中，如果集成到系统中的数据处理算法以动态链接库的方式进行集成，则算法动态库实际上的执行过程是被模块MHMapDlgAlgoritms以LoadLibrary()方式调用，为兼容C语言的接口，所有的参数均采用const char*方式，返回类型为char*，并由算法实现者按需进行类型转换（可参见第25章）。

基于26.1中NDVI计算公式及算法功能实现,可以初步确定植被指数计算的接口。另外,为顺利实现算法的MHMapGIS系统集成,基于第25章中的介绍,我们还需要给出对应于该算法的另外3个接口的定义与实现,分别对应了该算法的参数描述、帮助信息与关于信息。这3个接口名称固定,以便第25章的模块MHMapDlgAlgorithms能够通过固定的函数名称查找到对应的接口,并调用该接口查询算法的具体参数信息。

因此,我们在本模块的C导出函数的接口中定义植被指数计算接口函数NDVICompute(),类似如下:

```
extern "C" __declspec(dllexport)  char* _cdecl NDVICompute(          // 计算 NDVI
    const char* pszInputImg,
    const char* pszOutputImg,
    const char* pszRedAndNIRBands = "",
    const char* pszOupputType = "");
extern "C" __declspec(dllexport) char* _cdecl GetFuncParamsDesp(const char* sFuncName); //参数说明
extern "C" __declspec(dllexport) char* _cdecl GetFuncAboutDesp(const char* sFuncName); //关于信息
extern "C" __declspec(dllexport) char* _cdecl GetFuncHelpDesp(const char* sFuncName); //帮助信息
```

以上为算法模块导出(见上述代码中的保留字__declspec(dllexport))的C接口形式的接口声明。其中,接口NDVICompute()为植被指数计算的主功能实现接口,另外3个函数为所有算法必须声明的函数(其函数名称不可改变),其中接口GetFuncParamsDesp()为算法对外表现接口中的参数说明(并由此表现在自动生成的对话框上),GetFuncAboutDesp()接口为对应的算法版权说明及其他相关说明(并由此表现在算法"关于"对话框上),表现形式为对应的关于说明字符串或HTML文件,GetFuncHelpDesp()接口为对应的算法帮助说明,返回针对相应算法的帮助说明字符串或HTML文件。

上述声明中的函数NDVICompute()的具体实现代码见26.1。接口GetFuncParamsDesp()的主要功能是对模块中的所有功能性导出接口进行参数说明,从此接口的返回字符串中可以分析出不同功能性接口所需要的接口参数、个数等说明,不同参数之间以英文的逗号进行分隔,同一参数的说明性字符串内部不允许出现英文形式的逗号,该字符串将被用于自动生成的对话框中针对输入参数进行提示性说明的文字。例如本模块中,该函数的主要代码为:

```
char* GetFuncParamsDesp(const char* sFuncName)
{
    if(strcmp(sFuncName,"NDVICompute") == 0) //接口名称为NDVICompute
        return
"输入需要计算NDVI的影像文件:(FILE),\ //最后面的反斜杠是字符串连接的标志,(FILE)说明需要输入文件名
输入计算的NDVI结果文件(TIFF文件):(FILE),\
输入 红、近红外波段值,分号间隔(默认为3;4):(EDIT:3;4),\ //输入框默认为3;4
选择输出文件类型(COMBOBOX:FLOAT;BYTE;DOUBLE)";
    return "";
}
```

上述代码中函数GetFuncParamsDesp()对接口的说明代码以一个长字符中形式表达,字符串之间以逗号作为分隔符。其中被逗号分成的字符串将作为第25章算法对话框自动生成的参数的标签(参见图25-4),其中的(FILE)、(DIR)、(EDIT)、(CHECKBOX)、(LIST-

BOX)、(CCOMBOBOX)等作为保留字,其意义可参见25.2.3。

上述代码由第25章对话框自动生成的界面如图26-1所示,可以对比上述参数同对应的自动生成窗口界面(其中的参数说明是一致的)。

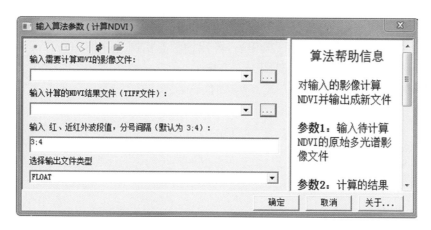

图26-1 植被指数计算自动生成的参数输入对话框界面

由图26-1所示,对话框界面由第25章的模块 MHMapDlgAlgorithms 自动生成,其中最上面"输入需要计算 NDVI 的影像文件:"来源于函数 GetFuncParamsDesp() 的第一个字符串,其而后的字符串"(FILE)"由模块 MHMapDlgAlgorithms 删除,并在此处生成一个CComboBox 及 CButton 控件,用于组合完成用户选择当前地图中图层的文件名,或点击按钮浏览并选择其他文件名的功能。类似地,第3个参数中的"(EDIT:3;4)"被一个 CEdit 的输入框所代替,且其默认的参数为3;4,第4个参数中的"(COMBOBOX:FLOAT;BYTE;DOUBLE)"被一个 CComboBox 控件所代替,其内部有3个选择项,分别为 FLOAT、BYTE、DOUBLE(默认为第1项)。

此外,图26-1中,当某个参数以(EDIT)作为输入,且此控件处于焦点状态时,此时图26-1顶部工具栏中的一系列工具将变得可用,其功能分别对应了输入点、输入线、输入矩形、输入多边形的功能,其使用方法为点击相应的工具,并在主视图(MHMapView)上点击鼠标或拖动并实现点、线或面的生成,完毕后将在本编辑框中加入一个描述性字符串,如"Point:(44.89,31.35)"代表了位于对应坐标的一个点,"Line:(-12.17,22.64;27.17,52.08;29.57,17.54;60.21,45.77)"代表了以分号为间隔一系列坐标点形成的一条线,"Rectangle:(33.47,41.86;51.50,30.75)"代表了以分号为间隔指定左上角与右下角坐标的矩形,"Polygon:(11.85,38.56; 22.36,50.27; 46.39,42.47; 46.39,25.65; 23.26,18.44; 11.85,38.56)"代表了以分号为间隔一系列坐标点形成的多边形(首尾节点坐标相同),等等。

算法实现程序人员在得到这一串字符串后,就可以从中分离出他需要的一系列空间形状,并以此字符串进行几何形状的描述作为参数进行算法功能的实现。

模块中另外一个函数 GetFuncAboutDesp() 的功能是对上述界面中的"关于"按钮的代码响应,对应的实现代码有2种方式,其中1种为采用 HTML 的网页展现方式,对应的代码为:

```
char* GetFuncAboutDesp(const char* sFuncName)
{
    if (strcmp(sFuncName, "NDVICompute") == 0) //接口名称为NDVICompute
        return "MHNDVICompute_CopyRight.htm";//返回一个HTML文件,要求该文件位于主程序下的Helps文件夹下
    return "";
}
```

也就是说,用户点击了"关于"按钮后,弹出的信息由网页"MHNDVICompute_Copy-Right.htm"进行信息展现,其效果见图26-2左侧。

另1种为完全的字符串展现方式,对应的代码为:

```
char* GetFuncAboutDesp(const char* sFuncName)
{
    if (strcmp(sFuncName, "NDVICompute") == 0)        //返回字符串,字符串以\r\n为分隔,形成硬回车
        return        "\//字符串未结束时,最后的反斜杠为连接符,参见C++规范
算法版权信息\r\n\
\r\n\
影像NDVI计算算法\r\n\
作者:沈占锋\r\n\
时间:2017 - 12 - 28\r\n\
中国科学院遥感与数字地球研究所\r\n\
E - mail: shenzf@radi.ac.cn\r\n\
合作者:程熙, 吴炜等\r\n\
\r\n\
算法原理:\r\n\
......"
    return "";
}
```

这种方式所能够展现的效果类似,对应的对话框展现如图26-2右侧所示。两者的区别为采用HTML方式展现的效果更好些,而且是通过HTML文件展现的,因此用户后期可以对关于对话框中的信息(如版权信息)进行更新与维护;缺点也同样基于此,任何人均可以通过更改此HTML文件对算法的关于信息进行更改。而直接返回字符串的方式尽管表现效果一般,但其他人无法更改算法的所有信息,只有版权人(程序编译人员)能够对其进行更改,更加有利于版权信息的保护。

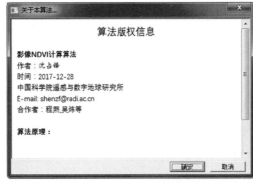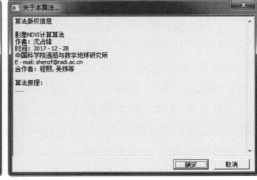

图26-2　两种方式实现的关于对话框的对话框界面

　　另外,上述代码中为实现对应字符串在关于对话框中进行换行,采用的方式为在需要换行处增加"\r\n",即兼容C++的主动换行方式,实际上,在MHMapGIS中,如果将"\r\n"改变成为保留字"(ENTER)"也可以达到同样效果(本章后续的其他字符串中的主动换行符也同样遵循这一规则)。

　　最后一个接口就是返回帮助文档信息,与上述的关于文档类似,可以返回简易的对话框帮助信息,也可以返回指示该帮助信息的HTML文件,一般主要是针对对话框中的算法及其不同参数输入框的解释说明,其中采用HTML方式的代码类似如下:

```
char* GetFuncHelpDesp(const char* sFuncName)
{
    if (strcmp(sFuncName, "NDVICompute") == 0) //接口名称为NDVICompute
        return "MHNDVICompute_Help.htm";//返回一个HTML文件,位于主程序下的Helps文件夹下
    return "";
}
```

　　其效果如图26-1所示(右侧的帮助信息)。采用直接返回字符串的方式代码为:

```
char* GetFuncHelpDesp(const char* sFuncName)
{
    if (strcmp(sFuncName, "NDVICompute") == 0) //返回字符串,字符串以\r\n为分隔,形成硬回车
        return
"对输入的影像计算NDVI并输出成新文件\r\n\
\r\n\
参数1:输入待计算NDVI的原始影像\r\n\
\r\n\
参数2:计算的结果影像文件(TIFF文件)\r\n\
\r\n\
参数3:参数1中的红波段与近红外波段所对应的波段数,以英文的逗号间隔\r\n\
\r\n\
参数4:输出TIFF的格式,默认为Float格式,可为Byte或Double类型";
    return "";
}
```

　　上述代码就是针对接口为"NDVICompute"的帮助信息,返回一个长字符串,并在主对话框的帮助对话框中进行显示。对应的显示效果类似于图26-3所示(右侧的帮助信息)。对话框中显示右侧帮助信息的字符串来源于上述函数GetFuncHelpDesp()所返回的字符串。

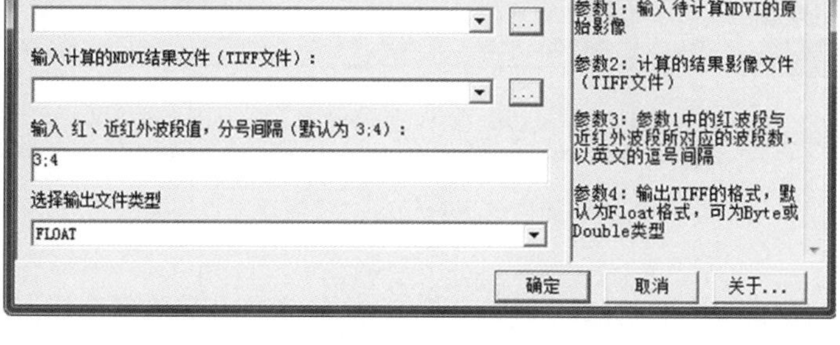

图26-3　计算NDVI算法的帮助窗口

26.2.2　算法的工具箱集成

在26.2.1完成算法本身的功能实现与对应接口封装后,就可以将该算法无缝地集成到MHMapGIS的工具箱中,并由用户按需进行算法工具的激活与任务提交。算法工具的MHMapGIS集成方式采用配置XML的方式进行实现,最大限度地减少用户的工作量,并易于实现工具的按需配置。

在MHMapGIS的同一可执行文件夹中,有一个用于配置算法工具箱的XML文件"MHMapTools.XML",其功能是进行MHMapTools模块的工具箱算法配置,该文件的主要内容可参见第24章的24.2,用户可以采用任何文本编辑工具对XML文件进行修改、增加算法工具。例如,如果希望在图241的节点"RSTOOLS"下面节点"基本工具"的下面增加本算法,就可以在文件MHMapTools.XML中增加一行,类似如下:

```xml
<?xml version="1.0" encoding="GB2312"?>
<TOOLS>
  <RSTOOLS>
    <基本工具>
      <计算NDVI foldername="RadiSZF" dllfile="MHNDVICompute" interface="NDVICompute">
      </计算NDVI>
    </基本工具>
  </RSTOOLS>
```

也就是说,工具的注册过程就是在文件MHMapTools.XML中特定位置增加一个节点信息的过程。上述代码中,在节点"RSTOOLS"(工具中表现为工具文件夹)下面节点"基本工具"的下面增加了一个算法工具信息(即上述代码中加粗加下划线部分):算法工具名称为"计算NDVI",算法所在文件夹为当前文件夹下面的RadiSZF文件夹下,算法所对应的模块名称为"MHNDVICompute.DLL",算法所对应的C导出接口为"NDVICompute"。

完成上述XML的修改后,需要将本模块编译形成的动态库文件"MHNDVICompute.DLL"复制到可执行文件下面的RadiSZF文件夹中,此时即完成了工具算法工具箱的集成工作。

对应的效果如图26-4所示。

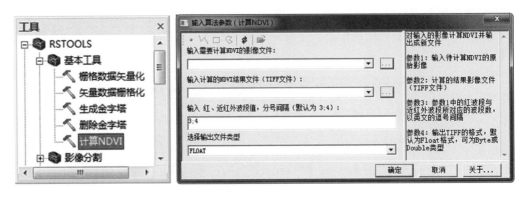

图26-4　工具注册后的工具箱(左)及激活工具界面(右)

当用户双击图26-4中的"计算NDVI"节点,或右键弹出菜单后选择激活工具时,工具的调用过程实际上读取上面修改的MHMapTools.XML文件中对应的节点信息,生成模块

MHMapDlgAlgorithms的一个新的对话框，并将对应的动态库与接口信息转入到该模块，而模块MHMapDlgAlgorithms则根据动态库中的几个接口找出需要在对话框上显示的信息，并在用户按下对话框上的确定按钮时生成新的线程或进程执行本动态库中的接口过程，对应的代码实现过程可参见第24章与第25章。

26.3 可执行文件带参数方式

26.3.1 可执行文件函数的实现方式

算法工具的MHMapGIS集成方式为基于可执行文件的方式，我们仍以26.1中已经完成的NDVI算法为例进行说明。26.1中已经实现了NDVI计算的主要程序代码，并由函数NDVICompute()负责完成，我们在这基础上采用C++实现一个基于Windows Console的控制台程序，对应的代码如下：

```
int _tmain(int argc, _TCHAR* argv[])//控制台程序主入口
{
    string sParam[21]; //用于存储所有运行参数的数组
    for (int i = 0; i < argc; i++)
        sParam[i] = string(argv[i]);
    char* cSuc = NDVICompute(sParam[1].c_str(), sParam[2].c_str(), sParam[3].c_str(),
sParam[4].c_str());//调用26.1的函数接口实现NDVI计算
    if (strcmp(cSuc, "true") == 0)
        return 0;
    return -1;
}
```

上述代码编译并形成一个命令行可执行文件MHImgNDVIComputeEXE.EXE，而该可执行文件的运行方法为命令附带对应的一系列参数，其调用方式如图26-5所示。

图26-5 可执行文件**MHImgNDVIComputeEXE.EXE**在命令行下的执行方式

图26-5所示的命令行中，可执行文件后面带的第1个参数（"d:\source.tif"）为源多光谱文件，第2个参数（"d:\ndvi.tif"）为输出的结果，第3个参数（"3,4"）为指定红色与近红外波段，第4个参数（"double"）为指定输出数据类型。

26.3.2 算法的工具箱集成

在26.3.1中完成了算法的可执行文件后，就可以将该可执行文件算法集成到MHMapGIS的工具箱中，方法同样是采用配置XML的方式进行实现。具体地说，需要修改XML文件"MHMapTools.XML"的内容并增加对应的工具描述，类似如下：

```
<?xml version="1.0" encoding="GB2312"?>
<TOOLS>
```

```
<RSTOOLS>
  <基本工具>
    <可执行文件计算NDVI foldername="RadiSZF" exefile="MHImgNDVIComputeEXE">
    </可执行文件计算NDVI>
  </基本工具>
</RSTOOLS>
```

比较可执行文件同前文的动态链接库的注册方法可以看出,在对应的节点上将"dllfile"属性改变成为"exefile"并指定为对应的可执行文件即可。同时,对应于该可执行文件MHImgNDVIComputeEXE.EXE,需要在同一文件夹下具有同名的XML文件,用于进行该可执行文件的相应参数的描述,对应的该XML文件(MHImgNDVIComputeEXE.XML)的内容为:

```
<?xml version="1.0" encoding="GB2312"?>
<TOOL name="MHImgNDVIComputeEXE">
    <FuncParamsDesp>输入需要计算NDVI的影像文件:(FILE),输入计算的NDVI结果文件(TIFF文件):(FILE),输入
红、近红外波段值,分号间隔(默认为3;4):(EDIT:3;4),请选择文件类型
(COMBOBOX:FLOAT;BYTE;DOUBLE)</FuncParamsDesp>
    <FuncAboutDesp>MHNDVICompute_CopyRight.htm</FuncAboutDesp>
    <FuncHelpDesp>对输入的影像计算NDVI并输出成新文件\r\n\r\n参数1:输入待计算NDVI的原始影像\r\n\r\n
参数2:计算的结果影像文件(TIFF文件)\r\n\r\n参数3:参数1中的红波段与近红外波段所对应的波段数,以英
文的逗号间隔\r\n\r\n参数4:输出TIFF的格式,默认为Float格式,可为Byte或Double类型</FuncHelpDesp>
</TOOL>
```

该XML的作用是对同名可执行文件进行MHMapGIS接口、关于及帮助信息的描述,相应的描述规则同前文动态链接库的导出规则类似。其中,XML文件必须以"TOOL"作为根节点,且要求有一个属性name,其值必须为对应的可执行文件名称(不需要扩展名);该节点下面需要有3个子节点,名称分别为FuncParamsDesp、FuncAboutDesp和FuncHelpDesp,分别用于对该可执行文件所对应算法的接口参数、关于信息、帮助信息进行描述,相应的描述字符串同前文完全一致。

完成了相应的可执行文件算法的算法工具箱注册后,就可以按同样的方式激活对应的算法,相应的效果如图26-6所示。

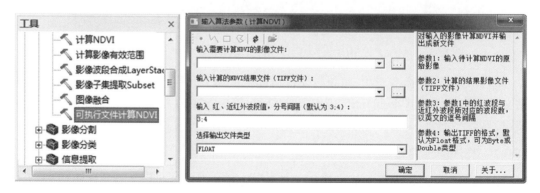

图26-6　工具注册后的工具箱(左)及激活工具界面(右)

比较一下图26-6同图26-4可以看出,两者除工具名称不同外其他几乎都相同(右侧窗口名称不同),这是因为这2种集成模式均是由程序通过分析对应的接口描述而自动生

成的右侧对话框,2种方式提供的接口描述相同(因为接口相同)。

26.4　小　　结

　　本章以遥感中较为常用、也较为简单的像素级归一化植被指数计算为例,详细解释说明了一个算法的接口设计、功能实现、工具注册、算法调用过程,其他算法工具的MHMapGIS软件注册过程类似。对于动态链接库的集成方式,需要用户首先抽象出对应算法的接口,即输入参数与输出参数,并将这些参数以const char*的形式展现到接口中,接口的返回数据类型采用char*的形式,同时实现3个接口描述函数并返回接口参数、关于信息及帮助信息;对于可执行文件方式,需要实现一个基于命令行方式的可执行文件,并采用对应的同名XML文件对其进行参数、关于及帮助信息的描述,相应的规则同动态链接库方式一致。对应的实现中,用户可以在参数说明中说出具体参数的数据类型,并根据用户的输入进行数据类型的强制转换。当用户完成了算法接口及几个必须实现的接口后,就可以在MHMapTools.XML文件中进行算法注册,完成工具的注册过程。

　　注册信息中,有一个参数为指定动态库的文件夹属性(即XML文件中的foldername),该参数的目的是用户可以通过文件夹形式整理自己的算法工具,从而避免了所有工具均堆积在可执行文件的同一文件夹下所导致的混乱问题。同时更重要的是,采用文件夹方式进行用户自己算法动态链接库的整理,有利于作者对自己的动态链接库的版本管理,同时也有效避免了作者对依赖库版本冲突的危险。例如,MHMapGIS所采用的GDAL版本是2.0.2,而算法可能采用的版本号为2.1,此时用户只需要将自己依赖的GDAL的动态库放到自己的文件夹即可;同样地,GDAL也可能依赖其他库的版本有所不同,如主程序中GDAL所依赖的HDF库与用户算法GDAL所依赖的HDF库有所不同,以及proj.dll、geos.dll等。

第 27 章

地图瓦片生成模块 MHMapDlgTileGen 的实现

地图瓦片生成模块 MHMapDlgTileGen 为 MHMapGIS 一个可选的功能性模块，其主要功能是在完成地图配色的基础上，将地图现有配色方案打包进行地图瓦片的生成，以备后续的网络地图发布等功能性需求。模块 MHMapDlgTileGen 同样采用非模式对话框的方式实现上述功能，即将指定的地理坐标范围内的地图生成指定层级(层深)的地图瓦片，生成的瓦片可采用自定义命名方式，也可以采用兼容 ArcGIS 的文件命名方式。

27.1　地图瓦片生成模块设计

地图瓦片生成模块的主要功能是基于当前地图的配色方案，对指定区域进行瓦片生成的过程。实际上，地图瓦片生成模块的功能就是实现地图的"所见即所得"：即当用户配置好了一个地图后，再调用此模块实现某个区域某个层深的瓦片导出，导出的瓦片将与当前视图放大到对应比例尺后完全相同，且邻接瓦片在拼接后能够形成完整的地图。由于用户指定的区域未必是对应层级瓦片的边缘，因此很多时候需要对指定区域进行适当的范围扩大，以保证所选区域均在生成的地图瓦片区域范围之内。

瓦片生成模块采用非模式对话框的形式进行用户交互，以便用户进行区域的调整，对应的瓦片生成对话框见图 27-1 所示。

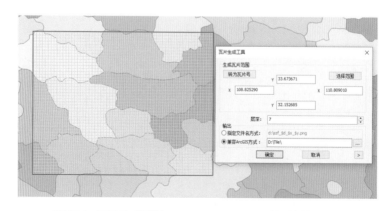

图 27-1　瓦片生成模块 MHMapDlgTileGen 的对话框界面

图27-1中定义生成瓦片的 *X* 方向的范围与 *Y* 方向的范围。其中,图中左上角的按钮为地理坐标与瓦片号之间的转换按钮,当用户指定地理坐标及层深时,按下此按钮可以转换为包含指定范围的瓦片号,再次按下本按钮时再转换回地理坐标,对应的对话框窗口界面如图27-2所示。

图27-2　模块 **MHMapDlgTileGen** 的地理坐标与瓦片号之间的转换界面

图27-2中在地理坐标与瓦片号之间进行转换按钮的实现方法就是通过将全球的经纬度范围计算并划分为多个层深的瓦片,并采用瓦片拼接的方式来表达全球平面。对应地,根据用户设定的瓦片层深,就能够计算出一个地理坐标位于哪个瓦片上,同时,也可以得到该瓦片的地理坐标范围,对应的计算代码略。

```
void CMHMapDlgImgTileGen::OnBnClickedButtonChange()
{
    m_bIsGeoCoor = !m_bIsGeoCoor; //指示变量,当前是地理坐标,还是瓦片号
    OnEnChangeEdit();//计算地理坐标与瓦片之间的转换
    if (m_bIsGeoCoor) //如果为地理坐标
    {
        m_btnChange.SetWindowText("转为瓦片号");//按钮标题更改
        m_edtDepth.EnableWindow();//允许更改层深
        m_dLeft_X = m_dXLeft; //给图27-1中的X、Y更新
        m_dRight_X = m_dXRight;
        m_dTop_Y = m_dYTop;
        m_dBottom_Y = m_dYBottom;
    }
    else
    {
        m_btnChange.SetWindowText("转为地理坐标");//按钮标题更改
        m_edtDepth.EnableWindow(FALSE); //不允许更改层深
        m_dLeft_X = m_nXLeft; //给图27-1中的X、Y更新
        m_dRight_X = m_nXRight;
        m_dTop_Y = m_nYTop;
        m_dBottom_Y = m_nYBottom;
    }
    UpdateData(FALSE); //更新相应的坐标显示
}
```

当地理坐标与瓦片数据进行更改时,此时不允许更改层深,因为不同的层深对应的坐标与瓦片数据的公式不同。上述代码中的OnEnChangeEdit()函数负责具体的地理坐标同瓦片号之间的转换,对应的主体代码为:

```
void CMHMapDlgImgTileGen::OnEnChangeEdit()
{
    CMHMapView* pMHMapView = (CMHMapView*)m_pMHMapView;
    m_edtDepth.GetWindowText(str);
    int nDepth = atoi(str.GetString());
    double dStep = 180 / pow(2., nDepth + 1);
    //更新主视图上的矩形框显示瓦片范围,原理是通过4个坐标及主视图的OnDraw()函数配合完成,略
    if (m_bIsGeoCoor) //地理坐标
    {
        int xNumMin = int(m_dLeft_X); //左侧瓦片号
        m_dXLeft = -180 + dStep*xNumMin; //瓦片号→地理坐标X
        m_dLeft_X = m_dXLeft; //更新的左侧瓦片号
        //按上述方法通过其他瓦片号计算地理坐标并更新,同时更新主视图的矩形区域坐标,略
    }
    else
    {
        m_nXLeft = (m_dXLeft + 180) / dStep;
        m_nXRight = (m_dXRight + 180) / dStep;
        m_nYBottom = (90 - m_dYBottom) / dStep;
        m_nYTop = (90 - m_dYTop) / dStep;
        //更新瓦片号数值,同时更新主视图的矩形区域坐标,略
    }
    UpdateData(FALSE);
}
```

27.2 地图瓦片生成模块功能实现

地图瓦片生成模块是通过一个非模式对话框的方式进行用户展现的,这样方便用户在对话框中进行用户界面的操作并返回主视图中的特定区域。瓦片生成的非模式对话框由主体功能实现类CMHMapDlgTileGenShow的显示非模式对话框函数ShowImgTileGen-Modeless()负责,而该函数的具体代码实现则调用非模式对话框的生成过程并创建具体功能实现类CMHMapDlgImgTileGen,其原理同第20章的模块MHMapDlgQuery类似,对应的对话框资源生成与显示激活的代码此处略。

瓦片的生成原理同样是基于模块MHMapRender的地图渲染功能,而瓦片的命令方式在本模块中有2种选项:一种就是指定文件名规则,例如代码中指定的规则为"d:\\szf_$d_$x_$y.png"是指将对应的瓦片生成到D盘的根目录下,命名规则为"szf_层深_瓦片号X_瓦片号Y.png";另一种是兼容ArcGIS的分钟规则,需要给定数据存储的文件夹,而生成的文件则位于该文件夹下的"Lxx\Ryyyyyyyy\Czzzzzzzz.png"等一系列文件,其中,xx为层深的数值,如第7层的文件夹为L07,yyyyyyyy及zzzzzzzz为该层对应的瓦片X、Y编号,具体参见ArcGIS的相关说明。

如图27-2所示,当用户设定完对应的参数后并点击确定按钮后,就可以进行相应的瓦片生成功能,对应的实现代码为:

```
void CMHMapDlgImgTileGen::OnBnClickedOk()
{
    //获取图27-2中对话框设置的各种信息,XMin,XMax,YMin,YMax,Depth,Style,略
```

```
    DoTileGen(sDepth, m_dXLeft, m_dYTop, m_dXRight, m_dYBottom, sDir); //生成瓦片
    CMHMapView* pMHMapView = (CMHMapView*)m_pMHMapView;
    pMHMapView->Invalidate(FALSE);
    pMHMapView->SelectTool_Null();
    CDialog::OnOK();
}
```

即该函数调用了函数DoTileGen()实现瓦片生成,该函数对应的代码为:

```
void CMHMapDlgImgTileGen::DoTileGen(string sDepth, double dXLeft, double dYTop, double dXRight, double
dYBottom, string sDir)
{
    CMHMapView* pMHMapView = (CMHMapView*)m_pMHMapView;
    CMHMapRenderGDIPlus* pMapRenderGDIPlus=(CMHMapRenderGDIPlus*)pMHMapView->GetMapRenderGDIPlusPtr();
    vector<int> vDepth;
    //分析输入参数sDepth,将其分解为深度并加入上面数组vDepth,略
    int nSuc = 0;
    for (int dep = 0; dep < vDepth.size(); dep++)
    {
        int nDepth = vDepth.at(dep);
        pMapRenderGDIPlus->RenderImageTileMap(nDepth, dXLeft, dXRight, dYBottom, dYTop, sDir.c_str());
    }
}
```

上述代码中,首先需要分析待生成瓦片的输入参数"层深",再进一步调用模块MH-MapView中所初始化的模块MHMapRender的函数RenderImageTileMap()进行瓦片生成。而模块MHMapRender中实现该函数的主要原理就是在输入参数范围内实现地图信息的逐层绘制,与视图静态制图的需求类似,具体过程可参见第6章中的函数StartDraw-Map()及相关函数。

对于需要批量瓦片的生成过程,本模块中采用串行的瓦片生成过程,并可以进行一次性任务的提交,提交的任务再采用任务队列的方式进行排队,并逐渐对底层的瓦片生成函数进行调用以完成批量任务的过程,其界面类似如图27-3所示。

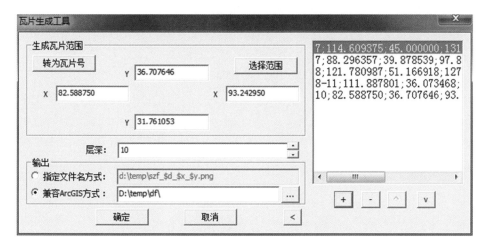

图27-3　模块MSMapDef的继承关系

27.3　小　　结

模块MHMapDlgTileGen的主要功能是通过非模式对话框实现地图特定区域的瓦片生成,而瓦片生成的实现过程实际上计算设定层级中某瓦片的地理坐标,再调用模块MHMapRender进行特定区域静态制图的过程。

实际上,本模块同样可以采用第26章的算法形式形成算法模式,再遵照相应的集成规范加载至工具箱。此时,需要重新构造模块的对外导出接口,相应的接口同样需要包括地理坐标范围(或瓦片范围)的参数,以及层深及输出位置,相应的接口实现过程与本模块的"确定"键代码类似。此时,对于本模块的接口参数可定义如下:

```
extern "C" __declspec(dllexport)  char* _cdecl DoTileGen(           // 生成瓦片
    const char* cDepth,          //层深字符串,中间可以以逗号或-连接,如"5,6,7""7-10,12"
    const char* cRectScope,      //生成瓦片的矩形范围
    const char* cDir);           //格式或存储文件夹
extern "C" __declspec(dllexport) char* _cdecl GetFuncParamsDesp(const char* sFuncName); //参数说明
extern "C" __declspec(dllexport) char* _cdecl GetFuncAboutDesp(const char* sFuncName); //关于信息
extern "C" __declspec(dllexport) char* _cdecl GetFuncHelpDesp(const char* sFuncName); //帮助信息
```

在按上述接口定义模块的对外导出C函数后,再对相应的接口进行功能实现,过程与27.2中的函数DoTileGen()的实现类似,最后再配置对应的XML文件实现算法的工具箱注册。

在进行算法激活后,对应算法的对话框工具栏中有选择坐标点信息、线信息及矩形信息等功能,选择算法对话框的对应工具并在主视图上选择坐标位置,即可完成上述接口中主接口DoTileGen()对应参数的输入过程,相对于本模块,采用算法工具箱注册与本模块集成进系统的功能类似,但用户体验上有一个较大区别,那就是本模块采用串行的方式生成瓦片直到生成完毕,对应的算法运行过程将会一直占用主进程的相应资源;而采用工具注册的方式由于是在新线程上运行,并不占用主进程的计算资源,用户的体验性会更好,对应的算法工具实现过程略。

第 28 章

地图制图模块 MHMapLayout 的实现

地图制图模块 MHMapLayout 的主要功能是实现地图渲染方案确定后的地图成图与制图导出功能。相对于屏幕制图(第 6 章的模块 MHMapRender)来说,地图制图模块 MHMapLayout 的主要功能是多了一些制图元素,如制图标签、制图指北针、制图比例尺与制图自动图例等。

从底层实现的角度来看,需要在本模块中根据地图信息生成上述要素对象的功能,并在此基础上允许用户将这些要素对象进行大小、位置的更改即可。从实现原理角度来看,本模块主要功能的实现途径就是在分析地图图层组成结构及配色方案的基础上,采用 Windows 制图成图实现对应对象的图片绘制,本章仍采用 GDI+方式对相应的要素对象进行实现,类似于第 6 章。

需要说明的是,在 MHMapGIS 系统中,模块 MHMapLayout 主要负责实现地图制图的数据结构定义、图层信息自动收集、制图输出大小自动计算等功能,而其底层具体的画布制图与功能则仍是由模块 MHMapRender 负责完成,其实现原理是通过读取本模块数据结构的相关信息,并采用 GDI+实现对应信息的制图工作,最后返回制图结果(以图片或对应内存的形式)。

28.1　地图制图模块功能设计

在 MHMapGIS 的组成模块中,地图制图模块 MHMapLayout 同地图模块 MHMapRender 的作用、功能与位置均比较类似,是在分析当前地图图层构成的基础上,通过 GDI+制图实现 Windows 的内存制图并输出的过程。本模块中,需要实现的功能包括:通过 GDI+实现地图制图中的要素图片的生成,包括标签、指北针、比例尺、图例等,并在生成对应要素对象的基础上将对应对象放置在视图上,允许用户对对应对象进行移动、缩放(涉及要素对象的 GDI+重新生成)等操作。

从实现原理角度来看,为实现上述功能设计,实际上需要 2 个操作与实现过程:1 个是通过本模块实现生成对应要素对象的功能,并以对象/图片的形式输出,另 1 个是在底层实现对应的要素对象的组织,为达到这一目的,需要在该模块中同样保持一个"层"的概念(我们将这一"层"的数据结构暂时放置在模块 MHMapRender 中,并由其负责具体的制图输出)。这里的层不是指地图中矢量/栅格图层,而是为维护视图中的对象叠加/压盖顺序采用的一套数据结构(内部维持着先后顺序),其中,由地图核心显示模块MHMapRender形成的地图在当前窗口下的内存制图为其最底层,再向上依次为用户加入的各要素对象。

从实现过程角度来看,本模块的主要功能由一系列主体功能实现类负责实现。从定位与调用顺序来看,由于本类中的所有功能均是通过用户在主界面上操作后调用的,如用户增加某个要素对象,或是对某个要素对象的位置/大小进行调整等,操作过程均需要通过主界面视图MHMapView操作,因此本模块设计中所有函数将不允许外部调用(或二次开发),仅允许主界面视图MHMapView通过模块MHMapRender对其调用。也就是说,本模块MHMapLayout生成的对象同样要集成(表现)到模块MHMapRender中,再通过模块MHMapRender表现到与用户交互的模块MHMapView中去。

其中,标签类由类MSLabelText负责实现,该类的功能是进行标签有关信息(如文字、大小、颜色、边框等)的组织与生成。指北针由类MSNorthArrow负责实现,该类的功能是进行指北针信息(如样式、大小、颜色等)的组织与读取。比例尺由类MSScaleBar负责实现,该类的功能是进行比例尺信息(如样式、颜色等)的组织与读取。图例由类MSLegend负责实现,该类的功能是进行图例信息(如大小、颜色等)的组织与读取。上述几个类均在模块MHMapRender的制图中有所调用。

28.2 标注标签的实现

标注标签类MSLabelText的主要功能是实现标注/标签的信息设定,包括其字体的各种信息,相应地,类MSLabelText的声明信息如下(其中包含了各种设定的信息):

```
class __declspec(dllexport) MSLabelText
{
    MSTextFormat    m_textFormat;      //里面包含了文字的颜色、字体、字号
    string          m_textString;      //需要渲染的字符串实体
    double          m_dXOffset;        //点相对于字符串中心点的偏移
    double          m_dYOffset;
    MSRect          m_textRect;        //字符串的范围
    MSSymbolObj*    m_pFillSymbol;     //字符串充填方式
    MSEnvelopObj*   m_pEnvelop;        //字符外接矩形
};
```

上述类声明中,变量m_textString为对应字符串中的文字,其他变量均是对该标注/标签样式进行修饰/定义的,如m_pFillSymbol为填充信息,m_pEnvelop为外接矩形定义,m_textFormat为文字定义等,其中结构体MSTextFormat的定义如下:

```
typedef struct _MSTextFormat
{
    MSColor                    _color;      //颜色
    MSFont                     _font;       //字体
    double                     _size;       //字号
    double                     _interval;   //字符间隔
    MSHorizontalAligmentType   _horizontalAlignment;   //水平对齐方式
    MSVerticalAlignmentType    _verticalAlignment;     //垂直对齐方式
```

```
double                          _offsetX;          //X方向偏移
double                          _offsetY;          //Y方向偏移
MSSymbolType                    _symbolType;       //符号类型
_MSTextFormat(){_size = 8;_interval = 0;_horizontalAlignment = HORIZONTAL_LEFT_ALIGMENT;
_verticalAlignment = VERTICAL_TOP_ALIGMENT;_offsetX = _offsetY = 0;_symbolType =MS_SIMPLE_TEXT_SYMBOL;}
} MSTextFormat;
```

其中定义了渲染文字的各种信息,如颜色、字体、字号、间距、偏移、对齐等信息。

类 **MSLabelText** 中除定义了标注文字的各种信息外,还有一项很重要的功能——计算设定信息下标注文字的范围,该范围将被用于渲染文字图片的返回信息中,其功能可描述如下:当用户需要按设定信息进行某字符串的渲染时,可以调用此功能得到渲染图片的大小信息。对应的代码原理主要是基于GDI+的文字范围测量函数MeasureString()实现,主要代码为:

```
Void       MSLabelText::ComputeSuitableExtent()
{
    const char* strLable = GetTextString().c_str();//获取字符串
    wchar_t swLabel[256];
    MultiByteToWideChar(CP_ACP, 0, strLable, (int)strlen(strLable)+1, swLabel, 256);
    char* cFontName = GetTextFormat()->_font._fontName; //字体名称
    wchar_t swFontName[256];
    MultiByteToWideChar(CP_ACP, 0, cFontName, (int)strlen(cFontName)+1, swFontName, 256);
    bool bBold = GetTextFormat()->_font._blod; //是否粗体
    bool bItalic = GetTextFormat()->_font._italic; //是否斜体
    bool bUnderline = GetTextFormat()->_font._underline; //是否下划线
    bool bStrikeout = GetTextFormat()->_font._strikeout; //是否删除线
    FontFamily fontFamily(swFontName);
    INT style = FontStyleRegular;
    if(bBold)style += FontStyleBold;
    if(bItalic)style += FontStyleItalic;
    if(bUnderline)style += FontStyleUnderline;
    if(bStrikeout)style += FontStyleStrikeout;
    Bitmap* bitTmp = new Bitmap(1000,500); //new 出临时画布,用于测量
    Graphics graTmp(bitTmp);
    double dFontSize = GetTextFormat()->_size;
    Font font(&fontFamily, dFontSize, style, UnitPoint);
    RectF rLabel;    //先根据输入计算字号大小
    Status st = graTmp.MeasureString(swLabel, (int)wcslen(swLabel),&font,PointF::PointF(0,0),&rLabel);
    double dW = rLabel.Width+0.99;
    double dH = rLabel.Height+0.99;
    SetTextRect(0, 0, dW, dH); //计算结果,通过此函数更新对应标注的范围
    delete bitTmp;
}
```

上述代码是一个典型的通过GDI+实现内存画布上写一段文字的过程。在GDI+中,需要首先在内存中新建一个画布(Bitmap*),再将该对象指定给 Graphics 对象,相应地GDI+的画布绘制等工作均通过该对象进行实现。对于在画布上采用设定的样式进行文字渲染来说,对应的文字渲染函数为DrawString(),在此之前一般通过函数MeasureString()

进行文字渲染区域的获取(即计算采用特定方式进行文字渲染所需的画布范围),其涉及的因素包括字符串的内容、字体、字号等信息。

上述代码就是通过函数MeasureString()得到渲染设定字符串所需的画布宽度 dW 与高度 dH ,并将其记录,以备后续在模块MHMapRender中进行调用。

最后需要说明的是,在模块MHMapRender中存在一系列函数,这些函数是真正实现"地图制图"的功能,而这些函数的实现过程需要调用上述的如ComputeSuitableExtent()等函数,进而实现地图中的各种要素对象(标题、指北针、比例尺、图例等)。这里需要同时介绍模块MHMapRender中的一些函数,其中用于进行制图绘制标注信息的函数为RenderLayoutTitle(),该函数的主要功能是实现画布上绘制标注、标题等预设文字,是模块MHMapRender的针对标题制图的主要函数入口,其实现过程与代码为:

```cpp
int CRenderImpl::RenderLayoutTitle(int& nCanvasWidth, int& nCanvasHeight, BYTE*& pResult, MSTitle* pTitle)
{
    string sTitle = pTitle->GetTextString();  // pTitle为MSTitle类的指针,而MSTitle为MSLabelTExt的子类
    //从pTitle中读取设定的各种字体信息,略
    Bitmap* bmpTmp = new Bitmap(1500, 800);  //先新建一个临时的较大的画布
    Graphics graTmp(bmpTmp);
    RectF rLabel;   //标注的大小 ,用于衡量字号的大小
    MSTextFormat* pFormat = pTitle->GetTextFormat();     //先根据输入计算字号大小
    if (nCanvasWidth == 0 && nCanvasHeight == 0) //如果用户输入的2个参数均为0,需要计算绘制所需要的长宽
    {
        Font font(&fontFamily, pFormat->_size, style, UnitPoint);
        graTmp.MeasureString(swLabel, (int)wcslen(swLabel), &font, PointF(0, 0), &rLabel);
        pTitle->SetTextRect(0, 0, rLabel.Width, rLabel.Height);
    }
    else if (nCanvasHeight == 0) //设定了渲染字的画布的高,需要计算其宽
    {
        bool bLarger = true;             //找出合适的文字大小,nLayerNum 不同时,字号大小也不同
        int nFontSize = 1000;
        while (bLarger)
        {
            Font font(&fontFamily, nFontSize, style, UnitPoint);
            graTmp.MeasureString(swLabel, (int)wcslen(swLabel), &font, PointF(0, 0), &rLabel);
            if (rLabel.Width <= nCanvasWidth)
                break;
            nFontSize--;
        }
        pFormat->_size = nFontSize;
        pTitle->SetTextRect(0, 0, nCanvasWidth, rLabel.Height);
    }
    else if (nCanvasWidth == 0)
        //设定了渲染字的画布的宽,需要计算其高,方法同上类似,略
    else
        //渲染字的画布的宽与高均未设定,均需要计算,方法同上类似,略
    int nSuitableWidth = pTitle->GetAllWidth();    //最终的画布宽
    int nSuitableHeight = pTitle->GetAllHeight();  //最终的画布高
    int offsetX = 0, offsetY = 0;
```

```
nCanvasWidth = nSuitableWidth + abs(offsetX);
nCanvasHeight = nSuitableHeight + abs(offsetY);
delete bmpTmp;
Bitmap* bitmap = new Bitmap(nCanvasWidth, nCanvasHeight);  //已经得到宽与高,重新生成画布
Graphics graphics(bitmap);
MSPoint* pPoints = pTitle->m_pPoints;  //取出渲染字体的特征点,即用于渲染的充填背景
//如果存在设定的字符外面的边框,则按顺序在画布上调用函数DrawPolygon()进行绘制,略
MSColor color = pTitle->GetTextFormat()->_color;
SolidBrush brush(Color::Color(color._colorA, color._colorR, color._colorG, color._colorB));
REAL x = (nCanvasWidth - rLabel.Width) / 2. + 5 - Minx;  //最后调用函数DrawString()绘制文字
REAL y = (nCanvasHeight - rLabel.Height) / 2. + 5 - Miny;
Status st = graphics.DrawString(swLabel, (int)wcslen(swLabel), &font, PointF(x, y), &brush);
BitmapData* bitmapData = new BitmapData;  //内存导出
Rect rect(0, 0, nCanvasWidth, nCanvasHeight);
st = bitmap->LockBits(&rect, ImageLockModeRead, PixelFormat32bppARGB, bitmapData);
UINT* pixels = (UINT*)bitmapData->Scan0;
if (!pResult)
    pResult = new unsigned char[sizeof(UINT)*nCanvasWidth*nCanvasHeight];
memcpy(pResult, pixels, sizeof(UINT)*nCanvasWidth*nCanvasHeight);  //内存复制到目标指针对应的内存
st = bitmap->UnlockBits(bitmapData);
delete bitmapData;  bitmapData = NULL;
delete bitmap;  bitmap = NULL;
return 0;
}
```

需要解释的是,上述函数的几个接口参数中,最后1个参数pTitle中包含了用户希望进行绘制文字的各种信息,包括字符串内容、字体、颜色、偏移、边框等,该类为前文MSLabelText的一个子类;前2个参数分别是用户希望进行渲染文字的宽与高,在输入的相应参数中,如果为0,则用户未指定,需要在此处计算:当用户输入的2个参数均为0时,则采用系统默认的字体与字号等信息,并返回渲染绘制后的文字画布的宽与高;当用户输入的2个参数中有1个为0时,则需要在此处根据设定计算出另1个参数,同时计算出其最合适的字号;当均指定时,则需要计算出对应宽、高下的字号。

具体代码实现过程中,首先需要声明一个临时的画布(Bitmap*),因为最初的标题绘制任务下达时,一般不指定上述函数中的前2个参数,即画布的宽与高,此时我们必须先通过这个声明的临时画布计算出实际的图片宽、高信息,在得到这些信息后再重新声明特定大小的画布,通过相应的预设信息将对应的文字绘制到该画布上,最后将绘制后的内存复制出来返回给第3个参数(即绘制好的图片内存复制)。

从效果角度看,地图标注标签的绘制效果最后展现为一系列的图片(或对应的内存),其效果类似于图28-1所示。

图28-1　模块中针对地图标注标签的实现效果示意图

28.3   指北针的实现

指北针是地图制图时用于指示向北的符号,在ArcGIS中指北针的实现方式主要是通过ESRI建立的一个字体文件"ESRI North"进行实现的。本模块中也采用类似的方法实现指北针的地图绘制,绘制的结果同标注标签类似,为一个绘制后的图片(内存)。

从实现方法的角度看,指北针的类定义中需要对该字符的相关信息进行定义,对应的类结构也比较简单,其声明中的重要变量如下:

```cpp
class __declspec(dllexport) MSNorthArrow
{
    int        m_nChar; //哪个字符
    MSColor    m_color; //颜色
    int        m_nAngle; //旋转角度
    bool       m_bBold; //是否加粗
    bool       m_bItalic; //是否斜体
    bool       m_bUnderline; //是否下划线
    bool       m_bStrikeout; //是否删除线
}
```

从实现功能的角度看,类MSNorthArrow的主要功能是进行指北针的相关信息设定,并进而在模块MHMapRender的指北针渲染时进行调用。对应的模块MHMapRender中的指北针渲染函数RenderLayoutNorthArrow()的主要实现代码为:

```cpp
int        CRenderImpl::RenderLayoutNorthArrow(int nCanvasWidth, int nCanvasHeight, BYTE*& pResult,
MSNorthArrow* pNorthArrow/* = NULL*/)
{
    MSMapObj* pMap = new MSMapObj; //new出临时map,目的是调用map中的字符渲染函数
    MSLayerObj* pLayer1 = new MSLayerObj();//new出临layer
    pMap->AppendRootLayer(pLayer1);
    pLayer1->SetLayerType(MS_LAYER_POINT);
    MSSimpleThematicObj* pSimpleThematicObj = new MSSimpleThematicObj();//简单主题
    pLayer1->SetThematicObj(pSimpleThematicObj);
    MSCharacterMarkerSymbolObj* pCharacterMarkerSymbolObj = new MSCharacterMarkerSymbolObj();//字符点
    pSimpleThematicObj->SetSymbolObj(pCharacterMarkerSymbolObj);
    bool bShouldDelete = false;
    if (!pNorthArrow) //如果未指定指北针信息,则采用默认的,需要new出
    {
        pNorthArrow = new MSNorthArrow;
        bShouldDelete = true;
    }
    int nAngle = pNorthArrow->GetAngle();//读取指北针类内的各种信息
    int nChar = pNorthArrow->GetChar();
    MSColor color = pNorthArrow->GetColor();
    bool bBold = pNorthArrow->IsBold();
    bool bItalic = pNorthArrow->IsItalic();
    bool bUnderline = pNorthArrow->IsUnderline();
    bool bStrikeout = pNorthArrow->IsStrikeout();
    pCharacterMarkerSymbolObj->SetAngle(nAngle);
```

```
pCharacterMarkerSymbolObj->SetCharacter(nChar);
pCharacterMarkerSymbolObj->SetFontBold(bBold);
pCharacterMarkerSymbolObj->SetFontItalic(bItalic);
pCharacterMarkerSymbolObj->SetFontUnderline(bUnderline);
pCharacterMarkerSymbolObj->SetFontStrikeout(bStrikeout);
pCharacterMarkerSymbolObj->SetFontName("ESRI North");//字体,如果有自己的字库也可以选择自己的
pCharacterMarkerSymbolObj->SetEdgeColor(color);
double dSize = min(nCanvasWidth, nCanvasHeight)*0.75;
pCharacterMarkerSymbolObj->SetSize(dSize);
if (!pResult)
    pResult = new unsigned char[sizeof(UINT)*nCanvasWidth*nCanvasHeight];
int nSuc = RenderPicture(nCanvasWidth, nCanvasHeight, pMap, pResult, false); //调用函数进行字符渲染
delete pMap;
if (bShouldDelete) //如果是此处new出的,delete掉
{
    delete pNorthArrow;
    pNorthArrow = NULL;
}
return nSuc;
}
```

上述代码中,首先新建一个临时的地图 map(未包含其他图层),再在对应的 map 上进行对应字符的渲染,其实现原理就是读取字符的各种信息,再在临时地图上调用函数 RenderPicture() 进行字符的渲染工作。对应于"ESRI North"字体的几个指北针的渲染类似如图 28-2 所示。

图 28-2　模块中基于 ESRI North 字体的指北针渲染效果图

28.4　比例尺的实现

比例尺是地图制图中的一个重要组成部分,表达了地图上一条线段的长度与地面相应线段的实际长度之比。在地图上增加比例尺时,需要用户指定比例尺的类型、距离单位、字体信息等(如果不指定则采用默认设置),因此,本模块中的比例尺类 MSScaleBar 的主要功能是实现比例尺相关信息的设置,该类声明中的一些重要参数如下:

```
class __declspec(dllexport) MSScaleBar
    int        m_nType;                            //比例尺类型,目前支持1~8
    MSColor    m_colorText;                        //文字颜色
    MSColor    m_colorLine;                        //线条颜色
    MSScaleBarLabelPosition    m_labelPosition;    //Label位置
    MSUnitType          m_divisionUnit;            //单位
    int        m_nDivisionNum;                     //主分区数
    int        m_nSubDivisionNum;                  //次分区数
```

```
    string      m_strLabel;                            //Label名称
    float m_fLineWidth;                                //线宽
    string      m_sFontName;                           //字体
    double      m_dFontSize;                           //字号
    bool        m_bFontBold;                           //是否粗体
    bool        m_bFontItalic;                         //是否斜体
    bool        m_bFontUnderline;                      //是否下划线
    bool        m_bFontStrikeout;                      //是否删除线
    bool        m_bTextOnLine;                         //字体是否在线的上面
};
```

也就是说,比例尺定义类MSScaleBar的主要功能同指北针、标注类等相似,都是对相应的参数进行定义与修改,从这个角度来看,其功能类似于底层数据结构定义模块MH-MapDef中的类,只是用于实现地图制图,因此,其功能将主要体现在模块MHMapRender中进行地图制图时的函数调用,即函数RenderLayoutScaleBar()。

```
int CRenderImpl::RenderLayoutScaleBar(int nCanvasWidth, int nCanvasHeight, double dScale, BYTE*&
pResult, MSScaleBar* pScaleBar/* = NULL*/)
{
    //从pScaleBar中读取其内部定义的各种比例尺信息,略
    Bitmap* bitmap = new Bitmap(nCanvasWidth, nCanvasHeight);
    Graphics graphics(bitmap);
    //选择设置的字体、字号等信息,找出合适的文字大小,方法上标注标签中的方法,略
    double dIndex = 1.0;
    double dTmp = dRightNum;
    while (dTmp >= 100) //计算实际应该表示的比例尺,首先将些数变为10～100之间的一个数
    {
        dTmp /= 10;
        dIndex *= 10;
    }
    while (dTmp < 10)
    {
        dTmp *= 10;
        dIndex /= 10;
    }
    int nTmp = (int)dTmp;        //再判断这个数是否能够被各个需要的标记整除
    while (nTmp != nTmp / nDivisionNum * nDivisionNum)
        nTmp--;
    dRightNum = nTmp * dIndex;
    dRight = nCanvasWidth - dLeft - dRightNum*dScale / UnitPerPoint(divisionUnit); //右侧应该保留的点数
    if (labelPosition >= AboveLeft && labelPosition < BeforeLabels)
    {
        DrawScaleBarLabel(&graphics, dLeft, 0, nCanvasWidth - dRight, rLabel, labelPosition, swLabel,
&font, &myTextBrush);
        if (bTextOnLine)
        {
            DrawScaleBarText(&graphics, dLeft, nCanvasHeight*1. / 3, nCanvasWidth - dRight,
nCanvasWidth, dRightNum, dIndex, &font, &myTextBrush, nDivisionNum);
            DrawScaleBarLine(&graphics, nScaleBarType, dLeft, nCanvasHeight*2. / 3, nCanvasWidth -
dRight, nCanvasHeight, nDivisionNum, nSubDivisionNum, fLineWidth, &myLinePen, &myLineBrush);
```

```
        }
        else
        {
            DrawScaleBarLine(&graphics, nScaleBarType, dLeft, nCanvasHeight*1. / 3, nCanvasWidth -
dRight, nCanvasHeight*2. / 3, nDivisionNum, nSubDivisionNum, fLineWidth, &myLinePen, &myLineBrush);
            DrawScaleBarText(&graphics, dLeft, nCanvasHeight*2. / 3, nCanvasWidth - dRight,
nCanvasWidth, dRightNum, dIndex, &font, &myTextBrush, nDivisionNum);
        }
    }
    else
        //其他情况,方法类似同上,略
    //内存复制,将bitmap的内存复制到pResult,释放内存,方法类似同上,略
    return 0;
}
```

上述函数 RenderLayoutScaleBar()中,需要根据本模块类 MSScaleBar 中的各种参数设置进行地图比例尺的计算与自动生成,其实现方式为在bitmap中根据当前地图的比例尺计算一个合适的长度并对其实际代表的长度进行标记。在此过程中,需要计算一个位于10到100间的整数,再按比较进行缩放,即在这个整数的基础上再乘以/除以若干个10,从而保证所标注的数字符合以上规则。

最后,根据设定的文字标注位置,调用函数 DrawScaleBarLabel()计算并绘制比例尺的长线条,调用函数 DrawScaleBarText()对比例尺进行文字标注,最后再调用 DrawScaleBar-Line()绘制比例尺上的纵向分隔线条,这些过程调用的都是GDI+的底层图形绘制功能,方法同前文绘制的类似,对应的代码略。

比例尺绘制后的结果如图28-3所示(2种不同的风格)。

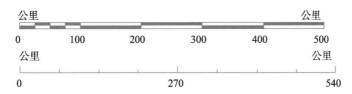

图28-3　模块中进行比例尺的自动计算并绘制的效果

28.5　图例整体部署

图例是进行地图制图不可缺少的一项,是地图上各种符号和颜色所代表内容与指标的说明。在地图制图过程中,需要能够实现当前地图中各图层配色方案的全自动图例生成,因此需要在本模块中对相应的制图图例生成的各种参数进行定义。本模块中通过类 MSLegend 对其各种参数进行定义,其类声明如下:

```
class __declspec(dllexport) MSLegend
{
    MSLegendText    m_Title;                //图例的标题文字信息,包括其字体、字号、颜色、粗、斜……
    vector<MSLegendLayer*> m_LegendLayers; //各层的图例信息,包括其LayerName、Heading、ClassLabels等
    double    m_dGapTitleLayer;             //标题同下面各层的距离
```

```
    double      m_dGapBetweenLayers;  //各层之间的距离
    double      m_dAllWidth;          //最后返回给用户的图例的图片的宽度
    double      m_dAllHeight;         //最后返回给用户的图例的图片的高度
    double      m_dScale;             //比例,需要由用户指定的宽度与应该的宽度计算得出
    MSMapObj* m_pMap;                 //当前Map
    vector<int>          m_nShowLayerIndex;  //与上面的类似,只是以int形表示,从上到下依次……
    map<string,int> m_MapShowLayerIndex;     //map容器,快速查找图层与索引的对应关系
    map<string,MSLayerObj*> m_allLayers;     //存储Map中的所有图层的ID与其MSLayerObj*指针。
    MSColor     m_colorBack;          //背景色
    double      m_dEdgeLineWidth;     //边框线宽度
    MSColor     m_colorEdgeLine;      //边框线颜色
    MSColor     m_colorShadow;        //阴影颜色
    int         m_nShadowOffsetX;     //阴影 X 偏移
    int         m_nShadowOffsetY;     //阴影 Y 偏移
    vector<MSSymbolObj*> m_legendRasterSymbols; //栅格数据渲染方案中的配色符号信息
}
```

在类 MSLegend 的声明中,详细定义了地图图例生成过程中的各种参数。上述类声明中的各种信息在模块 MHMapRender 的图例渲染制图过程中均会用到,因此本模块中类 MSLegend 的功能与 MSScaleBar 类似,均是对制图中的各种参数进行定义,之后再在模块 MHMapRender 的图例制图中有所调用。模块 MHMapRender 实现图例制图的相关函数 RenderLayoutLegend()的对应实现代码为:

```
int CRenderImpl::RenderLayoutLegend(int& nCanvasWidth, int& nCanvasHeight, BYTE*& pResult, MSMapObj*
pMap, MSLegend* pLegend/* = NULL*/)
{
    pLegend->ComputeWidthAndHeight();//本模块中同时具有计算推荐的图例宽高的功能
    double dSuitableWidth = pLegend->GetAllWidth();
    double dSuitableHeight = pLegend->GetAllHeight();
    if (nCanvasWidth == 0 && nCanvasHeight == 0) //如果未指定宽高,采用本模块中已经计算出来的推荐宽高
    {
        nCanvasWidth = dSuitableWidth + abs(offsetX) + 1;
        nCanvasHeight = dSuitableHeight + abs(offsetY) + 1;
    }
    else
        //按给定的1个或2个参数,计算并得到最终的宽高,略
    int nSuitableWidth = int(dSuitableWidth + 1);
    int nSuitableHeight = int(dSuitableHeight + 1);
    Bitmap * bitmap = new Bitmap(nCanvasWidth, nCanvasHeight);//先初始化个大的,后面再取有用部分
    Graphics graphics(bitmap);
    double dScale = pLegend->GetScale();
    double dCurX = 0, dCurY = 0;
    //是否定义了阴影与背景,如果有则分别画阴影与背景,方法为采用阴影/背景颜色在偏移位置画矩形,代码略
    //画图例的外边线,分别选取设定的线颜色、线宽,接上面计算的宽、高画边线,略
    MSLegendText* pTextTitle = pLegend->GetTextClassLTitle(); //1. 首先在上面写标题文字Title
    bool bShowTitle = pTextTitle->GetShowText();
    if (bShowTitle)
    {
```

```
            string sTitle = pTextTitle->GetText();
            //获取标题设定的参数信息(字体、字号、颜色等),对画布的画笔、画刷等进行设定,略
            graphics.DrawString(swLabel, wcslen(swLabel), &fontTitle, PointF(dCurX, dCurY), &brushTitle);
            dCurY += rLabelTitle.Height;  //在对应位置写下标题后,需要计算在X、Y的偏移,用于下一项开始坐标
            dCurY += dGapTitleLayer*dScale;
        }
        int nLegendLayerCount = pLegend->GetLegendLayerCount();    //2.分析地图图层
        map<string, int> sMapShowLayer;          //需要遍历当前地图图层并加入到此结构中
        for (int i = 0; i < nLegendLayerCount; i++)
        {
            MSLegendLayer* pLegendLayer = pLegend->GetLegendLayer(i);
            MSLegendText *pTextLayerName = pLegendLayer->GetTextClassLayerName();//2.1画图层名LayerName
            bool bShowLayerName = pTextLayerName->GetShowText();
            if (bShowLayerName)
            {
                //获取标注图层名的参数信息,选择设定的画笔、画刷等,略
                graphics.DrawString(swLayerName, wcslen(swLayerName), &font, PointF(dCurX, dCurY), …);
                dCurY += rLabelLayerName.Height; //进一步计算在X、Y方向的偏移,用于下一项的开始坐标
                dCurY += dGapLayerName*dScale;
            }
            MSLegendText *pTextHeading = pLegendLayer->GetTextClassHeading();  //2.2画图层头Heading
            //方法类似上面的2.1画图层名,略
            int nClassLabelsCount = pLegendLayer->GetClassLabelsCount();    //2.3画各构成项Items/ClassLabels
            for (int j = 0; j < nClassLabelsCount; j++)
            {
                MSLegendClassLabel *pClassLabel = pLegendLayer->GetClassLabel(j);
                MSLegendIcon* legendIcon = pClassLabel->GetIconClass();
                MSSymbolObj* pSymbolObj = legendIcon->GetSymbolObj();// 2.3.1画构成项中的图标Icon
                if (type == MS_GRADUATE_FILL_SYMBOL)
                    //计算设定的坐标位置,调用函数DrawIcon()基于设定的填充pSymbolObj画图标,略
                // Text
                bool bShowText = legendText->GetShowText();
                if (bShowText)
                    //计算坐标,在右侧的位置写下上面图标所对应的类别(源于legendText),略
            }
            double dGapBetweenLayers = pLegend->GetGapBetweenLayers()*dScale;
            dCurY += dGapBetweenLayers;
        }
        //基于BitmapData进行bitmap的内存复制,将内存复制给pResult,略
        return 0;
    }
```

上述代码完整地解释了地图图例生成的整个过程。简单地说,地图图例的生成过程就是在本模块类中定义各种参数,再在模块MHMapRender中进行绘图实现的过程,其中,本模块中还负责进行预生成图例图片宽、高信息的计算。

在上述代码实现地图图例生成过程中,实际上是逐步分析地图构成结构并进行GDI+绘图的过程,最终的制图效果如图28-4所示。在上述代码实现过程中,先从本模块中读取pLegend所预设的各种字体、间隔等信息,再根据用户指定的新生成图例的宽、高等参

数计算其他信息,包括各种字号(各种标题、标注等)、图例的矩形范围、各种标注或图标间隔等,再分析地图的各种结构并逐步进行画布绘制,最后完成图例所对应图片的生成过程。

在按预设完成标题的绘制后,需要遍历地图的所有图层,再根据各图层的渲染模式方案分别生成对应的图标及文字说明。其中对于矢量图层来说,主要分为4种渲染模式(简单、种类、分组、图表),对于栅格数据来说,主要分为多光谱数据的RGB合成、某波段的拉伸,以及单波段数据的拉伸、颜色表、唯一值、分类、离散等方式。再分别形成所对应的图标及文字性说明,类似于模块MHMapTree的表现形式,最终形成的图例生成如图28-4所示。

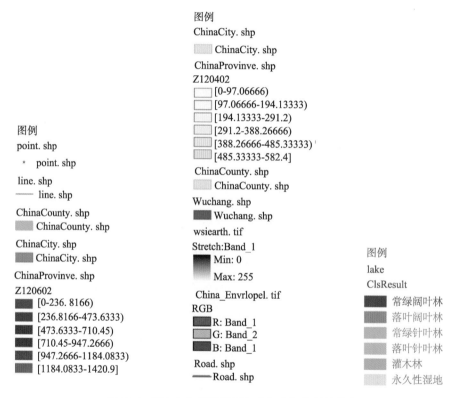

图28-4　模块中实现的图例自动生成与绘制的效果

28.6 小　　结

模块MHMapLayout是MHMapGIS构成模块中负责实现地图制图的一个模块,其主要功能是实现地图制图过程中的各种地图要素的定义,因此从这个角度上来说,模块MHMapLayout在MHMapGIS中的作用与模块MHMapDef功能比较类似,都是定义数据结构并进行对应参量的定义。另外,模块MHMapLayout中还同时拥有GDI+画布绘图的一些功能,这一方面同模块MHMapRender类似。同时,本模块中还负责少量的生成图片的范围(图片宽、高)的预计算,以便在模块MHMapRender中调用本模块定义好的参数并进行图例制图的过程中按对应的宽、高生成内存图片。

　　模块 MHMapLayout 内的各种参数定义及函数计算的过程均依赖于地图定义模块 MHMapDef，其生成的标注标签、指北针、比例尺与图例也与模块 MHMapDef 定义的地图指针相互对应，各种制图要素对象的生成过程在模块 MHMapRender 中进行，这是因为既需要使用地图定义与 GDI+ 进行地图制图，同时所生成的图片也主要在模块 MHMapView 中进行使用，而且模块 MHMapView 实现底层所有图片内存生成的功能均由模块 MHMapRender 负责实现。

第 29 章

其他对话框模块及扩展模块的功能设计

前面各章已经介绍了MHMapGIS中的各主要构成模块,为完成MHMapGIS的各种交互功能,其中还有很多其他的对话框类的模块,分别以模式对话框或非模式对话框的方式实现用户的信息交互功能。此外,MHMapGIS中还有一些扩展功能模块,笔者及团队正在实现这些功能模块的设计、开发、集成与测试工作,本章将对这些模块进行简要介绍。

29.1 其他对话框模块的功能实现

在MHMapGIS中,除前面章节中已经介绍的功能性对话框模块外,还有一些对话框模块,这些对话框模块的功能主要是通过特定设计的界面功能与用户进行信息交互,从而完成用户在实现某些功能过程中所需要参数的界面输入输出功能。在系统的用户交互过程中,之所以将用户操作的交互界面(对话框)资源独立出来并单独形成一个模块(表现为DLL),其主要目的是该项功能的界面与功能实现之间的分离,从而能够有效地实现对应功能的切分,既有利于进行任务分工,又有利于进行后期的功能维护与升级。

从表现模式上来看,对话框模块仍然主要表现为模式对话框或非模式对话框,这取决于用户进行交互操作过程中的需求。其中模式对话框要求用户必须响应并关闭本对话框后才能进行软件其他交互操作,而非模式对话框则在界面弹出本对话框后仍可以进行其他非本对话框的用户界面交互操作(如界面缩放等操作)。

为完成MHMapGIS的一系列功能,还有一些对话框模块在前面各章中未进行介绍,在这些对话框模块中,包括属性操作对话框模块MHMapDlgAttr、删除多边形内岛对话框模块MHMapDlgDelIsland、地图图层数据导出对话框模块MHMapDlgExport、地图轻量级对话框模块MHMapDlgLight等。

下面首先对模式对话框与非模式对话框的调用与实现模式进行简单的总结。

29.1.1 模式对话框的调用模式

这里我们将模块中的模式对话框调用方式进行抽象,形成较通用的模式对话框调用方式。在对话框模块中,假设模式对话框对外导出的类为CMHMapDlgABCShow,其中类的头文件中声明了模式对话框的调用函数入口,即下面代码中的函数ShowABCFunc-

Mode():

```
class __declspec(dllexport) CMHMapDlgABCShow
{
    INT_PTR    ShowABCFuncMode();//模式对话框调用的主入口
};
```

上述声明中,ABC代表某个具体功能类,其函数ShowABCFuncMode()为以模式对话框的方式显示对话框资源的函数,是一个可被外部调用的public类型函数,该函数的实现也较简单,需要加载本模块中自己的资源(而不是主程序的资源),再调用模式对话框的显示功能进行完成,对应的代码类似如下:

```
#include "MHMapDlgABC.h"//对话框具体实现类的头文件
INT_PTR CMHMapDlgABCShow::ShowABCFuncMode()
{
    AFX_MANAGE_STATE(AfxGetStaticModuleState());//应用本模块自己的资源
    CMHMapDlgABC dlgAQ; //具体功能实现对话框类的对象
    dlgAQ.SetFrmViewDocMapPtrs(m_pMHMapFrm,m_pMHMapView,m_pMHMapDoc,m_pMapObj,m_pLayerObj); //指针共享
    INT_PTR nReturn = dlgAQ.DoModal();//启动模式对话框
    return nReturn;
}
```

上述代码抽象出了由外部模块调用本模块的函数ShowABCFuncMode()并进一步实现本模块中对话框资源的模式对话框显示功能。也就是说,当上述功能被另一个模块调用时,上述代码不可以直接写在调用模块中进行直接调用,而必须由本模块中的一个中转函数ShowABCFuncMode()来负责功能的中转,再由调用模块调用本模块的函数完成其功能调用。这是因为必须在本模块中调用加载本地资源的语句,即语句AFX_MANAGE_STATE(AfxGetStaticModuleState())。

上述代码中的函数SetFrmViewDocMapPtrs()为MHMapGIS实现各对话框中进行外部指针指定的函数,能够在对应对话框中进行MHMapGIS的几个重要指针:主框架指针、主视图指针、主文档指针、主地图指针、对应操作图层指针(可选)等。在实现指针共享后,原则上说在各模块中就可以通过这些指针调用主框架、主视图、主文档、主地图等的信息或进行更改。

29.1.2　非模式对话框的调用模式

类似于上文模式对话框的调用方式,我们同样将模块中的非模式对话框调用方式进行抽象,形成较通用的非模式对话框的调用方式。在对话框模块中,同样假设非模式对话框对外导出的类为CMHMapDlgABCShow,其中类的头文件中声明了非模式对话框的调用函数入口,即下面代码中的函数ShowABCFuncModeless():

```
class __declspec(dllexport) CMHMapDlgABCShow
{
    void       ShowABCFuncModeless();//非模式对话框调用的主入口
    void*m_dlgABCFuncDlg;              //CMHMapDlgABC * m_dlgABCFuncDlg;对话框的指针
};
```

上述声明中，ABC代表某个具体功能类，其函数ShowABCFuncModeless()为以非模式对话框的方式显示对话框资源的函数，该函数的实现较模式对话框复杂一些，同样需要首先加载本模块中自己的资源(而不是主程序的资源)，再通过对话框创建的方式进行非对话框的显示，对应的代码类似如下：

```
#include "MHMapDlgABC.h"
CMHMapDlgABCShow::CMHMapDlgABCShow (void)
{
    m_dlgABCFuncDlg = NULL; //构造函数初始化
}
CMHMapDlgABCShow::~CMHMapDlgABCShow (void)
{
    if (m_dlgABCFuncDlg) //最后析构时清理内存
    {
        delete (CMHMapDlgABC *)m_dlgABCFuncDlg;
        m_dlgABCFuncDlg = NULL;
    }
}
void CMHMapDlgABCShow::ShowABCFuncModeless()
{
    AFX_MANAGE_STATE(AfxGetStaticModuleState());//应用本模块自己的资源
    if (!m_dlgABCFuncDlg)        //非模式对话框,仅允许创建一次
    {
        m_dlgABCFuncDlg = new CMHMapDlgABC;
        ((CMHMapDlgABC *)m_dlgABCFuncDlg)->Create(IDD_DLG_ABC); //创建
    }
    CMHMapDlgABC * pMHMapDlgABCDlg = (CMHMapDlgABC *)m_dlgABCFuncDlg;
    pMHMapDlgABCDlg->SetFrmViewDocMapPtrs(m_pMHMapFrm, m_pMHMapView, m_pMHMapDoc, m_pMapObj);
    bSuc = pMHMapDlgABCDlg->ShowWindow(SW_SHOW); //显示
}
```

上述代码抽象出了由外部模块调用本模块的函数ShowABCFuncModeless()，并进一步实现本模块中对话框资源的非模式对话框显示功能。同样地，上述代码不可以在调用模块中直接进行，而必须由本模块中的一个中转函数ShowABCFuncModeless()来负责功能的中转，因为必须在本模块中调用加载本地资源的语句，即AFX_MANAGE_STATE (AfxGetStaticModuleState())。不同于模式对话框的DoModal()函数，非模式对话框中首先需要new出具体对话框实现类的一个指针，再调用其生成函数create()，最后调用其显示函数ShowWindow()进行显示，并且要求在析构函数中进行主动销毁。

29.1.3　属性操作对话框模块MHMapDlgAttr

基于上述的模式对话框与非模式对话框的实现模式，在进行属性表操作时，如图13-4所示，当需要对某矢量图层增加字段操作时，弹出类似于图13-5所示的模式对话框，并在按下确定按键后实现增加矢量字段的功能。

当图13-5所示的对话框被激活后，其确定按钮所对应的代码实现可参见13.4.3，本章中略。也就是说，模块MHMapDlgAttr的主要功能是通过模式对话框展现的方式实现用户信息的交互功能，当在模块MHMapAttrTable上激活增加字段的功能后，就需要本模块

弹出对应的对话框,再在对话框确定按钮的实现中进一步把用户设定的信息作为参数并调用模块MHMapGDAL完成增加字段的功能。

　　另外,当选定同一矢量图层的多个矢量要素并进行合并(Merge)操作时,如果此时允许"合并后弹窗"选项,则会弹出类似于图29-1所示的属性对话框,其中的CListBox列举出了待合并的几个要素,当选择不同的要素时,主视图会以类似于信息查询(Identify)的形式显示对应要素的动画,并在最后按下确定键后将选定要素的各项属性复制到合并后的要素上。

图29-1　要素合并(Merge)时弹出的属性选择对话框

对应的对话框以模式对话框的形式进行展现,相应的创建过程同29.1.1类似,此处略。图29-1中选择列表框中不同项所对应的代码为:

```
void CMHMapDlgAttrSelectFeature::OnLbnSelchangeListSelectfeature()
{
    GetDlgItem(IDOK)->EnableWindow(TRUE); //确定按钮可用
    CMHMapView* pMHMapView = (CMHMapView*)m_pMHMapView; //主视图指针
    CString str;
    m_lstSelectFeature.GetText(m_lstSelectFeature.GetCurSel(), str); //选项
    int nFID = atoi(str); //选项中,仅有FID为数值型,因此函数atoi()直接返回FID值
    CString sParentName(m_pLayerObj->GetName().c_str());
    pMHMapView->OnUpdateIdentifySelection(nFID, sParentName); //调用主视图的Indetify功能,闪烁
}
```

上述代码中调用了主视图函数OnUpdateIdentifySelection()实现信息查询选中要素的闪烁功能,对应的代码可参见16.4。

29.1.4　批量内岛删除对话框模块MHMapDlgDelIsland

　　在针对当前地图中矢量图层的批量矢量编辑过程中,有一种应用是对选定面状矢量图层进行一定规则下的批量内岛删除操作,一般基于面积设定规则。例如,在遥感影像分类过程中,某些面状地物内部小的像元斑点(椒盐效应),一般情况下都是分类错误,需要设定面积小于某阈值(如5个像元大小)的内岛去除。而这个需求对应于栅格分析可采用膨胀、腐蚀等操作,而对应于其结果已经矢量化了的面状要素来说,就可以采用此模块对应的功能进行实现,模块MHMapDlgDelIsland设计的主要对话框界面如图29-2所示。

图 29-2   批量内岛删除的模式对话框

　　从用户操作的角度来看,可以在上述对话框的面积规则中设定希望的数值,例如在遥感影像分类中,以Landsat数据(空间分辨率30 m)为例,如果希望去掉小于5个像元某图层的所有内岛,可以设定面向小于5×30×30 m²的规则。上述对话框中,也可以将鼠标点击到对应的编辑对话框(图中小于右侧的CEdit输入框),此时右侧的按钮"视图选择面积"将变为可用,点击后可以在视图上选择合适的面积,并进入对应的编辑对话框中自动计算面积的数值(这种方法有利于屏幕不受地图单位的影响),因此本模块需要采用非模式对话框的方式进行实现,方便用户在对话框与界面间进行交互。

　　模块中非模式对话框的弹出方式类似于29.1.2,其生成过程同前面章节中的实现方式类似(可参见第20章模块MHMapDlgQuery的生成过程),此处略。与图29-2中相对应的具体对话框功能实现类为CMHMapDlgDeleteIslandBatch。上述对话框的"应用"按钮所对应的代码如下:

```
void CMHMapDlgDeleteIslandBatch::OnBnClickedOk()
{
    CMHMapView* pMHMapView = (CMHMapView*)m_pMHMapView;
    int nSel = m_cmbTargetLayer.GetCurSel();//选中图层
    CString str;
    double fLT = 0, fGT = 0;
    if (m_chkAreaLT.GetCheck())//如果选中了复选对话框"小于"
    {
        m_edtAreaLT.GetWindowText(str);
        fLT = atof(str);
    }
    if (m_chkAreaGT.GetCheck())//如果选中了复选对话框"大于"
    {
        m_edtAreaGT.GetWindowText(str);
        fGT = atof(str);
    }
    pMHMapView->DoDeleteIslandBatch(m_vLayers.at(nSel), fLT, fGT); //调用主视图模块的对应函数
}
```

　　也就是说,本模块非模式对话框的应用按钮中将用户设定的信息进行收集,再调用主视图模块的批量删除内岛函数DoDeleteIslandBatch(),该函数在主视图中所对应的代码片段为:

```
voidCMHMapView::DoDeleteIslandBatch(MSLayerObj* pLayer, double dAreaLT/* = 0*/, double dAreaGT/* = 0*/)
{
    CMHMapEdit* pMHMapEdit = (CMHMapEdit*)m_pCMHMapEditPtr;
    pMHMapEdit->SetFrmViewDocMapPtrs(m_pMHMapFrm, m_pMHMapView, m_pMHMapDoc, m_pMapObj);
    BOOL bSuc = pMHMapEdit->DeleteIslandBatch(pLayer,dAreaLT,dAreaGT); //再调用矢量编辑模块MHMapEdit
    if (bSuc)
        //清除选中要素,更新视图,更新状态栏,略
}
```

主视图模块中对应的函数声明可用于进行外部接口调用,从而达到二次开发的效果,而上述代码中可以看出其具体的功能实现仍然是调用矢量编辑模块MHMapEdit来完成内岛批量删除的具体功能。对应该函数的代码可参见21.4.10中模块MHMapEdit的函数DeleteIslandBatch(),此处略。

另外,当图29-2中的CEdit输入框控件处于焦点状态时,点击右侧按钮的操作实际上实现原理是使得主视图MHMapView中选择面积工具并指定某指示变量,对应的代码片段为:

```
void CMHMapDlgDeleteIslandBatch::OnBnClickedButtonSelArea()
{
    CMHMapView* pMHMapView = (CMHMapView*)m_pMHMapView;
    pMHMapView->SelectTool_DrawTileGenOrDelIslandScope();//主视图选择对应的工具
}
```

上述代码执行后,当鼠标在主视图MHMapView上移动时,对应的OnMouseMove()函数会选择本工具相对应的光标(画矩形光标),指定相应的指示变量为true,此时鼠标左键按下时,增加指示变量并说明鼠标左键已经按下,当鼠标移动时采用橡皮筋画对应的矩形区域,最后当鼠标左键抬起后完成对应的矩形绘制,计算矩形的面积,再调用本模块中的函数UpdateArea()并更新非模式对话框中对应的输入框,对应的代码在其他的非模式对话框中也有类似的需求,其代码为:

```
void CMHMapDlgDeleteIslandBatch::UpdateArea(double dArea)
{
    char tmp[255];
    sprintf(tmp, "%s", _szf_format_double(dArea).c_str());
    if (m_bClickAreaLT) //如果鼠标焦点在小于输入框中
        m_edtAreaLT.SetWindowText(tmp);
    else//否则在大于输入框中
        m_edtAreaGT.SetWindowText(tmp);
}
```

29.1.5 图层数据导出对话框模块MHMapDlgExport

当用户在模块MHMapTree所对应的TOA窗口的图层上按下右键时,根据用户右键按下时所对应的图层性质,会弹出类似于图29-3所示的右键菜单,其中有一项"数据导出"的菜单,当用户选中此项时,就会激活模块MHMapDlgExport的图层数据导出对话框功能。

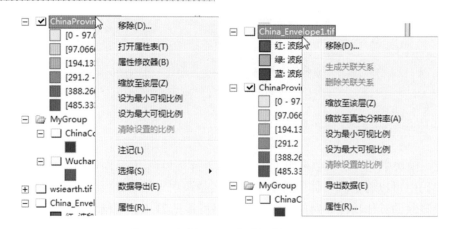

图29-3 矢量图层导出时的交互对话框

图29-3中左侧为鼠标在矢量图层上按下鼠标右键并弹出的菜单界面,当选中数据导出时,将弹出如图29-4所示的本模块中的矢量数据导出对话框,询问用户导出矢量图层文件的一些信息并完成矢量数据的导出功能。图29-3中右侧为在栅格图层上按下鼠标右键并弹出的菜单界面,当选中数据导出时,弹出如图29-5所示的本模块中的栅格数据导出对话框,询问用户导出栅格图层文件的一些信息并完成栅格数据的导出功能。

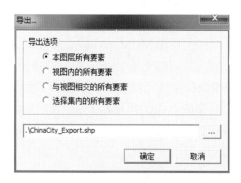

图29-4 矢量图层导出时的交互对话框

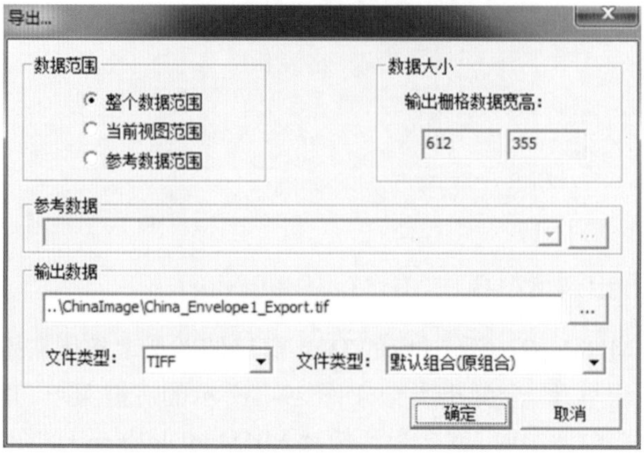

图29-5 栅格图层导出时的交互对话框

图29-4所示的矢量数据导出对话框及图29-5所示的栅格数据导出对话框均为本模块MHMapDlgExport中针对数据导出而实现的用户对话框交互,采用模式对话框进行表现。其中对于矢量数据的导出来说,目前系统中的需求仅是导出成SHP文件格式。实际上,由于MHMapGIS应用了GDAL/OGR库进行数据交换,可以导出多种该库支持的数据格式,因此可以根据实际需求对该功能进行扩展。在图29-4的导出选项中,目前支持导出图层内的所有要素、包含在视图内的要素、与视图相交的要素以及选择集内要素等选项。对应的实现主要代码为:

```
void CMHMapDlgExportShp::OnBnClickedOk()
{
    //采用SHP文件的Driver生成目标数据集并复制字段信息,略
    pSrcOGRLayer->ResetReading();
    OGRFeature* pFeature = NULL;
    if (m_nExportScope == 0)    //导出全部要素
    {
        while ((pFeature = pSrcOGRLayer->GetNextFeature()) != NULL)
            pDstDS_Layer->CreateFeature(pFeature); //在目标图层上创建对应要素,会复制空间与属性信息
    }
    else if (m_nExportScope == 1)//导出视图内要素
    {
        pSrcOGRLayer->SetSpatialFilterRect(m_dXLT, m_dYLT, m_dXRB, m_dYRB); //用视图范围查询
        while ((pFeature = pSrcOGRLayer->GetNextFeature()) != NULL)
        {
            OGRGeometry* pGeometry = pFeature->GetGeometryRef();
            OGREnvelope env;
            pGeometry->getEnvelope(&env);
            if (env.MinX >= m_dXLT && env.MaxX <= m_dXRB && env.MinY >= m_dYLT && env.MaxY <= m_dYRB)
                pDstDS_Layer->CreateFeature(pFeature);
        }
    }
    else
        //导出与视图相交要素及选择集要素,略
    GDALClose(pDstDS);
    CDialog::OnOK();
}
```

上述代码实际上就是通过OGR中的相关函数实现要素的复制过程。首先在用户设定的位置新建对应的矢量SHP文件并复制字段信息,再遍历所有要素并根据用户设定的复制内容进行要素复制。在复制过程中,由于已经复制了字段信息,因此在采用函数CreateFeature()在目标图层内生成对应要素时,也会将该要素的所有属性值在对应目标图层中复制过去。

图29-5的导出选项中,目前支持导出图层内的所有要素、包含在视图内的要素、与视图相交的要素以及选择集内的要素等选项。对应实现的主要代码为:

```
void CMHMapDlgExportImg::OnBnClickedOk()
{
    //根据用户设定的导出数据类型选择不同的Driver,获取原栅格数据仿射变换参数,宽、高等信息,略
```

```
int nLeft = 0, nTop = 0; //标记导出影像位于原影像中哪部分,默认为整个数据范围
int nWidth = pSrcDataset->GetRasterXSize();
int nHeight = pSrcDataset->GetRasterYSize();
if (m_nDataScope == 1 || m_nDataScope == 2) //0为整个数据范围,1为当前视图范围,2为参考数据范围
{
    double dXRasterMin, dXRasterMax, dYRasterMin, dYRasterMax;
    if (m_nDataScope == 1)      //以当前视图为范围,计算由当前视图范围所对应的影像上的像素范围
    {
        dXRasterMin = (m_dXLT*dTransform[5] - dTransform[0] * dTransform[5] - m_dYLT*dTransform[2]
+ dTransform[3] * dTransform[2]) / (dTransform[1] * dTransform[5] - dTransform[4] * dTransform[2]);
        dXRasterMax = (m_dXRB*dTransform[5] - dTransform[0] * dTransform[5] - m_dYRB*dTransform[2]
+ dTransform[3] * dTransform[2]) / (dTransform[1] * dTransform[5] - dTransform[4] * dTransform[2]);
        dYRasterMin = (m_dYRB - dTransform[3] - dXRasterMax * dTransform[4]) / dTransform[5];
        dYRasterMax = (m_dYLT - dTransform[3] - dXRasterMin * dTransform[4]) / dTransform[5];
    }
    else if (m_nDataScope == 2)//以输入的参考数据为范围
        //读取参考数据的范围,类似上述方法根据仿射变换计算对应的像素,计算出对应的参数,略
    nLeft = dXRasterMin;
    nTop = dYRasterMin;
    int nRight = dXRasterMax + 0.99;
    int nBottom = dYRasterMax + 0.99;
    if (nLeft < 0)nLeft = 0;
    if (nTop < 0)nTop = 0;
    if (nRight > m_nWidth)nRight = m_nWidth;
    if (nBottom > m_nHeight)nBottom = m_nHeight;
    nWidth = nRight - nLeft;
    nHeight = nBottom - nTop;
}
unsigned char* buffer = new unsigned char[nWidth*nHeight*nBandCount*nSize];
er = pSrcDataset->RasterIO(GF_Read, nLeft, nTop, nWidth, nHeight, buffer, nWidth, nHeight, type,
nBandCount, 0, 0, 0, 0); //读出对应部分的数据
er = pDstDataset->RasterIO(GF_Write, 0, 0, nWidth, nHeight, buffer, nWidth, nHeight, type,
nBandCount, 0, 0, 0, 0); //写入目标复制的数据
//后处理,包括复制仿射变换参数,复制投影信息等,释放内存等,略
}
```

栅格数据的导出部分较矢量数据的导出麻烦一些,需要根据仿射变换参数计算用户指定的区域实际上位于影像中的像素范围(如果用户指定了视图范围或参考数据范围的话),再将对应的数据应用GDAL的RasterIO()函数读取出来,并写到目标影像中,最后复制仿射变换参数与投影信息等。

29.1.6　地图轻量级对话框模块 MHMapDlgLight

地图轻量级对话框模块 MHMapDlgLight 包括了一些轻量级别的对话框,实现方式同前文介绍的其他对话框类似。其中,有一项功能为新生成一个矢量文件,需要弹出对话框让用户选择生成矢量数据类型(点、线和面),存储类型及空间参考等,如图 29-6 所示。

图 29-6 对话框中展现的信息也可以通过其他方式进行用户交互。当用户需要新建一个矢量文件时,需要用户指定该矢量文件的类型(不同类型的矢量数据不可以位于同一

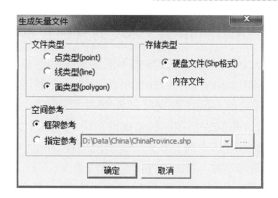

图 29-6 新生成矢量文件的信息交互对话框

文件内),同时该文件可以为硬盘文件,也可以为内存中的临时文件(同时表现在地图中,在模块 MHMapTree 中有所体现),或是 OGR 库支持的其他类型的矢量文件(如存储于MySQL 中、GeoJSON 等),可以根据实际需求进行对话框功能扩展。对于新建文件的空间参考信息,如果当前框架中存在空间参考,可基于该参考建立,否则需要指定一个具有空间参考的空间数据文件作为其空间参考。上述对话框在主视图模块 MHMapView 的创建矢量文件的函数 CreateNewVectorLayer() 中调用,对应的调用代码如下:

```
void CMHMapView::CreateNewVectorLayer()          //生成新矢量文件
{
    CMHMapDlgLightShow* pMHMapDlgLightShow=(CMHMapDlgLightShow*)m_pMHMapDlgLightShowPtr;//模块调用接口
    MSLayerType nVectorType = MS_LAYER_NULL;    // 0 point; 1 line; 2 polygon
    MSSaveType nSaveType = MS_SAVE_SHP;         // 0 shp file; 1 memory file
    string sSpatialFile; // only valid when nSpatialType == 1
    if(pMHMapDlgLightShow->ShowCreateVectorFileMode(nVectorType, nSaveType, sSpatialFile)) //模式对话框
        CreateNewFeatureLayer(nVectorType, nSaveType, sSpatialFile);
}
```

在主视图模块 MHMapView 生成的矢量文件函数 CreateNewVectorLayer() 中,通过模块 MHMapDlgLight 的指针 m_pMHMapDlgLightShowPtr 实现其模式对话框的功能调用,并在调用后得到图 29-6 中用户交互的 3 个设定参数,再根据这 3 个设定参数生成新的矢量文件(图层)。

因此,在图 29-6 所示的模式对话框激活后,确定按钮所对应的代码功能就是将界面上用户交互的信息更新到类内变量,并通过函数 ShowCreateVectorFileMode() 调用时将信息传递到外面,其中函数 ShowCreateVectorFileMode() 的几个参数为地址,其声明如下:

```
INT_PTR ShowCreateVectorFileMode(MSLayerType&          nVectorType,MSSaveType&          nSaveType,string&
sSpatialFile);
```

也就是说,当用户在弹出的对话框上点击了确定按钮后,该函数同时获得输入的 3 个参数(矢量数据类型、保存类型和参考文件),并进一步将这些参数传递到函数 CreateNew-FeatureLayer() 中,用户设定的信息返回至调用端,而主视图模块中生成矢量图层函数 CreateNewFeatureLayer() 的实现原理则是调用模块 MHMapGDAL 进行相应图层的创建,对应的代码可参见 11.2.4。

29.2 基于MHMapGIS环境的其他扩展模块设计

基于本书前面已经介绍的模块,可以根据不同的需求构造具有不同功能的可执行程序,并通过主视图模块MHMapView中的外部可调用接口实现该可执行程序的空间数据显示、分析、编辑、处理等功能。除了前文已经介绍的大量功能性模块外,MHMapGIS还有一些扩展性功能模块,这些模块是在平台基础性模块的基础上,根据不同的扩展性需求而进行的,本部分将主要介绍其中的3个扩展性功能模块,分别为栅格信息处理模块、目标特征库模块与丝绸之路经济带生态环境安全监测模块。

在算法工具箱模块提供的栅格数据处理、信息提取等一系列算法实现数据处理的基础上,栅格信息处理模块主要是针对部分区域的栅格数据进行后期人工交互性处理,类似于矢量数据的交互式编辑功能模块MHMapEdit。目标特征库模块主要是在地震灾害快速评估过程中,针对地震灾区的快速灾情评估而设计的模块,其功能包括目标特征库的构建、查询、展现与匹配(空间匹配、属性匹配)等功能,以及在此基础上的灾区灾害自动分类功能。丝绸之路经济带生态环境安全监测模块主要面向新疆及周边研究区的生态环境安全评估,实现新疆耕地信息提取及荒漠化信息分析模型、塔里木河流域生态安全威胁评估模型等功能。

由于这几个扩展模块都是基于笔者及研究团队正在从事的科研项目研究的需求,正处于代码研发、完善或集成、测试阶段,因此本部分的介绍将主要以功能设计为主,待后期功能测试完毕后再向读者进行介绍(包括对应的代码公开)。

29.2.1 栅格信息处理模块的设计与实现

本模块的应用需求主要面向笔者参与的国家重点研发计划项目课题"天空地一体化协同观测、数据整合与应急信息提取技术研究"(课题编号:2016YFB0502502)。栅格信息提取模块的主要功能是采用交互式方式实现栅格数据的"编辑"功能。也就是说,算法工具箱中提供了大量栅格数据处理与信息提取等功能,这些功能实现了栅格数据的非交互式处理(任务提交式交互),如果用户对处理结果需要进行一些小的"微调",或需要对处理结果进行人工交互式"后处理",可以采用此模块进行交互式栅格信息编辑,如影像分类结果中某些部分的交互式"调整分类结果"等功能。从这个角度上来看,其作用同矢量数据的交互式编辑功能模块MHMapEdit类似:算法工具箱中提供的矢量数据处理与分析等功能是实现了矢量数据的非交互式处理,而模块MHMapEdit则实现了矢量数据的交互式处理功能。

栅格信息处理模块MHMapImgOpr需要提供栅格数据中某波段(或某几个波段)选中区域的编辑工作,并不影响选中区域外的其他区域,这些编辑工作可根据实际数据处理或任务的需求而进行扩展。也就是说,栅格处理过程中,首先要有一个"选区"的概念,即通过一个类似于视图上增加多边形面状矢量的工具形成一个区域,所有的编辑操作均在此选区内进行;其次需要提供一些交互式编辑功能,提供如区域像素值填充、区域滤波与锐化等常用的栅格编辑功能。在此过程中,需要再提供一些针对选区便利操作的工作,如魔法棒设定选区、扩大选区、缩小选区、选区边界平滑等功能,这些实际上是一些矢量数据算法在界面响应,而选区数据的编辑操作则是一系列栅格数据处理算法的界面实现。

其中,魔法棒的功能类似于PhotoShop中的魔术棒,能够实现在一定阈值范围内的选区自动生成功能,其实现原理实际上就是栅格数据的数据值在一定范围内的标定。另外,在栅格数据处理过程中,还同时需要构造底层数据模型,能够支持数据编辑操作的撤销/重做功能。

本模块MHMapImgOpr在MHMapGIS中表现为与模块MHMapEdit类似的菜单展现方式,功能是实现栅格数据的快速交互式操作。同时,本模块除了可以为上述重点研发项目服务外,相应的功能还可以为其他项目所用,而且本模块的功能也可以作为遥感影像信息提取与分析的基础性功能。

29.2.2 目标特征库模块的实现

本模块的应用需求主要面向笔者参与的高分重大专项(民用部分)课题"高分灾害范围评估、目标特征库技术研究及应用示范"(课题编号:03-Y30B06-9001-13/15)。目标特征库模块的主要功能是实现遥感影像分类过程中的样本自动选取与优选等功能。在以地震、洪涝、滑坡/泥石流等为代表的灾害快速评估过程中,高空分辨率遥感影像是其中一个较重要手段,尤其是当灾害发生后较短的时间内,很多灾区车辆、行人均无法快速到达,而遥感手段具有覆盖范围广、探测能力强、天气地表因素影响小等特点,能够弥补这些不足,是目前进行地震破坏范围快速评估的重要手段之一。其中,针对建筑物和道路这2种最重要的人工地物(道路是人流、物流的主要通道,因灾害损毁会造成交通不畅、救灾物资难以进入灾区;而建筑物倒塌不仅造成重大的财产损失,更直接威胁人民的生命安全),开展灾害道路、建筑物等典型承灾体的快速提取及损毁评估具有重要意义。

在获取研究区高分影像数据(包括航空影像数据)后,就需要迅速对其进行快速处理、信息提取、分类/灾害识别等工作,而采用的技术路线则可以在已经建立的灾区目标特征库的基础上进行特定受灾类型影像样本的自动选取,进行特征计算并实现灾害的快速评估。因此,总结来说,本模块中需要完成的功能包括以下几方面:

→ 目标特征库构建:内容包括针对不同遥感影像传感器,从数据库的角度设计并建库,实现在灾害目标分析体系指导下建立对应的数据库表,并能够实现针对新的传感器自动目标特征库构建功能;

→ 目标特征库智能匹配:根据灾害目标自动分类的需求,研究并实现模块内图匹配和谱匹配(修正)算法,并进而实现目标特征库内样本信息的自动选择,同时允许人工进行优选样本的参与;

→ 目标特征优选方法:在图匹配、谱修正并进行匹配灾害类型与传感器并选取大量样本资源的基础上,根据多种规则实现目标特征优选,其中涉及的算法可能包括信息熵、决策树、mRMR等方法;

→ 特征库更新:实现特征建库过程中的特征库更新,采用打分机制实现针对特征灾种的样本可用度维护,同时维护并更新灾害类型同实体记录之间的链接与权重信息。

针对上述需求,在MHMapGIS实现基础性软件平台的基础上增加了3个模块,共同构成本模块的上述需求:MHMapSDBOpr、MHMapSDBTreeOpr和MHMapSDBSamTableOpr。对应的3个模块功能分别是针对数据库的操作函数封装、MHMapGIS上的树状视图Pane

模块(负责采用树状视图来表达目标特征库的不同节点)和MHMapGIS上的表格Pane模块(负责采用表格控件来表达目标特征库中某一树状节点下面所包含的具体目标特征)。

29.2.3　丝绸之路经济带生态环境安全监测模块

本模块的应用需求主要面向笔者参与的国家重点研发计划项目课题"'一带'核心区域生态环境安全监测与应急响应示范"(课题编号:2017YFB0504204)。课题中需要围绕干旱区国土资源,特别是水资源利用配置和生态环境响应等核心问题,发展基于多源国产高分遥感的星空地遥感协同立体观测的国土资源与生态环境安全风险的识别、模拟和评估技术,监测新疆耕地动态变化和阿克苏河流域水资源再配置条件下的国土资源及生态环境的动态响应;针对伊犁河流域河湖水生态灾难的潜在风险,模拟尾矿库溃坝等突发事件可能导致的污染物扩散消纳过程及规律,为矿区风险管控和国际河流流域生态环境安全响应与外交提供应急预案等决策支持。

其中的几个具体研究内容可概括为:

→ 新疆耕地和农业生态与荒漠化遥感监测:包括监测耕地类型、面积、空间布局、相关设施等信息,分析其动态变化过程,掌握新疆耕地本底状况并揭示其时空变化特点与规律,识别耕地和农业生态与荒漠化风险,研究其发生发展机制及驱动力,预测新疆耕地荒漠化演变趋势;

→ 塔里木河流域境内外水资源利用及其生态响应动态监测:重点研究新疆塔里木河及其支流阿克苏河的水资源利用与生态环境变迁问题,评价跨境水资源开发利用对流域生态环境的影响,为促进流域水资源开发与生态环境协调发展提供科学决策建议;

→ 伊犁河流域突发事件导致的河湖水生态灾难应急响应示范:基于星空地协同立体观测技术,实时监测伊犁河两岸尾矿库等安全,研发模拟尾矿库溃坝可能导致的河湖生态灾难应急响应系统,为保障伊犁河境内外生态环境安全提供技术支持;

→ "一带"核心区域国土资源与生态环境安全监测系统:针对新疆耕地和农业生态与荒漠化动态变化监测、塔里木河流域水资源协调开发利用监测、伊犁河流域生态环境安全监测与应急响应等核心任务,构建"一带"核心区域国土资源与生态环境安全监测系统。

上述一系列功能表现在系统中即为一系列算法,这些算法一方面体现在针对上述任务中形成的一系列有针对性的遥感影像处理、分析、分类等算法,另一方面表现为针对研究区的一系列模型(实际上也是算法,只是更具有针对性),同时还可能表现为类似于29.2.1中的交互式数据处理、分析及后处理算法等形式。也就是说,本课题将在MHMapGIS作为基础性软件平台的基础上,结合课题中进行数据处理、分析、模块加载与工作流配置等需求,实现一套自主产权的软件系统,并在项目完成后将对应的软件成果进行示范与部署。

具体的项目实施方面,把项目进一步划分为一系列细粒度的遥感与GIS数据处理、分析与计算算法,再在MHMapGIS中将各算法工具(模块)以工作流的形式进行工具组装,并完成上述研究内容中的特定内容。

29.2.4 空间数据组织、管理与检索应用模块

本模块的应用需求主要面向笔者参与的国家重点研发计划项目课题"巨量观测成果高效组织管理与多模检索"(课题编号：2018YFB0505002)。课题中的研究需求是解决巨量全球综合观测成果"管不好"和"找不到"的难题，包括多元数据存储模型、多维剖分动态组织框架、巨量数据分布式高效管理、图像检索及多模梯度检索方法等。同时，其中还涉及多种空间数据组织、存储、管理与数据预处理、处理与分析、信息精准提取等多种算法。具体功能包括：

- ✈ 全球综合观测成果多元数据存储模型：研究面向多源异构观测成果的多维概念模型、统一逻辑模型与分布式物理模型，构建规范、可共享的全域数据模型；
- ✈ 基于多维剖分的观测成果动态分层组织框架：研究基于时空特征的多维剖分策略、统一编码和动态分层组织技术，实现全球观测数据的动态流动与划分；
- ✈ 数据分布式高效管理技术：研究巨量观测成果多维索引构建，设计分布式存储引擎与统一操作标准，实现巨量数据的高可靠存储；
- ✈ 基于深层网络学习架构的图像智能检索方法：研究多尺度图像内容表达与提取方法，建立图像特征与语义关联，通过深层网络学习突破视觉特征与语义特征的认知壁垒；
- ✈ 多模梯度高效检索方法：研究基于图像、文本、时空约束的多模混合检索和梯度加速方法，实现巨量数据混合高效检索。

为完成上述课题研究内容，将以MHMapGIS作为基础性或实验性平台针对上述内容进行研发，特别是针对其中的多维剖分数据成果的组织、管理与高效检索进行方法的研究与实验，为课题提供技术与方法方面的支撑。

同时，课题还将发展一系列空间数据处理与分析算法，同样使用基于算法工具箱的模块MHMapTools对这些算法进行管理，并有一部分算法集成至类似于29.2.1中的菜单项中，实现一套自主产权的数据组织与检索软件系统，并在项目完成后将对应的软件成果进行示范与部署。

29.3 小　　结

本章对采用对话框方式的模式从外部调用与内部实现进行了总结，相应的方法适用于所有对话框模块，并针对模式对话框与非模式对话框的实现方法进行了归纳。在此基础上，对MHMapGIS中的其他几个对话框模块进行了实现原理的介绍。

本章还对基于MHMapGIS实现的一系列扩展模块的功能进行了介绍。由于这些功能正处于开发与完善阶段，因此在本章介绍中并未过多地讲述实现代码(有些代码甚至在设计、调试阶段)，而是仅简单地介绍各扩展模块的功能(实际上也是应用的展望)。同样地，读者朋友们也可以在MHMapGIS环境的基础上，根据各自科研任务与需求的不同进行模块的扩展。

第 30 章

基于 MHMapGIS 基础模块的二次开发

前面各章介绍了构成一个遥感与地理信息系统的基本模块的实现原理与过程,我们可以根据这些模块进行按需组合并实现不同的功能,同样地,将已经实现的功能根据用户的需求进行适当地对外接口服务,程序开发者再根据对外提供的接口功能进行组合,形成其需要的一些空间数据显示、处理与分析等应用。这一过程中,输入部分(模块)为我们前面各章节已经完成的软件模块,输出部分为一个用户定制后具有特定功能的软件环境,这一过程即为基于 MHMapGIS 系列模块的二次开发过程。

本章将在前面各章模块实现的基础上,基于二次开发的思路介绍基于 MHMapGIS 各模块面向不同需求实现二次开发的应用过程,并将二次开发的过程分为 5 个版本,面向不同的需求,将其分别命名为 Metal、Wood、Water、Fire 和 Earth。其中,前 3 个版本面向的是基于对话框方式的程序/代码/环境,可用于一个基于对话框形式的 GIS 或遥感类的应用,也可以作为插件形式作为某大型应用中针对弹出的对话框上的一个控件/插件。由于这 3 个版本均基于对话框,因此其强调的功能主要为空间数据的显示与基本操作,不涉及较复杂的空间操作,各版本的功能逐渐增强。对应地,后 2 个版本则面向基于文档/视图结构的需求,可用于实现比较大型的遥感与 GIS 类应用的二次开发,能够应用前面各章中多个模块并实现较为复杂的各种功能,各版本的功能也逐渐增强。

实际上,应用 MHMapGIS 的 30 余个基础性模块,还可能实现更为灵活的模块功能组合并实现更多的二次开发和应用功能,这不仅限于上述的 5 个版本,本章只是根据日常空间数据显示、处理与分析工作中系统/软件实现的需要,而这 5 个版本在一定程度上具有一定的代表性。

30.1 二次开发中接口的入口

对于程序员的二次开发来说,一定需要提供可被程序员进行二次开发的接口入口,以实现快速的功能调用。也就是说,在 MHMapGIS 的一系列可二次开发模块中,需要提供一系列类或函数级别的二次开发接口,程序员可以将这些接口进行组装,进而实现不同功能的软件系统。一般来说,模块中可以提供以 C++ 导出类的接口,也可以提供 C 导出的函数级别的接口。其中,以C导出形式的函数级别的接口比较简单,调用起来方便,但其缺点是当系统比较复杂时,需要导出非常多的C接口来实现各种功能。而采用C++导出类接口的方式就很好地解决了这个问题:当采用以C++导出类接口时,程序员不但可以直接应用该类中所有公用类型(Public)的变量为函数,而且也可以应用该类生成新的对象,或是以该导出类作为基类新建一个类并增加自己的一些功能函数或变量,再在新的类中进行功能组装,因此这种方式更为灵活,同时也能够实现更多、更复杂的功能。

在MHMapGIS的所有模块中,由于其主要功能集中于空间数据的显示与交互式操作,因此在众多MHMapGIS核心构成模块中,模块MHMapView为其最核心的模块之一。也就是说,在以MHMapGIS构成模块进行二次开发过程中,模块MHMapView是不可或缺的模块。因此我们规定,对于MHMapGIS系列模块中的导出函数功能或接口,均在类MHMapView中进行变量、函数的导出。也就是说,MHMapGIS中的对外导出类与函数中,主要功能函数及二次开发函数均在模块MHMapView的公用函数中有所体现,这样设计的目的是当用户进行二次开发过程中,主要的功能性函数均可以在模块MHMapView的对外导出函数中找到,即用户的二次开发入口主要为模块MHMapView声明文件中的公用型函数,而不再需要用户了解MHMapGIS系列的所有模块、类与功能函数接口,减少了二次开发的难度。

从实现角度来看,为达到上述效果,我们在封装模块MHMapView的主体功能实现类CMHMapView时,在其类的头文件中不但增加该类本身的一些功能函数与变量,同时也增加/引用了MHMapGIS系列中其他需要具有导出功能的模块功能的函数或变量声明(一般主要是函数形式),再在对应的功能实现里封装好模块MHMapView对其他模块的功能调用。从这个角度来说,模块MHMapView在此时的主要功能是实现对该功能与调用接口的"功能转交"。这里需要解释一下,之所以将系统中的很多功能性函数由模块MHMapView进行"转交",主要是基于以下考虑:一方面,MHMapView是MHMapGIS的功能性模块之一,只要应用MHMapGIS进行二次开发,必不可少的模块就是MHMapView,而且该模块能够直接响应用户的各种操作;另一方面,将其他模块的功能在此"转交",其目的是能够使得用户在进行二次开发时主要关注这一个模块及对应的类声明,而其他模块的相应功能则不需要过多关注,从而减少了二次开发人员的工作量。

30.2　五个"版本"的定义与模块构成

在MHMapGIS系列模块的版本管理中,我们定义了2种"版本的含义":分别称之为"版本"与"版本号"。其中,"版本"是从功能的角度来区分并划定的,也就是说,版本主要是用于区别不同的功能,我们根据对用户表现形式及功能的不同,分别将MHMapGIS构成模块系列分为基于对话框的Metal、Wood和Water版本,以及基于文档/视图结构的Fire和Earth版本,各版本的功能逐渐增强,面向不同的二次开发应用需求,各版本的功能调用接口保持一致,从这一角度来说,类似于Windows操作中的个人版、企业版、旗舰版等。"版本号"则是从MHMapGIS构成的各模块开发版本角度来说的,即MHMapGIS的每个构成模块均有一个自己的版本号,用于标记该模块的开发功能与Bug去除状况(例如:与本书相对应的程序发布时,已经将各模块的当前版本统一为1.1.1.5版本)。

基于MHMapGIS系列已经形成的功能性模块,程序员可以根据实际需要选择并决定各模块是否"链接"到最终形成的可执行文件,进而形成不同的软件定制"版本"。例如与本书对应发布的MHMapGIS的5个版本,就是在前述各章节模块开发形成基础上的模块进行功能组合而形成的不同版本,而其底层进行功能组合的原理就是决定哪个模块"链接"到最终的可执行文件中,并对其功能接口进行调用的过程。而哪些模块将会"链接"到最终的可执行文件中,并进而形成不同版本的应用,其实现原理是通过一系列预定义语句与条件链接来实现的,具体的实现原理将在30.3中进行介绍。尽管我们从功能及用户需求的角度将MHMapGIS分为5个版本,但从底层实现及功能调用的角度来说5个版本是完全一致的,对外表现的接口也完全一致,从而减少了用户调用的难度并最大限度地保持了其一致性。同时,通过这种链接方式,也实现了"一套底层代码,不同功能应用"的目的。

从构成MHMapGIS各模块的版本号角度来看,我们本着以下原则:首先从模块划分的原则来看,保持各模块功能独立、完整的前提下,尽可能地实现模块间彼此独立,同时也尽可能地实现模块功能划分程度的最大化,以利于模块的开发及后期维护。实际上,从前面各章节的功能设置及应用也可能看出这一点。针对发布后期各模块的功能升级、改造、Bug去除等操作,各模块均维护各自的版本号,并将对应的版本号升级过程同其功能、改造等措施相挂钩。MHMapGIS各构成模块相应的版本定义规则遵循.NetFramework的版本定义,即所有的动态库均采用4部分的版本命名方式,即:

主版本号.子版本号[.编译版本号[.修正版本号]]

版本号由2~4个部分组成:主版本号、次版本号、内部版本号和修订号。主版本号和次版本号是必选的;内部版本号和修订号是可选的,但是如果定义了修订号部分,则内部版本号就是必选的。所有定义的部分都必须是大于或等于0的整数。应根据下面的约定使用这些部分:

主版本号:具有相同名称但不同主版本号的程序集不可互换。例如,这适用于对产品的大量重写,这些重写使得无法实现向后兼容性。

版本号:如果2个程序集的名称和主版本号相同,与次版本号不同,这指示显著增强,但照顾到了向后兼容性。例如,这适用于产品的修正版或完全向后兼容的新版本。

编译版本号:内部版本号的不同表示对相同源所作的重新编译。这适合于更改处理器、平台或编译器的情况。

修正版本号:名称、主版本号和次版本号都相同但修订号不同的程序集应是完全可互换的。这适用于修复以前发布程序集中的安全漏洞。程序集只有内部版本号或修订号不同的后续版本被认为是先前版本的修补程序更新。

表30-1列出了构成MHMapGIS的基本构成模块在不同版本(Metal、Wood、Water、Fire和Earth)中的链接情况,同时也示意了不同版本中是否具有该模块所对应的功能。

在表30-1中仅列举了构成MHMapGIS的一系列基础性模块,并未包含扩展性模块(即以插件形式加入系统的功能性算法模块)。由表中可以看出,版本Metal、Wood、Water、Fire和Earth的功能逐渐增强,所需要的模块数目也逐渐增多,而且复杂版本的功能均包含简单版本的功能,即Metal∈Wood∈Water∈Fire∈Earth。各版本中,只有包含了对应的动态链接库,才能够有对应的功能,如表30-1中的Metal版本,由于没有链接MHMapTree

模块,因此Metal版本将看不到对应的图层结构(但实际上在内存中仍能够有图层概念的存在,这主要是因为模块MHMapDef的图层管理功能)。

表30-1 MHMapGIS系统构成模块功能介绍及其在5个版本中的构成情况

序号	(基本)模块名称	模块功能	对应章节	版本				
				Metal	Wood	Water	Fire	Earth
1	gdal200.DLL	GDAL/OGR库	第4章	√	√	√	√	√
2	MHMapDef.DLL	地图定义模块	第5章	√	√	√	√	√
3	MHMapView.DLL	地图显示模块	第7章	√	√	√	√	√
4	MHMapGDAL.DLL	GDAL操作模块	第11章	√	√	√	√	√
5	MHMapRender.DLL	地图渲染模块	第6章	√	√	√	√	√
6	MHMapTree.DLL	工程树视图模块	第12章		√	√	√	√
7	MHMapAttrTable.DLL	属性表查看模块	第13章		√	√	√	√
8	MHMapOverview.DLL	鹰眼视图模块	第15章	√		√	√	√
9	MHMapFrm.DLL	地图框架模块	第8章			√	√	√
10	MHMapDlgProp.DLL	属性对话框模块	第18章			√	√	√
11	MHMapDlgSymbol.DLL	符号对话框模块	第19章			√	√	√
12	MHMapIdentify.DLL	信息查询模块	第16章			√	√	√
13	MHMapCursorValue.DLL	光标信息模块	第17章			√	√	√
14	MHMapDlgAttr.DLL	属性表修改模块	第29章			√	√	√
15	MHMapDoc.DLL	地图文档模块	第9章			√	√	√
16	MHMapDlgQuery.DLL	查询对话框模块	第20章			√	√	√
17	MHMapApp.DLL	地图程序模块	第10章			√	√	√
18	MHMapDlgExport.DLL	数据导出模块	第29章			√	√	√
19	MHMapDlgLight.DLL	轻型对话框模块	第29章			√	√	√
20	MHMapDlgTileGen.DLL	瓦片生成模块	第27章				√	√
21	MHMapLayout.DLL	制图定义模块	第28章				√	√
22	MHMapEdit.DLL	矢栅编辑模块	第21章					√
23	MHMapAttrEdit.DLL	属性编辑模块	第14章					√
24	MHMapDlgDelIsland.DLL	面删除岛模块	第29章					√
25	MHMapEditSketch.DLL	节点编辑模块	第22章					√
26	MHMapAttrPainter.DLL	属性格式刷模块	第23章					√
27	MHMapTools.DLL	算法工具模块	第24章					√
28	MHMapDlgAlgorithms.DLL	算法对话框模块	第25章					√
29	MHMapImgOpr.DLL	栅格信息处理模块	第29章					√
30	MHMapSamDB.DLL	目标特征库模块	第29章					√
31	MHMapSDBSamTable.DLL	目标特征属性表模块	第29章					√
32	MHMapSDBTree.DLL	目标特征树视图模块	第29章					√

从表30-1也可以看出,除基本的gdal200.DLL(以及其链接/依赖的库,如libMYSQL、HDF5库等)作为基础性模块(动态库)外,MHMapGIS并未依赖其他第三方库。其中几个模块库:MHMapDef.DLL、MHMapView.DLL、MHMapGDAL.DLL 和 MHMapRender.DLL

为最基本的模块库,在所有版本中都必须存在,其中模块MHMapDef的主要功能是进行地图及其数据结构定义;模块MHMapGDAL为进行基础性的GDAL/OGR功能调用与组装,并实现输入数据的信息/内存交换;模块MHMapRender则负责基于MHMapDef定义地图的静态制图,而模块MHMapView在模块MHMapRender静态制图的基础上实现所有与用户交互的视图操作。由这几个基础性模块构成了MHMapGIS中的最简单版本——Metal版本,主要面向进行地图最基本的显示与标注等应用。Metal版本对应的模块调用关系可参见图2-11。

Wood版本在Metal版本的基础上增加引用了3个模块,即MHMapTree.DLL、MHMapAttrTable.DLL和MHMapOverview.DLL。其中MHMapTree的功能是采用树状视图对地图结构进行展现并提供地图图层的显示配置;模块MHMapAttrTable实现矢量图层的属性表信息交互;模块MHMapOverview则提供鹰眼视图的功能。Wood版本面向简单的地图展示与操作等基于对话框的应用,不提供地图配置等功能。Wood版本对应的模块调用关系可参见图2-13。

Water版本则在Wood版本基础上增加了MHMapFrm.DLL、MHMapDlgProp.DLL、MHMapDlgSymbol.DLL和MHMapIdentify.DLL4个模块,其中模块MHMapFrm为主框架模块,对于Water的基于对话框版本来说,尽管实际上不需要存在"主框架界面",但根据前面第8章中的介绍,该模块的功能是对其他几个模块的功能进行组织管理与调用,因此在Water版本中,这个"主框架"实际上是一个"隐形"的框架,对用户不可见,但其功能函数可用,且可以实现对其他模块的管理(如MHMapDlgProp、MHMapIdentify等)。实际上,模块MHMapFrm的主要功能函数接口是通过模块MHMapView来统一展现(转交)给用户及二次开发用户,因此用户并不需要知道此控件的存在,只需要调用模块MHMapView的相应二次开发接口即可。底层实现原理方面,模块MHMapView的实现接口需要再次调用模块MHMapFrm的接口,进而MHMapFrm的接口再继续调用其他模块的接口(如MHMapDlgProp),这是因为其他几个模块均是由MHMapFrm负责生成与管理的。模块MHMapDlgProp采用对话框的方式进行地图信息的展现与图层主题的配置功能;模块MHMapDlgSymbol同样采用对话框方式,其主要对矢量数据的空间符号进行配置。模块MHMapIdentify的功能是实现鼠标点击信息的查询并以Pane窗口的形式进行信息展现。Water版本是最复杂的对话框版本,能够实现基于对话框的GIS显示与其他基本操作功能(包含图层配置)。Water版本对应的模块调用关系可参见图2-15。

前面介绍的3个版本均为基于对话框的版本,如果需要基于文档/视图结构的版本,则需要考虑应用Fire或Earth版本。Fire版本是相对轻量级别的文件/视图结构版本,较Water版本增加了MHMapDlgAttr.DLL、MHMapDoc.DLL、MHMapDlgQuery.DLL、MHMapApp.DLL、MHMapDlgExport.DLL、MHMapDlgLight.DLL、MHMapDlgTileGen.DLL、MHMapLayout.DLL、MHMapCursorValue.DLL等模块。其中,模块MHMapDoc和MHMapApp分别负责实现文档类与应用程序类的基类,与MHMapFrm和MHMapView的使用方法类似,在二次开发时作为用户对应类的基类(已经封装了大量实现好的功能)。模块MHMapDlgAttr、MHMapDlgQuery、MHMapDlgExport、MHMapDlgLight和MHMapDlgTileGen的功能分别是采用对话框的形式展现矢量图层属性、查询、导出、轻量级应用及生成瓦片的模块;模块MHMapLayout负责进行地图制图的功能实现;模块MHMapCursorValue的功能与模块MHMapIdentify有些类似,其功能同样是实现鼠标点击信息的查询并以Pane窗口的形式进行信息展现,但2个模块的信息展现方式不一样,而且模块MHMap-CursorValue能够实现鼠标移动时信息的即时更新,对于某些应用的信息查询更为方便。Fire版本面向轻量级别的文件/视图结构的GIS/RS应用。Fire版本对应的模块调用关系可参见图2-18。

　　Earth版本是其中最为复杂的版本,增加了MHMapEdit.DLL、MHMapAttrEdit.DLL、MHMapDlgDelIsland.DLL、MHMapEditSketch.DLL、MHMapAttrPainter.DLL、MHMap-Tools.DLL、MHMapDlgAlgorithms.DLL、MHMapImgOpr.DLL、MHMapSamDB.DLL、MH-MapSDBSamTable.DLL、MHMapSDBTree.DLL等模块。其中模块MHMapEdit负责矢量数据编辑,模块MHMapAttrEdit的功能是实现矢量图层的属性字段编辑功能,模块MH-MapDlgDelIsland、MHMapEditSketch和MHMapAttrPainter分别为矢量数据编辑中的批量删除内岛、节点编辑以及属性格式刷窗口的模块,模块MHMapTools和MHMapDlgAlgo-rithms分别实现算法工具箱及算法对话框的自动生成,模块MHMapImgOpr负责栅格数据的交互式编辑,模块MHMapSamDB、MHMapSDBSamTable和MHMapSDBTree为目标特征库的相关模块。相对于Fire版本来说,Earth版本增加了矢量数据的交互式编辑功能、栅格数据的交互式编辑功能及算法工具箱的集成,为最复杂的GIS/RS版本。Earth版本对应的模块调用关系可参见图2-20。

　　最后还有一类模块(即扩展性模块),即对应于MHMapGIS中的算法类插件算法模块,这些模块仅用于Earth版本,并作为工具箱内部的工具类插件模块,由XML形式　配置并部署到MHMapGIS系列中(具体参见第26章)。该类模块的版本号同样遵循上述的.NetFramework版本定义规则。

30.3　不同版本实现的原理

　　严格意义上来说,我们可以根据具体的需求将构成MHMapGIS的多个模块进行组合,从而构造出非常多的版本组合(而不仅限于上一节介绍的5个版本)来满足不同的需求,而要做到这些模块之间方便地组合,我们通过一些预定义与条件编译进行组合实现,并将这些预定义放置于一个头文件MHMapPreDef.h中,对应的代码类似如下:

```
// #define _SZF_DEFINE_MHMapGIS_METAL_          //最简单的对话框,显示
// #define _SZF_DEFINE_MHMapGIS_WOOD_           //次简单的对话框,增加TOA树+鹰眼+属性表
// #define _SZF_DEFINE_MHMapGIS_WATER_          //最复杂的对话框,增加图层属性+符号选择+属性对话框
// #define _SZF_DEFINE_MHMapGIS_FIRE_BASIC_     //较简单的文档/视图,增加文档管理+主框架
#define _SZF_DEFINE_MHMapGIS_EARTH_BASIC_       //最复杂的文档/视图,增加矢量编辑功能,算法工具箱
#ifdef _SZF_DEFINE_MHMapGIS_METAL_
   // 只有MHMapView,没有其他,不需要预定义
#endif
//////////////////////////////////////////////////////////////////////////////////
#ifdef _SZF_DEFINE_MHMapGIS_WOOD_
   #define _SZF_LINKER_MHMAPTOAPANE_IN_MHMAPVIEW_    //用于项目 MHMapFrm 中是否允许左侧的TOA树视图
   #define _SZF_LINKER_MHMAPOVERVIEW_IN_MHMAPVIEW_  //用于项目 MHMapView 中是否允许左侧的Overview树视图
   #define _SZF_LINKER_MHMAPATTRTABLE_IN_MHMAPVIEW_ //用于项目 MHMapView 中是否允许下侧的AttrTable视图
#endif
```

```
///////////////////////////////////////////////////////////////////////////////
#ifdef _SZF_DEFINE_MHMapGIS_WATER_
  #define _SZF_LINKER_MHMAPFRM_IN_MHMAPDOC_
  #define _SZF_LINKER_MHMAPVIEW_IN_MHMAPDOC_
  #define _SZF_LINKER_MHMAPFRM_IN_MHMAPVIEW_ //用于项目 MHMapView
  #define _SZF_LINKER_MHMAPTOAPANE_IN_MHMAPVIEW_ //用于项目 MHMapView 中是否允许左侧的TOA树视图
  #define _SZF_LINKER_MHMAPOVERVIEW_IN_MHMAPVIEW_ //用于项目 MHMapView 中是否允许左侧的Overview树视图
  #define _SZF_LINKER_MHMAPATTRTABLE_IN_MHMAPVIEW_ //用于项目 MHMapView 中是否允许下侧的AttrTable视图
  #define _SZF_LINKER_MHMAPDLGATTR_IN_MHMAPVIEW_ //用于项目 MHMapView,是否允许链接MHMapDlgAttr
  #define _SZF_LINKER_MHMAPTOAPANE_IN_MHMAPFRM_ //用于项目 MHMapFrm 中是否允许左侧的TOA树视图
  #define _SZF_LINKER_MHMAPFRM_MHMAPDLGPROP_MHMAPDLGSYMBOL_IN_MHMAPTREE_ //链接2个库
  #define _SZF_LINKER_MHMAPOVERVIEW_IN_MHMAPFRM_ //用于项目 MHMapFrm,鹰眼视图
  #define _SZF_LINKER_MHMAPATTRTABLEPANE_IN_MHMAPFRM_ //用于项目 MHMapFrm 中是否允许属性表视图
  #define _SZF_LINKER_MHMAPIDENTIFYPANE_IN_MHMAPFRM_ //用于项目 MHMapFrm 中是否允许Identify视图
#endif
///////////////////////////////////////////////////////////////////////////////
#if (defined _SZF_DEFINE_MHMapGIS_EARTH_BASIC_ ))//Earth也先声明FIRE_BASIC,包含了Fire的所有模块
    #define _SZF_DEFINE_MHMapGIS_FIRE_BASIC_
#endif
///////////////////////////////////////////////////////////////////////////////
  #ifdef _SZF_DEFINE_MHMapGIS_FIRE_BASIC_
  #define _SZF_LINKER_MHMAPFRM_IN_MHMAPDOC_ //用于项目 MHMapDoc,编译顺序
  #define _SZF_LINKER_MHMAPVIEW_IN_MHMAPDOC_ //用于项目 MHMapDoc中是否允许连接 MHMapView
  #define _SZF_LINKER_MHMAPDOC_IN_MHMAPVIEW_ //用于项目 MHMapView 中是否允许连接 MHMapDoc
  #define _SZF_LINKER_MHMAPFRM_IN_MHMAPVIEW_ //用于项目 MHMapView 中是否允许连接 MHMapFrm
  #define _SZF_LINKER_MHMAPTOAPANE_IN_MHMAPFRM_ //用于项目 MHMapFrm 中是否允许左侧的TOA树视图
  #define _SZF_LINKER_MHMAPDLGSYMBOL_IN_MHMAPVIEW_ //项目MHMapView需要在里面调用MHMapDlgSymbol对话框时
  #define _SZF_LINKER_MHMAPDLGQUERY_IN_MHMAPVIEW_ //当需要在里面查询(空间+属性查询)时
  #define _SZF_LINKER_MHMAPDLGDELISLAND_IN_MHMAPVIEW_ //用于项目MHMapView,是否允许链接MHMapDlgDelIsland
  #define _SZF_LINKER_MHMAPDLGATTR_IN_MHMAPVIEW_ //用于项目 MHMapView,是否允许链接MHMapDlgAttr
  #define _SZF_LINKER_MHMAPFRM_MHMAPDLGPROP_MHMAPDLGSYMBOL_IN_MHMAPTREE_ //链接2个库
  #define _SZF_LINKER_MHMAPOVERVIEW_IN_MHMAPFRM_ //用于项目 MHMapFrm,鹰眼视图
  #define _SZF_LINKER_MHMAPATTRTABLEPANE_IN_MHMAPFRM_ //用于项目 MHMapFrm 中是否允许属性表视图
  #define _SZF_LINKER_MHMAPIDENTIFYPANE_IN_MHMAPFRM_ //用于项目 MHMapFrm 中是否允许Identify视图
  #define _SZF_LINKER_MHMAPEDITSKETCHPANE_IN_MHMAPFRM_ //用于项目 MHMapFrm 中是否允许EditSketch视图
  #define _SZF_LINKER_MHMAPDLGEXPORT_IN_MAHMAPTREE_ //是否允许矢量、影像导出
  #define _SZF_LINKER_MHMAPDLGLIGHT_IN_MAHMAPVIEW_ //是否允许 Light(包括生成新矢量图层)
  #define _SZF_LINKER_MHMAPDLGTILEGEN_IN_MHMAPVIEW_ //用于项目 MHMapView,是否允许链接MHMapDlgTileGen
#endif
///////////////////////////////////////////////////////////////////////////////
#ifdef _SZF_DEFINE_MHMapGIS_EARTH_BASIC_
  #define _SZF_LINKER_MHMAPEDIT_IN_MHMAPVIEW_ //用于项目 MHMapView 中是否允许矢量编辑
  #define _SZF_LINKER_MHMAPTOOLS_IN_MHMAPFRM_ //用于项目 MHMapFrm,当需要在里面调用 MHMapTools
  #define _SZF_LINKER_MHMAPIMGOPR_IN_MAHMAPVIEW_ //是否允许影像处理操作
  #define _SZF_LINKER_MHMAPATTREDITPANE_IN_MHMAPFRM_ //用于项目 MHMapFrm 中是否允许批量修改属性表视图
  #define _SZF_LINKER_MHMAPLAYOUT_IN_MHMAPRENDER_ //用于项目 MHMapRender,仅在需要MAP制图时
#endif
```

上述代码的前5行中,分别采用预定义的方法规定了当前采用哪个版本,分别采用5个字符串:_SZF_DEFINE_MHMapGIS_METAL_、_SZF_DEFINE_MHMapGIS_WOOD_、

_SZF_DEFINE_MHMapGIS_WATER_、_SZF_DEFINE_MHMapGIS_FIRE_BASIC_及
_SZF_DEFINE_MHMapGIS_EARTH_BASIC_代表了前文所述的5个版本。这5个版本
中,有且仅能够有1个版本被应用,也就是说,上述代码的前5行中,仅能够有1行处于未
注释状态。进一步地,后续代码中再分别针对这5个字符串预定义进行进一步的"解释",
即对每一个版本里面具体需要链接哪些动态库所对应的指示性预定义字符串进行定义,
最后在所有实现代码中通过判断这些预定义字符串而进行链接与功能调用。

以上述代码中的 Wood 版本为例,当将其中的第2行注释放开并将第5行注释后,类
似如下:

```
// #define _SZF_DEFINE_MHMapGIS_METAL_ //最简单的对话框,显示
#define _SZF_DEFINE_MHMapGIS_WOOD_ //次简单的对话框,增加TOA树+鹰眼+属性表
// #define _SZF_DEFINE_MHMapGIS_WATER_ //最复杂的对话框,增加图层属性+符号选择+属性对话框
// #define _SZF_DEFINE_MHMapGIS_FIRE_BASIC_ //较简单的文档/视图,增加文档管理+主框架
// #define _SZF_DEFINE_MHMapGIS_EARTH_BASIC_ //最复杂的文档/视图,增加矢量编辑功能,算法工具箱
```

此时,其他模块中再引用本头文件MHMapPreDef.h时就将链接转成Wood版本,以模
块MHMapView为例,其过程如下:

打开了针对_SZF_DEFINE_MHMapGIS_WOOD_的预定义后,下面的3个预定义将
变得可用,即相当于打开了下面的3个预定义变量字符串开关:

```
#ifdef _SZF_DEFINE_MHMapGIS_WOOD_
  #define _SZF_LINKER_MHMAPTOAPANE_IN_MHMAPVIEW_ //用于项目 MHMapFrm 中是否允许左侧的TOA树视图
  #define _SZF_LINKER_MHMAPOVERVIEW_IN_MHMAPVIEW_ //用于项目 MHMapView 中是否允许左侧的Overview树视图
  #define _SZF_LINKER_MHMAPATTRTABLE_IN_MHMAPVIEW_ //用于项目 MHMapView 中是否允许下侧的AttrTable视图
#endif
```

而在模块MHMapView的主体功能实现类MHMapView.CPP的开始就进行针对这几
个预定义变量的引用与判断,对应的代码如下:

```
#ifdef _SZF_LINKER_MHMAPTOAPANE_IN_MHMAPVIEW_ //如果是Wood版本,则当前已经预定义
  #include "MHMapTOAWnd.h"           //包含对应的头文件
  #pragma comment(lib,"MHMapTree.lib")    //链接对应的动态库,下同
#endif
#ifdef _SZF_LINKER_MHMAPOVERVIEW_IN_MHMAPVIEW_
  #include "MHMapOverviewWnd.h"
  #pragma comment(lib,"MHMapOverview.lib")
#endif
#ifdef _SZF_LINKER_MHMAPATTRTABLE_IN_MHMAPVIEW_
  #include "MHMapAttrTableWnd.h"
  #pragma comment(lib,"MHMapAttrTable.lib")
#endif
```

也就是说,当打开对应于Wood版本的预定义语句后,实际上在编译、链接模块
MHMapView时,该模块会引用模块MHMapTree的具体功能实现类CMHMapTOAWnd的
头文件"MHMapTOAWnd.h",并链接其对应的模块库文件"MHMapTree.lib",实现对该库
功能的引用。反之,如果未定义Wood版本,则上述代码中间的代码将变灰(不可用),即
没有执行包含对应头文件及链接对应LIB库。

在具体的实现函数代码中,同样判断该预定义字符串是否已经定义,并进而决定是否引用该功能的调用,例如在模块 MHMapView 的主体功能实现类 CMHMapView 中,当需要实现对 TOA 的 Pane 窗口进行更新时,对应函数 UpdateMHMapTOA()的主要代码为:

```
void CMHMapView::UpdateMHMapTOA()
{
#ifdef _SZF_LINKER_MHMAPTOAPANE_IN_MHMAPVIEW_
    if (m_pMHMapTOAWndPtr)
    {
        CMHMapTOAWnd* pMHMapTOAWnd = (CMHMapTOAWnd*)m_pMHMapTOAWndPtr;
        pMHMapTOAWnd->UpdateTOAView();
        return;    //如果此处已经更新,直接返回
    }
#endif
}
```

上述代码中,如果已经定义了字符串_SZF_LINKER_MHMAPTOAPANE_IN_MH-MAPVIEW_,则调用模块 MHMapTree 的具体功能实现类 CMHMapTOAWnd 的对应函数 UpdateTOAView()来实现 TOA 树信息更新;如果未定义该字符串(如在 Metal 版本中),则上述代码将不会被调用。

由此可知,采用预定义方式的最大优点是仅变动非常少的代码就可以快速定制某些模块的功能是否被链接与调用,非常灵活与方便。

类似地,在模块 MHMapFrm 中同样存在类似的代码,根据该字符串是否已经定义进而决定是否引用相关库文件,文件 MHMapFrm.CPP 中的部分代码如下:

```
#ifdef _SZF_LINKER_MHMAPTOAPANE_IN_MHMAPVIEW_
  #include "MHMapTOAWnd.h"
  #pragma comment(lib, "MHMapTree.lib")
#endif
```

上述代码决定了是否对库的引用。在此基础上,该主框架模块的对应类中针对 TOA 的视图更新函数也类似,代码如下:

```
LRESULT CMHMapFrm::UpdateMHMapTree(WPARAM wparam/* = NULL*/, LPARAM lparam/* = NULL*/)
{
    CMHMapView* pMHMapView = (CMHMapView*)m_pMHMapView;
#ifdef _SZF_LINKER_MHMAPTOAPANE_IN_MHMAPVIEW_
    if (pMHMapView && pMHMapView->m_pMHMapTOAWndPtr)
    {
        CMHMapTOAWnd* pMHMapTOAWnd = (CMHMapTOAWnd*)pMHMapView->m_pMHMapTOAWndPtr;
        pMHMapTOAWnd->UpdateTOAView();
    }
#endif
    return 0;
}
```

其他的功能实现与调用方式类似,这就要求在功能实现后采用一系列预定义字符串进行功能函数的封装(类似于上述代码),对代码实现过程增加预定义字符串的方式进行

判断。采用这种方法,还可以定制出其他一些特定需求的功能组合并形成不同的软件版本。

30.4 基于MHMapGIS模块的各版本开发

30.4.1 轻量级对话框版本:Metal

Metal版本为轻量级的对话框版本,其组成主要为4个模块(动态链接库):MHMapView、MHMapGDAL、MHMapDef和MHMapRender,以及其依赖的GDAL库,其应用主要面向基于对话框的最低级别应用,其功能为能够实现矢量、栅格及配置好的地图数据显示,信息查询(但不弹出查询结果,仅实现结果的动态闪烁)与交互式选择等。

Metal版本的集成方式非常简单,可以集成到其他应用所弹出的对话框上,并实现对话框上的信息展现、强调(以信息查询的)等应用,其界面类似如图30-1所示。

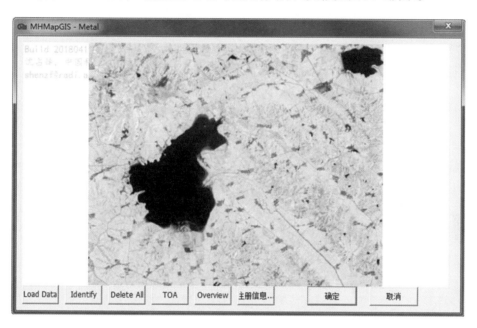

图30-1 Metal版本集成对话框界面

当需要二次开发出一个图30-1所示的应用程序时,首先需要准备二次开发的基础性"素材",对于Metal版本来说,就是前文介绍的4个动态链接库:MHMapView、MHMapGDAL、MHMapDef和MHMapRender(注意编译版本,如果采用Visual Stdio. NET 2010 C++,则需要使用对应版本生成的库,否则需要事先对源代码进行相应版本的编译工作),以及其对应的头文件、库文件(LIB)、依赖库等,后续介绍其他版本(Wood、Water、Fire和Earth)也类似,然后再采用以下几个步骤进行。

步骤1. 在Visual Studio .NET中应用新建项目向导建立一个基于对话框的MFC应用程序,其他选项可根据用户需求进行选择,假设项目名称为MHMapGIS_Metal,完成后则向导会生成2个类及其对应的文件:类CMHMapGIS_MetalApp及CMHMapGIS_MetalDlg。其中CMHMapGIS_MetalDlg为对话框实现的主体实现类。更改项目的字符集为"使用多字节字符集"。

步骤2. 在类CMHMapGIS_MetalDlg的头文件"MHMapGIS_MetalDlg.h"中增加对二次开发模块MHMapView的引用：

```
protected:
    void* m_pMHMapView;  //类CMHMapView的指针,指向主视图
```

这里采用void*而未采用类CMHMapView*的原因是该指针在其实现类中将再进行转换,即文件"MHMapGIS_MetalDlg.cpp"中将该指针再转换为CMHMapView*,这样做的好处就是避免了在头文件中需要引用类CMHMapView,而只需要在其实现类中对该头文件引用即可,避免了头文件更改时的重新编译(能够达到同样的效果)。

步骤3. 在其实现类中实现对模块MHMapView的引用,即在文件"MHMapGIS_MetalDlg.cpp"的顶部增加对模块MHMapView的主体功能实现类CMHMapView头文件的包含及库的链接:

```
#include "MHMapView.h"
#pragma comment(lib,"MHMapView.lib")
```

步骤4. 在构造函数中实现对指针的初始化,即代码:

```
CMHMapGIS_MetalDlg::CMHMapGIS_MetalDlg(CWnd* pParent /*=NULL*/)
    : CDialogEx(CMHMapGIS_MetalDlg::IDD, pParent)
{
    m_pMHMapView = NULL;
}
```

步骤5. 在其初始化函数OnInitDialog()中,增加对指针m_pMHMapView的控件生成代码,这是基于模块MHMapView实现对话框上增加显示控件的主要方法,其代码如下:

```
BOOL CMHMapGIS_MetalDlg::OnInitDialog()
{
    CRect rectView; //生成空间位置范围,无需要指定大小,后期调整
    m_pMHMapView = new CMHMapView; //动态生成,分配内存
    CMHMapView* pMHMapView = (CMHMapView*)m_pMHMapView; //将void*指针转换为类CMHMapView
    pMHMapView->Create(NULL, "Map", WS_CHILD | WS_VISIBLE, rectView, this, 493); //生成窗口
    AdjustLayout();//调整窗口位置
}
```

步骤6. 实现上述代码中调整窗口的位置函数AdjustLayout(),需要调整窗口位置的除新生成的控件m_pMHMapView外,还包括对话框上其他的控件(参见图30-1),代码如下:

```
void CMHMapGIS_MetalDlg::AdjustLayout()
{
    CRect rectWnd;
    GetClientRect(&rectWnd); //获取整个窗口位置
    int nLeft = 10, nOff = 50;
    if (m_pMHMapView)
    {
        CMHMapView* pMHMapView = (CMHMapView*)m_pMHMapView;
        pMHMapView->MoveWindow(nLeft, 10, rectWnd.Width() - nLeft - 20, rectWnd.Height() - nOff);
```

```
    GetDlgItem(IDOK)->MoveWindow(rectWnd.Width() - 250, rectWnd.Height() - 40, 80, 30);
    GetDlgItem(IDOK)->RedrawWindow();
    //其他窗口的位置移动,略
    }
}
```

如果该对话框为一个可调整窗口大小的对话框,则在对话框的OnSize()函数中也同样调用函数AdjustLayout()实现窗位置的重新调整与布局,代码此处略。

也就是说,通过上述的6个步骤就能够实现一个新的基于Metal版本应用程序的生成,其中最核心的代码就是第5步的控件生成工作。到此为止,基于对话框的Metal版本最基本的功能实际上就已经构造完毕,对应的代码也非常简单。用户此时可以对该版本进行编译并测试,已经能够完成MHMapGIS的一些基本功能了,例如将一个文件拖拽到对话框的对应控件中(需要后面的函数OnDropFiles()配合)进行显示与缩放等,或者采用后面的按钮进行测试文件加载。后续的一些功能实际上是对已经形成软件功能的一些补充。

进一步地,如果需要对控件进行一定的配置,可以查看模块MHMapView头文件导出公用类型(public)的函数并进行调用,如常用的几个功能性函数:

```
pMHMapView->SetPermitRButtonMenu(true);        //是否允许右键菜单
pMHMapView->SetPermitDropFiles(true);          //是否允许拖拽shp/tif等文件入MHMapView控件
pMHMapView->SetPermitMouseWheel(true);         //是否允许鼠标滚轮进行地图缩放
pMHMapView->SetPermitKeyDownMsg(true);         //是否允许控件按快捷键
pMHMapView->SetPermitEditLayer(false);         //是否允许对矢量图层进行编辑,只在Earth版本中允许
pMHMapView->SetPermitHideLayerByLRBtnDown(true);  //是否允许左右键同时按下隐藏顶图层,按下H键也可
pMHMapView->SetPermitShowEnvelop(false);       //是否允许显示焦点图层的图层范围,false时不显示
pMHMapView->SetPermitTOAOpr(true);             //是否允许树控件不响应鼠标消息,false时不响应
pMHMapView->SetPermitOverviewOpr(true);        //是否允许鹰眼视图不响应鼠标消息,false时不响应
```

另外,还有其他一些常用的函数,如在当前地图中增加图层,并指向某个文件时,对应的实现代码如下:

```
void CMHMapGIS_MetalDlg::OnBnClickedButtonLoadData()
{
    vector<string> sToAdd; //采用代码增加图层的方法
    sToAdd.push_back("d:\\Data\\ChinaProvince.shp");//采用绝对文件夹
    sToAdd.push_back("..\\..\\..\\Data\\GF4_submit.tif");//采用相对文件夹时是相对于可执行文件的文件夹
    CMHMapView* pMHMapView = (CMHMapView*)m_pMHMapView;
    pMHMapView->AddFiles(sToAdd);
}
```

当需要将当前地图清空时,函数的实现方法如下:

```
void CMHMapGIS_MetalDlg::OnBnClickedButtonDeleteAll()
{
    if (m_pMHMapView)      //删除所有图层
    {
        CMHMapView* pMHMapView = (CMHMapView*)m_pMHMapView;
        pMHMapView->RemoveAllLayers();
    }
}
```

类似地,当需要删除根目标的某个图层时,可调用类 CMHMapView 的函数 Delete-RootLayer(int nIndex),其参数为自上而下的第几层(最上端为第0层);当需要删除某一图层时,可调用类 CMHMapView 的函数 DeleteLayer(string sLayerIndex),其参数为指示一个图层的字符串,其规则可参见6.3.2中的第3)部分。

当需要对矢量图层进行信息查询(Identify)时,可以采用以下方式进行功能调用(注意,在 Metal 版本中,调用后控件仅出现闪烁效果,并不弹出信息查询的 Pane 窗口,如果需要弹出对应的窗口,则需要 Water 或以上版本):

```
void CMHMapGIS_MetalDlg::OnBnClickedButtonIdentify()
{
    CMHMapView* pMHMapView = (CMHMapView*)m_pMHMapView;
    pMHMapView->IdentifyByAttributeValue("ChinaProvince", "NAME", "黑龙江");
}
```

当需要实现 Metal 版本上新生成的控件 MHMapView 能够响应鼠标、键盘等消息时(即使该控件不处于焦点状态),可以重载对应的消息预处理函数 PreTranslateMessage(),对应的代码如下:

```
BOOL CMHMapGIS_MetalDlg::PreTranslateMessage(MSG* pMsg)
{
    CMHMapView* pMHMapView = (CMHMapView*)m_pMHMapView;
    if (pMHMapView)
        pMHMapView->PreTranslateMessage(pMsg);
    return CDialogEx::PreTranslateMessage(pMsg);
}
```

当需要实现 Metal 版本上新生成的控件允许用户拖拽进文件并打开的功能时,需要在对应的对话框上重载拖拽的实现函数 OnDropFiles(),对应的代码如下:

```
void CMHMapGIS_MetalDlg::OnDropFiles(HDROP hDropInfo)
{
    CRect rect; //如果需要允许控件支持拖拽,还需要对话框的"Accept Files"属性设置为true
    POINT pt;
    GetCursorPos(&pt);
    CMHMapView* pMHMapView = (CMHMapView*)m_pMHMapView;
    if (pMHMapView)
    {
        pMHMapView->GetWindowRect(&rect);
        if (pt.x > rect.left && pt.x < rect.right && pt.y > rect.top && pt.y < rect.bottom) //控件内
            pMHMapView->OnDropFiles(hDropInfo);
    }
    CDialogEx::OnDropFiles(hDropInfo);
}
```

30.4.2　中量级对话框版本:Wood

Wood 版本为中量级对话框版本,其主要组成为在 Metal 版本的基础上增加了3个模块(动态链接库):MHMapTree、MHMapAttrTable 和 MHMapOverview,其应用主要面向基于对话框的中量级别的应用,在矢量、栅格及配置好的地图数据显示的基础上,还增加了镶嵌于对话框内部的TOA窗口、属性表窗口及鹰眼视图窗口,分别实现地图图层的信息显示、矢量图层的属性表查看及地图全图的鹰眼查看等功能。

　　Wood版本的集成方式与Metal版本非常类似(甚至可以说相同),可以集成到一个独立的基于对话框的可执行文件中,也可以集成到其他应用所弹出的一个对话框上,并实现对话框上的信息展现、强调(信息查询)等应用,其界面类似如图30-2所示。

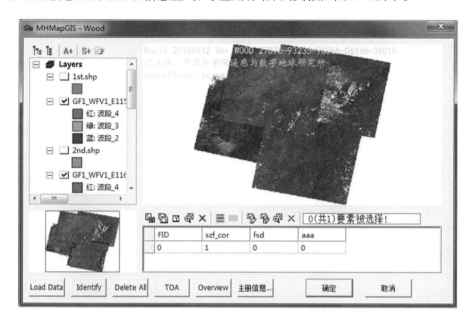

图30-2　Wood版本集成对话框界面

　　当需要二次开发出一个类似于图30-2所示的应用程序时,可采用以下几个步骤,其中前面6个步骤与30.4.1中所示的6个步骤完全相同,这里就不再赘述,同样地,其他的按钮、拖拽等也同Metal版本类似。为保证介绍过程的连续性,假设项目名称为MHMap-GIS_Wood,我们这里从第7点开始介绍。

　　步骤7. 在类CMHMapGIS_WoodDlg的头文件"MHMapGIS_WoodDlg.h"中增加对二次开发模块MHMapTree、MHMapAttrTable和MHMapOverview的引用:

```
protected:
    void* m_pTOAWnd;        //类CMHMapTOAWnd的指针,指向TOA窗口
    void* m_pOverview;      //类CMHMapOverviewImpl的指针,指向鹰眼
    void* m_pAttrTable;     //类CMHMapAttrTableWnd的指针,指向属性表
```

这里采用void*而未采用对应类声明的原理同上一节中针对主视图的指针m_pMHMapView一样。

　　步骤8. 在其实现类中实现对几个新模块的引用,即在文件"MHMapGIS_WoodDlg.cpp"的顶部增加对3个模块的具体功能实现类头文件的包含:

```
#include "MHMapTOAWnd.h"
#pragma comment(lib,"MHMapTree.lib")
#include "MHMapOverviewWnd.h"
#pragma comment(lib,"MHMapOverview.lib")
```

```
#include "MHMapAttrTableWnd.h"
#pragma comment(lib,"MHMapAttrTable.lib")
```

步骤9. 在构造函数中实现对新指针的初始化,即代码:

```
CMHMapGIS_WoodDlg::CMHMapGIS_WoodDlg(CWnd* pParent /*=NULL*/)
    : CDialogEx(CMHMapGIS_WoodDlg::IDD, pParent)
{
    m_pTOAWnd = NULL;
    m_pOverview = NULL;
    m_pAttrTable = NULL;
}
```

步骤10. 在析构函数中实现对新指针所指向对象的内存释放,即代码:

```
CMHMapGIS_WoodDlg::~ CMHMapGIS_WoodDlg()
{
    if (m_pTOAWnd)
    {
        delete (CMHMapTOAWnd*)m_pTOAWnd;
        m_pTOAWnd = NULL;
    }
    if (m_pAttrTable)
    {
        delete (CMHMapAttrTableWnd*)m_pAttrTable;
        m_pAttrTable = NULL;
    }
}
```

这里一定要注意:可以看出在析构函数中,并未对指针m_pMHMapView和m_pOver-view进行析构,即使在30.4.1中已经将指针m_pMHMapView进行内存分配后也并未进行析构,这是因为这2个指针均是源于CView类的指针,CView类的指针在内存分配后并不需要用户主动进行析构,而由系统自动进行析构(因为窗口在关闭的时候会调用一个PostNCDestory()函数,这个函数的最后一句话是delete this,即实现了自我析构)。

步骤11. 在其初始化函数OnInitDialog()中,增加对新的3个指针的控件生成代码,其方法类似于上节介绍的m_pMHMapView,其代码如下:

```
BOOL CMHMapGIS_WoodDlg::OnInitDialog()
{
    CRect rectTree; //同样后期再对窗口位置进行调整
    m_pTOAWnd = new CMHMapTOAWnd;
    CMHMapTOAWnd* pTOA = (CMHMapTOAWnd*)m_pTOAWnd; //动态创建开辟内存
    pTOA->Create(NULL, "", WS_CHILD | WS_VISIBLE, rectTree, this, 494); //生成
    pMHMapView->SetMHMapTOAWndPtr(pTOA); //将主视图同TOA控件连接
    CRect rectOverview;
    m_pOverview = new CMHMapOverviewWnd; //动态创建开辟内存
    CMHMapOverviewWnd* pOverview = (CMHMapOverviewWnd*)m_pOverview;
    pOverview->Create(NULL, "Overview", WS_CHILD | WS_VISIBLE, rectOverview, this, 495); //生成
    pMHMapView->SetMHMapOverviewPtr(pOverview); //将主视图同本控件连接
    CRect rectAttrTable;
```

```
    m_pAttrTable = new CMHMapAttrTableWnd(TRUE,TRUE); //动态创建开辟内存
    CMHMapAttrTableWnd* pAttrTable = (CMHMapAttrTableWnd*)m_pAttrTable;
    pAttrTable->Create(NULL, "AttrTable", WS_CHILD | WS_VISIBLE, rectAttrTable, this, 496); //生成
    pMHMapView->SetMHMapAttrTablePtr(pAttrTable); //将主视图同本控件连接
    AdjustLayout();//调整窗口位置
}
```

上述代码中,各控件的初始化内存分配过程同主视图控件指针 m_pMHMapView 类似,只是在内存分配后需要将主视图指针同本控件进行连接,这样才能够实现它们之间的信息交互。

类似地,在函数 AdjustLayout() 中对这 3 个新窗口进行布局并形成类似于图 30-2 所示,相应地,对话框的 OnSize() 中也同样调用本函数实现各窗口位置的重新布局,代码略。

30.4.3 重量级对话框版本:Water

Water 版本为重量级对话框版本,其主要组成为在 Wood 版本的基础上增加了 4 个模块(动态链接库):MHMapFrm、MHMapDlgProp、MHMapDlgSymbol 和 MHMapIdentify,其应用主要面向基于对话框重量级别的应用,此版本在 Wood 版本的基础上增加了"虚拟主框架"。之所以称之为虚拟主框架,这是因为此版本中存在主框架模块 MHMapFrm,但该主框架并不对用户显示,其功能主要是负责实现其他窗口的生成与管理,包括 30.4.2 中的 TOA、属性表和鹰眼 3 个窗口,以及上述的 MHMapDlgProp、MHMapDlgSymbol、MHMapIdentify 等窗口。模块 MHMapDlgProp 和 MHMapDlgSymbol 分别是图层渲染属性及矢量图层表达符号的显示/配置对话框,模块 MHMapIdentify 则是信息查询弹出的窗口(Pane 窗口)。

通过增加"虚拟主框架",Water 版本不再像 Wood 版本那样仅增加 3 个内嵌式窗口(TOA、属性表与鹰眼),而是通过这个虚拟主框架链接了一系列其他模块,如用户展现/配置地图图层的属性与符号,信息查询结果 Pane 窗口等。当然,如果需要,主框架模块 MHMapFrm 同样可以加载更多的模块到 Water 版本中来,例如模块 MHMapCursorValue 等,这需要视具体需求而定。

Water 版本的集成方式与 Wood 版本非常类似(甚至可以说相同),可以集成到一个独立的基于对话框的可执行文件中,也可以集成到其他应用所弹出的一个对话框上,并实现对话框上的信息展现、强调(信息查询)等应用,其界面类似如图 30-3 所示。

当需要二次开发出一个图 30-3 所示的应用程序时,所采用的步骤与 30.4.1 中 Metal 版本的二次开发过程几乎相同(即 30.4.1 中介绍的 6 个步骤),其窗口展现形式与 Wood 版本不同的是激活 TOA 窗口与鹰眼视图窗口的方式。如图 30-3 所示,当需要激活地图的 TOA 时,由于未出现显示的内嵌 TOA 窗口,就需要在主对话框窗口上以按钮等形式对 TOA 窗口激活,假设项目名称为 MHMapGIS_Water,其对应的代码为:

```
void CMHMapGIS_WaterDlg::OnBnClickedButtonToa()
{
    CMHMapView* pMHMapView = (CMHMapView*)m_pMHMapView;
    if (pMHMapView)
        pMHMapView->ShowTOAPane();//激活 TOA 窗口
}
```

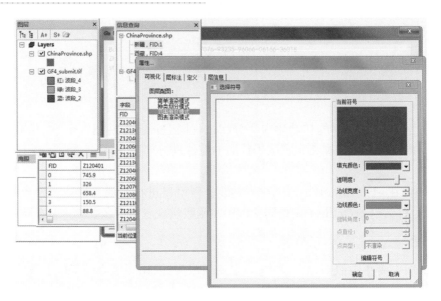

图 30-3 Water 版本集成对话框界面

而此时,各矢量图层的属性表窗口则需要在对应的TOA图层列表中对应的图层上按下右键并选择显示对应图层的属性表窗口。如果需要显示鹰眼窗口,对应地显示鹰眼按钮的实现代码类似为:

```
void CMHMapGIS_WaterDlg:: OnBnClickedButtonOverview()
{
    CMHMapView* pMHMapView = (CMHMapView*)m_pMHMapView;
    if (pMHMapView)
        pMHMapView->ShowOverviewPane();//激活鹰眼视图窗口
}
```

其他控件的激活方式则为自动模式:当选择信息查询工具并在主视图上鼠标点击后,会进行当前地图内的信息查询,并将查询结果窗口(模块 MHMapIdentify)自动弹出;当在TOA某图层上右键并选择图层属性时,会弹出图层配置主题对话框窗口(模块 MHMapDl-gProp);当在矢量图层的图层配置主题对话框窗口中对图层符号进行配置时,或直接按下TOA上矢量图标时,会弹出矢量图层符号配置对话框窗口(模块 MHMapDlgSymbol)。

最后当对话框关闭时,会直接关闭对应的虚拟主框架模块 MHMapFrm,并进而关闭该模块所生成的所有其他窗口(对应于 Water 版本中的不同模块)。

30.4.4 轻量级文档/视图版本:Fire

前面3部分介绍了基于对话框的二次开发模式。总结来说,基于对话框的二次开发模式的原理就是在对话框上新增加一个模块 MHMapView 的控件(在采用代码生成控件时指定该控件的大小与位置),该控件能够完成 GIS/RS 的地图数据显示、信息查询、选择等功能。这种集成方式比较简单,所有的功能调用入口均在控件 MHMapView 的对应指针上调用其公用型对外接口函数即可。

对于基于单文档/视图结构的二次开发模式则与上述方法有所不同。对于 Fire 及 Earth 版本的单文档/视图结构的二次开发来说,我们需要在 Visual Studio.NET 向导的基础上进行版本的二次开发与功能集成,其中Fire版本的界面如图30-4所示。

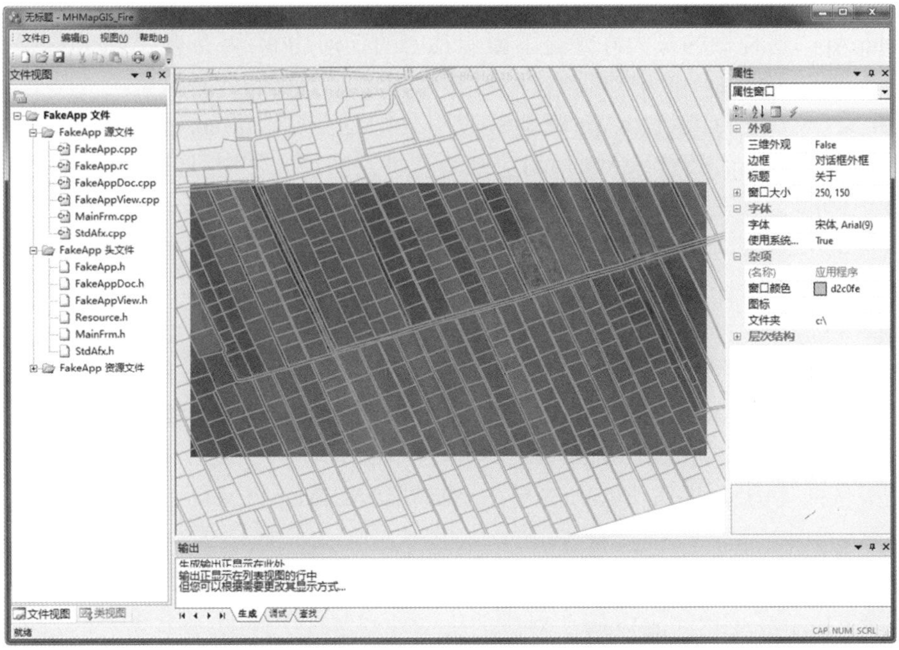

图30-4 Fire版本集成的单文件/视图界面

当需要二次开发出一个图30-4所示的单文档/视图结构的应用程序时,可采用以下几个步骤进行。

步骤1. 在Visual Studio .NET中应用新建项目向导建立一个基于单文档/视图结构的MFC应用程序,其他选项可根据用户需求进行选择,假设项目名称为MHMapGIS_Fire,完成后则向导会生成4个类及其对应的文件:主程序类CMHMapGIS_FireApp、主文档类CMHMapGIS_FireDoc、主视图类CMHMapGIS_FireView及主框架类CMainFrame。更改项目的字符集为"使用多字节字符集"(一般默认为Unicode,此时CString使用方法不同)。

步骤2. 在类CMHMapGIS_FireApp头文件"CMHMapGIS_Fire.h"的顶部增加对MH-MapGIS系列中针对APP模块MHMapApp的主体功能实现类CMHMapApp头文件的包含:

```
#include "MHMapApp.h"
#pragma comment(lib,"MHMapApp.lib")
```

这样在该类中就可以应用我们基类里面的信息及函数/重载了。向导中生成类CMH-MapGIS_FireApp的声明类似如下代码:

```
class CMHMapGIS_FireApp : public CWinAppEx
{
};
```

即该类基于类CWinAppEx,而参考第10章可知,模块MHMapApp主体功能实现类CMHMapApp的声明为:

```
class CMHMapApp: public CWinAppEx
{
};
```

　　因此实际上,我们在模块MHMapApp中已经增加了我们对部分功能/函数的重载,这里的类CMHMapGIS_FireApp可以直接继承我们模块MHMapApp的主体功能实现类CMHMapApp,这样做的最大好处是不影响其中的任何功能,因为类CWinAppEx中的所有功能在类CMHMapApp中均具有,而且其中还增加了我们针对该类的一些扩展性功能,这样类CMHMapGIS_FireApp就能够应用我们在类CMHMapApp中新增加的功能。因此,在类CMHMapGIS_FireApp所对应的头文件及实现文件中,进行查找/替换:将所有的CWinAppEx查找并替换为我们的类CMHMapApp。

　　步骤3. 类似地,在头文件"MHMapGIS_FireDoc.h"中增加模块MHMapDoc的头文件包含:

```
#include "MHMapDoc.h"
#pragma comment(lib,"MHMapDoc.lib")
```

　　在类CMHMapGIS_FireDoc所对应的头文件及实现文件中,查找所有的基类CDocument并替换为我们的类CMHMapDoc。

　　在头文件"MHMapGIS_FireView.h"中增加模块MHMapView的头文件包含:

```
#include "MHMapView.h"
#pragma comment(lib,"MHMapView.lib")
```

　　在类CMHMapGIS_FireView所对应的头文件及实现文件中,查找所有的基类CView并替换为我们的类CMHMapView。

　　在头文件"MainFrm.h"中增加模块MHMapFrm的头文件包含:

```
#include "MHMapFrm.h"
#pragma comment(lib,"MHMapFrm.lib")
```

　　在类CMainFrame所对应的头文件及实现文件中,查找所有的基类CFrameWndEx并替换为我们的类CMHMapFrm。

　　步骤4. 将视图类CMHMapGIS_FireView中的OnDraw()函数后部增加对其基类相应函数的调用,即增加下面代码中的最后一句:

```
void CMHMapGIS_FireView::OnDraw(CDC* pDC)
{
    CMHMapGIS_FireDoc* pDoc = GetDocument();
    ASSERT_VALID(pDoc);
    if (!pDoc)
        return;
    CMHMapView::OnDraw(pDC); //通过基类的OnDraw()函数实现前面第6章的地图绘图功能
}
```

　　步骤5. 恢复向导类函数的正常实现方式,即代码如下:

```
void CMHMapGIS_FireView::OnRButtonUp(UINT nFlags, CPoint point)
{
//  ClientToScreen(&point);    //注意:向导中会生成这行代码,需要注释掉
//  OnContextMenu(this, point);    //注意:向导中会生成这行代码,需要注释掉
    CMHMapView::OnRButtonUp(nFlags, point);
}
void CMHMapGIS_FireView::OnContextMenu(CWnd* /* pWnd */, CPoint point)
{
```

```
// #ifndef SHARED_HANDLERS//注意:向导中会生成这几行代码,需要都注释掉,不弹出对应的菜单
//   theApp.GetContextMenuManager()->ShowPopupMenu(IDR_POPUP_EDIT, point.x, point.y, this, TRUE);
// #endif
}
```

上述代码中包含了2个函数,其中注释掉的语句为向导自动生成的语句,功能为按下右键弹出对应ID为IDR_POPUP_EDIT的系统菜单,我们将其注释掉,并实现右键抬起菜单运行其基类的相应函数,此时再按下右键后就弹出我们已经实现的MHMapGIS右键菜单。

保证对应的引用头文件、Lib库及Dll库配置正确,编译并运行MHMapGIS_Fire单文件/视图结构的集成可执行文件,会弹出如图30-5所示的软件运行界面。

图30-5 集成后的Fire版本界面

图30-5中,仅有中间的视图部分来自MHMapGIS的控件MHMapView,其他部分包括菜单、左侧文件视图、下侧输出、右侧属性等可停靠窗口均为应用向导生成的窗口,用户可根据需要将其关闭或在这些窗口的基础上进行功能扩展。

类似于Water版本,这里集成了主框架及其生成的一系列窗口,因此在图30-5中还需要对其中的几个窗口进行激活,其中最为常用的就是TOA树视图窗口,其激活方法可以在菜单、工具栏或适当位置增加一项(如地图图层TOA,其ID号为ID_CHECK_TOA),再在主框架窗口类中对该功能进行实现,类似如下:

```
BEGIN_MESSAGE_MAP(CMainFrame, CMHMapFrm)
    ON_COMMAND(ID_CHECK_TOA, &CMainFrame::OnCheckToa)
    ON_UPDATE_COMMAND_UI(ID_CHECK_TOA, &CMainFrame::OnUpdateCheckToa)
END_MESSAGE_MAP()
```

上述消息映射为菜单项对应ID的点击事件及状态事件的实现函数,对应的代码为:

```
void CMainFrame::OnCheckToa()
{
    BOOL bV = !IsTOAPaneVisible();
    ShowTOAPane(bV);
}
```

上述代码中函数 IsTOAPaneVisible() 的功能是判断当前 TOA 可停靠窗口是否可见，函数 ShowTOAPane() 的功能是实现 TOA 窗口的显示/隐藏，对应地，在其 Update 函数中对其状态进行更新(对该菜单项或工具栏项是否进行复选)，代码如下：

```
void CMainFrame::OnUpdateCheckToa(CCmdUI *pCmdUI)
{
    pCmdUI->SetCheck(IsTOAPaneVisible());
}
```

其中，上述 2 个函数为定义在类 CMHMapFrm 中的 2 个函数，可被其子类进行调用，对应的声明原型为：

```
protected:
    void ShowTOAPane(BOOL bShow = TRUE); //切换 TOA 窗口的显示/隐藏
    BOOL IsTOAPaneVisible();//获取 TOA 窗口的显示/隐藏状态
```

增加了上述代码后再运行程序，实现了 TOA 窗口可见，而其他窗口，如属性表等，可以通过 TOA 对应的矢量图层上右键激活，而信息查询等窗口则会在选择对应工具并按下左键后自动弹出激活。注意：由于当前我们并没有进行工具切换的消息映射，因此当前只能通过 MHMapView 内置的快捷键或鼠标右键菜单进行工具的切换，其中内置的快捷键为键盘上的 1~=、<、>、4 个方向键等，具体意义可参见第 7 章。对应的运行界面如图 30-6 所示。

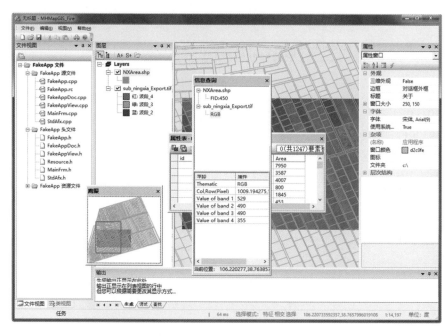

图 30-6 增加了 TOA、鹰眼、属性表、信息查询窗口的 Fire 界面

类似地,激活鹰眼窗口及其状态更新的代码分别为:

```
void CMainFrame::OnCheckOverview()
{
    BOOL bV = !IsOverviewPaneVisible();
    ShowOverviewPane(bV);
}
void CMainFrame::OnUpdateCheckOverview(CCmdUI *pCmdUI)
{
    pCmdUI->SetCheck(IsOverviewPaneVisible());
}
```

最后,比较图30-6同图13-1中的属性表可以发现,图30-6中的属性表较图13-1中的属性表缺少工具栏,同样地,图30-6中的TOA窗口上部也缺少工具栏,出现这一问题的主要原因如下:

在属性表生成模块具体功能实现类CMHMapAttrTableWnd的生成函数OnCreate()中,在生成属性表窗口后,再生成一个工具栏并嵌入到属性表窗口中,对应的代码片段如下:

```
m_bCreateToolBarSucceed = m_wndToolBarAttrTable.LoadToolBar(IDR_TOOLBAR_ATTRTABLE, 0, 0, TRUE);
if (m_bCreateToolBarSucceed)
{
    //工具栏成功后,计算位置与高度并进行调整,其他代码略
    m_wndToolBarAttrTable.SetRouteCommandsViaFrame(FALSE); //所有命令将通过此控件路由
}
```

上述代码中第一句的功能是加载ID为IDR_TOOLBAR_ATTRTABLE的工具栏,这里需要注意,这里加载的资源需要从可执行文件主程序的资源中加载,即本示例中的C++向导生成的MHMapGIS_Fire中,但我们在上述步骤中并未增加这个资源,因此上述代码中装载该工具栏的过程失败。

解决这一问题的方法就是在主应用程序中增加一个ID为IDR_TOOLBAR_ATTRT-ABLE的工具栏,同时,由于装载的机制中该ID实际上是通过资源文件定义所对应的UINT资源,因此在主程序中所对应的资源头文件中(即resource.h中)同样需要将其定义为对应的UINT型ID,即:

```
#define IDR_TOOLBAR_ATTRTABLE        4001
```

同时,该资源还需要有一系列在模块MHMapAttrTable中已经实现的ID工具栏按钮,因此建议直接将我们示例中的对应资源复制到新的主程序资源,即MHMapGIS_Fire中。

至此,从软件界面的角度来看我们已经基本完成了Fire版本的二次开发,进一步的功能调用包括软件中的菜单项和工具栏项功能的调用与实现,这些功能的二次开发与接口调用过程主要是参考几个类的头文件所暴露的接口,包括公用(public)类型的接口及保护类型(protected,仅能够被其子类所调用)的接口。

其中,比较常用的一些调用函数的接口及其功能解释如下:

```
afx_msg void OnDropFiles(HDROP hDropInfo);//当基于对话框程序需要允许控件拖拽文件时,调用此函数
```

virtual *BOOL* PreTranslateMessage(*MSG** pMsg);//里面定义了快捷键,如果需要修改可重载此函数

void ClearSelectedFeaturesAndUpdateView();//清除矢量选择集并更新视图

BOOL HasSelectedFeatures();//返回图层内是否有选择的特征

int GetSelectedFeaturesCount(MSLayerObj* pLayer);//获取某一图层内的选中要素个数

MSLayerObj* AddFile(*string* sFile, MSLayerObj* pParentLayer = NULL, MSPyramidType ePyramidType = WithOption);//当前地图中增加一个图层,返回文件对应的图层指针

vector<MSLayerObj* > AddFiles(*vector*<*string*> sFiles, MSLayerObj* pParentLayer = NULL, MSPyramidType ePyramidType = WithOption);//当前地图中增加一批图层,返回文件对应的图层指针容器

void RemoveAllLayers();//删除当前地图中的所有图层

void RemoveRootLayer(int nIndex, *BOOL* bReleaseMemory = TRUE);//删除某个根目录图层

void RemoveLayer(*string* sLayerIndex, *BOOL* bReleaseMemory = TRUE);//删除某图层

void RemoveLayer(MSLayerObj* pLayer, *BOOL* bReleaseMemory = TRUE);//删除某图层

MSMapObj* GetMSMapObj();//获取地图指针

//下面3个函数用于当仅有对话框时,不产生MHMapFrm时,将View连接相应的控件

void SetMHMapTOAWndPtr(void* pMHMapTOAWnd);//外部生成的TOA窗口时需要主动链接到视图中

void SetMHMapOverviewPtr(void* pMHMapOverviewCtrl);//外部生成的鹰眼窗口时需要主动链接到视图中

void SetMHMapAttrTablePtr(void* pMHMapAttrTableCtrl);//外部生成的属性表窗口时需要主动链接到视图中

//视图操作相关的函数

void SelectTool_Pan();//地图移动 工具

void SelectTool_ZoomIn();//地图放大 工具

void SelectTool_ZoomOut();//地图缩小 工具

void SelectTool_SelectByRect();//地图矢量选择 工具

void SelectTool_SelectByCircle();//地图圆选择 工具

void SelectTool_SelectByPolygon();//地图多边形选择 工具

void SelectTool_SelectByLine();//地图线选择 工具

void SelectTool_IdentifyByRect();//地图信息查询 工具

void SelectTool_PanAsCenter();//缩放至中心 工具

void SelectTool_Null();//无(指针) 工具

void SelectTool_Swipe();//地图卷帘 工具

void ClearSelectedFeatures();//清除所有选中要素

void ZoomToWholeMapExtent();//全图 工具

void ShowPreView();//前一视图 工具

void ShowNextView();//后一视图 工具

void RefreshView();//地图刷新 工具

BOOL CanShowPreView();//返回是否可以显示前一视图

BOOL CanShowNextView();//返回是否可以显示后一视图

BOOL CanSwipe();//返回是否可以卷帘

BOOL IsTool_ZoomIn();//当前是否为 放大 工具

BOOL IsTool_ZoomOut();//当前是否为 缩小 工具

BOOL IsTool_Pan();//当前是否为 平移 工具

BOOL IsTool_PanAsCenter();//当前是否为 平移至中心 工具

BOOL IsTool_SelectByRect();//当前是否为 矩形选择 工具

BOOL IsTool_SelectByLine();//当前是否为 线选 工具

BOOL IsTool_SelectByPolygon();//当前是否为 多边形选择 工具

BOOL IsTool_SelectByCircle();//当前是否为 圆选 工具

BOOL IsTool_Identify();//当前是否为 信息查询 工具

BOOL IsTool_Null();//当前是否为 无(未选) 工具

BOOL IsTool_Swipe();//当前是否为 卷帘 工具

void SetPermitRButtonMenu(bool bPermit = true);//允许视图右键弹出菜单

void SetPermitDropFiles(bool bPermit = true);//允许视图拖拽进文件

void SetPermitMouseWheel(bool bPermit = true);//允许视图采用鼠标滚轮进行缩放

void SetPermitHideLayerByLRBtnDown(bool bPermit = true);//允许视图同时按下左右键或按下H键隐藏设定的图层

void SetPermitKeyDownMsg(bool bPermit = true);//允许视图使用快捷键

void SetPermitShowEnvelop(bool bPermit = true);//允许视图中显示当前选中图层的外接矩形

void SetPermitTOAOpr(bool bPermit = true);//允许视图TOA视图操作,如切换显示,调整顺序等

void SetPermitOverviewOpr(bool bPermit = true);//允许鹰眼视图操作

BOOL GetPermitRButtonMenu(){ return m_bPermitRButtonMenu; }//是否允许视图右键弹出菜单

BOOL GetPermitDropFiles(){ return m_bPermitDropFiles; }//是否允许视图拖拽进文件

BOOL GetPermitMouseWheel(){ return m_bPermitMouseWheel; }//是否允许视图采用鼠标滚轮进行缩放

BOOL GetPermitHideLayerByLRBtnDown(){ return m_bPermitHideLayerByLRBtnDown; }//是否允许隐藏图层

BOOL GetPermitKeyDownMsg(){ return m_bPermitKeyDownMsg; }//是否允许视图使用快捷键

BOOL GetPermitShowEnvelop(){ return m_bPermitShowEnvelop; }//是否允许视图中显示当前选中图层的外接矩形

BOOL GetPermitTOAOpr(){ return m_bPermitTOAOpr; }//是否允许视图TOA视图操作,如切换显示,调整顺序等

BOOL GetPermitOverviewOpr(){ return m_bPermitOverviewOpr; }//是否允许鹰眼视图操作

String GetSwipeLayerNames();//获取可用于卷帘的图层名称,以分号分隔

String GetSwipeLayerName();//获取卷帘作用的图层名称

void SetSwipeLayerName(*string* sLayerName);//设置卷帘作用的图层名称

string GetFlickerParams();   //获取Flicker参数

void SetFlickerInterval(*string* sIntervalMS);//设置Flicker时间间隔

void PanToAsCenter(double dGeoX, double dGeoY);//平移到某坐标为中心

void ZoomToExtent(MSEnvelopObj* pExt);//缩放到某矩形区域

void ZoomToExtent(double dLUX, double dLUY, double dRBX, double dRBY);//缩放到某矩形区域

void IdentifyByFID(MSLayerObj* pLayer, int nFID);//对某图层的某FID进行信息查询并闪烁

void IdentifyByAttributeValue(*string* sLayerName, *string* sAttr, *string* sValue);//信息查询并闪烁

bool GetExtentByAttributeValue(*string* sLayerName, *string* sAttr, *string* sValue, double& dLUX, double& dLUY, double& dRBX, double& dRBY);//获取其外接矩形信息

void OpenAttributeTable(int nIndex);//打开根上某图层属性表

void SetSelectionMode(MSSelectionType mode);//设置要素选择模式

MSSelectionType   GetSelectionMode() const;//获取要素选择模式

void SetSelectionPenColor(int RValue = 255, int GValue = 0, int BValue = 255);//设置选择时的画笔颜色

void GetSelectionPenColor(int& RValue, int& GValue, int& BValue);//获取选择时的画笔颜色

void SetSelectedFeatureColor(int RValue = 0, int GValue = 255, int BValue = 255);//设置选择时的画笔颜色

void GetSelectedFeatureColor(int& RValue, int& GValue, int& BValue);//获取选择时的画笔颜色

void SetSelectedFeatureHighLightColor(int RValue = 255, int GValue = 255, int BValue = 0);//设置选择高亮色

void GetSelectedFeatureHighLightColor(int& RValue, int& GValue, int& BValue);//获取选择时的高亮颜色

void SetEditColor(int RValue = 0, int GValue = 0, int BValue = 255);//设置编辑颜色

void GetEditColor(int& RValue, int& GValue, int& BValue);//获取编辑颜色

void SetBackGroundColor(int RValue = 255, int GValue = 255, int BValue = 255);//设置视图背景颜色

void GetBackGroundColor(int& RValue, int& GValue, int& BValue);//获取视图背景颜色

void UpdateMHMapFrm();//更新主框架(及其下属子窗口)

void UpdateMHMapTOA();//更新TOA

double GetCurScale();//获取当前地图比例尺

void GetViewExtent(double& dLUX, double& dLUY, double& dRBX, double& dRBY);//获取视图范围

int GetSelectedFeaturesExtent(MSLayerObj* pLayer, MSEnvelopObj& env);//获取选择要素的范围

int GetHighLightedFeaturesExtent(MSLayerObj* pLayer, MSEnvelopObj& env);//获取高亮要素的范围

int GetFeatureExtent(MSLayerObj* pLayer, int nFID, MSEnvelopObj& env);//获取某要素的范围

```
void SetDefaultRenderMethod();//弹出对话框并设定默认的渲染方式
virtual void    ShowRegisterDialog();//显示控件注册信息对话框
void ShowOverviewPane();//显示鹰眼 Pane
void ShowTOAPane();//显示TOA Pane
void ShowToolsPane();//显示算法工具箱 Pane
void ShowSDBTOAPane();//显示SDB Pane
BOOL CanSpatialQuery();//是否可以空间查询
BOOL CanAttributeQuery();//是否可以属性查询
void DoQueryBySpatial();//空间查询
void DoQueryByAttribute();//属性查询
```

上述列举出了 Fire 版本二次开发过程中可能用到的功能函数,根据其函数名及后部的解释就基本能够知道该函数的功能,这里对各函数的功能描述不再赘述。

30.4.5　重量级文档/视图版本:Earth

Earth 同样也是基于单文档/视图结构的版本,相对于 Fire 版本来说,Earth 版本增加了矢量数据的交互式编辑功能,能够实现常规的矢量数据要素的多种编辑操作,包括矢量要素的精准选择、要素移动、要素复制、要素粘贴、要素属性格式刷、要素合并、要素切割、要素整形、要素旋转、要素删除、生成新要素、要素修剪、复杂要素变为简单要素、面状要素挖洞、面状要素切岛、面状要素补洞、面状要素批量补洞、要素节点编辑等。其中在编辑过程中还可能涉及一些选项:如是否允许要素移动、是否保持拓扑、是否允许吸附、要素合并后是否弹出对话框进行属性选择等。矢量编辑过程同时提供撤销与恢复功能。

另外,相对于 Fire 版本来说,Earth 版本增加了算法工具箱并加载外部算法工具的功能,能够通过第 24 章的算法工具箱及工具注册的方式将工具集成至 MHMapGIS,并形成可被调用的外部相对独立的算法工具模块。

从外部调用的功能函数接口角度来看,Earth 版本增加了一些可被外部调用的函数接口,其调用列表与功能简单描述如下:

```
void StopEditLayer();//停止编辑
void SelectTool_MergeFeatures();        //画线,求交,合并    Ctrl + Shift + M    同层内多个
void SelectTool_UnionFeatures();        //画线,求交,合并    Ctrl + Shift + U    可以跨层
void SelectTool_CutFeature();           //画线,交点,生成    Ctrl + Shift + T
void SelectTool_ReShapeFeature();       //画线,交点,合成    Ctrl + Shift + E
void SelectTool_OnKeyDelete();          //选择,删除         Ctrl + Shift + Del
void SelectTool_DeleteFeatures();       //选择,删除         Ctrl + Shift + Del
void SelectTool_SelectAndMoveFeatures();//选择,移动,生成    Ctrl + Shift + V
void SelectTool_RotateFeatures();       //设定点,旋转   Ctrl + Shift + R
void SelectTool_CreatePointFeature();   //生成(Point)      Ctrl + Shift + C + P
void SelectTool_CreateLineFeature();    //生成(Line)       Ctrl + Shift + C + L
void SelectTool_CreatePolygonFeature(); //生成(Polygon) Ctrl + Shift + C
void SelectTool_CreateRectangleFeature();//生成(Rectangle)   Ctrl + Shift + C + R
void SelectTool_ClipFeatures();         //修剪              Ctrl + Shift + P(用选择的一个修剪其他的)
void SelectTool_ConvertToSimpleFeatures();//变成简单要素 Ctrl + Shift + F
void SelectTool_AddIsland();            //增加内岛
void SelectTool_DeleteIsland();         //删除内岛
```

```
void SelectTool_SplitIsland();              //切割内岛
void SelectTool_DeleteIslandBatch();        //批量删除内岛
void SelectTool_AttrPainter();              //属性格式刷
void SelectTool_EditSketch();
void SaveEdit();                            //保存              Ctrl + Shift + S
void QuitEdit();                            //放弃              Ctrl + Shift + Q
void OnUnDoEdit();                          //撤销              Ctrl + Z
void OnReDoEdit();                          //重做              Ctrl + Y
void OnCopyFeatures();                      //复制              Ctrl + C
void OnPasteFeatures();                     //粘贴              Ctrl + V
void GenLayerCorrelation();                 //生成关联图层       Ctrl + L + C
void DelLayerCorrelation();                 //删除关联图层       Ctrl + L + D
void CreateNewVectorLayer();                //生成新矢量图层     Ctrl + F + N
void SplitFeatureBySrcImgName();            //拆分面图层
BOOL CanEditSelectAndMove();//返回是否可以选择并移动要素
BOOL CanEditPaste();        //返回是否可以粘贴要素
BOOL CanEditCopy();         //返回是否可以复制要素
BOOL CanEditMerge();        //返回是否可以合并要素
BOOL CanEditUnion();        //返回是否可以合并要素
BOOL CanEditCut();          //返回是否可以切割要素
BOOL CanEditReshape();      //返回是否可以整形要素
BOOL CanEditRotate();       //返回是否可以旋转要素
BOOL CanEditRemove();       //返回是否可以删除要素
BOOL CanEditSave();         //返回是否可以保存编辑过程
BOOL CanEditQuit();         //返回是否可以放弃编辑过程
BOOL CanEditUnDo();         //返回是否可以撤销编辑
BOOL CanEditReDo();         //返回是否可以重做编辑
BOOL CanEditCreatePoint();  //返回是否可以生成点要素
BOOL CanEditCreateLine();   //返回是否可以生成线要素
BOOL CanEditCreatePolygon();//返回是否可以生成多边形要素
BOOL CanEditCreateRect();   //返回是否可以生成矩形要素(按下Shift为水平/垂直线)
BOOL CanEditClipFeature();              //返回是否可以剪切要素
BOOL CanEditCreateNewPointLayer();      //返回是否可以生成点图层
BOOL CanEditCreateNewLineLayer();       //返回是否可以生成线图层
BOOL CanEditCreateNewPolygonLayer();    //返回是否可以生成多边形图层
BOOL CanEditLayerCorrelation();         //返回是否可以图层关联
BOOL CanEditConvertToSimpleFeatures();  //返回是否可以转为简单要素
BOOL CanEditAddIsland();                //返回是否可以在要素上增加岛
BOOL CanEditSplitIsland();              //返回是否可以切分内岛
BOOL CanEditDeleteIsland();             //返回是否可以删除内岛
BOOL CanEditDeleteIslandBatch();        //返回是否可以批量删除内岛
BOOL CanEditAttrPainter();              //返回是否可以进行属性格式刷
BOOL CanCreateNewVectorLayer();         //返回是否可以生成新的矢量图层
BOOL CanShowEditSketchInfo();           //返回是否可以显示节点编辑信息
BOOL CanDeleteLayerCor(MSLayerObj* pLayer = NULL);//返回是否可以删除图层关联
BOOL CanImageMosaic();                  //返回是否可以影像拼接
BOOL CanBatchImageMosaic();             //返回是否可以批量影像拼接
BOOL CanImgTileGen();                   //返回是否可以生成瓦片
BOOL CanGenOverlayPolygon();            //返回是否可以生成对应多边形
```

```
BOOL CanSplitFeatureBySrcImgName();        //返回是否可以影像切分(掩膜)
BOOL IsTool_EditSelectAndMove();           //当前是否为 选择与移动 工具
BOOL IsTool_EditCut();                      //当前是否为 要素切割 工具
BOOL IsTool_EditReshape();                  //当前是否为 整形 工具
BOOL IsTool_EditRotate();                   //当前是否为 旋转 工具
BOOL IsTool_EditCreatePoint();             //当前是否为 生成点 工具
BOOL IsTool_EditCreateLine();              //当前是否为 生成线 工具
BOOL IsTool_EditCreatePolygon();           //当前是否为 生成多边形 工具
BOOL IsTool_EditCreateRectangle();         //当前是否为 生成矩形 工具
BOOL IsTool_EditAddIsland();               //当前是否为 加岛 工具
BOOL IsTool_EditDeleteIsland();            //当前是否为 删岛 工具
BOOL IsTool_EditSplitIsland();             //当前是否为 切岛 工具
BOOL IsTool_EditAttrPainter();             //当前是否为 属性格式刷 工具
BOOL IsTool_EditSketch();                  //当前是否为 放大 工具
BOOL IsKeepTopology();                     //当前是否保持拓扑
void SetKeepTopology(BOOL bKeep = TRUE);//保持拓扑
BOOL GetPermitEditLayer(){ return m_bPermitEditLayer; }   //是否允许视图矢量编辑
BOOL GetPermitAbsorption(){ return m_bPermitAbsorption; }//是否允许视图编辑过程中吸附
BOOL GetPermitEditMove(){ return m_bPermitEditMove; }     //是否允许视图中对要素进行移动
BOOL GetPermitPopupAttrSelDlg(){ return m_bPermitPopupAttrSelDlg; }//是否允许要素合并时弹出属性选
择框
void ImageOverlay();                       //影像合成功能
void BatchImageOverlay();                  //影像批量合成功能
void ImageTileGen();                       //影像瓦片生成
```

　　从二次开发与集成的角度来看,Earth版本的集成方式与Fire版本的集成方式基本类似,可以参照30.4.4中同样的方式与步骤实现其集成,唯一不同的就是增加了矢量编辑与算法工具。其中,矢量编辑可以在界面上增加菜单项或工具栏,再调用上述某个具体的功能函数接口(如2个要素合并调用接口SelectTool_MergeFeatures())实现。

　　对于激活算法工具箱窗口,同样类似于激活TOA的方式,代码如下:

```
void CMainFrame::OnCheckTools()
{
    BOOL bV = !IsToolsPaneVisible();
    ShowToolsPane(bV);
}
void CMainFrame::OnUpdateCheckTools(CCmdUI *pCmdUI)
{
    pCmdUI->SetCheck(IsToolsPaneVisible());
}
```

　　至此,已经完成了Earth版本的集成工作,对应的集成界面如图30-7所示。

　　由于当前并未增加编辑的消息映射与菜单或工具栏响应,所以当前我们只能通过编辑过程中的快捷键激活对应的功能。如图30-7所示,当在视图中按下快捷键"V"或"Ctrl+Shift+V"(编辑中的选择并移动功能)后,就可以在视图上选择一个要素,再按下快捷键"K"或"Ctrl+Shift+K"(编辑中的节点编辑)时,就会自动弹出图中的节点信息可停靠窗口,并且通过鼠标能够实现节点的编辑工作,其他编辑功能的激活方式类似。

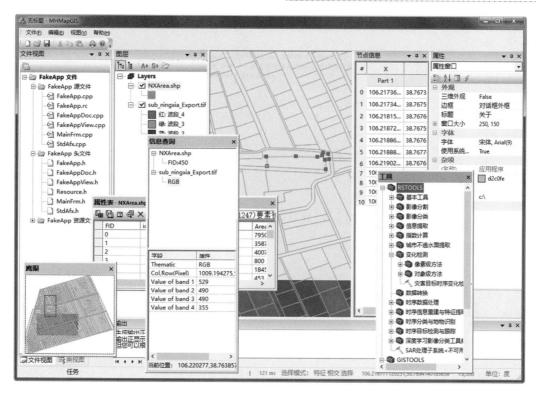

图30-7 集成后的 Earth 版本界面（展现了矢量编辑及工具箱）

30.5 小 结

本章对 MHMapGIS 的 5 个版本：Metal、Wood、Water、Fire 和 Earth 进行了版本定义，并对其模块组成、集成方式与原理等进行了介绍。接着，本章从用户二次开发的角度对应用 MHMapGIS 的相关模块组建了 5 个版本，对其中的具体过程进行了详细介绍，二次开发者可根据实际需要选择不同的版本与功能函数进行功能组装以完成不同的功能。

本章仅介绍了不同版本的前期集成模式，对于后期的菜单项、工具栏、Ribbon 格式菜单等均未进行介绍，这部分的功能调用方式比较简单，用户可以参考本章介绍的各导出功能调用接口的解释，并根据需求进行调用即可，也可以参考随本书一同发布的程序实例代码。

第 31 章

MHMapGIS 源代码说明及编译方法

随本书一同发布的还有对应的 C++代码,所有代码在 Visual Studio.NET 2010 或以上版本(2013 或 2015)上编译测试通过。由于 MHMapGIS 底层涉及大量模块,进而还根据需求划分为不同版本(第 30 章介绍的 5 个版本),因此我们在源码发布时,采用"一套源码、不同版本"的策略。也就是说,随本书发布的代码仍为一套,里面根据不同的版本模式配置成不同的工程文件,每一个工程文件(.sln 文件)对应了一个版本,分别为 MH370_Metal.sln、MH370_Wood.sln、MH370_Water.sln、MH370_Fire.sln 和 MH370_Earth.sln,位于发布代码的根目录下。

为方便广大读者用户编译对应的源码并减少不必要的配置工作,随代码还一同发布了 GDAL 头文件、库文件及对应的动态链接库,发布的版本为 2.02 版本,如果需要应用该库的更新版本功能,可采用新的 GDAL 库替代发布的版本。

以下将对发布的源码进行介绍。

31.1　发布的源码说明

随本书发布的所有源代码(及其更新、说明、示例等)均在笔者博客上进行说明,地址为 http://blog.sina.com.cn/radishenzhanfeng。下面先对发布的源码进行介绍。

发布代码的文件夹为 MHMapGIS,其下面的文件及文件夹如图 31-1 所示。其中,左图所示的目标结构中,bin 文件夹的作用是示例程序生成的位置,该文件夹下有一系列文件夹:其中 include 是用于二次开发的一系列头文件,主要包括二次开发过程中可能需要包含的各主要模块的头文件,以及一系列 MHMapDef 中重要的数据结构头文件;Win32 与 x64 分别为编译 32 位可执行程序与 64 位可执行程序的结果,两者的子文件夹结构完全相同,以 x64 为例,其下属子文件夹包括 Debug 与 Release,分别为不同配置的生成结果,其下面的 lib 文件夹为用户生成或需要链接的库位置。对应的文件夹结构如图 31-1 右图所示。

Data 文件夹是随发布程序带的测试数据,包括矢量数据(shp 格式)及一个较小的栅格数据(tiff 格式)。

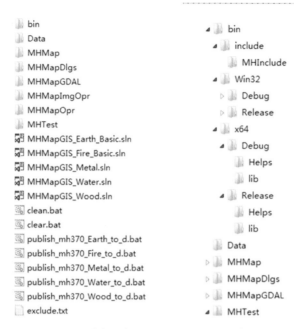

图31-1 随书发布的 **MHMapGIS** 目录结构

MHMap 文件夹下主要包括几个基础性模块：MHMapDef、MHMapRender 与 MHMa-pLayout，以及一个 include 文件夹，里面存储了可能被其他模块引用的一些头文件，并分别采用文件夹方式进行头文件组织。其中 gdal 文件夹负责存储整个 MHMapGIS 的 GDAL 库的头文件，以及其他一些可能需要包含库的头文件夹，如 geos、gsl、pugixml 等。

MHMapDlgs 文件夹下主要包括对话框模块，以及一个 include 文件夹，其中的头文件为各对话框模块中可能被外部调用的头文件（命名均为 MHMapDlg***Show.h）。

MHMapDataOpr 文件夹包含了 MHMapGDAL 及 MHMapEdit 共2个模块，以及对应的 include 文件夹（同样用于存储这2个模块可能被外部调用的头文件）。

MHMapTest 文件夹包含了可能进行二次开发的一些可执行文件，它们是在 MFC 向导的基础上应用本书的各模块形成的不同 MHMapGIS 版本。

图31-1所示的 MHMapGIS 文件夹下，有5个 sln 文件，分别对应着5个版本的解决方案文件（或称为工程文件），可采用 Visual Studio.NET 2010/2013/2015 等版本打开。本书中所有编译版本采用 Visual Studio.NET C++ 2010 版本。另外，还有几个批处理文件，其功能是快速实现 MHMapGIS 的清除、清理以及发布等，具体内容可参见对应的文件。

打开示例代码中的某个工程文件（即 sln 文件），即可发现对应于一个工程文件下属的一系列项目，各版本的解决方案工程及其内部的 C++ 项目构成如图31-2所示。

图31-2示意了5个不同版本的解决方案文件所包括的项目。图31-2中，除项目 MH-MapGIS 或 MHMapTest9 为一个可执行文件外，其他每一个 C++ 项目均对应并最终链接生成一个动态链接库，并对应着前面介绍的模块。由于我们希望采用解决方案文件进行项目组织并实现"一套代码，不同版本"的需求，因此每个 C++ 项目的编译、链接属性配置均采用相对目录结构进行配置，并采用一些宏进行辅助工程，如项目 C++ 附加库包含目录中大量应用了宏$(ProjectDir)等，具体意义可查找 Visual Studio.NET C++ 的相关帮助。

图31-2 各个不同版本的解决方案内部C++项目构成图

MHMapGIS中每一个C++项目均是由类及类导出(通过语句__declspec(dllexport)实现)的形式存在。由于需要类的功能导出,因此一般将类内变量设置成为私有(private)或保护(protected)类型,以防止外部更改,对于允许外部更改的变量,一般采用函数调用的方式。

31.2 预定义与版本

在第30章已经简要介绍了代码中大量的预定义,并通过这些预定义实现MHMapGIS不同版本的编译过程,这里再简要介绍一下文件MHPreDef.h的作用。

文件MHPreDef.h不隶属于任何一个C++项目,是一个专门为区分不同MHMapGIS版本而设立的一个头文件,被5个版本中需要根据预定义进行判断的文件引用。文件的作用为设置当前编译的MHMapGIS版本,同时对各版本需要链接的文件进行了预定义,其中前5行代码为:

```
// #define _SZF_DEFINE_MHMapGIS_METAL_          //最简单的对话框,显示
// #define _SZF_DEFINE_MHMapGIS_WOOD_           //次简单的对话框,增加TOA树+鹰眼+属性表
// #define _SZF_DEFINE_MHMapGIS_WATER_          //最复杂的对话框,增加图层属性+符号选择+属性对话框
// #define _SZF_DEFINE_MHMapGIS_FIRE_BASIC_     //较简单的文档/视图,增加文档管理+主框架
#define _SZF_DEFINE_MHMapGIS_EARTH_BASIC_       //最复杂的文档/视图,增加矢量编辑功能,算法工具箱
```

这5行代码实际上定义了当前程序的编译版本,程序仅有一行有效,其他行需要注释掉,编译后的版本即为对应的版本。该文件后面对上述5个预定义变量进行了进一步解释,说明了哪些预定义变量内部需要预定义哪些变量,并进而影响不同模块的编译结果。

同样地,用户可以在此基础上进行进一步的版本扩展,也可以在这5个版本的基础上进行适当的功能扩展并进行某些模块是否链接的定制,从而完成不同的需求。以上的预定义在文件编译与链接中具体的作用将在31.3中进行介绍。

31.3　源码编译方法与顺序

当一个解决方案中含有较多的C++项目时,Visual Studio中允许设置不同项目之间的"依赖关系",以及决定不同项目之间的编译顺序,以此实现并行编译中减少编译次数。但由前文介绍可知,MHMapGIS中最重要的几个模块:MHMapFrm、MHMapView、MHMapDoc等通过一系列预定义实现了相互包含,进而形成了"相互依赖"关系,因此针对不同的版本或编译情况,发布代码并未设置项目之间的依赖关系,因此在用户首次编译时,可能需要多编译几次,但并不影响最终的编译成功。

另外,当需要编译较为复杂的版本时,如前文介绍的Water、Fire或Earth版本,由于各C++项目中存在相互依赖的关系,因此很有可能在首次编译时编译不通过。例如,对于Fire或Earth版本来说,首先在文件MHPreDef.h中定义了该版本的预定义:

```
#define _SZF_LINKER_MHMAPVIEW_IN_MHMAPDOC_
#define _SZF_LINKER_MHMAPDOC_IN_MHMAPVIEW_
```

上述代码中,第一行(#define _SZF_LINKER_MHMAPVIEW_IN_MHMAPDOC_)允许在MHMapDoc模块中链接模块MHMapView,其目的是在MHMapDoc中通过模块MHMapView进行主视图更新。例如,对于模块MHMapDoc的类CMHMapDoc中的函数OnNewDocument()或OnOpenDocument(),当新建或打开文件时,需要对模块MHMapView所对应的主视图进行视图更新,对应的代码类似如下:

```
#ifdef _SZF_LINKER_MHMAPVIEW_IN_MHMAPDOC_ //根据预定义,包含对应的头文件及LIB库
  #include "MHMapView.h"
  #pragma comment(lib,"MHMapView.lib")
#endif
BOOL CMHMapDoc::OnNewDocument()
{
#ifdef _SZF_LINKER_MHMAPVIEW_IN_MHMAPDOC_ //根据预定义,调用MHMapView的相关功能
    CMHMapView *pMHMapView = (CMHMapView*)GetMHMapView();
    pMHMapView->OnNewDocument();
#endif
    return TRUE;
}
BOOL CMHMapDoc::OnOpenDocument(LPCTSTR lpszPathName)
{
    CMHMapProject ms_project;
    ms_project.load_projectfile(lpszPathName, m_pMapObj);
#ifdef _SZF_LINKER_MHMAPVIEW_IN_MHMAPDOC_ //根据预定义,调用MHMapView的相关功能
    if (pMHMapView)
```

```
                pMHMapView->ZoomToExtent(m_pMapObj->GetEnvelopObj_CurrentView());
#endif
    return TRUE;
}
```

前文代码中,第二行(#define _SZF_LINKER_MHMAPDOC_IN_MHMAPVIEW_)允许在MHMapView模块中再调用模块MHMapDoc,与上一行正好相反,其目的是在模块MHMapView中调用文档类并进行文档存取、更新等操作,例如代码:

```
#ifdef _SZF_LINKER_MHMAPDOC_IN_MHMAPVIEW_ //根据预定义,包含对应的头文件及LIB库
  #include "MHMapDoc.h"
  #pragma comment(lib,"MHMapDoc.lib")
#endif
void      CMHMapView::PushBackMapExtentToHistory()
{
#ifdef _SZF_LINKER_MHMAPDOC_IN_MHMAPVIEW_ //允许调用模块MHMapDoc的函数,置对应的文档为"已修改"
    CMHMapDoc* pMHMapDoc = (CMHMapDoc*)m_pMHMapDoc;
    if (pMHMapDoc && m_viewExtentHistory.size() > 0)
        pMHMapDoc->SetModifiedFlag();
#endif
}
void      CMHMapView::OnDropFiles(HDROP hDropInfo) //主视图模块中拖拽进文件的处理函数
{
    UINT nFilesNum = ::DragQueryFile(hDropInfo,0xffffffff,0,0);
    vector<string> sFiles; //用于存储拖拽进来的文件容器
    for (UINT i=0;i<nFilesNum;i++)
    {
        if (nFilesNum > 0)
        {
            char szFiles[MAX_PATH+1];
            ::DragQueryFile(hDropInfo,i,szFiles,sizeof(szFiles));
            sFiles.push_back(string(szFiles));
        }
    }
    bool bHaveLoad = false;
    for (int i = 0; i < sFiles.size(); i++)//遍历所有文件
    {
        int nFind = sFiles[i].rfind('.');
        if (nFind != string::npos)
        {
            string sExt = sFiles[i].substr(nFind + 1);
            CString strExt = CString(sExt.c_str()).MakeUpper();
            if (strExt == "MHS")//如果文件的扩展名为MHS,则调用文档类对其进行打开
            {
#ifdef _SZF_LINKER_MHMAPDOC_IN_MHMAPVIEW_
                CMHMapDoc* pMHMapDoc = (CMHMapDoc*)m_pMHMapDoc;
                pMHMapDoc->OnNewDocument();
                pMHMapDoc->OnOpenDocument(sFiles[i].c_str());
#endif
            }
```

```
        }
    }
    CMHMapViewBase::OnDropFiles(hDropInfo);
}
```

上述代码中,主视图需要调用模块MHMapDoc的类CMHMapDoc中的函数SetModi-fiedFlag()将当前文档状态设置为"已更改",此后,当关闭文档时,MFC会自动弹出如图31-3所示的对话框。

图31-3　文档更改后关闭文档时弹出的文档保存对话框

同样,当有文件拖拽进MHMapView控件上时,对应的主视图上的函数会判断拖拽文件的类型,如果文件为MHS文件,则需要调用主文档模块的对应函数将文件进行打开。

实际上,模块MHMapFrm同模块MHMapView中也同样存在"互包含/引用"的关系,只是大多数时候我们选择Windows消息机制(函数SendMessage())对这种情况进行避免,可参见图7-10中针对模块MHMapFrm同模块MHMapView之间的调用方法。

针对这种相互依赖、相互包含的情况,直接进行编译是编译通不过的,此时,我们应用了增量编译技术来解决这一问题。增量编译技术是在源程序已经完成第一次编译的基础上再次编译时采取的一种增量性编译技术。增量编译技术可以减少源程序再次编译的时间,这对于源程序只作了微小的改动,而要求再次编译时是非常有利的,它不仅可以提高软件开发的效率,还可以提高软件测试人员的效率。目前,增量技术已经广泛运用于许多商用的集成开发环境当中。要实现增量编译技术,当然就需要对源程序第一次编译的结果进行有选择的保存,当对源程序再次编译时,可以在第一次编译的基础上进行增量计算,以实现增量编译。

增量编译对用户源程序局部修改后进行的重新编译工作只限于修改的部分及相关部分的内容。相关部分的确定由系统完成,对用户是透明的。增量编译器的这种局部编译,对软件开发,尤其是在调试期,无疑会大大缩短编译时间,提高编译效率。而我们正是利用这一点实现对应模块增量编译的,实现方法如下。

在首次编译时,对文件MHPreDef.h中用于定义版本的最前面5行进行全部注释,也就是说,此时编译的结果将不是任何版本(尽管实际上就是Metal版本,这是因为Metal版本是最简单的版本,不需要链接任何额外的库)。再回过头来看这些预定义所对应的CPP文件,当这些预定义均被注释掉时,很多语句将被排除在编译之外,也就是说,当注释掉前文的2个语句时,模块MHMapDoc的编译将不再需要模块MHMapView的支持,也不需要包含其中的头文件"MHMapView.h";同样地,模块MHMapView的编译将不再需要模块MHMapDoc的支持,也不需要包含其中的头文件"MHMapDoc.h"。在这种情况下,2个模块之间"彼此无关",而其他类似的模块或程序也一样,因此所有C++项目均能够顺利编译,此时需要将所选定解决方案中的所有C++项目编译成功。

在此基础上,根据选定的MHMapGIS版本,再重新将文件MHPreDef.h中用于定义版本的最前面5行中对应的版本语句变成非注释状态,其他语句保留注释掉状态,再对所有的C++项目进行编译(注意,此时是增加编译,不要"重新编译"),在这种状态下,原来的模块MHMapDoc形成的库文件MHMapDoc.lib也已经存在,只是其中不具有针对MH-MapView操作的对应代码,同样地,模块MHMapView已经编译形成了库MHMapView.lib,只是其中不具有针对模块MHMapDoc操作的实现(参见本节前文代码);例如,本节前文所述函数OnNewDocument()中将不执行任何语句就直接返回TRUE,而在打开对应语句并增量编译时,再将新编译的代码增量式增加到对应的LIB库及实现体DLL文件中,这样就将所有C++项目增量式编译完成,而此时函数OnNewDocument()中将增量式增加对应的实现代码(因为此时已将预定义_SZF_LINKER_MHMAPVIEW_IN_MHMAPDOC_打开)。

31.4　发布的算法工具

随本书发布的代码中还有本团队前期积累的几个算法,各算法的功能及使用方法简介如下。

(1)基本工具中的栅格数据矢量化是将栅格数据进行矢量化的过程,其原理是应用GDAL库的函数GDALPolygonize()实现栅格数据的矢量化并生成SHP文件,即根据栅格中的不同像元值进行矢量追踪并形成矢量数据的过程,生成的矢量面状数据中的点坐标直接来源于像元所对应的仿射变换计算出的实际坐标,因此矢量化的结果将能够与栅格数据完全套合。使用方法是指定矢量化的栅格数据以及矢量化的结果文件名即可。

(2)基本工具中的矢量数据栅格化是将矢量数据进行栅格化的过程,其原理是应用GDAL库的函数GDALRasterizeLayers()实现矢量数据的栅格化并生成对应的文件(默认为Tiff格式),即将矢量数据的外接矩形区域内部的区域根据矢量数据指定波段的数据填充生成的栅格数据(即为栅格的值)。在此过程中,栅格化过程需要指定生成栅格数据的空间分辨率,同时还需要指定用户栅格化的矢量数据字段。使用方法是指定栅格化的数据及栅格化结果文件,并给定栅格化的分辨率(单位同矢量数据单位相同),最后再选择用于填充栅格化像元值的矢量字段。

(3)基本工具中的生成金字塔工具是实现栅格数据的金字塔自动生成,其原理是应用GDAL库的函数GDALBuildOverviews()实现栅格数据的金字塔生成。本工具中,可以指定待建金字塔的栅格数据文件,也可以指定一个文件夹,其内部的所有栅格数据文件均将建立金字塔。建立金字塔选项中,可以指定金字塔的层数以及各层的比例,这2个参数均可以采用默认,还有一个参数是采样方式,默认为最临近距离法。使用方法是指定一个文件或文件夹,以及上述参数。

(4)基本工具中的生成金字塔工具是实现栅格数据金字塔的删除,其原理同样是应用GDAL库的函数GDALBuildOverviews()实现栅格数据的金字塔文件删除,只是将其对应的参数设置为NULL即可,对应的使用方法也类似。

（5）基本工具中的计算NDVI工具是实现多光谱栅格数据的NDVI计算，相应的原理在第26章已经介绍，使用方法是指定待计算NDVI的影像文件及NDVI计算结果，并指定红色与近红外波段，以及输出文件类型。当指定输出文件类型为BYTE时，其原理为将实际的double类型的结果拉伸到0~255之间，即将[-1,1]之间的NDVI数值按线性拉伸到[0，255]之间，此时可采用NDVI标准彩色表对得到的NDVI进行彩色表渲染。

（6）基本工具中的计算影像有效范围工具是实现栅格影像的有效范围的计算，其结果为对应于影像有效范围的矢量多边形SHP文件，其原理是遍历栅格影像有效范围的左上角、右上角、左下角与右下角，再根据这4个点形成面状多边形。对应的算法使用方法是指定待计算有效范围的栅格数据，并指定计算后的矢量结果文件名。

（7）基本工具中的影像波段合成工具是实现多个单波段栅格影像的多波段合成，适合于类似Landsat下载数据为多个单波段影像合成为一个多波段影像，要求输入的文件必须是单波段文件且所有文件的宽、高、投影信息、仿射变换信息等相同，其使用方法是输入一系列待合成的栅格数据（可调整顺序）以及输出结果的文件名。

（8）基本工具中的影像子集提取工具的功能是实现栅格数据子集提取，其中的参数需要输入栅格子集的范围，该工具在使用过程中，当子集范围输入框处于焦点时，对应工具栏中的工具将可用，此时采用绘制矩形工具在主视图的对应范围进行拉框并形成一个子集区域，同时如果需要调整波段顺序也可以在对应的参数中进行调整。

（9）基本工具中的图像融合工具的功能是实现已经配准的栅格全色数据与多光谱数据的融合，需要输入对应的多光谱影像文件与全色影像文件，并指定融合后的结果。

（10）影像分割工具中的分水岭分割算法的功能是实现多光谱栅格数据的分水岭分割并形成一系列连续的栅格斑块（栅格数据）或面状多边形（矢量数据），其原理是把图像看作是测地学上的拓扑地貌，图像中每一点像素的灰度值表示该点的海拔高度，每一个局部极小值及其影响区域称为集水盆，而集水盆的边界则形成分水岭。其可配置参数包括分割尺度、步长、异质度等，均有默认参数，可选择是否矢量化，矢量化后的结果是将原栅格影像分割成一系列相互连接的多边形，可用于进行面向对象的分析工作。

（11）影像分割工具中的均值漂移分割算法的功能是实现多光谱栅格数据的均值漂移分割，其原理是在特征空间里的点对应着一个5维的向量，基于窗口函数计算点的密度函数，通过迭代过程使得该坐标逐步稳定，在特征空间中向密度更高的地方转移；该算法可一次性输入多个尺度并形成对应尺度的分割结果，可选择是否矢量化，矢量化后的结果是将原栅格影像分割成一系列相互连接的多边形，可用于进行面向对象的分析工作。

（12）影像分割工具中的SLIC分割算法的功能是实现多光谱栅格数据的SLIC分割，其原理是具有相似纹理、颜色、亮度等特征的相邻像素构成的有一定视觉意义的不规则像素块，再利用像素之间特征的相似性将像素分组，用少量的超像素代替大量的像素来表达图片特征；该算法可一次性输入多个尺度并形成对应尺度的分割结果，可选择是否矢量化，矢量化后的结果是将原栅格影像分割成一系列相互连接的多边形，可用于进行面向对象的分析工作。

（13）影像分类工具中的C5影像分类算法的功能是实现多光谱栅格数据的决策树分类，其原理是通过训练样本的学习建立分类的规则，在此基础上通过该规则再对新的样本实现分类的过程。C5属性监督式的学习方法,通过逻辑判断实现输入的属性变量来决策输出目标变量的过程。算法中需要输入分类影像文件及对应的分割文件[即对应着(10)、(11)、(12)等的分割结果SHP文件],同时需要提供事先准备好的样本文件,这一过程可通过本软件的矢量编辑功能实现,并指定其一个字段(默认为"ClassID")赋值相应的样本属性,通过模型训练就可以对输入的影像进行已经分割好对象的分类过程(即属性差别过程)。

(14)影像分类工具中的SVM影像分类算法的功能同样是实现多光谱栅格数据的分类过程,只是采用支撑向量机模型。SVM通过建立一个最优决策超平面,使得该平面两侧距离该平面最近的两类样本之间的距离最大化,从而对分类问题提供良好的泛化能力。SVM中最优分类标准就是支持向量(某些训练点)距离分类超平面的距离达到最大值,同样是一种有监督的学习方法。SVM针对小样本数据可达到较好效果,且擅长非线性(通过惩罚变量和核函数来实现)。其各种参数同C5影像分类方法。

(15)信息提取工具中的水体提取算法的功能是实现多光谱栅格数据中的水体(主要指湖泊)的全自动提取过程,其原理是通过构造栅格数据的归一化差异水指数(NDWI)并初步判断栅格数据上的水体区域,再通过局部缓冲区分析法分步对各个水体区域进行NDWI最优值迭代并稳定为止,最后通过迭代后的NDWI值进行水体区域提取的过程。该方法除了能够实现对复杂多样的水体信息进行高精度自动提取外,可有效避免与阴影等信息的混淆。算法中可以由用户指定初始的NDWI阈值(值为−1至1之间,如果不指定则自动迭代),并可指定输出栅格值选项。

(16)信息提取工具中的空间数据聚合分析算法的功能是实现空间数据的聚合分析,即指定某个研究区域(矢量,SHP文件),再给出该区域内已有的有效栅格数据或对应的矢量SHP文件数据,分析该研究区域后缺失的研究数据区域,用于指导需要进一步数据获取的区域范围。使用方法是给出研究区域矢量及区域内已有的数据,计算并分析需要进一步获取数据的区域。

(17)变化检测中提取了6种简单的变化检测方法,用于实现栅格与栅格数据的对比变化检测,一般用于不同时期影像数据的比对工作。变化检测算法包括差值法、比值法、主成分变换法、变化向量分析法、植被指数法、面向对象分析法等,使用方法是选择进行变化检测的影像文件名及其他参数(是否辐射归一化、是否滤波等)。

(18)GIS空间分析方法中仅2个示例算法,其中第1个算法为SHP文件按字段进行的属性合并算法(Dissolve算法),其实现原理是应用GDAL/OGR对该矢量内的所有要素进行遍历,建立数据结构并将所有设定字段值相同的要素进行内部合并,直到所有值均合并完毕为止。

(19)GIS空间分析算法中的第2个示例算法为Voronoi计算Polygon的最大内圆圆心算法,其实现原理为计算SHP文件中的每个要素所对应Polygon的内部Voronoi图,再基于此得到其骨架线Medial Axis,计算所有Medial Axis的交点距多边形边的最小距离,如果此距离最大,则该点即为该多边形的最大内圆的圆心。算法参数包括输入的SHP文件及其拆分的份数以及当前处理的份数,并选择是否输出所有线(Voronoi线)或是仅输出Medial Axis线,以及是否忽略所有的内岛。

31.5　小　　结

本章对MHMapGIS的发布代码进行了介绍,并针对其中5个版本的一系列预定义、版本划分与实现原理以及各版本的编译过程进行了介绍,读者可以下载并进行本地化编译,编译成功后能够生成本地的调试PDB文件,进行可以针对不同模块功能的本地化功能调试,从而辅助读者对前面各章节进行更好地理解。同时,针对提供的源码,读者需要理解如何通过一系列预定义及条件编译实现MHMapGIS的不同版本,读者也可以在代码的基础上进一步构建自己的版本。

关于代码：

写代码的过程是痛苦的。笔者自 2012 年 8 月回国以来，主要从事本书相关的系统设计、代码开发与维护过程，由于整个系统均是由本人负责设计、实现、测试及完善，感觉 coding 真的是一个很累的过程。南京大学的李满春教授曾说过，"每周加班一天，一年就相当于比其他人多工作一个月"。为此，对于写代码的人来说，就需要多付出更多的"星期六"来完成代码的调试工作，因为系统的功能越多，就意味着需要实现/完善的底层代码越多，而且在 Debug 或模块升级过程中出错的可能性就越大，这就需要调试代码的过程中要比别人付出更多的时间与精力，往往遇到一个小问题就要花上几个小时，甚至几天的时间去 Debug。

写代码的过程是幸福的。当你抛开一些"杂念"而一心一意地钻到代码世界中，一扇大门也同时为你打开，里面没有项目申报、汇报、总结，没有"捷径"可走，唯一的标准就是"编译器"。特别是当完成了一个很久无法实现的功能，或是发现并解决一个很久难以完成的任务或 Bug 时，那种兴奋与成就感不是他人能够感觉或理解的。

关于共享：

伴随本书的出版，一同发布了本书撰写过程中依赖的 C++代码，为保证本书发布后能够及时更新代码中可能存在的 Bug，或者进行其他的功能性升级，我们采用"博客+网盘"的形式辅助进行源码发布及后期更新，以此克服传统光盘发布无法及时进行后期更新的问题。

发布的源码为 Visual Studio.NET C++ 2010（后期升级到 2013、2017 等版本，但在各个版本上均能够编译通过）的解决方案及 C++项目的管理方式，可以让读者下载后几乎不需要其他配置就能够直接编译成功，从而使用户最大限度地关注"源码"本身。在配合源码发布的同时，本书重点介绍了不同 C++项目（模块）间的关系及调用规则，因此建议读者在阅读本书的同时进行源码的调试，并随时关注过程的调用堆栈，从而更好地理解书中的"模块"划分规则、功能定义及模块间的调用关系。

另外由于代码的规范性问题，以及本书中所涉及的源码量巨大，因此 MHMapGIS 所发布的源码将"有计划、逐步骤"地进行。也就是说，笔者将在本书出版后逐步进行各模块源码的公开，相应的信息均发布在个人博客（blog.sina.com.cn/radishenzhanfeng）上，同时，即使前期发布源码中有未公开的源码，也同样会发布对应模块的头文件及编译好的 LIB

库与DLL文件,不影响读者的编译与使用。

本书中发布的编译好的LIB库及DLL文件采用Visual Studio.NET C++ 2010版本(具体版本见上文说明,如果您需要其他版本,可以随时联系我)。

关于本书:

写这本书的想法真的好久了,但是没办法,为了项目、论文、专利等任务,不得不将本书的出版计划一推再推;同时为了本书功能的全面性,在撰写的过程中时常又回到代码的海洋中,为了某项功能而重新进行代码调试、测试与改进。在本书的撰写过程中同时感觉到团队的重要性,如果能够有个较大的团队相互配合,或许这本书就能够更早地完成,相应代码的功能性或许也更强大。当然,为了本书的快速完成,笔者在近几年的时间内也推掉了手头其他大量的事务性工作(如出差),同时也因此耽误了多篇文章的构思。

好了,经过前前后后几年的撰写,我的任务终于完成并告一段落,现在把任务转给你们,你们负责读书,反馈提交改进意见给我:shenzf@radi.ac.cn 或 blog.sina.com.cn/radishen-zhanfeng,而我现在的任务是:回家睡觉!

作 者

2021年11月